高等泛函分析

朱健民 黄建华 刘易成 编著

清华大学出版社
北 京

内容简介

本书由线性泛函分析初步、非线性算子微积分、算子半群基础、拓扑度、不动点理论及其在微分方程中的应用和算子半群理论在微分方程中的应用等六部分组成，为研究线性和非线性问题提供基本的数学工具和方法。该书内容由浅入深，通俗易懂，读者只需具备微积分、线性代数、微分方程和复变函数等大学阶段的数学基础。

本书可以作为理工科研究生相关课程的教材或参考书，也可以作为高年级本科生学习的拓展读物，同时也可供相关领域的研究人员参考。

图书在版编目(CIP)数据

高等泛函分析/朱健民，黄建华，刘易成编著. —北京：清华大学出版社，2022.10(2024.10重印)
ISBN 978-7-302-61921-5

Ⅰ. ①高… Ⅱ. ①朱… ②黄… ③刘… Ⅲ. ①泛函分析—教材 Ⅳ. ①O177

中国版本图书馆CIP数据核字(2022)第178348号

责任编辑：陈　明
封面设计：傅瑞学
责任校对：王淑云
责任印制：丛怀宇

出版发行：清华大学出版社
网　址：https://www.tup.com.cn，https://www.wqxuetang.com
地　址：北京清华大学学研大厦A座　**邮　编**：100084
社 总 机：010-83470000　**邮　购**：010-62786544
投稿与读者服务：010-62776969，c-service@tup.tsinghua.edu.cn
质量反馈：010-62772015，zhiliang@tup.tsinghua.edu.cn
印 装 者：三河市龙大印装有限公司
经　销：全国新华书店
开　本：185mm×260mm　**印　张**：15.25　**字　数**：369千字
版　次：2022年10月第1版　**印　次**：2024年10月第3次印刷
定　价：48.00元

产品编号：070780-01

泛函分析是从变分法、微分方程、积分方程和理论物理的研究中发展起来的数学分科，其基本理论形成于20世纪30年代。泛函分析综合运用分析、代数、几何及其他数学方法，关注不同数学领域问题的共同特征和性质，并用公理化的方法进行抽象，用统一的观点来处理和理解数学各分支的内容，使得看似属于不同领域的问题从本质上联系起来，因此泛函分析成为现代数学研究的基本工具和方法。泛函分析发展到现在，其内容方法已不仅渗透到几乎所有的数学领域，如函数论、常微分方程和偏微分方程、调和分析，概率论、大范围微分几何、计算数学等，还在数学以外的学科得到广泛的应用，其方法大量用于连续介质力学、电磁场理论、量子场论等学科。

大学本科阶段我们学习的是线性泛函分析的基本理论，它主要研究赋范线性空间及其线性算子的性质，是线性代数中的线性空间和线性变换在无穷维空间的推广，可以视为无穷维线性空间上的几何学和分析学。高等泛函分析是面向研究生的一门数学核心基础课，自然与本科阶段的泛函分析在内容取材方面有所区别，这也是我们将教材取名为"高等泛函分析"的理由，严格来讲应该叫泛函分析选讲。基于此，本课程一方面是为了给数学及相关工科专业研究生提供泛函分析的基础，满足相关专业方向对泛函分析的基本需求，为进入各专业方向课题研究和学习后续课程提供泛函分析的工具和方法；另一方面，由于其内容综合运用了分析、代数、几何等学科的观点和方法，同时又具有实际背景和应用前景，因此本课程的学习可以训练和提高抽象思维能力、逻辑思维能力以及理论联系实际的创新能力，使学习者受到数学研究的基本分析技巧和审视问题的基本素养的熏陶，这正是研究生阶段需要接受的训练。

国内外不乏泛函分析的优秀教材，但由于作者的学术兴趣、教学目的以及授课对象的基础不同而具有很大的差异性，为适应本校的教学对象，我们在开设本门课程的初期是综合各教材的内容实施教学，这给教和学都带来一些困难。因此，我们在多轮教学讲义的基础上，形成了本教材的基本内容。在内容的选取上，首先介绍了线性泛函分析初步理论，一方面也可以作为相关内容的复习，另一方面，也可以作为泛函分析基础理论的入门素材。接下来介绍非线性算子微积分理论，让读者领略用现代方法处理经典微积分内容的精妙，同时也顺利完成从有限维到无穷维、从线性到非线性的过渡。再其次重点介绍在微分方程和动力系统研究中常用的两个工具——半群理论和拓扑度理论，它们构成本教材的核心内容。最后，作为前面方法的综合应用，我们给出了不动点理论和半群理论在研究各种微分方程的应用，包括时滞微分方程、分数阶微分方程、半线性抛物方程、半线性波方程、时滞反应扩散方程以及Banach空间中微分方程等，学生通过这些内容的学习和相关文献的阅读可以直接进入前沿

问题研究。

本书前 4 章(除 3.4 节)由朱健民编写,3.4 节与第 6 章由黄建华编写,第 5 章由刘易成编写,刘志明负责部分习题配置及教学实践,全书由朱健民和黄建华统稿。在编写过程中,我们借鉴吸收了大量国内外优秀著作的相关内容,虽然没有一一指出内容出处,但在参考文献中统一列出,在此对相关著作者表示衷心感谢!

尽管我们尽量让内容做到自完备,但大学阶段的基本分析基础还是必备的,如微积分、线性代数、复变函数、微分方程等内容,泛函分析的预备知识在第 1 章中给出,但其基本方法和技巧的训练远在内容之外。另外,在内容处理上,我们尽量与熟知的问题相联系,同时通过直观图形帮助读者对内容理解。我们的目的是要编写一本起点恰当、篇幅适中,既好教又好学的教材,但由于作者水平的局限,恐难达到如此要求,只希望错误能尽量少一些,同时也希望得到各位同行的指教!

编　者

2022 年 8 月

目
录

第 1 章

线性泛函分析初步

经典微积分所研究的主要对象是实值函数或向量值函数，用映射的符号可以表示为 $f:\Omega\subset\mathbb{R}^n\to\mathbb{R}$ 或 $f:\Omega\subset\mathbb{R}^n\to\mathbb{R}^m$ $(m>1,n\geqslant1)$，其中$\mathbb{R}^n$ $(n\geqslant1)$为 n 维欧氏空间。泛函分析将函数的概念进行推广，首先函数定义域或值域所在的空间不再是欧氏空间，而是满足一组公理的元素所构成的集合，我们依然将其称为空间。不同的公理可以定义不同类型的抽象空间，如 Banach 空间或 Hilbert 空间，它们是通常分析、代数或几何对象的抽象。其次，作为抽象空间之间的映射，在泛函分析中称其为算子，所谓线性泛函分析，就是以线性算子及相应的空间为主要研究对象，其原型就是线性代数中的矩阵或线性变换。在微积分中我们通常关注每一个函数个体的性质，而在泛函分析中，我们将具有某些共同特征的函数作为一个整体进行研究。本章将介绍线性泛函分析的基本内容，为后面章节的学习提供基础，也可以作为学习泛函分析的入门材料，主要包括各种空间的定义、泛函分析基本定理、算子谱概念及谱映照定理，很多情形下我们只罗列相应的结果而未给出证明，它们均可在标准的泛函分析教材中找到。另外，这里特别介绍了抽象解析函数的概念与性质，从中可以看到经典复分析理论是如何进行推广的，这也是后面将学习的半群理论的重要基础。

1.1 距离空间及紧性

1.1.1 距离空间的概念

距离是欧氏几何最基本的概念，将通常的欧氏距离进行抽象，便可以对一般的集合元素之间定义距离，从而使距离有了更广泛的意义。

定义 1.1.1 设 X 是非空集合，若存在映射 $d: X\times X\to\mathbb{R}$ 满足：$\forall x,y,z\in X$，有

(1) $d(x,y)\geqslant0$ 且 $d(x,y)=0$ 当且仅当 $x=y$；(正定性)

(2) $d(x,y)=d(y,x)$；(对称性)

(3) $d(x,y)\leqslant d(x,z)+d(z,y)$(三角不等式)

恒成立，则称 d 是 X 上的距离(或度量)，$d(x,y)$是 x 与 y 之间的距离。定义了距离 d 的集合 X 称为距离空间(或度量空间)，记为(X,d)或简记为 X。

称定义 1.1.1 中的正定性、对称性和三角不等式为度量公理，它们是从具体的距离所满足的性质抽象出来的，当然它有比通常距离有更广泛的意义。另外，对于距离空间(X,d)，若 $Y\subset X$，则 d 在 $Y\times Y$ 上的限制 $\tilde{d}=d|_{Y\times Y}$ 亦构成 Y 上的距离，称$(Y,\tilde{d})$为(X,d)诱导的距离空间。

下面给出一些距离空间的例子，相对于正定性和对称性，通常验证三角不等式要困难些，但都可以在泛函分析的教材中找到标准的方法，后面仅就空间函数 $L^p[a,b]$ 给出三角不等式的证明，从中还可以了解几个重要的不等式及其证明方法。

例1（n 维欧氏空间$\mathbb{R}^n$） $\mathbb{R}^n=\{(x_1,x_2,\cdots,x_n)\mid x_i\in\mathbb{R},i=1,2,\cdots,n\}$，对于 $x,y\in\mathbb{R}^n$，其中 $x=(x_1,x_2,\cdots,x_n)$，$y=(y_1,y_2,\cdots,y_n)$，定义

$$d(x,y)=\left(\sum_{i=1}^{n}|x_i-y_i|^2\right)^{\frac{1}{2}},$$

则$(\mathbb{R}^n,d)$（或$\mathbb{R}^n$）为距离空间，这就是通常说的 n 维欧氏空间。

同一个集合可以定义不同的距离，从而得到不同的距离空间。例如，对上面的 $x,y\in\mathbb{R}^n$，还可以定义距离

$$d_1(x,y)=\sum_{i=1}^{n}|x_i-y_1|,d_\infty(x,y)=\max_{1\leqslant i\leqslant n}|x_i-y_i|。$$

例2（序列空间 l^p） 设

$$l^p=\left\{(x_1,x_2,\cdots,x_n,\cdots)\left|\sum_{n=1}^{\infty}|x_n|^p<\infty,x_n\in\mathbb{R}\right.\right\}(p\geqslant 1),$$

对于 $x=(x_1,x_2,\cdots,x_n,\cdots)\in l^p$，$y=(y_1,y_2,\cdots,y_n,\cdots)\in l^p$，定义

$$d(x,y)=\left(\sum_{n=1}^{\infty}|x_n-y_n|^p\right)^{\frac{1}{p}},$$

则(l^p,d)或 l^p 构成距离空间。另外，定义 l^∞ 为

$$l^\infty=\{(x_1,x_2,\cdots,x_n,\cdots)\mid\sup_n|x_n|<\infty\},$$

其中距离定义为 $d(x,y)=\sup\limits_{1\leqslant n<\infty}|x_n-y_n|$。

例3（连续函数空间 $C[a,b]$） $C[a,b]$为区间$[a,b]$上实值连续函数的全体，对于 $x,y\in C[a,b]$，定义

$$d(x,y)=\max_{a\leqslant t\leqslant b}|x(t)-y(t)|,$$

则 d 为空间$C[a,b]$上的距离，因此 $C[a,b]$为距离空间。

例4（可积函数空间 $L^p[a,b]$） 设

$$L^p[a,b]=\left\{f(x)\mid f(x)\text{在}[a,b]\text{上的可测函数，且}\int_a^b|f(x)|^p\mathrm{d}x<\infty\right\}(p\geqslant 1),$$

定义

$$d(f,g)=\left[\int_a^b|f(x)-g(x)|^p\mathrm{d}x\right]^{\frac{1}{p}},\quad\forall f,g\in L^p[a,b],$$

则 d 构成$L^p[a,b]$上的距离，因此 $L^p[a,b]$为距离空间。

下面我们验证 $L^p[a,b]$所定义的 $d(f,g)$满足三角不等式，为此需要下面的结果：

(1) Young 不等式：设 $a,b\geqslant 0$，$p,q>0$ 且$\frac{1}{p}+\frac{1}{q}=1$（称 p,q 为共轭指数），则有

$$ab\leqslant\frac{a^p}{p}+\frac{b^q}{q}。$$

【证】 注意 p,q 满足$\frac{1}{p-1}=q-1$，因此 $u=t^{p-1}$ 与 $t=u^{q-1}$ 互为反函数，如图 1.1.1

所示，由定积分的几何意义便有

$$ab \leqslant \int_0^a t^{p-1}\,\mathrm{d}t + \int_0^b u^{q-1}\,\mathrm{d}u = \frac{a^p}{p} + \frac{b^q}{q}。$$

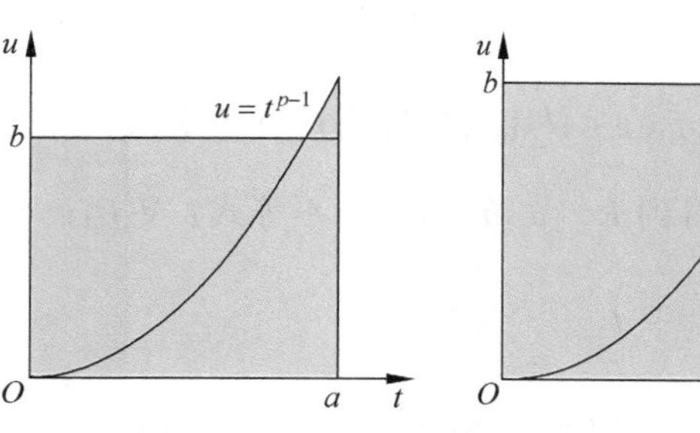

图 1.1.1 矩形面积 ab 与阴影部分面积的比较

(2) Hölder 不等式：设 $f \in L^p[a,b]$，$g \in L^q[a,b]$，p,q 为共轭指数，则 $fg \in L^1[a,b]$，且

$$\int_a^b |f(x)g(x)|\,\mathrm{d}x \leqslant \left(\int_a^b |f(x)|^p\,\mathrm{d}x\right)^{\frac{1}{p}} \left(\int_a^b |g(x)|^q\,\mathrm{d}x\right)^{\frac{1}{q}}。$$

【证】 首先假设$\int_a^b |f(x)|^p\,\mathrm{d}x = \int_a^b |g(x)|^q\,\mathrm{d}x = 1$，由 Young 不等式有

$$|f(x)g(x)| \leqslant \frac{|f(x)|^p}{p} + \frac{|g(x)|^q}{q},$$

积分得

$$\int_a^b |f(x)g(x)|\,\mathrm{d}x \leqslant \frac{1}{p} + \frac{1}{q} = 1。$$

对一般的 $f,g \in L^p[a,b]$，若积分$\int_a^b |f(x)|^p\,\mathrm{d}x$，$\int_a^b |g(x)|^q\,\mathrm{d}x$ 之一等于零，则不等式显然成立，因此假设二者均大于零。令

$$\tilde{f}(x) = \frac{f(x)}{\left(\int_a^b |f(x)|^p\,\mathrm{d}x\right)^{\frac{1}{p}}}, \quad \tilde{g}(x) = \frac{g(x)}{\left(\int_a^b |g(x)|^q\,\mathrm{d}x\right)^{\frac{1}{q}}},$$

则有$\int_a^b |\tilde{f}(x)|^p\,\mathrm{d}x = \int_a^b |\tilde{g}(x)|^q\,\mathrm{d}x = 1$，于是有$\int_a^b |\tilde{f}(x)\tilde{g}(x)|\,\mathrm{d}x \leqslant 1$，即得 Hölder 不等式。

(3) Minkowski 不等式：设 $f,g \in L^p[a,b]$ $(p \geqslant 1)$，则 $f+g \in L^p[a,b]$，且

$$\left(\int_a^b |f(x)+g(x)|^p\,\mathrm{d}x\right)^{\frac{1}{p}} \leqslant \left(\int_a^b |f(x)|^p\,\mathrm{d}x\right)^{\frac{1}{p}} + \left(\int_a^b |g(x)|^p\,\mathrm{d}x\right)^{\frac{1}{p}}。$$

【证】 由 Hölder 不等式并注意 $(p-1)q = p$，有

$$\begin{aligned}\int_a^b |f(x)+g(x)|^p\,\mathrm{d}x &\leqslant \int_a^b |f(x)+g(x)|^{p-1}\,|f(x)|\,\mathrm{d}x + \\ &\quad \int_a^b |f(x)+g(x)|^{p-1}\,|g(x)|\,\mathrm{d}x \\ &\leqslant \left(\int_a^b |f(x)+g(x)|^{(p-1)q}\,\mathrm{d}x\right)^{\frac{1}{q}} \left(\int_a^b |f(x)|^p\,\mathrm{d}x\right)^{\frac{1}{p}} +\end{aligned}$$

$$\left(\int_a^b |f(x)+g(x)|^{(p-1)q}\mathrm{d}x\right)^{\frac{1}{q}}\left(\int_a^b |g(x)|^p\mathrm{d}x\right)^{\frac{1}{p}}$$

$$=\left(\int_a^b |f(x)+g(x)|^p\mathrm{d}x\right)^{\frac{1}{q}}\left[\left(\int_a^b |f(x)|^p\mathrm{d}x\right)^{\frac{1}{p}}+\left(\int_a^b |g(x)|^p\mathrm{d}x\right)^{\frac{1}{p}}\right],$$

不等式两边同除以$\left(\int_a^b |f(x)+g(x)|^p\mathrm{d}x\right)^{\frac{1}{q}}$即得所证不等式。

由 Minkowski 不等式即可得到$L^p[a,b]$的三角不等式：$\forall f,g,h\in L^p[a,b]$有

$$d(f,g)=\left(\int_a^b |f(x)-g(x)|^p\mathrm{d}x\right)^{\frac{1}{p}}$$

$$=\left(\int_a^b |[f(x)-h(x)]+[h(x)-g(x)]|^p\mathrm{d}x\right)^{\frac{1}{p}}\leqslant\left(\int_a^b |f(x)-h(x)|^p\mathrm{d}x\right)^{\frac{1}{p}}+\left(\int_a^b |h(x)-g(x)|^p\mathrm{d}x\right)^{\frac{1}{p}}=d(f,h)+d(h,g)。$$

在一个给定集合上可以定义无穷多个距离。例如，若(X,d)为一距离空间，则

$$\tilde{d}(x,y)=\frac{d(x,y)}{1+d(x,y)}$$

也是X上的一个距离。而任何一个集合均可以定义一个平凡的距离——离散距离，即相同元素的距离等于0，任何两个不同元素的距离等于1，容易验证满足距离的三条公理。

对$\tilde{d}$验证三角不等式需要用到下面的结果：对任意实数x,y成立

$$\frac{|x+y|}{1+|x+y|}\leqslant\frac{|x|}{1+|x|}+\frac{|y|}{1+|y|},$$

由函数$f(t)=\frac{t}{1+t}(t\geqslant 0)$单调增加的事实有$f(|x+y|)\leqslant f(|x|+|y|)$，由此便得所证结论。

定义 1.1.2(邻域)　设(X,d)为距离空间，$x_0\in X,r>0$，定义x_0的r邻域为

$$B(x_0,r)=\{x\mid x\in X,d(x,x_0)<r\}。$$

有了邻域的概念，便可以在距离空间中定义内点、聚点、边界点、开集、闭集、有界集等概念。例如，称$x_0\in X$为内点，若存在x_0的r邻域$B(x_0,r)$，使得$B(x_0,r)\subset X$；称$\Omega\subset X$为开集，若Ω的每一点均为内点；称$A\subset X$为有界集，若存在$x_0\in X$及$r>0$，使$A\subset B(x_0,r)$，等等。

1.1.2 收敛及完备性

定义 1.1.3(依距离收敛)　设(X,d)为距离空间，$x_n,x\in X(x=1,2,\cdots)$，若$\lim\limits_{n\to\infty}d(x_n,x)=0$，则称$\{x_n\}$依距离$d$收敛到$x$，记为$\lim\limits_{n\to\infty}x_n=x$，或$x_n\to x(n\to\infty)$。有时为了强调距离，也可记为$x_n\xrightarrow{d}x(n\to\infty)$。

对前面定义的距离空间，依距离收敛和我们熟知的收敛性有密切的关系。例如，$\mathbb{R}^n$中的收敛等价于依坐标收敛，即

$$x_k=(x_1^{(k)},x_2^{(k)},\cdots,x_n^{(k)})\to x=(x_1,x_2,\cdots,x_n)(k\to\infty)$$

等价于

$$x_j^{(k)} \to x_j\,(k\to\infty, j=1,2,\cdots,n)。$$

$C[a,b]$上的收敛性等价于连续函数序列在$[a,b]$上的一致收敛性，即对 $x_n, x\in C[a,b]$，$x_n\to x(n\to\infty)$等价于 $x_n(t)$在$[a,b]$上一致收敛于 $x(t)$。

称 X 上的两个距离 d_1 和 d_2 是等价的，是指它们在 X 上确定相同的收敛，即

$$d_1(x_n,x_0)\to 0 \Leftrightarrow d_2(x_n,x_0)\to 0。$$

例如，例 1 中对$\mathbb{R}^n$ 定义的三个距离 d, d_1 及 d_∞是等价的。

同一集合可以定义不等价的距离，如下面的例子。

例 5 在函数空间 $C[a,b]$中按如下方式定义的两个距离 d_1, d_2 是不等价的：

$$d_1(x,y)=\int_a^b |x(t)-y(t)|\,\mathrm{d}t,\quad d_2(x,y)=\max_{a\leqslant t\leqslant b}|x(t)-y(t)|。$$

事实上，按照图 1.1.2 的折线定义的函数序列：

$$x_n(t)=\begin{cases}\dfrac{b+(n-1)a-nt}{b-a}, & a\leqslant t\leqslant a+\dfrac{b-a}{n},\\[2ex] 0, & a+\dfrac{b-a}{n}<t\leqslant b\end{cases}$$

按照距离 d_1 收敛到 0。

因为

$$d_1(x_n,0)=\frac{b-a}{2n}\to 0(n\to\infty),$$

而 $d_2(x_n,0)=1$，因此按照距离 d_2 不收敛到 0。

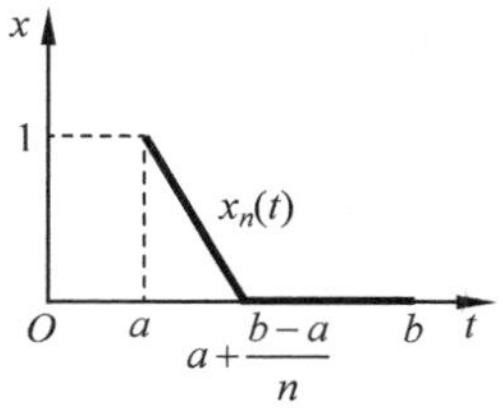

图 1.1.2 $x_n(t)$的构造

定义 1.1.4(连续映射) 设(X,d_x)和(Y,d_y)均为距离空间，称映射 $T: X\to Y$ 在 $x_0\in X$ 处连续，若 $\forall\varepsilon>0, \exists\delta>0$，使当 $x\in B_x(x_0,\delta)\cap X$ 时，均有 $Tx\in B_y(Tx_0,\varepsilon)$，其中 B_x 和 B_y 分别为(X,d_x)和(Y,d_y)中的邻域。

若 T 在 X 上每一点连续，则称 T 在 X 上连续。在验证映射的连续性时，利用下面的极限归一性的结果往往是方便的。

定理 1.1.1(Heine 定理) 映射 $T: X\to Y$ 在 x_0 处连续，当且仅当对于任意的点列$\{x_n\}\subset X$：$x_n\xrightarrow{d_x}x_0$，均有 $Tx_n\xrightarrow{d_y}Tx_0$，其中 d_x 和 d_y 分别为 X 和 Y 中的距离。

定理 1.1.2 设 X,Y 为距离空间，$T: X\to Y$，则 T 在 X 上连续的充要条件是 Y 的任何开子集的原像均为 X 的开子集。

定义 1.1.5(完备的距离空间) 对于距离空间(X,d)上的点列$\{x_n\}$，若$\forall\varepsilon>0$，存在正整数 N，当 $n>N$ 时有$|x_n-x_{n+p}|<\varepsilon$ 对一切 $p=1,2,\cdots$成立，则称$\{x_n\}$为 Cauchy 列或基本列。若对(X,d)上的任何基本列$\{x_n\}$，均存在 $x\in X$，使得 $x_n\to x(n\to\infty)$，即任何基本列一定在该空间上收敛，则称该距离空间为完备的，或称为完备的距离空间。

例如，前面给出的距离空间$\mathbb{R}^n$，l^p，$C[a,b]$及 $L^p[a,b]$均为完备的距离空间，下面给出 $l^p(p\geqslant 1)$完备性的证明。

例 6 $l^p(p\geqslant 1)$是完备的距离空间。

【证】 因为 $l^p(p\geqslant 1)$为距离空间，这里只需证明 $l^p(p\geqslant 1)$是完备的。设 $x_n=\{\xi_1^{(n)}, \xi_2^{(n)},\cdots,\xi_k^{(n)},\cdots\}\in l^p(n=1,2,\cdots)$为基本列，即$\forall\varepsilon>0$，存在正整数 N，当 $m,n>N$ 时，有

$$d(x_m,x_n)=\left(\sum_{k=1}^{\infty}|\xi_k^{(m)}-\xi_k^{(n)}|^p\right)^{\frac{1}{p}}<\varepsilon, \tag{1.1.1}$$

由此，对于每个 $k=1,2,\cdots$，当 $m,n>N$ 时，有

$$|\xi_k^{(m)}-\xi_k^{(n)}|<\varepsilon,$$

这说明对每个固定的 $k=1,2,\cdots$，$\{\xi_k^{(n)}\}$ 为基本列，由 $\mathbb{R}$ 的完备性知，存在 $\xi_k\in\mathbb{R}$，使得 $\xi_n^{(k)}\to\xi_k(n\to\infty)$，$k=1,2,\cdots$。令 $x=(\xi_1,\xi_2,\cdots,\xi_k,\cdots)$，下面证明 $x\in l^p$ 且 $x_n\to x(n\to\infty)$。

由式(1.1.1)知，对所有的 $j=1,2,\cdots$，当 $m,n>N$ 时，有

$$\left(\sum_{k=1}^{j}|\xi_k^{(m)}-\xi_k^{(n)}|^p\right)^{\frac{1}{p}}<\varepsilon, \tag{1.1.2}$$

在式(1.1.2)中令 $m\to\infty$，则当 $n>N$ 时有

$$\left(\sum_{k=1}^{j}|\xi_k-\xi_k^{(n)}|^p\right)^{\frac{1}{p}}\leqslant\varepsilon,\quad j=1,2,\cdots。 \tag{1.1.3}$$

对式(1.1.3)令 $j\to\infty$，则当 $n>N$ 时有

$$\left(\sum_{k=1}^{\infty}|\xi_k-\xi_k^{(n)}|^p\right)^{\frac{1}{p}}\leqslant\varepsilon, \tag{1.1.4}$$

上式说明 $x-x_n\in l^p$，又因 $x_n\in l^p$，根据序列空间 l^p 的 Minkowski 不等式即得

$$x=(x-x_n)+x_n\in l^p。$$

再由式(1.1.4)知

$$d(x_n,x)=\left(\sum_{k=1}^{\infty}|\xi_k^{(n)}-\xi_k|\right)^{\frac{1}{p}}\to 0(n\to\infty),$$

即 $x_n\xrightarrow{d}x(n\to\infty)$，因此 $l^p(p\geqslant 1)$ 是完备的。

定义 1.1.6(稠密与可分) (1) 设(X,d)为距离空间，$A\subset X$，$B\subset X$，若 $\forall x\in B$ 及 $r>0$，均有 $B(x,r)\cap A\neq\varnothing$(即 B 的任何点的任何邻域中都有 A 的点)，则称 A 在 B 中稠密；

(2) 若存在点列$\{x_n\}\subset X$ 在 X 中稠密(即存在可数的稠密子集)，则称 X 为可分空间。

例 7 $l^p(1\leqslant p<\infty)$是可分空间。

【证】 设 M 为下列序列构成的集合

$$y=\{\eta_1,\eta_2,\cdots,\eta_n,0,0,\cdots\},$$

其中 η_j 为任意有理数，n 为任意正整数，则 M 为可数集，下面验证 M 在 l^p 中稠密。对于任意的

$$x=\{\xi_1,\xi_2,\cdots,\xi_n,\cdots\}\in l^p$$

及任意整数 ε，存在正整数 n，使得

$$\sum_{j=n+1}^{\infty}|\xi_j|^p<\frac{\varepsilon^p}{2}, \tag{1.1.5}$$

由于有理数集$\mathbb{Q}$在实数集$\mathbb{R}$中稠密，所以存在有理数 $\eta_j(1\leqslant j\leqslant n)$，使得

$$\sum_{j=1}^{n}|\xi_j-\eta_j|^p<\frac{\varepsilon^p}{2}, \tag{1.1.6}$$

由式(1.1.5)和式(1.1.6)得

$$d^p(x,y)=\sum_{j=1}^{n}|\xi_j-\eta_j|^p+\sum_{j=1}^{n}|\xi_j|^p<\frac{\varepsilon^p}{2}+\frac{\varepsilon^p}{2}=\varepsilon^p,$$

即 $d(x,y)<\varepsilon$，所以 M 在 l^p 中稠密，因此 $l^p(1\leqslant p<\infty)$ 是可分的。

另外，可以证明 $C[a,b]$，$L^p[a,b](1\leqslant p<\infty)$ 也是可分空间，但 l^∞ 是不可分的。

我们知道有理数集 $\mathbb{Q}$ 是不完备的，但可以对其扩张得到完备的实数集 $\mathbb{R}$，并且 $\mathbb{Q}$ 在 $\mathbb{R}$ 中是稠密的。实际上，对一般非完备的度量空间，可以借助于一个与其保持距离的空间，而对该空间进行扩充，得到一个完备的距离空间，这就是一般距离空间的完备化。

定义 1.1.7（等距映射） 设 (X_1,d_1) 和 (X_2,d_2) 为两个距离空间，若映射 $\Phi: X_1\to X_2$ 满足

$$d_1(x,y)=d_2(\Phi(x),\Phi(y)),\quad \forall x,y\in X_1,$$

则称 Φ 是 $X_1\sim X_2$ 的等距映射，并称 (X_1,d_1) 和 (X_2,d_2) 是等距的。

定义 1.1.8（完备化空间） 设 X_0，X 均为距离空间，且 X 是完备的，若存在距离空间 $X_1\subseteq X$ 满足如下条件：

(1) X_0 与 X_1 等距；

(2) X_1 在 X 内稠密，

则称 X 是 X_0 的完备化空间。

定理 1.1.3 任一距离空间必存在完备化空间，且完备化空间在等距同构意义下是唯一的。

1.1.3 紧性与全有界

定义 1.1.9（列紧性） 设 (X,d) 为距离空间，$M\subseteq X$。

(1) 若 M 的任一无穷序列中均含有收敛子列（在 X 内收敛），则称 M 是 X 内的列紧集（或相对紧集）；

(2) 若 M 的任一无穷序列中均含有收敛子列在 M 内收敛，则称 M 是 X 内的自列紧集；

(3) 若 X 中的任一无穷点列均有收敛的子序列，则称 X 是列紧空间。

由数学分析的结论知道，$\mathbb{R}^n$ 中的子集 M 为列紧（自列紧）的充要条件是 M 为有界集（有界闭集）。

定义 1.1.10（全有界） 给定距离空间 (X,d)，$M\subset X$。

(1) 对 $\varepsilon>0$，若存在点集 $A\subset X$，使 $\forall x\in M$，$\exists x_\varepsilon\in A$，使得 $d(x,x_\varepsilon)<\varepsilon$，则称 A 为 M 的一个 ε-网。换句话说，有

$$M\subset\bigcup_{y\in A}B(y,\varepsilon)。$$

(2) 若 $\forall\varepsilon>0$，必存在 M 的有限 ε-网，即存在有限点集 $\{x_1,x_2,\cdots,x_n\}\subset X$ 使

$$M\subset\bigcup_{k=1}^{n}B(x_k,\varepsilon),$$

则称 M 为全有界的。

在 M 为全有界的定义中，有限点集 $\{x_1,x_2,\cdots,x_n\}\subset X$，实际上我们可以要求存在 M 的有限点集，它同样构成 M 的 ε-网。设 $\{y_1,y_2,\cdots,y_n\}\subset X$ 为 M 的 $\frac{\varepsilon}{2}$-网，即

$$M\subset\bigcup_{k=1}^{n}B\left(y_k,\frac{\varepsilon}{2}\right),\tag{1.1.7}$$

不妨设$B\left(y_k,\frac{\varepsilon}{2}\right)\cap M\neq\varnothing(k=1,2,\cdots,n)$，因为若存在某个$y_k$使$B\left(y_k,\frac{\varepsilon}{2}\right)\cap M=\varnothing$，则将该$y_k$从$\{y_1,y_2,\cdots,y_n\}$中移出。于是，选取

$$x_k\in B\left(y_k,\frac{\varepsilon}{2}\right)\cap M(k=1,2,\cdots,n),\tag{1.1.8}$$

则$\{x_1,x_2,\cdots,x_n\}\subset M$，且$\{x_1,x_2,\cdots,x_n\}$为$M$的$\varepsilon$-网，即

$$M\subset\bigcup_{k=1}^{n}B(x_k,\varepsilon)。\tag{1.1.9}$$

实际上，对于任意的$x\in M$，由式(1.1.7)知存在y_k使$x\in B\left(y_k,\frac{\varepsilon}{2}\right)$，即$d(x,y_k)<\frac{\varepsilon}{2}$；而由式(1.1.8)知$x_k\in B\left(y_k,\frac{\varepsilon}{2}\right)$，即$d(x_k,y_k)<\frac{\varepsilon}{2}$，因此由三角不等式有

$$d(x,x_k)\leqslant d(x,y_k)+d(x_k,y_k)<\frac{\varepsilon}{2}+\frac{\varepsilon}{2}=\varepsilon,$$

即$x\in B(x_k,\varepsilon)$，因此式(1.1.9)成立。

全有界集必为有界集。同时，可分、紧性和全有界之间存在密切关系。

定理1.1.4(Hausdorff定理)　设(X,d)为距离空间，$M\subset X$，则有

(1) 若M在X中列紧，则M全有界；

(2) 设(X,d)完备，且M全有界，则M在X中列紧。

定义1.1.11(紧集和紧空间)　设(X,d)为距离空间，$M\subset X$，$\Sigma=\{O_r\mid r\in I\}$($I$为指标集)为$X$中的开集族。若$M\subset\bigcup\limits_{r\in I}O_r$，则称$\Sigma$为$M$的一个开覆盖。若$M$任何开覆盖均存在有限的子开覆盖，则称$M$为紧集。当$X$为紧集时，称$(X,d)$为紧空间。

定理1.1.5　设(X,d)为距离空间，$M\subset X$为紧集的充要条件是M为自列紧集。

该定理说明，在距离空间中自列紧性与按照有限覆盖定义的紧性是一致的，因此在距离空间中不再区分这两种紧性。作为定理1.1.4的应用，下面给出函数空间紧性的判定方法。

定义1.1.12(一致有界和等度连续)　(1) 给定$D\subset C[a,b]$，若存在常数$M>0$，使对一切$x\in D$，有$|x(t)|\leqslant M$，$\forall t\in[a,b]$，则称D是一致有界的；

(2) 若对任意的$\varepsilon>0$，存在$\delta>0$，只要$t_1,t_2\in[a,b]$，$|t_1-t_2|<\delta$，则对一切$x\in D$，均有

$$|x(t_1)-x(t_2)|<\varepsilon,$$

则称D是等度连续的。

例8　设$D\subset C[a,b]$一致有界，记

$$E=\left\{\int_a^t x(s)\mathrm{d}s\mid x\in D\right\},$$

则E是一致有界、等度连续的。

【证】　设$|x(t)|\leqslant M$，$\forall x\in D,t\in[a,b]$，则

$$\left|\int_a^t x(s)\mathrm{d}s\right|\leqslant M(b-a)。$$

$\forall\varphi\in D$，$\exists x\in D$使

$$\varphi(t)=\int_a^t x(s)\mathrm{d}s,$$

于是

$$|\varphi(t_1)-\varphi(t_2)|=\left|\int_{t_1}^{t_2} x(s)\mathrm{d}s\right|\leqslant M|t_1-t_2|,$$

因此 E 是等度连续的。

定理 1.1.6(Arzela-Ascoli 定理) 设 D 为 $C[a,b]$ 的一个子集,则 D 在 $C[a,b]$ 中为列紧的充要条件是 D 一致有界且等度连续。

【证】 必要性。设 D 是列紧的,则由定理 1.1.4 知,D 一定是全有界的,从而有界,即 D 是一致有界的。由 D 的全有界性,$\forall\varepsilon>0$,存在$\frac{\varepsilon}{3}$-网$\{x_1,x_2,\cdots,x_n\}$,该 n 个函数在$[a,b]$上一致连续,故存在 $\delta>0$,当 $t_1,t_2\in[a,b]$且$|t_1-t_2|<\delta$ 时,

$$|x_i(t_1)-x_i(t_2)|<\frac{\varepsilon}{3}(i=1,2,\cdots,n)。$$

又$\{x_1,x_2,\cdots,x_n\}$为 D 的$\frac{\varepsilon}{3}$-网,所以 $\forall x\in D$,存在 $x_j(1\leqslant j\leqslant n)$使

$$d(x,x_j)=\max_{a\leqslant t\leqslant b}|x(t)-x_j(t)|<\frac{\varepsilon}{3},$$

于是

$$|x(t_1)-x(t_2)|\leqslant|x(t_1)-x_j(t_1)|+|x_j(t_1)-x_j(t_2)|+|x_j(t_2)-x(t_2)|<\varepsilon。$$

即 D 是等度连续的。

充分性。由于 $C[a,b]$是完备的,由定理 1.1.4 只要证明 D 是全有界的。$\forall\varepsilon>0$,由 D 的等度连续性,$\exists\delta>0$,使当 $t_1,t_2\in[a,b]$且$|t_1-t_2|<\delta$ 时,有

$$|x(t_1)-x(t_2)|<\frac{\varepsilon}{3}。$$

对上述 δ,作$[a,b]$的划分

$$a=t_1<t_2<\cdots<t_N=b,$$

使 $\max\limits_{2\leqslant j\leqslant N}|t_j-t_{j-1}|<\delta$。因为 D 一致有界,所以存在 $M>0$,使 $\forall x\in D$,有 $\max\limits_{a\leqslant t\leqslant b}|x(t)|\leqslant M$,于是点集

$$S=\{(x(t_1),x(t_2),\cdots,x(t_N))\mid x\in D\}$$

是$\mathbb{R}^N$ 中的有界集,由于$\mathbb{R}^N$ 中的任何有界集均为列紧的,从而 S 为$\mathbb{R}^N$ 中的全有界集,因此存在有限个点 $x_1,x_2,\cdots,x_k\in D$ 使

$$(x_\gamma(t_1),x_\gamma(t_2),\cdots,x_\gamma(t_N))(\gamma=1,2,\cdots,k)$$

组成 S 的$\frac{\varepsilon}{3}$-网。

下面证明$\{x_1,x_2,\cdots,x_k\}$是 D 的 ε-网,从而 D 全有界。$\forall x\in D$,则$(x(t_1),x(t_2),\cdots,x(t_N))\in S$,由于$(x_\gamma(t_1),x_\gamma(t_2),\cdots,x_\gamma(t_N))(\gamma=1,2,\cdots,k)$为 S 的$\frac{\varepsilon}{3}$-网,故存在 $\gamma(1\leqslant\gamma\leqslant k)$使

$$\left(\sum_{i=1}^N|x_\gamma(t_i)-x(t_i)|^2\right)^{\frac{1}{2}}<\frac{\varepsilon}{3},$$

由此有

$$|x_\gamma(t_i)-x(t_i)|<\frac{\varepsilon}{3}(i=1,2,\cdots,N)。$$

$\forall t\in[a,b]$，存在 j：$t\in[t_{j-1},t_j]$，于是

$|x(t)-x_\gamma(t)|\leqslant|x(t)-x(t_{j-1})|+|x(t_{j-1})-x_\gamma(t_{j-1})|+|x_\gamma(t_{j-1})-x_\gamma(t)|<\varepsilon$。

由此知 $d(x,x_\gamma)=\max\limits_{a\leqslant t\leqslant b}|x(t)-x_\gamma(t)|<\varepsilon$，所以$\{x_1,x_2,\cdots,x_k\}$为 D 的 ε-网。因此 D 全有界，从而 D 是列紧的。

1.1.4 压缩映射原理

数学上的很多问题可归结为方程解的问题，而方程解的存在性问题通常可以转化为映射不动点的存在性问题，下面给出距离空间上映射的压缩映射原理，它在证明不动点的存在性中有着非常广泛的应用。

定义 1.1.13(压缩映射) 设(X,d)为距离空间，T：$X\to X$，若存在常数 k：$0<k<1$，使对一切 $x,y\in X$ 有

$$d(Tx,Ty)\leqslant kd(x,y),$$

则称 T：$X\to X$ 为压缩映射。

定理 1.1.7(压缩映射原理) 设(X,d)为完备的距离空间，T：$X\to X$ 为压缩映射，则存在唯一的不动点，即存在唯一的点 $x^*\in X$ 使得 $Tx^*=x^*$。

【证】 取 $x_0\in X$，定义 $x_{n+1}=Tx_n(n=0,1,2,\cdots)$，下面证明$\{x_n\}$为 Cauchy 列。实际上，

$$\begin{aligned}d(x_n,x_{n+1})&=d(Tx_{n-1},Tx_n)\leqslant kd(x_{n-1},x_n)\leqslant k^2d(x_{n-2},x_{n-1})\\&\leqslant k^nd(x_0,x_1)(n=1,2,\cdots),\end{aligned}$$

于是

$$\begin{aligned}d(x_n,x_{n+p})&\leqslant d(x_n,x_{n+1})+d(x_{n+1},x_{n+2})+\cdots+d(x_{n+p-1},x_{n+p})\\&\leqslant(k^n+k^{n+1}+\cdots+k^{n+p-1})d(x_0,x_1)<\frac{k^n}{1-k}d(x_0,x_1)\to 0(n\to\infty),\end{aligned}$$

所以$\{x_n\}$为 Cauchy 列。又 X 为完备的，因此存在 $x^*\in X$ 使 $x_n\to x^*(n\to\infty)$，根据 $x_{n+1}=Tx_n$ 及 T 的连续性，有 $Tx^*=x^*$。若还有 $x^{*\prime}\in X$ 使 $Tx^{*\prime}=x^{*\prime}$，由压缩映射的性质知

$$d(x^*,x^{*\prime})=d(Tx^*,Tx^{*\prime})\leqslant kd(x^*,x^{*\prime}),$$

由此推得 $d(x^*,x^{*\prime})=0$，所以 $x^*=x^{*\prime}$，即不动点是唯一的。

压缩映像原理又称为 Banach 不动点定理，定理的证明过程实际上为我们提供了求方程 $Tx=x$ 的方法-迭代方法，下面我们看一个应用。

定理 1.1.8(解线性方程组的 Jacobi 法) 设有线性方程组

$$\boldsymbol{x}=\boldsymbol{A}\boldsymbol{x}+\boldsymbol{b},\tag{1.1.10}$$

其中 $\boldsymbol{A}=(a_{ij})_{n\times n}$，$\boldsymbol{b}=(b_1,b_2,\cdots,b_n)^{\mathrm{T}}$，$\boldsymbol{x}\in\mathbb{R}^n$ 为未知向量。若 $\boldsymbol{A}$ 满足

$$\sum_{j=1}^{n}|a_{ij}|<1(i=1,2,\cdots,n),\tag{1.1.11}$$

则方程(1.1.10)有唯一解。

【证】 设 $d(\boldsymbol{x},\boldsymbol{y})=\max\limits_{1\leqslant i\leqslant n}|\xi_i-\eta_i|$，其中 $\boldsymbol{x}=(\xi_1,\xi_2,\cdots,\xi_n)^{\mathrm{T}}$，$\boldsymbol{y}=(\eta_1,\eta_2,\cdots,\eta_n)^{\mathrm{T}}$，则 $(\mathbb{R}^n,d)$ 构成完备的距离空间。定义 $T:\mathbb{R}^n\to\mathbb{R}^n$，

$$T\boldsymbol{x}=\boldsymbol{A}\boldsymbol{x}+\boldsymbol{b},\quad \boldsymbol{x}\in\mathbb{R}^n,$$

则

$$\begin{aligned}d(T\boldsymbol{x},T\boldsymbol{y})&=d\left[\left(\sum_{j=1}^{n}a_{1j}\xi_j+b_1,\cdots,\sum_{j=1}^{n}a_{nj}\xi_j+b_n\right),\quad\left(\sum_{j=1}^{n}a_{1j}\eta_j+b_1,\cdots,\sum_{j=1}^{n}a_{nj}\eta_j+b_n\right)\right]\\&=\max_{1\leqslant i\leqslant n}\left|\sum_{j=1}^{n}a_{ij}(\xi_j-\eta_j)\right|\leqslant\left(\max_{1\leqslant i\leqslant n}\sum_{j=1}^{n}|a_{ij}|\right)\max_{1\leqslant i\leqslant n}|\xi_i-\eta_i|=kd(\boldsymbol{x},\boldsymbol{y}),\end{aligned}$$

由已知条件可知 $k=\max\limits_{1\leqslant i\leqslant n}\sum\limits_{j=1}^{n}|a_{ij}|<1$，因此 T 存在唯一不动点 $\boldsymbol{x}^*\in\mathbb{R}^n$，即 $\boldsymbol{x}^*=\boldsymbol{A}\boldsymbol{x}^*+\boldsymbol{b}$，此即为方程组的唯一解。

根据定理的证明还得到求方程(1.1.10)的近似解的迭代算法：$\boldsymbol{x}_{n+1}=T\boldsymbol{x}_n$。另外，作为定理的应用，可讨论系数矩阵为主对角占优的线性方程组的解的存在性。

定理 1.1.9 设方程组 $\boldsymbol{A}\boldsymbol{x}=\boldsymbol{b}$ 中的系数矩阵 $\boldsymbol{A}=(a_{ij})_{n\times n}$ 满足

$$\sum_{\substack{j=1\\j\neq i}}^{n}|a_{ij}|<|a_{ii}|\ (i=1,2,\cdots,n),$$

则方程组 $\boldsymbol{A}\boldsymbol{x}=\boldsymbol{b}$ 存在唯一解。

【证】 设 $\boldsymbol{x}=(x_1,x_2,\cdots,x_n)^{\mathrm{T}}$，$\boldsymbol{b}=(b_1,b_2,\cdots,b_n)^{\mathrm{T}}$，将方程组 $\boldsymbol{A}\boldsymbol{x}=\boldsymbol{b}$ 改写为 $\boldsymbol{x}=\bar{\boldsymbol{A}}\boldsymbol{x}+\bar{\boldsymbol{b}}$，其中

$$\bar{\boldsymbol{A}}=\begin{bmatrix}0&-\dfrac{a_{12}}{a_{11}}&\cdots&-\dfrac{a_{1n}}{a_{11}}\\-\dfrac{a_{21}}{a_{22}}&0&\cdots&-\dfrac{a_{2n}}{a_{22}}\\\vdots&\vdots&&\vdots\\-\dfrac{a_{n1}}{a_{nn}}&-\dfrac{a_{n2}}{a_{nn}}&\cdots&0\end{bmatrix},\quad\bar{\boldsymbol{b}}=\begin{bmatrix}\dfrac{b_1}{a_{11}}\\\vdots\\\dfrac{b_n}{a_{nn}}\end{bmatrix}$$

显然矩阵 $\bar{\boldsymbol{A}}$ 满足条件(1.1.11)，因此方程组 $\boldsymbol{x}=\bar{\boldsymbol{A}}\boldsymbol{x}+\bar{\boldsymbol{b}}$ 存在唯一解。

1.2 赋范线性空间与线性算子

1.2.1 赋范线性空间

在1.1节中介绍的距离空间给出了集合任意元素之间的一种度量，从而可以定义邻域及元素序列的极限的概念。在许多数学问题和实际问题中，集合中的元素不仅涉及极限运算，而且还涉及元素之间的代数运算，如线性空间中有加法运算和数乘运算，赋范线性空间将度量与元素的代数运算很好地结合起来。

定义 1.2.1(赋范线性空间与 Banach 空间) 设 X 为数域 K(实数域$\mathbb{R}$或复数域$\mathbb{C}$)上

的线性空间，若对每个 $x\in X$，有确定的数 $\|x\|$ 与之对应，且满足如下条件：

(1) $\|x\|\geqslant 0, x\in X$，且 $\|x\|=0\Leftrightarrow x=0$；

(2) $\|\alpha x\|=|\alpha|\,\|x\|, x\in X, \alpha\in K$；

(3) $\|x+y\|\leqslant\|x\|+\|y\|, \forall x,y\in X$，

则称 $\|x\|$ 为 x 的范数，X 称为赋范线性空间，记为 $(X,\|\ \|)$ 或 X。

对赋范线性空间 $(X,\|\ \|)$，可以定义距离

$$d(x,y)=\|x-y\|,\quad \forall x,y\in X,$$

称其为范数诱导的距离。若 X 在该距离下为完备的距离空间，则称 X 为 Banach 空间，简称 B-空间。

例如，$\mathbb{R}^n, l^p(p\geqslant 1), l^\infty, C[a,b]$ 等线性空间，可以分别按如下方式定义的范数成为赋范线性空间：

$$\|x\|=\left(\sum_{i=1}^{n}|\xi_i|^2\right)^{\frac{1}{2}},\quad x=(\xi_1,\xi_2,\cdots,\xi_n)\in\mathbb{R}^n;$$

$$\|x\|=\left(\sum_{n=1}^{\infty}|\xi_n|^p\right)^{\frac{1}{p}},\quad x=(\xi_1,\xi_2,\cdots,\xi_n,\cdots)\in l^p;$$

$$\|x\|=\sup_n|\xi_n|,\quad x=(\xi_1,\xi_2,\cdots,\xi_n,\cdots)\in l^\infty;$$

$$\|x\|=\max_{a\leqslant t\leqslant b}|x(t)|,\quad x\in C[a,b]。$$

这些空间在范数诱导的距离下是完备的，因此均为 Banach 空间。

由于赋范线性空间是线性空间，其维数可以是有限也可以是无限，下面我们介绍有限维赋范线性空间所特有的性质，它们体现有限维空间的本质特征。

定理 1.2.1（有限维空间的特征） 设 X 为赋范线性空间，且 $\dim X<\infty$，则

(1) X 为 Banach 空间；

(2) 若 $\|\cdot\|_1$ 和 $\|\cdot\|_2$ 为 X 上的任意两个范数，则 $\|\cdot\|_1$ 与 $\|\cdot\|_2$ 等价，即存在正的常数 C_1 和 C_2，使 $C_1\|x\|_2\leqslant\|x\|_1\leqslant C_2\|x\|_2, \forall x\in X$；

(3) $A\subset X$ 列紧的充要条件是 A 有界。

我们给出定理中(2)的证明，为此需要下面的引理。

引理 1.2.1 设 $\{x_1,x_2,\cdots,x_n\}$ 为维赋范线性空间 X 中的线性无关向量组，则存在常数 $c>0$，使得对于数域 K 上的每一组数 $\alpha_1,\alpha_2,\cdots,\alpha_n$，有

$$\|\alpha_1x_1+\alpha_2x_2+\cdots+\alpha_nx_n\|\geqslant c(|\alpha_1|+|\alpha_2|+\cdots+|\alpha_n|)。\qquad(1.2.1)$$

【证】 记 $s=|\alpha_1|+|\alpha_2|+\cdots+|\alpha_n|$，若 $s=0$ 则结论显然成立。设 $s>0$，记 $\beta_j=\dfrac{\alpha_j}{s}$，则式(1.2.1)等价于

$$\|\beta_1x_1+\beta_2x_2+\cdots+\beta_nx_n\|\geqslant c,\qquad(1.2.2)$$

其中 $\sum\limits_{j=1}^{n}|\beta_j|=1$。若式(1.2.2)不成立，则存在序列 $\{y_m\}$：

$$y_m=\sum_{i=1}^{n}\beta_i^{(m)}x_i,\quad \sum_{i=1}^{n}|\beta_i^{(m)}|=1,$$

使得 $\|y_m\|\to 0(m\to\infty)$。由于 $\{\beta_i^{(m)}\}(i=1,2,\cdots,n)$ 为有界数列，所以存在收敛的子数

列,不妨设

$$\beta_i^{(m)} \to \beta_i (m \to \infty, i=1,2,\cdots,n),$$

则有

$$y_m = \sum_{i=1}^{n} \beta_i^{(m)} x_i \to \sum_{i=1}^{n} \beta_i x_i \xlongequal{\text{def}} y,$$

且有 $\sum_{i=1}^{n} |\beta_i| = 1$。一方面,由于 $\|y_m\| \to 0 (m \to \infty)$,从而 $y=0$;另一方面,由于 β_i 不全为零,且 $\{x_1, x_2, \cdots, x_n\}$ 为线性无关,因此一定有 $y \neq 0$,矛盾。因此,假设 $\|y_m\| \to 0 (m \to \infty)$ 不成立,所以有式(1.2.2)成立。

定理 1.2.1(2)的证明:

设 $\dim X = n$,且 $\{e_1, e_2, \cdots, e_n\}$ 为 X 的一组基,则 $\forall x \in X$,存在唯一的线性表示

$$x = \alpha_1 e_1 + \alpha_2 e_2 + \cdots + \alpha_n e_n。$$

由引理 1.2.1,存在常数 $c>0$,使得

$$\|x\|_1 = \|\alpha_1 e_1 + \alpha_2 e_2 + \cdots + \alpha_n e_n\|_1 \geqslant c(|\alpha_1| + |\alpha_2| + \cdots + |\alpha_n|)。$$

另一方面,由三角不等式有

$$\|x\|_2 \leqslant |\alpha_1| \|e_1\|_2 + |\alpha_2| \|e_2\|_2 + \cdots + |\alpha_n| \|e_n\|_2 \leqslant k \sum_{j=1}^{n} |\alpha_j|,$$

其中 $k = \max\limits_{1 \leqslant j \leqslant n} \|e_j\|$。于是有

$$\|x\|_2 \leqslant k \sum_{j=1}^{n} |\alpha_j| \leqslant \frac{k}{c} \|x\|_1 \xlongequal{\text{def}} \frac{1}{C_1} \|x\|_1,$$

即 $C_1 \|x\|_2 \leqslant \|x\|_1$,交换范数可得 $\|x\|_1 \leqslant C_2 \|x\|_2$,因此有 $C_1 \|x\|_2 \leqslant \|x\|_1 \leqslant C_2 \|x\|_2, \forall x \in X$。

因此,对有限维的赋范线性空间,其所有范数诱导出的距离都是等价的,即有相同的收敛性。例如,$\mathbb{R}^n$ 中的收敛性均等价于依坐标收敛。

下面给出有限维空间的另一特征,为此需要下面的 Riesz 引理,在后面讨论紧算子的谱时我们还要用到它。

引理 1.2.2(Riesz 引理) 设 Y 是赋范线性空间 X 的真闭子空间,则 $\forall \varepsilon > 0$,存在 $x_0 \in X$,使 $\|x_0\| = 1$,且

$$\inf\{\|y - x_0\| \mid y \in Y\} \geqslant 1 - \varepsilon。$$

【证】 因为 $Y \neq X$,故存在 $x_1 \in X \backslash Y$,令

$$d = \inf\{\|x_1 - y\| \mid y \in Y\},$$

由于 Y 闭,所以 $d>0$。设 $\varepsilon \in (0,1)$,则 $\frac{d}{1-\varepsilon} > d$。由下确界的定义,存在 $y_1 \in Y$,使

$$\|x_1 - y_1\| < \frac{d}{1-\varepsilon}。$$

令 $x_0 = \frac{x_1 - y_1}{\|x_1 - y_1\|}$,则 $\|x_0\| = 1$,$\forall y \in Y$,有

$$\|y - x_0\| = \left\| y - \frac{x_1 - y_1}{\|x_1 - y_1\|} \right\| = \frac{1}{\|x_1 - y_1\|} \|(y \|x_1 - y_1\| + y_1) - x_1\|。$$

因为 $y,y_1\in Y$，故 $\|x_1-y_1\|y+y_1\in Y$，于是

$$\|(\|x_1-y_1\|y+y_1)-x_1\|\geqslant d,$$

所以

$$\|y-x_0\|\geqslant\frac{d}{\|x_1-y_1\|}>1-\varepsilon,$$

于是 $\inf\{\|y-x_0\|\,|\,y\in Y\}\geqslant 1-\varepsilon$。

定理 1.2.2 设 X 为赋范线性空间，且 $\dim X<\infty$，则 X 中的闭单位球 $\bar{B}(0,1)$ 为紧的。

【证】 设 $\bar{B}(0,1)$ 紧但 $\dim X=\infty$。任取 $x_1\in X$ 使得 $\|x_1\|=1$，X_1 为 x_1 张成的子空间，记为 $X_1=\mathrm{span}\{x_1\}$，则 X_1 为 X 的真子空间。由 Riesz 引理，存在 $x_2\in X$ 且 $\|x_2\|=1$，使得

$$\|x_1-x_2\|\geqslant\frac{1}{2}。$$

设 $X_2=\mathrm{span}\{x_1,x_2\}$，则 X_2 也为 X 的真子空间，同样由 Riesz 引理，存在 $x_3\in X$ 且 $\|x_3\|=1$，使得

$$\|x_3-x\|\geqslant\frac{1}{2},\quad\forall x\in X_2,$$

特别有

$$\|x_3-x_1\|\geqslant\frac{1}{2},\quad\|x_3-x_2\|\geqslant\frac{1}{2}。$$

依次下去，可以得到序列 $x_n\in\bar{B}(0,1)(n=1,2,\cdots)$，使得

$$\|x_m-x_n\|\geqslant\frac{1}{2}(m\neq n),$$

显然 $\{x_n\}$ 不存在收敛的子序列，这与 $\bar{B}(0,1)$ 为紧的矛盾。

1.2.2 内积空间

作为有限维向量内积概念的推广，下面给出一般内积的定义，由此可以考虑内积空间中向量之间的位置关系，获得与欧氏几何类似的性质。

定义 1.2.2(内积空间) 设 X 为数域 K 上的线性空间，若 $\forall x,y\in X$，有唯一的 $(x,y)\in K$ 与之对应，且满足如下条件：

(1) $\forall x\in X$，$(x,x)\geqslant 0$，且 $(x,x)=0\Leftrightarrow x=0$；

(2) $\forall x,y,z\in X$ 及 $\alpha,\beta\in K$，有

$$(\alpha x+\beta y,z)=\alpha(x,z)+\beta(y,z);$$

(3) $\forall x,y\in X$，有 $(x,y)=\overline{(y,x)}$，

则称 X 为数域 K 上的内积空间，当 K 分别为实数域和复数域时，该内积空间分别称为实内积空间和复内积空间。

定义中的条件(2)意味着内积 (x,y) 关于变元 x 是线性的，实际上再根据条件(3)可推出 (x,y) 关于变元 y 也是线性的。

例如，在 $\mathbb{R}^n$ 上可定义实内积

$$(\boldsymbol{x},\boldsymbol{y})=\sum_{i=1}^{n}x_iy_i,$$

其中 $\boldsymbol{x},\boldsymbol{y}\in\mathbb{R}^n$，$\boldsymbol{x}=(x_1,x_2,\cdots,x_n)$，$\boldsymbol{y}=(y_1,y_2,\cdots,y_n)$。对于复数域上的序列空间 l^2，可以定义复内积

$$(x,y)=\sum_{n=1}^{\infty}x_n\overline{y_n},$$

其中 $x,y\in l^2$，$x=(x_1,\cdots,x_n,\cdots)$，$y=(y_1,\cdots,y_n,\cdots)$。

定理 1.2.3（Cauchy-Schwarz 不等式） 设 X 为内积空间，则 $\forall x,y\in X$，有

$$|(x,y)|\leqslant\sqrt{(x,x)\cdot(y,y)}。\tag{1.2.3}$$

【证】 对于 $\forall x,y\in X$ 及 $\lambda\in K$，由定义的条件(1)有 $(x+\lambda y,x+\lambda y)\geqslant 0$，即

$$\begin{aligned}(x+\lambda y,x+\lambda y)&=(x,x)+\lambda(x,y)+\bar{\lambda}(y,x)+|\lambda|^2(y,y)\\&=(x,x)+2\mathrm{Re}\lambda(x,y)+|\lambda|^2(y,y)\geqslant 0,\end{aligned}$$

设 $y\neq 0$，令 $\lambda=-\dfrac{\overline{(y,x)}}{(y,y)}$，则有 $(x,x)-\dfrac{|(x,y)|^2}{(y,y)}\geqslant 0$，此即为式(1.2.3)。

对于具体的内积空间，可以得到不同形式的 Cauchy-Schwarz 不等式。例如，在 l^2 上有

$$\left|\sum_{n=1}^{\infty}x_n\overline{y_n}\right|\leqslant\sqrt{\sum_{n=1}^{\infty}|x_n|^2\sum_{n=1}^{\infty}|y_n|^2}。$$

定义 1.2.3（Hilbert 空间） 设 X 为内积空间，由其内积可导出范数 $\|x\|=\sqrt{(x,x)}$ $(x\in X)$，若 X 在该范数下成为 Banach 空间，则称 X 为 Hilbert 空间，通常用 H 表示 Hilbert 空间。

定理 1.2.4（Hilbert 空间的几何特征） Banach 空间 X 为 Hilbert 空间的充要条件是范数满足恒等式

$$\|x+y\|^2+\|x-y\|^2=2(\|x\|^2+\|y\|^2),\quad\forall x,y\in X。\tag{1.2.4}$$

例如，l^p 当 $p\neq 2$ 时不是 Hilbert 空间。实际上，在 l^p 中取

$$x=(1,1,0,\cdots,0,\cdots),\quad y=(1,-1,0,\cdots,0,\cdots),$$

则 $\|x\|=\|y\|=2^{\frac{1}{p}}$，$\|x+y\|=\|x-y\|=2$，当 $p\neq 2$ 时，式(1.2.4)不成立。

定理 1.2.5 设 M 是内积空间 X 的子空间，$x\in X$，$x_0\in M$，若

$$\|x-x_0\|=\inf_{y\in M}\|x-y\|\xlongequal{\text{def}}d(x,M),$$

则 $x-x_0\perp M$，即 $\forall y\in M$ 有 $(x-x_0,y)=0$。

【证】 $\forall y\in M$ 及 $\lambda\in K$，有 $x_0+\lambda y\in M$，于是

$$d^2(x,M)\leqslant\|x-(x_0+\lambda y)\|^2=\|x-x_0\|^2+|\lambda|^2\|y\|^2-2\mathrm{Re}[\bar{\lambda}(x-x_0,y)],$$

取 $\lambda=\dfrac{(x-x_0,y)}{\|y\|}$ $(y\neq 0)$，则有

$$d^2(x,M)\leqslant\|x-x_0\|^2-\frac{|(x-x_0,y)|^2}{\|y\|^2},$$

注意到 $\|x-x_0\|=d(x,M)$，因此有 $(x-x_0,y)=0$。

定理 1.2.5 有明显的几何意义，如点 $P(x,y,z)$ 到过原点的平面 π：$Ax+By+Cz=0$（视为 $\mathbb{R}^3$ 的子空间）的距离，即为 P 与其在 π 上投影点 P_0 的距离，此时 $\overrightarrow{P_0P}$（相当于 $x-x_0$）与平面 π 上任一点 Q 的位置向量 $\overrightarrow{OQ}$（相当于 y）是垂直的。另外，作为最小二乘法、最佳逼近和最佳估计的统一处理，有下面的定理。

定理 1.2.6 设 X 为数域 K 上的内积空间，$x, x_i \in X(i=1,2,\cdots,n)$，则必存在 n 个数 $a_i \in K$，使得

$$\left\| x - \sum_{i=1}^{n} a_i x_i \right\| = \min_{\lambda_i \in K} \left\| x - \sum_{i=1}^{n} \lambda_i x_i \right\|。$$

1.2.3 有界线性算子

作为线性代数中线性变换概念的推广，下面给出有界线性算子的概念。

定义 1.2.4(有界线性算子及其范数) 设 X, Y 为数域 K 上赋范线性空间，D 为 X 的线性子空间，$T: D \to Y$ 称为线性算子，若 $\forall x, y \in D, \alpha, \beta \in K$，有

$$T(\alpha x + \beta y) = \alpha Tx + \beta Ty。$$

若还有常数 $M>0$，使

$$\| Tx \| \leqslant M \| x \|, \quad \forall x \in D,$$

则称 T 为有界线性算子，称

$$\| T \| = \sup_{x \in D, x \neq 0} \frac{\| Tx \|}{\| x \|}$$

为 T 在 D 上的范数。若 $Y=K$，则称 T 为有界线性泛函。

定理 1.2.7 (1)线性算子 $T: D \subset X \to Y$ 有界的充要条件是 T 将 D 中的有界集映成 Y 中的有界集；

(2) 若 $T: D \subset X \to Y$ 为有界线性算子，则

$$\| T \| = \sup_{x \in D, \| x \| \leqslant 1} \| Tx \| = \sup_{x \in D, \| x \| = 1} \| Tx \|;$$

(3) 线性算子 $T: D \subset X \to Y$ 在 D 上连续的充要条件是 T 为有界算子。

例 1(积分算子) 定义积分算子 $T: C[a,b] \to C[a,b]$ 为

$$(Tx)(t) = \int_a^t x(\tau) \mathrm{d}\tau, \quad \forall x \in C[a,b],$$

则 T 为有界线性算子，且 $\| T \| = b-a$。实际上，容易验证 T 为有界线性算子，只需验证 $\| T \| = b-a$。一方面，由

$$| (Tx)(t) | = \left| \int_a^t x(\tau) \mathrm{d}\tau \right| \leqslant (b-a) \max_{a \leqslant t \leqslant b} \left| x(t) \right| = (b-a) \| x \|,$$

所以 $\| T \| \leqslant b-a$。另一方面，取 $x_0(t) \equiv 1$，则由定理 1.2.7(2)知

$$\| T \| = \sup_{\| x \| = 1} \| Tx \| \geqslant \| Tx_0 \| = b-a,$$

因此 $\| T \| = b-a$。

例 2(微分算子) 设 $C^1[0,1]$ 为 $[0,1]$ 上有一阶连续导数的实函数的全体，它在范数 $\| x \| = \max\limits_{0 \leqslant t \leqslant 1} \{ |x(t)|, |x'(t)| \}$ 下构成 Banach 空间。定义微分算子 $T: C^1[0,1] \subset C[0,1] \to C[0,1]$ 为

$$(Tx)(t) = x'(t), \quad x \in C^1[0,1],$$

则 T 为无界的。事实上，取 $x_n(t) = \dfrac{t^n}{n} (n=1,2,\cdots)$，则 $x_n \in C^1[0,1]$ 且在 $C[0,1]$ 的范数下(即将 $C^1[0,1]$ 视为 $C[0,1]$ 的子空间)有

$$\| x_n - 0 \| = \max_{0 \leqslant t \leqslant 1} \frac{| t |^n}{n} = \frac{1}{n} \to 0 (n \to \infty),$$

即 $x_n \to 0 (n\to\infty)$,但

$$\| Tx_n \| = \max_{0\leqslant t\leqslant 1} | t^{n-1} | = 1,$$

即 Tx_n 不收敛到 $T0$,所以 T 在 $x=0$ 处不连续,由定理 1.2.7(3)知 $T: D\to X$ 为无界算子。

线性算子也可从整体来考虑,即考虑线性算子(或线性泛函)作为集合的整体性质。设 X,Y 为赋范线性空间,记 $B(X,Y)$为 X 到 Y 的一切有界线性算子的集合。定义线性运算

$$(A+B)x = Ax + Bx, \quad x \in X,$$

$$(\alpha A)x = \alpha(Ax), \quad x \in X, \quad \alpha \in K,$$

则 $B(X,Y)$在上述线性运算下构成线性空间。又定义

$$\| T \| = \sup_{x\in X, \|x\|=1} \| Tx \|, \quad \forall T \in B(X,Y),$$

则 $B(X,Y)$又为赋范线性空间。

特别地,$B(X,X)$简记为 $B(X)$;当 $Y=K$ 时,记 $B(X,K)$为 X^*,X^* 即为 X 上有界线性泛函的全体,称其为 X 的对偶空间(或称为共轭空间)。

定理 1.2.8 设 X 为赋范线性空间,Y 是 Banach 空间,则 $B(X,Y)$也为 Banach 空间。特别地,X^* 为 Banach 空间。

【证】 下面仅验证 $B(X,Y)$是完备的。设 $T_n \in B(X,Y)(n=1,2,\cdots)$为基本列,即 $\forall \varepsilon>0$,存在正整数 N,当 $m,n>N$ 时有 $\| T_n - T_m \| < \varepsilon$。于是,$\forall x\in X$ 有

$$\| T_n x - T_m x \| = \| (T_n - T_m)x \| \leqslant \| T_n - T_m \| \, \| x \| < \varepsilon \| x \|,$$

所以$\{T_n x\}$为基本列,由 Y 的完备性,有

$$T_n x \to y \in Y (n\to\infty)。$$

定义算子 $Tx = \lim\limits_{n\to\infty} T_n x$,$\forall x\in X$,则 T 为线性算子。另外,当 $n>N$ 时,

$$\| (T_n - T)x \| = \| T_n x - Tx \| = \lim_{m\to\infty} \| T_n x - T_m x \| \leqslant \varepsilon \| x \|,$$

由此有

$$\| T_n - T \| \leqslant \varepsilon, \tag{1.2.5}$$

所以 $T_n - T\in B(X,Y)$。由于 $T=T_n+(T-T_n)$,所以 $T\in B(X,Y)$,再由式(1.2.5)知 $\| T_n - T\| \to 0(n\to\infty)$,因此 $B(X,Y)$是完备的。

定义 1.2.5(算子列的收敛性) 设 $T_n\in B(X,Y)$,$n=1,2,\cdots$,$T\in B(X,Y)$。若 $\lim\limits_{n\to\infty} \| T_n - T \| = 0$,则称算子列$\{T_n\}$依范数收敛到 T,记为 $T_n \to T(n\to\infty)$。若 $\forall x\in X$ 有 $T_n x\to Tx(n\to\infty)$,即 $\lim\limits_{n\to\infty} \| T_n x - Tx \| = 0$,则称算子列$\{T_n\}$强收敛于 T,记作

$$T_n \xrightarrow{\text{强}} T(n\to\infty)。$$

依范数收敛肯定为强收敛,下面的例子说明反过来不成立。

例 3 设 $X=Y=l^2$,$T_n\in B(X,Y)$定义如下:

$$T_n x = (\xi_{n+1}, \xi_{n+2}, \cdots, \xi_{n+k}, \cdots), \quad x=(\xi_1,\xi_2,\cdots,\xi_n,\cdots)\in l^2。$$

$$\| T_n x \| = \left(\sum_{k=n+1}^{\infty} | \xi_k |^2 \right)^{\frac{1}{2}} \leqslant \| x \|, \quad x \in l^2,$$

即 $\| T_n \| \leqslant 1$。实际上,$\| T_n \| = 1$。取

$$x = e_n = (\overbrace{0,\cdots,0}^{n-1},1,0,\cdots),$$

则 $T_n e_{n+1}=e_1$，$\| e_n \|=1$。于是

$$\| T_n \| = \sup_{\| x \|=1} \| T_n x \| \geqslant \| T_n e_{n+1} \| = \| e_1 \| = 1。$$

另一方面，$\forall x=(\xi_1,\xi_2,\cdots,\xi_n,\cdots)\in l^2$，

$$\| T_n x \|^2 = \sum_{k=n+1}^{\infty} | \xi_k |^2 \to 0(n\to\infty),$$

即 $T_n \xrightarrow{强} 0$，但由于 $\| T_n \|=1(n=1,2,\cdots)$，所以 T_n 不依范数收敛到0。

1.2.4 对偶空间

在泛函分析中，把 X 中问题转化为 X^* 中的问题，或者反过来，可以给问题的研究带来方便。因此，弄清 X^* 的结构非常重要。

定义 1.2.6（保范同构） 设 X,Y 为两个赋范线性空间，$U: X\to Y$ 为线性算子，若

(1) U 是满射；

(2) U 是保范的，即 $\| Ux \|_Y = \| x \|_X, x\in X$，

则称 U 是 X 到 Y 上的保范同构映射。此时称 X 和 Y 是保范同构的。

当我们研究的问题仅与范数和线性运算有关，则两个保范同构的赋范线性空间可以视为同一个。

定理 1.2.9 在保范同构意义下，成立如下等式：

$$(l^p)^* = l^q,(l^1)^* = l^\infty, \quad (L^p[a,b])^* = L^q[a,b], \quad \frac{1}{p}+\frac{1}{q}=1。$$

计算共轭空间是一项非常有趣但又充满困难的工作。例如在证明第三个等式时，实际上得到如下的结论：

函数空间 $L^p[a,b]$ 上的每一个有界线性泛函 f 均可表示成

$$f(x)=\int_a^b x(t)\overline{y(t)}\mathrm{d}t, \quad x\in L^p[a,b],$$

其中 $y\in L^q[a,b]\left(\frac{1}{p}+\frac{1}{q}=1\right)$，$f$ 的范数为

$$\| f \| = \| y \|_q = \left(\int_a^b | y(t) |^q \mathrm{d}t\right)^{\frac{1}{q}}。$$

下面给出 $(l^1)^*=l^\infty$ 的证明：

设 $e_k=(\overbrace{0,\cdots,0}^{k-1},1,0,\cdots)$，称 $\{e_k\}$ 为 l^1 的 Schauder 基，则每个 $x=(\xi_1,\xi_2,\cdots)\in l^1$ 有唯一的表示

$$x=\sum_{k=1}^{\infty}\xi_k e_k。$$

对于任意的 $f\in(l^1)^*$，则有

$$f(x)=\sum_{k=1}^{\infty}\xi_k v_k, \quad v_k=f(e_k)。$$

由于 $\| e_k \|=1$，所以

$$| v_k | = | f(e_k) | \leqslant \| f \| \| e_k \| = \| f \|, \tag{1.2.6}$$

因此有$\{v_k\}\in l^{\infty}$。

另外，每个$b=\{\beta_k\}\in l^{\infty}$对应$l^1$上的一个有界线性泛函$g$：

$$g(x)=\sum_{k=1}^{\infty}\xi_k\beta_k,$$

其中$x=(\xi_1,\xi_2,\cdots)\in l^1$，这是因为

$$|g(x)|\leqslant\sum_{k=1}^{\infty}|\xi_k\beta_k|\leqslant\sup_j|\beta_j|\sum_{k=1}^{\infty}|\xi_k|=\|x\|\sup_j|\beta_j|。$$

下面验证映射$\varphi:(l^1)^*\to l^{\infty}$，$\varphi(f)=c=(v_1,v_2,\cdots,v_n,\cdots)$是保范同构映射。显然$\varphi$保线性运算，因此只需证明它是保范的，即$\|f\|=\|c\|$。一方面，由式(1.2.6)有

$$\|c\|=\sup_j|v_j|\leqslant\|f\|。$$

另一方面，

$$|f(x)|\leqslant\sum_{k=1}^{\infty}|\xi_k v_k|\leqslant\sup_j|v_j|\sum_{k=1}^{\infty}|\xi_k|=\|x\|\sup_j|v_j|,$$

所以$\|f\|\leqslant\sup\limits_j|v_j|$，因此$\|f\|=\sup\limits_j|v_j|=\|c\|$。

通常计算一般赋范线性空间的对偶空间是比较困难的，但对Hilbert空间，下面的定理表明其对偶空间就是自身，例如$(\mathbb{R}^n)^*=\mathbb{R}^n$。

定理 1.2.10(Riesz 表示定理) 设H是Hilbert空间，则对于任意的$f\in H^*$，唯一存在$y\in H$使得

$$f(x)=(x,y),\quad \forall x\in H,\quad 且\ \|f\|=\|y\|。$$

证明该定理需要如下的所谓投影定理。

定理 1.2.11 设Y是Hilbert空间H的任一闭子空间，则

$$H=Y\oplus Y^{\perp},$$

其中$Y^{\perp}=\{x\,|\,x\in H,x\perp Y\}$称为$Y$的正交补。

定理 1.2.10 的证明：

首先证明$y\in H$的存在性。若$f=0$(即零泛函)，则取$y=0$即可。若$f\neq0$，则$N(f)=\{x\,|\,f(x)=0,x\in H\}$为$H$的真子空间，由定理1.2.10知$N(f)^{\perp}\neq\{0\}$。取$z\in N(f)^{\perp}$且$z\neq0$，则$z\notin N(f)$，即$f(z)\neq0$。对于任意的$x\in H$，由于

$$f\left(x-\frac{f(x)}{f(z)}z\right)=f(x)-\frac{f(x)}{f(z)}f(z)=0,$$

所以$x-\dfrac{f(x)}{f(z)}z\in N(f)$，$\forall x\in H$。由于$z\in N(f)^{\perp}$，所以

$$\left(x-\frac{f(x)}{f(z)}z,z\right)=0,$$

即

$$(x,z)=\frac{f(x)}{f(z)}\|z\|^2,\quad \forall x\in H。$$

由此得

$$f(x)=\frac{f(z)}{\|z\|^2}(x,z)=\left(x,\frac{f(z)}{\|z\|^2}z\right),$$

令 $y=\frac{f(z)}{\|z\|^2}z$，则有

$$f(x)=(x,y),\quad \forall x\in H。$$

其次证明 $y\in H$ 的唯一性。若有 $y_1\in H$ 使得

$$f(x)=(x,y)=(x,y_1),\quad \forall x\in H,$$

则有 $(x,y-y_1)=0$，$\forall x\in H$，由此知 $y-y_1=0$，即 $y=y_1$。

最后验证 $\|f\|=\|y\|$。在 $f(x)=(x,y)$ 中令 $x=y$，则得

$$\|y\|^2=f(y)\leqslant\|f\|\|y\|,$$

由此得 $\|y\|\leqslant\|f\|$。又由 $|f(x)|=|(x,y)|\leqslant\|y\|\|x\|$ 得 $\|f\|\leqslant\|y\|$，因此 $\|f\|=\|y\|$。

对于一般 Banach 空间 X，若 $X=X^*$，则称 X 为自共轭空间。因此，Hilbert 空间是自共轭空间，但值得注意的是，自共轭空间并不一定是 Hilbert 空间。

1.3 泛函分析基本定理

1.3.1 基本定理

通常认为 Hahn-Banach 延拓定理、共鸣定理、闭图像定理和逆算子定理（开映射定理）这四个定理构成泛函分析的基本内容，它们在整个理论中发挥了非常重要的作用。

定理 1.3.1（Hahn-Banach 延拓定理） 设 X 为赋范线性空间，D 是 X 的线性子空间，则 D 上的任一有界线性泛函 f 可延拓到整个 X 上，并且保持范数不变，即存在 X 上的有界线性泛函 F，满足：

(1) $F(x)=f(x)$，$\forall x\in D$；

(2) $\|F\|_X=\|f\|_D$。

推论 1.3.1 设 X 是赋范线性空间，$X\neq\{0\}$，则对 X 中的任一 $x_0\neq0$，存在 X 上的有界线性泛函 f，满足

(1) $\|f\|=1$；

(2) $f(x_0)=\|x_0\|$。

【证】 令 $G=\{\alpha x_0\mid\alpha\in\mathbb{R}\}$，定义 G 上的有界线性泛函

$$\phi(x)=\alpha\|x_0\|,$$

则 $\|\phi\|=1$，$\phi(x_0)=\|x_0\|$，利用定理 1.3.1 即得证明。

由推论 1.3.1 立即可得下面的推论 1.3.2，这两个推论我们通常也称为 Hahn-Banach 定理，它们在证明相关问题时有着重要的应用。

推论 1.3.2 设 X 是赋范线性空间，$X\neq\{0\}$，则对 X 中的任一 $x_0\neq0$，存在 X 上的有界线性泛函 f，满足

$$f(x_0)=\|x_0\|^2=\|f\|^2。$$

推论 1.3.1 说明，只要 $X\neq\{0\}$，则 X^* 中一定有无限多个元素。作为 Hahn-Banach 延拓定理的应用，有下面重要的定理。

定理 1.3.2（矩量定理） 设 X 为赋范线性空间，给定 X 中的 n 个线性无关的元素 x_1，

$x_2,\cdots,x_n$ 和数域 K 中的个数 $c_1,c_2,\cdots,c_n$ 及正数 μ，为使 X 上的一有界线性泛函 f 满足

(1) $f(x_k)=c_k, k=1,2,\cdots,n$；

(2) $\|f\|\leqslant\mu$，

当且仅当对任意的 $\alpha_1,\alpha_2,\cdots,\alpha_n\in K$，有

$$\left|\sum_{k=1}^{n}\alpha_k c_k\right|\leqslant\mu\left\|\sum_{k=1}^{n}\alpha_k x_k\right\|,$$

且在上述不等式条件下，X 存在满足(1)和(2)的有界线性泛函 f，使其范数达到极小：

$$\|f\|=\frac{1}{\min\limits_{\sum_{k=1}^{n}\alpha_k c_k=1}\left\|\sum_{k=1}^{n}\alpha_k x_k\right\|}=\max_{\alpha_k\in K}\frac{\left|\sum_{k=1}^{n}\alpha_k c_k\right|}{\left\|\sum_{k=1}^{n}\alpha_k x_k\right\|}。$$

定理 1.3.3(共鸣定理) 设 X 是 Banach 空间，Y 是赋范线性空间，算子列 $T_n\in B(X,Y)$，则只要

$$\sup_n\|T_n x\|<\infty,\quad \forall x\in X,$$

就有 $\sup\limits_n\|T_n\|<\infty$。

共鸣定理也称为一致有界原理，它有着广泛的的应用，下面我们利用共鸣定理证明傅里叶级数的一个结论：

设 $C_{2\pi}$ 表示定义在实轴上以 2π 为周期的连续函数的全体，定义范数

$$\|x\|=\max_{t\in\mathbf{R}}|x(t)|,\quad \forall x\in C_{2\pi},$$

则 $C_{2\pi}$ 是 Banach 空间。可以证明：对任一点 $t_0\in[-\pi,\pi]$，$C_{2\pi}$ 中存在函数 $x(t)$，使其傅里叶级数在该点处发散。

设 $x\in C_{2\pi}$ 的 Fourier 级数是

$$\frac{a_0}{2}+\sum_{k=1}^{\infty}(a_k\cos kx+b_k\sin kx),$$

其中

$$a_k=\frac{1}{\pi}\int_{-\pi}^{\pi}x(t)\cos kt\,\mathrm{d}t,\quad b_k=\frac{1}{\pi}\int_{-\pi}^{\pi}x(t)\sin kt\,\mathrm{d}t。$$

根据系数公式可得上述级数的前 $n+1$ 项部分和为

$$S_n(t)=\frac{1}{\pi}\int_{-\pi}^{\pi}s(s)\left[\frac{1}{2}+\sum_{k=1}^{n}\cos(s-t)\right]\mathrm{d}s$$

$$=\int_{-\pi}^{\pi}s(s)\frac{\sin\left(n+\frac{1}{2}\right)(s-t)}{2\pi\sin\frac{1}{2}(s-t)}\mathrm{d}s$$

令 $k_n(t,s)=\dfrac{\sin\left(n+\frac{1}{2}\right)(s-t)}{2\pi\sin\frac{1}{2}(s-t)}$，称其为 Dirichlet 核。

由于 $C_{2\pi}$ 中的函数以 2π 为周期，且

$$S_n(t_0)=\int_{-\pi}^{\pi}s(s)k_n(s,t_0)\mathrm{d}s(令\ s=t_0+\tau)$$

$$=\int_{-\pi-t_0}^{\pi-t_0}s(t_0+\tau)k_n(\tau,0)\mathrm{d}s=\int_{-\pi}^{\pi}s(t_0+\tau)k_n(\tau,0)\mathrm{d}s,$$

因此,不妨设 $t_0=0$。对每个 n,作 $C_{2\pi}$ 上的线性泛函

$$f_n(x)=\int_{-\pi}^{\pi}s(s)k_n(s,0)\mathrm{d}s,$$

其中

$$k_n(s,0)=\frac{1}{2\pi}+\frac{1}{\pi}\sum_{k=1}^{n}\cos ks$$

是连续的,故 f_n 有界,可以求得(利用积分算子的一般结论)

$$\|f_n\|=\int_{-\pi}^{\pi}|k_n(s,0)|\mathrm{d}s。$$

下面估计积分 $\int_{-\pi}^{\pi}|k_n(s,0)|\mathrm{d}s$。注意到

$$\int_{-\pi}^{\pi}|k_n(s,0)|\mathrm{d}s=\int_{0}^{2\pi}|k_n(s,0)|\mathrm{d}s$$

$$=\frac{1}{2\pi}\int_0^{2\pi}\frac{\left|\sin\left(n+\frac{1}{2}\right)s\right|}{\sin\frac{1}{2}s}\mathrm{d}s=\frac{1}{\pi}\int_0^{\pi}\frac{|\sin(2n+1)t|}{\sin t}\mathrm{d}t$$

$$\geqslant\frac{1}{\pi}\int_0^{\pi}\frac{|\sin(2n+1)t|}{t}\mathrm{d}t=\frac{1}{\pi}\int_0^{(2n+1)\pi}\frac{|\sin u|}{u}\mathrm{d}u\to\infty(n\to\infty),$$

因此

$$\|f_n(x)\|=\int_{-\pi}^{\pi}|k_n(s,0)|\mathrm{d}s\to\infty,\quad n\to\infty。$$

由共鸣定理,至少存在某个函数 $x_0\in C_{2\pi}$,使得 $\{f_n(x_0)\}$ 发散,即 x_0 的 Fourier 级数在 $t=0$ 处发散。

设 X,Y 是同一数域 K 上的赋范线性空间,在 $X\times Y$ 上定义线性运算及范数

$$\|(x,y)\|=\|x\|+\|y\|,\quad\forall(x,y)\in X\times Y,$$

则 $(X\times Y,\|\cdot\|)$ 为赋范线性空间,且当 X,Y 为 Banach 空间时,$X\times Y$ 也为 Banach 空间。易知 $(x_n,y_n)\to(x,y)\Leftrightarrow x_n\to x,y_n\to y$。

定义 1.3.1(闭算子) 设 X,Y 为赋范线性空间,$T:D\subset X\to Y$ 是线性算子,若 T 的图像

$$\mathrm{Graph}(T)=\{(x,Tx)\mid x\in D\}$$

是 $X\times Y$ 中的闭集,则称 T 为闭线性算子,简称闭算子。

由定义直接验证算子是闭的往往不方便,通常我们用下面等价的形式。

定理 1.3.4 线性算子 $T:D\subset X\to Y$ 为闭算子,当且仅当 $\forall\{x_n\}\subset D$,若 $x_n\to x$,$Tx_n\to y$,则必有 $x\in D$,且 $Tx=y$。

【证】 充分性。$\forall(x,y)\in\overline{\mathrm{Graph}(T)}$,则存在 $x_n\in D(n=1,2,\cdots)$ 使得

$$(x_n,Tx_n)\to(x,y)(n\to\infty),$$

于是有 $x_n\to x,Tx_n\to y$,由假设得 $x\in D$ 且 $Tx=y$,因此 $(x,y)=(x,Tx)\in\mathrm{Graph}(T)$,即

$$\overline{\text{Graph}(T)}=\text{Graph}(T),$$

所以称 T 为闭算子。

必要性。若 $\forall\{x_n\}\subset D$ 有 $x_n\to x, Tx_n\to y$,则

$$(x_n, Tx_n)\to(x,y)(n\to\infty),$$

由于 Graph(T)为闭的,所以 $(x,y)\in\text{Graph}(T)$,因此 $x\in D$,且 $Tx=y$。

因此,若 $T: D(T)\subset X\to Y$ 为连续线性算子,则有如下结论:

(1) 若 $D(T)$ 为 X 中的闭子集,则 T 为闭算子;

(2) 若 T 是闭算子且 Y 为 Banach 空间,则 $D(T)$ 为 X 中的闭子集。

例 1 微分算子

$$D=\frac{\mathrm{d}}{\mathrm{d}t}: C^1[0,1]\to C[0,1]$$

是无界算子,但为闭算子。

【证】 设 $\{x_n\}\subset C^1[0,1]$ 使

$$x_n\to x_0,\quad Dx_n\to y_0,$$

则 $\forall t\in[0,1]$,有

$$\begin{aligned}\int_0^t y_0(s)\mathrm{d}s&=\int_0^t\lim_{n\to\infty}\frac{\mathrm{d}}{\mathrm{d}s}x_n(s)\mathrm{d}s\\&=\lim_{n\to\infty}\int_0^t\frac{\mathrm{d}}{\mathrm{d}s}x_n(s)\mathrm{d}s\\&=\lim_{n\to\infty}[x_n(t)-x_0(0)]=x_0(t)-x_0(0),\end{aligned}$$

即

$$x_0(t)=x_0(0)+\int_0^t y_0(s)\mathrm{d}s,\quad \forall t\in[0,1]。$$

因此 $x_0\in C^1[0,1]$,且 $Dx_0=y_0$,故 D 为闭的。

闭算子与有界算子有许多相似性质,在后面的半群理论中将经常涉及。

定理 1.3.5(闭图像定理) 设 X,Y 均为 Banach 空间,$T: X\to Y$ 为线性算子,则

$$T\text{ 有界}\Leftrightarrow T\text{ 是闭算子。}$$

注意,例 1 中的微分算子是无界的闭算子,这与闭图像定理并不矛盾,因为 $C^1[0,1]$ 作为 $C[0,1]$ 的子空间并不是 Banach 空间。

通常验证算子的闭性比直接验证其连续性有时要容易些,因为对于下列三个条件:

(1) $x_n\to x_0, n\to\infty$;

(2) $Tx_n\to y_0, n\to\infty$;

(3) $y_0=Tx_0$。

验证 T 在 x_0 连续,要从(1)推出(2)和(3),而验证 T 为闭,只需从(1)和(2)推出(3),比前者要多一个条件。

定理 1.3.6(逆算子定理) 设 X,Y 都是 Banach 空间,$T: X\to Y$ 是有界线性算子,且为 X 到 Y 上的一一映射,则 T^{-1} 是 Y 到 X 的有界线性算子。

【证】 由于 T 是 X 到 Y 上的一一映射,且为线性有界的,所以 $T^{-1}: Y\to X$ 存在,且为线性的。实际上,$\forall x,y\in Y$,存在 $x_1,y_1\in X$ 使 $Tx_1=x, Ty_1=y$,于是 $\forall\alpha,\beta\in K$ 有

$$T(\alpha x_1+\beta y_1)=\alpha Tx_1+\beta Ty_1=\alpha x+\beta y,$$

即

$$T^{-1}(\alpha x+\beta y)=\alpha x_1+\beta y_1=\alpha T^{-1}x+\beta T^{-1}y。$$

又若 $y_n,y_0\in Y,y_n\to y_0,T^{-1}y_n\to x_0$，由 T 的连续性，有

$$T(T^{-1}y_n)=Tx_0,\quad 即\ y_n\to Tx_0,$$

$y_0=Tx_0$，即 $x_0=T^{-1}y_0$，因此 T^{-1} 为闭算子，由闭图像定理可知，T^{-1} 为有界的。

定义 1.3.2(开映射) 设 X,Y 为赋范线性空间，$T: D\subset X\to Y$，若 T 将 D 中的任一开集映成 Y 中的开集，则称 T 为开映射。

定理 1.3.7(开映射定理) 设 X,Y 均为 Banach 空间，$T\in B(X,Y)$，若 $TX=Y$，则 T 为开映射。

若 T 为一一映射，则由逆算子定理即可推得上述结论。实际上，由逆算子定理，T^{-1} 是连续的，于是，对 X 中的任一开集 G，在 T^{-1} 下的原像 $(T^{-1})^{-1}G$ 为开集，即 TG 为开集。开映射定理一般情形的证明，需要如下结论。

引理 1.3.1 设 X,Y 均为 Banach 空间，$T\in B(X,Y)$ 且 $TX=Y$，则对于 X 中的开球 $B_0=B(0,1)=\{x\mid x\in X,\|x\|<1\}$，$TB_0$ 含有 Y 中的开球 $B(0,\delta)$。

定理 1.3.7 的证明：

要证明对 X 的每个开集 $A\subset X$，TA 为 Y 中的开集，即需要验证对每个 $y=Tx\in TA$，TA 包含以 y 为中心的开球。因为 $A\subset X$ 为开集，所以存在 $B(x,\delta)\subset A$，做平移和伸缩有

$$B(0,1)\subset\frac{1}{\delta}(A-\delta)。$$

由引理 1.3.1 有

$$T\left(\frac{1}{\delta}(A-\delta)\right)\supset TB(0,1)\supset B(0,\delta'),\tag{1.3.1}$$

这里 $B(0,\delta')$ 为 Y 中的开球。由 T 的线性性和式(1.3.1)有 $TA\supset B(Tx,\delta\delta')=B(y,\delta\delta')$，于是开映射定理得证。

1.3.2 自反空间

我们知道，无限维空间中的单位球非列紧，换句话说，有界不再是列紧集的特征(充要条件)，但一类特殊的空间-自反空间，却有类似的性质。

设 X 为赋范线性空间，$\forall x\in X$，定义 X^* 上的泛函

$$x^{**}(f)=f(x),\quad \forall f\in X^*。$$

可以验证 x^{**} 是 X^* 上的有界线性泛函，即

$$x^{**}\in(X^*)^*=X^{**},$$

且 $\|x^{**}\|=\|x\|$。事实上，$\forall f\in X^*$，有

$$|x^{**}(f)|=|f(x)|\leqslant\|f\|\|x\|=\|x\|\|f\|,$$

所以 $\|x^{**}\|\leqslant\|x\|$。另一方面，$\exists f_0\in X^*$ 使得

$$\|f_0\|=1,\quad |f_0(x)|=\|x\|,$$

于是

$$\|x^{**}\|\geqslant|x^{**}(f_0)|=|f_0(x)|=\|x\|,$$

所以 $\|x^{**}\|=\|x\|$。称映射

$$T: X\to X^{**},\quad Tx=x^{**},\quad \forall x\in X$$

为自然嵌入映射(或典范映射)。

定义 1.3.3 设 X 是赋范线性空间,若 X 到 X^{**} 的自然嵌入映射 T 为满射,即 T 是保范同构映射,则称 X 是自反空间。

通常,TX 作为 X^{**} 的子空间,因此也写成 $X\subset X^{**}$。当 $1<p<\infty$ 时 l^p 和 $L^p[a,b]$ 均为自反空间,而 l^1 和 $L^1[a,b]$ 不是自反空间,$C[a,b]$ 也不是自反空间。Hilbert 空间为自反空间。另外,存在有这样的空间,它不是自反空间,但却存在保范同构映射 U,使 X 和 X^{**} 是保范同构的。

定义 1.3.4(弱收敛和弱 * 收敛) 设 X 为赋范线性空间,

(1) 对于 $\{x_n\}\subset X$,若存在 $x_0\in X$,使得

$$f(x_n)\to f(x_0)(n\to\infty),\quad \forall f\in X^*,$$

则称 $\{x_n\}$ 弱收敛于 x_0,记为 $x_n\xrightarrow{w}x_0(n\to\infty)$;

(2) 对于 $f_n\in X^*(n=1,2,\cdots)$,若存在 $f_0\in X^*$,使

$$f_n(x)\to f_0(x)(n\to\infty),\quad \forall x\in X,$$

则称 $\{f_n\}$ 弱 * 收敛于 f_0,记为 $f_n\xrightarrow{w^*}f_0(n\to\infty)$。

例如,设 H 为 Hilbert 空间,$\{x_n\}\subset H$,$x_0\in H$,则 $x_n\xrightarrow{w}x_0$ 等价于

$$(x_n,u)\to(x_0,u),\quad \forall u\in H。$$

在有限维空间中各种收敛是等价的。

定理 1.3.8 设 X 是 Banach 空间,则 X 是自反空间的充要条件是 X 中的任一有界序列均有弱收敛的子序列。

1.3.3 全连续算子

有限维空间之间的连续线性算子对应一个矩阵,与其性质最接近的无穷维情形应该是全连续线性算子。

定义 1.3.5(紧算子) 设 X,Y 为赋范线性空间,$T: X\to Y$ 为线性算子,若 T 将 X 中的任一有界集映成 Y 中的列紧集(相对紧集),则称 T 为紧算子。

由于紧算子一定有界,所以紧算子一定为连续算子,所以我们又称紧算子为全连续算子。后面我们将讨论非线性的紧算子。

例 2 设 $k(t,s)$ 是 $\overline{D}=\{(t,s)\mid a\leqslant t,s\leqslant b\}$ 上的连续函数。定义算子 $K: C[a,b]\to C[a,b]$,

$$(K\varphi)(t)=\int_a^b k(t,s)\varphi(s)\mathrm{d}s,\quad \forall\varphi\in C[a,b],$$

则 K 是全连续线性算子。

【证】 设 $A\subset C[a,b]$ 为有界的,即 $\exists M>0$,使 $\forall\varphi\in A$ 有

$$\|\varphi\|=\max_{a\leqslant t\leqslant b}|\varphi(t)|\leqslant M,$$

于是

$$\| K\varphi \| = \max_{a\leqslant t\leqslant b} |(K\varphi)(t)| = \max_{a\leqslant t\leqslant b} \left| \int_a^b k(t,s)\varphi(s)\mathrm{d}s \right|$$
$$\leqslant (b-a)M \max_{(t,s)\in\overline{D}} |k(t,s)|。$$

由 k 在 $\overline{D}$ 的连续性即知 $\| K\varphi \| \leqslant M_1$($M_1$ 为常数),即 KA 是一致有界的。又 $k(t,s)$在有界闭集 $\overline{D}$ 上连续,所以一致连续。于是,$\forall \varepsilon>0, \exists \delta>0$,当 $t_1,t_2,s\in[a,b]$且$|t_1-t_2|<\delta$ 时,有

$$|k(t_1,s)-k(t_2,s)| < \frac{\varepsilon}{(b-a)M},$$

所以,$\forall \varphi\in A$,有

$$|(K\varphi)(t_1)-(K\varphi)(t_2)| = \left| \int_a^b [k(t_1,s)-k(t_2,s)]\varphi(s)\mathrm{d}s \right|$$
$$\leqslant \int_a^b |k(t_1,s)-k(t_2,s)||\varphi(s)|\mathrm{d}s$$
$$\leqslant \frac{\varepsilon}{(b-a)M}\cdot M\cdot(b-a)=\varepsilon,$$

即 KA 是等度连续的。因此,由 Arzela-Ascoli 定理,KA 是列紧集.所以 K 为全连续算子。

1.4 紧算子的谱

1.4.1 基本概念

在线性代数中我们知道,矩阵与有限维空间之间的有界线性算子对应,对于矩阵而言,其特征值理论意义重大,利用它可以解决矩阵化为标准形和对矩阵分类等问题。对一般 Banach 空间上的线性算子,能否建立相应的特征值理论?当对线性算子做出一些限制,如紧算子,便能建立与矩阵类似的理论。

对于 n 阶方阵 $\boldsymbol{A}$,称满足 $\boldsymbol{Ax}=\lambda\boldsymbol{x}$ 或$(\lambda\boldsymbol{I}-\boldsymbol{A})\boldsymbol{x}=\boldsymbol{0}$ 的 λ 为 $\boldsymbol{A}$ 的特征值,相应的非零向量 $\boldsymbol{x}$ 称为特征向量,此时称 λ 的全体为 $\boldsymbol{A}$ 的谱,其他值称为 $\boldsymbol{A}$ 的正则值。若 λ 为 $\boldsymbol{A}$ 的正则值,则 $\lambda\boldsymbol{I}-\boldsymbol{A}$ 可逆,反之亦然.n 维空间到 n 维空间的有界线性算子对应 n 阶方阵,因此有限维的情形只有下面两种可能:

(1) 方程 $\boldsymbol{Ax}=\lambda\boldsymbol{x}$ 有非零解,即 λ 为 $\boldsymbol{A}$ 的特征值,此时$(\lambda\boldsymbol{I}-\boldsymbol{A})^{-1}$ 不存在;

(2) 若存在整个空间上的算子$(\lambda\boldsymbol{I}-\boldsymbol{A})^{-1}$,则 λ 为正则值。

下面给出一般线性算子的正则集与谱集的概念。

定义 1.4.1 设 A 是复 Banach 空间 X 上的线性算子,称 $\lambda\in\mathbb{C}$ 为 A 的正则值,若满足如下条件:

(1) $(\lambda I-A)^{-1}$ 存在;

(2) $(\lambda I-A)^{-1}$ 有界;

(3) $D((\lambda I-A)^{-1})$在 X 上稠密,即 $\overline{D((\lambda I-A)^{-1})}=X$。

A 的正则值的全体记为 $\rho(A)$,当 $\lambda\in\rho(A)$时,称$(\lambda I-A)^{-1}$ 为 A 的预解式,记为

$$R(\lambda,A) \xlongequal{\text{def}} (\lambda I-A)^{-1}, \quad \forall \lambda\in\rho(A)。$$

称$\mathbb{C}\setminus\rho(A)$为$A$的谱集，记为$\sigma(A)\xlongequal{\text{def}}\mathbb{C}\setminus\rho(A)$，称$\lambda\in\sigma(A)$为$A$的谱值.$\sigma(A)$可分成如下三类：

(i) 点谱或离散谱$\sigma_p(A)$：$\lambda\in\sigma_p(A)$使条件(1)不成立；

(ii) 连续谱$\sigma_c(A)$：$\lambda\in\sigma_c(A)$使(1)和(3)成立，但(2)不成立；

(iii) 剩余谱$\sigma_r(A)$：$\lambda\in\sigma_r(A)$使(1)成立，但(3)不成立。

根据定义，整个复平面$\mathbb{C}$可以由下面四个不相交的集合构成：

$$\mathbb{C}=\rho(A)\cup\sigma_p(A)\cup\sigma_c(A)\cup\sigma_r(A)。$$

对于有限维空间上的线性算子A，$\lambda\in\rho(A)$与$R(\lambda,A)\in B(X)$是等价的，下面的定理表明，对于闭算子也有相应的结论。

定理 1.4.1 设X为复的 Banach 空间，A：$X\to X$为线性算子，$\lambda\in\rho(A)$，若A为闭算子或有界算子，则$R(\lambda,A)\in B(X)$。

【证】 设A为闭算子，则$\lambda I-A$为闭算子，因此$R(\lambda,A)$也为闭算子。实际上，

$$\forall\{x_n\}\in D(R(\lambda,A))=R(\lambda,A):x_n\to x,\quad 且\, R(\lambda,A)x_n\to y,$$

即$y_n=R(\lambda,A)x_n\to y$，且$(\lambda I-A)y_n=x_n\to x$，由于$\lambda I-A$为闭算子，所以有

$$y\in D(\lambda I-A),\quad 且(\lambda I-A)y=x,$$

或

$$x\in R(\lambda I-A)=D(R(\lambda,A)),\quad 且\, y=R(\lambda,A)x,$$

这验证了$R(\lambda,A)$也为闭算子。由于$R(\lambda,A)$连续，所以$D(R(\lambda,A))$为X的闭子集，由定义 1.4.1 的条件(3)知$D(R(\lambda,A))=\overline{D(R(\lambda,A))}=X$，所以由闭图像定理，$R(\lambda,A)\in B(X)$。

若A：$X\to X$连续，则A是闭算子，所以当$\lambda\in\rho(A)$时，因此由前证结论知$R(\lambda,A)\in B(X)$。

1.4.2 谱的简单性质

引理 1.4.1 设$T\in B(X)$且$\|T\|<1$，则$(I-T)^{-1}\in B(X)$，且

$$(I-T)^{-1}=\sum_{k=0}^{\infty}T^k,\quad \|(I-T)^{-1}\|\leqslant\frac{1}{1-\|T\|}。$$

【证】 记$S=\sum\limits_{k=0}^{\infty}T^k$，则$S\in B(X)$，且$(I-T)S=S(I-T)=I$，因此$S=(I-T)^{-1}$。

定理 1.4.2 设X为复 Banach 空间，A：$X\to X$为闭算子，则A的正则集$\rho(A)$为开集，谱$\sigma(A)$为闭集。

【证】 若$\rho(A)=\varnothing$，则已证。设$\rho(A)\neq\varnothing$，$\forall\lambda_0\in\rho(A)$，$\lambda\in\mathbb{C}$，由定理 1.4.1 知$R(\lambda_0,A)\in B(X)$，由于

$$\begin{aligned}A-\lambda I&=A-\lambda_0 I-(\lambda-\lambda_0)I\\&=(A-\lambda_0 I)[I-(\lambda-\lambda_0)(A-\lambda_0 I)^{-1}]\\&=(A-\lambda_0 I)[I-(\lambda-\lambda_0)R(\lambda_0,A)],\end{aligned}$$

所以，由引理 1.4.1，当$|\lambda-\lambda_0|<\|(A-\lambda_0 I)^{-1}\|^{-1}$时，$R(\lambda,A)\in B(X)$，且

$$R(\lambda,A)=R(\lambda_0,A)[I-(\lambda-\lambda_0)R(\lambda_0,A)]^{-1},$$

因此$\rho(A)$为开集，从而$\sigma(A)$为闭集。

不仅如此，还可证明，对于有界线性算子 $A\in B(X)$，当 $\lambda\in\sigma(A)$ 时，有 $|\lambda|\leqslant\|A\|$，即 $\sigma(A)$ 为复平面 $\mathbb{C}$ 上的有界集。定义

$$r_\sigma(A)=\sup\{|\lambda|\mid\lambda\in\sigma(A)\},$$

称其为 A 的谱半径。于是有 $r_\sigma(A)\leqslant\|A\|$，且

$$r_\sigma(A)=\lim_{n\to\infty}\sqrt[n]{\|A^n\|}。$$

利用下节介绍的向量值解析函数的 Liouville 定理可以证明下面的定理。

定理 1.4.3 设 $X\neq\{0\}$ 为复 Banach 空间，$A\in B(X)$，则 $\sigma(A)\neq\varnothing$。

下面的例子说明，无穷维空间上的有界线性算子可以不存在点谱。

例 1 设 X 为复 Hilbert 空间 $X=l^2$，定义算子 $A: X\to X$：

$$A(\xi_1,\xi_2,\cdots)=(0,\xi_1,\xi_2,\cdots),\quad\forall x=(\xi_1,\xi_2,\cdots)\in X,$$

则 $A\in B(X)$ 且 $\|A\|=1$。由于

$$\|Ax\|^2=\|x\|^2,\quad\forall x\in X,$$

所以 $R(0,A): AX\to X$ 存在，但 AX 在 X 中非稠密，所以 $0\in\sigma(A)$，但 $0\notin\sigma_p(A)$。因为若 $Ax=0x=0$，则 $x=0$。

1.4.3 紧算子的谱

有限维空间上的线性算子的谱只有点谱，即仅由特征值组成。紧线性算子的谱在很大程度上与有限维空间上算子的谱相似。

定理 1.4.4 设算子 $A: X\to X$ 是紧线性算子，则

$$C=\{0\}\cup\sigma_p(A)\cup\rho(A)。$$

引理 1.4.2 设算子 $A: X\to X$ 为紧算子，且 $\lambda\in C$，$\lambda\neq0$，则 $R(\lambda I-A)$ 是 X 的闭线性子空间。

【证】 设 $y_n\in R(\lambda I-A)$，且 $y_n\to y\in X(n\to\infty)$。由 y_n 的定义可知，存在 $x_n\in X$，使 $y_n=(\lambda I-A)x_n$。下面分两种情况讨论：

(1) 若 $\{x_n\}$ 为有界列，由 A 的紧性，存在 $\{Ax_{n_m}\}$ 在 X 中收敛，于是

$$x_{n_m}=\frac{1}{\lambda}(y_{n_m}+Ax_{n_m})\to x\in X(m\to\infty)。$$

由 A 的连续性可知

$$y_{n_m}=(\lambda I-A)x_{n_m}\to(\lambda I-A)x,$$

因此 $y=(\lambda I-A)x\in R(\lambda I-A)$，从而 $R(\lambda I-A)$ 是闭的。

(2) 若 $\{x_n\}$ 为无界序列（证明略）。

定理 1.4.4 的证明：

只要证明，当 $\lambda\in\mathbb{C}$，$\lambda\neq0$ 且 $\lambda\in\sigma(A)$ 时，就有 $\lambda\in\sigma_p(A)$。实际上，若 $\lambda\notin\sigma_p(A)$，则 $\lambda I-A$ 是 X 到 $R(\lambda I-A)$ 的一一映射。由引理 1.4.2，$R(\lambda I-A)$ 是 X 中的闭子空间，又 $(\lambda I-A)^{-1}$ 是闭算子（设 $x_n\to x$，$(\lambda I-A)^{-1}x_n\to y$，由 A 的连续性有

$$x_n=(\lambda I-A)[(\lambda I-A)^{-1}x_n]\to(\lambda I-A)y,$$

所以 $x=(\lambda I-A)y$，因此 $x\in R(\lambda I-A)$，即

$$x\in D((\lambda I-A)^{-1}),\quad 且\ y=(\lambda I-A)^{-1}x),$$

由闭图像定理，$(\lambda I-A)^{-1}$ 是 $R(\lambda I-A)$ 到 X 的有界线性算子。往证 $R(\lambda I-A)=X$。若不然，令 $X_0=X,X_n=(\lambda I-A)X_{n-1},n=1,2,\cdots$，则 X_n 是 X_{n-1} 的真子空间，且 X_n 均为 X 的闭子空间，利用 Riesz 引理，存在 $y_n\in X,n=1,2,\cdots$。使

$$\|y_n\|=1,\quad d(y_n,X_{n+1})\geqslant\frac{1}{2}。$$

当 $m\geqslant n$ 时，

$$y_m+\frac{1}{\lambda}(\lambda I-A)y_n-\frac{1}{\lambda}(\lambda I-A)y_m\in X_{n+1}。$$

从而

$$\|Ay_n-Ay_m\|=|\lambda|\left\|y_n-\left[y_m+\frac{1}{\lambda}(\lambda I-A)y_n-\frac{1}{\lambda}(\lambda I-A)y_m\right]\right\|\geqslant\frac{1}{2}|\lambda|,$$

这说明$\{Ay_n\}$不存在收敛子列，与 A 是紧算子矛盾，故 $R(\lambda I-A)=X$，因此$(\lambda I-A)^{-1}\in B(X)$，即 $\lambda\in\rho(A)$，此与假设矛盾。从而 $\lambda\in\sigma_p(A)$。

定理 1.4.5 设 A 是空间 X 上的紧算子，则

(1) 当 X 是无限维空间时，$0\in\sigma(A)$；

(2) 当 $\lambda\neq0,\lambda\in\sigma_p(A)$时，$\lambda$ 的特征空间 $E_\lambda=N(\lambda I-A)$（即 $\lambda I-A$ 的零空间）是有限维的；

(3) 若 $x_1,x_2,\cdots,x_n$ 是算子 A 相应于互不相同特征值 $\lambda_1,\lambda_2,\cdots,\lambda_n$ 的特征向量，则 $x_1,x_2,\cdots,x_n$ 线性无关。

【证】 (1) 假设 $0\in\rho(A)$，则 $A^{-1}\in B(X)$，于是 $I=A^{-1}A$ 为紧算子，从而 X 上的单位球为紧集，根据定理 1.2.2 知，$\dim X<\infty$，与假设矛盾。

(2) 若 $x\in E_\lambda$，则有 $Ax=\lambda x$，于是$\frac{1}{\lambda}A$ 为 E_λ 上的恒等算子，由于$\frac{1}{\lambda}A$ 为紧算子，所以 X 上的单位球为紧集，根据定理 1.2.2 知 $\dim E_\lambda<\infty$。

(3) 与线性代数相应结论证明相同。

定理 1.4.6 设 A 是空间 X 上的紧算子，则 $\sigma(A)$ 至多由可列个复数组成，并且除 $\lambda=0$ 外，不可能有另外的聚点。

【证】 首先证明

$$P_\varepsilon=\{\lambda\mid\lambda\in\sigma_p(A),\ |\lambda|\geqslant\varepsilon\}$$

对任何 $\varepsilon>0$ 至多是有限集。若 $\exists\varepsilon_0>0,P_{\varepsilon_0}$ 是无限集，即有 $\lambda_n\in P_{\varepsilon_0}(n=1,2,\cdots)$，且 $m\neq n$ 时 $\lambda_m\neq\lambda_n$。记 λ_n 相应的特征向量之一为 $x_n(n=1,2,\cdots)$，因 λ_n 互异，则 $x_1,x_2,\cdots,x_n,\cdots$线性无关，记 $X_n=\mathrm{span}\{x_1,x_2,\cdots,x_n\}$，因 X_n 是有限维的，故是 X 中的闭子空间，并且 X_{n-1} 是 X_n 的真子空间。由 Riesz 引理可知，$\exists y_n\in X_n$，使

$$\|y_n\|=1,\quad d(y_n,X_{n-1})\geqslant\frac{1}{2}。$$

由于 x_n 是相应于特征值 λ_n 的特征向量，利用 X_n 的定义知

$$(\lambda_nI-A)X_n\subset X_{n-1}。$$

(事实上，$\forall x=\alpha_1x_1+\cdots+\alpha_nx_n$，有

$$(\lambda_nI-A)x=(\lambda_nI-A)(\alpha_1x_1+\cdots+\alpha_nx_n)$$

$$=\lambda_n(\alpha_1x_1+\cdots+\alpha_nx_n)-(\alpha_1\lambda_1x_1+\cdots+\alpha_n\lambda_nx_n)$$

$$=\alpha_1(\lambda_n-\lambda_1)x_1+\cdots+\alpha_{n-1}(\lambda_n-\lambda_{n-1})x_{n-1}\in X_{n-1}。)$$

于是当 $n>m\geqslant 1$ 时，

$$\|Ay_n-Ay_m\|=\|\lambda_ny_n-[(\lambda_nI-A)y_n+Ay_m]\|$$

$$\geqslant|\lambda_n|d(y_n,X_{n-1})\geqslant\frac{|\lambda_n|}{2}\geqslant\frac{\varepsilon_0}{2}。$$

因此$\{Ay_n\}$不存在收敛的子序列，此与 A 是紧算子相矛盾。于是证明了 P_ε 对任何 $\varepsilon>0$ 至多是有限集。

当 $\lambda\neq 0,\lambda\in\sigma_p(A)$时，有

$$\lambda\in\bigcup_{n=1}^{\infty}P_{\frac{1}{n}},$$

从而 $\sigma_p(A)$至多有有限个复数组成。且由 P_ε 的定义可知，除 $\lambda=0$ 外，$\sigma_p(A)$不可能有另外的聚点。若不然，则与 $P_{\frac{1}{n}}$是有限集矛盾。

1.5 向量值解析函数与谱映照定理

1.5.1 向量值解析函数的概念

设 Ω 为复平面$\mathbb{C}$上的区域，X 为复的 Banach 空间，称 $f:\Omega\to X$ 为向量值函数。

定义 1.5.1 (1) 若对于任意的 $\varphi\in X^*$，函数 $\varphi\circ f:\Omega\to\mathbb{C}$ 为解析函数，则称 f 在区域 Ω 上弱解析；

(2) 若对于任意的 $z\in\Omega$，存在 $f'(z)\in X$ 使得$\lim\limits_{h\to 0}\left\|\frac{f(z+h)-f(z)}{h}-f'(z)\right\|=0$，即 $\forall\varepsilon>0,\exists\delta>0$，当 $0<|h|<\delta$ 时，有

$$\left\|\frac{f(z+h)-f(z)}{h}-f'(z)\right\|<\varepsilon,$$

则称函数 f 在 Ω 上强解析。

为了将复变函数积分概念推广，我们定义向量值函数在复平面曲线上的积分。设 Γ 为复平面上逐段光滑的曲线 $z=z(t)(a\leqslant t\leqslant b)$，$f(z)$是定义在包含 Γ 的开集内的向量值函数，定义 $f(z)$在 Γ 上的积分

$$\int_\Gamma f(z)\mathrm{d}z=\lim_{\lambda\to 0}\sum_{k=1}^{n}f[z(\xi_k)][z(t_k)-z(t_{k-1})],$$

其中 $a=t_0<t_1<\cdots<t_{n-1}<t_n=b$ 为$[a,b]$的一个划分，$\xi_k\in[t_{k-1},t_k](k=1,2,\cdots,n)$，$\lambda=\max\limits_{1\leqslant k\leqslant n}(t_k-t_{k-1})$。可以证明，当 $f(z)$强连续时，上述积分一定存在，且对于闭线性算子 $A:X\to X$，若有 $Af(z)$在 Γ 上可积，则有

$$A\left(\int_\Gamma f(z)\mathrm{d}z\right)=\int_\Gamma A[f(z)]\mathrm{d}z。$$

特别地，若 $A\in B(X)$，则上式自然成立。

1.5.2 向量值解析函数的性质

下面证明向量值函数的弱解析性和强解析性是等价的,证明除了利用复值解析函数的结论外,还需要下面的引理。

引理 1.5.1 设 S 为赋范线性空间 X 的子集,则 S 有界当且仅当它是弱有界的,即对任意的 $\varphi\in X^*$,$\varphi(S)$是有界的。

【证】 设 S 有界,则存在常数 $M>0$,使得 $\|x\|\leqslant M$ 对任意 $x\in S$ 成立,由此有

$$|\varphi(x)|\leqslant\|\varphi\|\,\|x\|\leqslant M\|\varphi\|,$$

即 $\varphi(S)$是有界的,所以 S 是弱有界的。

反之,若 S 是弱有界的,即对任意的 $\varphi\in X^*$,存在 $M_f>0$ 使得对于任意的 $x\in S$,有 $|\varphi(x)|\leqslant M_f$。定义 $\psi_x\in X^{**}$:$\psi_x(\varphi)=\varphi(x)$,则有 $|\psi_x(\varphi)|=|\varphi(x)|\leqslant M_f$,由于 X^* 是完备的,所以根据共鸣定理,存在 $M>0$ 使 $\|\psi_x\|\leqslant M$,而 $\|\psi_x\|=\|x\|$,所以有 $\|x\|\leqslant M$,即 S 是有界的。

定理 1.5.1 设 $f:\Omega\to X$ 在 Ω 内为弱解析的,则有

(1) f 在 Ω 上为强连续的,即 $\lim\limits_{h\to0}\|f(z+h)-f(z)\|=0$;

(2) 对于 Ω 内的任何简单闭曲线 Γ,若 Γ 的内部包含在 Ω 内,则有

$$\oint_\Gamma f(z)\mathrm{d}z=0,$$

且对于 Γ 内部的任一点 z,有

$$f(z)=\frac{1}{2\pi\mathrm{i}}\oint_\Gamma\frac{f(\zeta)}{\zeta-z}\mathrm{d}\zeta。$$

(3) f 在 Ω 内为强解析的。

(4) f 在 Ω 内的任意阶导数存在,且对于任意的 $z\in\Omega$ 有

$$f^{(n)}(z)=\frac{n!}{2\pi\mathrm{i}}\oint_\Gamma\frac{f(\zeta)}{(\zeta-z)^{n+1}}\mathrm{d}\zeta\,(n=1,2,\cdots),$$

其中 Γ 为包含 z 且内部含于 Ω 中的简单闭曲线。

【证】 (1) 对于任意 $z\in\Omega$,作 $\Delta_{2r}=\{\zeta\mid|\zeta-z|\leqslant2r\}\subset\Omega$,$C$:$|\zeta-z|=2r$ 为逆时针方向,则对于任意的 $z,z+h\in\Delta_r(h\neq0)$及任意的 $\varphi\in X^*$,由经典的柯西积分公式有

$$\begin{aligned}\varphi f(z+h)-\varphi f(z)&=\frac{1}{2\pi\mathrm{i}}\oint_C\left[\frac{\varphi f(\zeta)}{\zeta-(z+h)}-\frac{\varphi f(\zeta)}{\zeta-z}\right]\mathrm{d}\zeta,\\&=\frac{1}{2\pi\mathrm{i}}\oint_C\frac{h\varphi f(\zeta)}{(\zeta-z-h)(\zeta-z)}\mathrm{d}\zeta。\end{aligned}$$

显然 $f(C)$是若有界的,由引理 1.5.1 知 $f(C)$有界,即存在常数 $M>0$,使得对任意的 $\zeta\in C$,有 $\|f(\zeta)\|\leqslant M$,且当 $\zeta\in C$ 时有 $|\zeta-z-h|\geqslant|\zeta-z|-|h|>2r-r=r$,于是有

$$\left|\varphi\left[\frac{f(z+h)-f(z)}{h}\right]\right|=\left|\frac{\varphi f(z+h)-\varphi f(z)}{h}\right|\leqslant\frac{1}{2\pi}\cdot\frac{M}{2r^2}\cdot4\pi r=\frac{M}{r},$$

由于 M 与 φ 无关,所以有 $\lim\limits_{h\to0}\|f(z+h)-f(z)\|=0$,即 f 在 Ω 上为强连续的。

(2) 由(1)知(2)中的积分存在,根据经典的柯西积分定理和柯西积分公式,对于任意的 $\varphi\in X^*$,有

$$\oint_{\Gamma}\varphi f(z)\mathrm{d}z=0 \text{ 和 } \varphi f(z)=\frac{1}{2\pi \mathrm{i}}\oint_{\Gamma}\frac{\varphi f(\zeta)}{\zeta-z}\mathrm{d}\zeta,$$

再根据 φ 的连续性及 Hahn-Banach 定理有

$$\oint_{\Gamma}f(z)\mathrm{d}z=0 \text{ 和 } f(z)=\frac{1}{2\pi \mathrm{i}}\oint_{\Gamma}\frac{f(\zeta)}{\zeta-z}\mathrm{d}\zeta。$$

(3) 记 $w=\frac{1}{2\pi \mathrm{i}}\int_{C_r}\frac{f(\zeta)}{(\zeta-z)^2}\mathrm{d}\zeta$，对于任意的 $\varphi\in X^*$，沿用(2)的记号，根据经典的柯西积分公式有

$$\begin{aligned}\left|\varphi\left[\frac{f(z+h)-f(z)}{h}-w\right]\right| &= \left|\frac{\varphi f(z+h)-\varphi f(z)}{h}-\varphi(w)\right| \\ &= \frac{|h|}{2\pi}\left|\oint_{C}\frac{\varphi f(\zeta)}{(\zeta-z-h)(\zeta-z)^2}\mathrm{d}\zeta\right| \\ &\leqslant \frac{|h|}{2\pi}\cdot\frac{M}{4r^3}\cdot 4\pi r=\frac{M}{2r^2}|h|,\end{aligned}$$

所以 $\lim\limits_{h\to 0}\left\|\frac{f(z+h)-f(z)}{h}-w\right\|=0$，由 $z\in\Omega$ 的任意性知 f 在 Ω 内为强解析的。

(4) 实际上(3)证明了 $n=1$ 的情形，一般情形可以用数学归纳法证明，方法与经典的高阶导数公式证明相同。

关于解析函数的重要定理——Liouville 定理和唯一性定理也可以推广到向量值解析函数。

定理 1.5.2(Liouville 定理) 设 $f:\mathbb{C}\to X$ 为向量值函数，若 f 在 $\mathbb{C}$ 上解析，且存在常数 $M>0$ 使得对于任意的 $z\in\mathbb{C}$ 有 $\|f(z)\|\leqslant M$，则 f 为常数。

【证】 对于任意的 $\varphi\in X^*$，$\varphi f:\mathbb{C}\to\mathbb{C}$ 解析且 $|\varphi f(z)|\leqslant\|\varphi\|\,\|f(z)\|\leqslant M\|\varphi\|$，所以根据经典的刘维尔定理有 $\varphi f(z)\equiv\varphi f(0)$，由 Hahn-Banach 定理知 $f(z)\equiv f(0)$。

定理 1.5.3(唯一性定理) 设 $f,g:\Omega\to X$ 为区域 Ω 内的向量值解析函数，$\{z_n\}\subset\Omega$ 且在 Ω 中存在极限点，若 $f(z_n)=g(z_n)(n=1,2,\cdots)$，则有 $f(z)\equiv g(z)$。

【证】 对于任意的 $\varphi\in X^*$，$\varphi f:\Omega\to\mathbb{C}$ 解析，且 $\varphi f(z_n)=\varphi g(z_n)(n=1,2,\cdots)$，由复值解析函数的唯一性定理有 $\varphi f(z)\equiv\varphi g(z)$，再由 Hahn-Banach 定理知 $f(z)\equiv g(z)$。

定理 1.5.4 设 $a_n\in X(n=0,1,\cdots)$，且 $\rho=\left(\overline{\lim\limits_{n\to\infty}}\sqrt[n]{\|a_n\|}\right)^{-1}$，$z_0\in\mathbb{C}$，则幂级数

$$\sum_{n=0}^{\infty}a_n(z-z_0)^n=a_0+a_1(z-z_0)+\cdots+a_n(z-z_0)^n+\cdots$$

在 $|z-z_0|<\rho$ 内为内闭一致收敛，且其和函数 $s(z)$ 在 $|z-z_0|<\rho$ 内解析。

【证】 与数学分析同样的方法可以证明内闭一致收敛，设

$$s(z)=a_0+a_1(z-z_0)+\cdots+a_n(z-z_0)^n+\cdots,$$

对于任意的 $\varphi\in X^*$，当 $|z-z_0|<\rho$ 时有

$$\varphi s(z)=\varphi(a_0)+\varphi(a_1)(z-z_0)+\cdots+\varphi(a_n)(z-z_0)^n+\cdots,$$

由幂级数和函数的性质知 $\varphi s(z)$ 在 $|z|<\rho$ 内解析，所以 $s(z)$ 在 $|z|<\rho$ 内解析。

定理 1.5.5(Taylor 定理) 设取值于 X 中的向量值函数 f 在圆盘 $|z-z_0|<R$ 内解析，且 f 在圆盘 $|z-z_0|<R$ 内有界，即存在 $M>0$ 使当 $|z-z_0|<R$ 时有 $\|f(z)\|\leqslant M$，

则在圆盘$|z-z_0|<R$内成立

$$f(z)=\sum_{n=0}^{\infty}\frac{f^{(n)}(z_0)}{n!}(z-z_0)^n。\tag{1.5.1}$$

【证】 任取$\rho\in(0,R)$，记C_ρ：$|\zeta-z_0|=\rho$，由高阶导数公式有

$$f^{(n)}(z_0)=\frac{n!}{2\pi i}\oint_{C_\rho}\frac{f(z)}{(z-z_0)^{n+1}}dz,$$

于是有

$$\left\|\frac{f^{(n)}(z_0)}{n!}\right\|=\left\|\frac{1}{2\pi i}\oint_{C_\rho}\frac{f(z)}{(z-z_0)^{n+1}}dz\right\|\leqslant\frac{1}{2\pi}\cdot\frac{M}{\rho^{n+1}}\cdot 2\pi\rho=\frac{M}{\rho^n},$$

令$\rho\to R^-$便有$\left\|\frac{f^{(n)}(z_0)}{n!}\right\|\leqslant\frac{M}{R^n}$(称之为 Cauchy 不等式)，所以式(1.5.1)右端在$|z-z_0|<R$内为内闭一致收敛，于是，对任意的$\varphi\in X^*$有

$$\varphi f(z)=\sum_{n=0}^{\infty}\frac{(\varphi f)^{(n)}(z_0)}{n!}(z-z_0)^n=\sum_{n=0}^{\infty}\frac{\varphi[f^{(n)}(z_0)]}{n!}(z-z_0)^n$$

$$=\varphi\left[\sum_{n=0}^{\infty}\frac{f^{(n)}(z_0)}{n!}(z-z_0)^n\right],$$

因此有式(1.5.1)成立。

1.5.3 谱映照定理

定理 1.5.6(多项式函数的谱映射定理) 设X是复 Banach 空间，$A\in B(X)$，$p(\lambda)=a_n\lambda^n+a_{n-1}\lambda^{n-1}+\cdots+a_1\lambda+a_0$为复变量的$n$次多项式，则$\sigma(p(A))=p(\sigma(A))$，其中$p(A)=a_nA^n+a_{n-1}A^{n-1}+\cdots+a_1A+a_0I$。

【证】 若$\lambda\in\sigma(A)$，则$p(\lambda)I-p(A)=(\lambda I-A)Q(\lambda,A)$，其中$Q(\lambda,A)\in B(X)$。若$p(\lambda)\in\rho(p(A))$，则有

$$(\lambda I-A)Q(\lambda,A)[p(\lambda)I-p(A)]^{-1}=I,$$

$$[p(\lambda)I-p(A)]^{-1}(\lambda I-A)Q(\lambda,A)=I,$$

由于$(\lambda I-A)$与$Q(\lambda,A)$及$Q(\lambda,A)$与$[p(\lambda)I-p(A)]^{-1}$均可交换，所以有

$$(\lambda I-A)[Q(\lambda,A)(p(\lambda)I-p(A))^{-1}]=[Q(\lambda,A)(p(\lambda)I-p(A))^{-1}](\lambda I-A)=I,$$

所以$\lambda\in\rho(A)$，与假设矛盾，因此$p(\lambda)\in\sigma(p(A))$，即$\sigma(p(A))\subset p(\sigma(A))$。

再证明相反的包含关系$p(\sigma(A))\subset\sigma(p(A))$。设$\mu\notin p(\sigma(A))$，则对于$\lambda\in\sigma(A)$，有

$$\mu-p(\lambda)=a_n(\lambda-\mu_1)\cdots(\lambda-\mu_n)\neq 0,$$

由此$\lambda\neq\mu_i(i=1,2,\cdots,n)$，从而每个$\mu_i\in\rho(A)$。由于

$$\mu-p(A)=a_n(A-\mu_1I)\cdots(A-\mu_nI),$$

所以有$\mu\in\rho(p(A))$，因此$\mu\notin\sigma(p(A))$，这便证明了$p(\sigma(A))\subset\sigma(p(A))$。

上述谱映射定理可以推广到一般解析函数的情形，为此我们先定义所谓的 Dunford 积分。设$T\in B(X)$，$A(T)$为在包含$\sigma(T)$的区域上的解析函数的全体。对于$f\in A(T)$，取光滑闭曲线Γ，使其包含$\sigma(T)$且f在Γ上及其内部区域G内解析，则$f(\lambda)(\lambda I-T)^{-1}=f(\lambda)R(\lambda;T)$在$\Gamma$上可积，且积分的结果为$B(X)$中的有界线性算子，定义 Dunford 积

分为

$$f(T)=\frac{1}{2\pi \mathrm{i}}\int_{\Gamma}f(\lambda)R(\lambda;T)\mathrm{d}\lambda,$$

其中积分曲线为逆时针方向。根据柯西积分定理，$f(T)$与Γ的选取无关。

定理 1.5.7 设 $f,g\in A(T)$，则有 $fg(T)=g(T)g(T)=g(T)f(T)$。

【证】 设Γ'也为满足 Dunford 积分定义的闭曲线，使Γ'的内部包含Γ，由定义

$$f(T)=\frac{1}{2\pi \mathrm{i}}\int_{\Gamma'}f(\lambda)R(\lambda;T)\mathrm{d}\lambda,$$

$$g(T)=\frac{1}{2\pi \mathrm{i}}\int_{\Gamma}g(\mu)R(\mu;T)\mathrm{d}\mu,$$

则

$$\begin{aligned}f(T)g(T)&=\frac{1}{2\pi \mathrm{i}}\int_{\Gamma'}f(\lambda)R(\lambda;T)\mathrm{d}\lambda\ \frac{1}{2\pi \mathrm{i}}\int_{\Gamma}g(\mu)R(\mu;T)\mathrm{d}\mu\\&=\frac{1}{(2\pi \mathrm{i})^2}\int_{\Gamma'}\int_{\Gamma}\frac{f(\lambda)g(\mu)}{\mu-\lambda}[R(\lambda;T)-R(\mu;T)]\mathrm{d}\mu\mathrm{d}\lambda,\end{aligned}$$

由于Γ'在Γ的外部，所以当$\lambda\in\Gamma'$时，$\dfrac{f(\lambda)g(\mu)}{\mu-\lambda}R(\mu;T)$作为$\mu\in\Gamma$的函数在$\Gamma$上及其内部解析，由柯西积分定理知该函数在$\Gamma$上的积分等于零，再利用复值解析函数的柯西积分公式得

$$\begin{aligned}f(T)g(T)&=\frac{1}{(2\pi \mathrm{i})^2}\int_{\Gamma'}\int_{\Gamma}\frac{f(\lambda)g(\mu)}{\mu-\lambda}R(\lambda;T)\mathrm{d}\mu\mathrm{d}\lambda\\&=\frac{1}{2\pi \mathrm{i}}\int_{\Gamma'}f(\lambda)R(\lambda;T)\ \frac{1}{2\pi \mathrm{i}}\int_{\Gamma}\frac{g(\mu)}{\mu-\lambda}\mathrm{d}\mu\mathrm{d}\lambda\\&=\frac{1}{2\pi \mathrm{i}}\int_{\Gamma'}f(\lambda)g(\lambda)R(\lambda;T)\mathrm{d}\lambda=(fg)(T)。\end{aligned}$$

定理 1.5.8 设 $f(z)$在圆盘U：$|z|<R$内解析，$T\in B(X)$且$\sigma(T)\subset U$，则有

$$f(T)=\sum_{n=0}^{\infty}\frac{f^{(n)}(0)}{n!}T^n,$$

特别地，当$f(z)\equiv 1$时，有$f(T)=I$；当$f(z)\equiv z$时，有$f(T)=T$。

【证】 设 $r=r_\sigma(T)+\delta<R$，则有$\|T\|<r$，由于

$$\left\|\frac{f^{(n)}(0)}{n!}T^n\right\|\leqslant\frac{M_r(f)}{r^n}\|T\|^n,$$

其中 $M_r(f)=\max\limits_{|z|=r}|f(z)|$，所以$\displaystyle\sum_{n=0}^{\infty}\frac{f^{(n)}(0)}{n!}T^n\in B(X)$。由柯西积分公式有

$$\frac{f^{(n)}(0)}{n!}=\frac{1}{2\pi \mathrm{i}}\int_{|z|=r}\frac{f(z)}{z^{n+1}}\mathrm{d}z,$$

因此

$$\begin{aligned}\sum_{n=0}^{\infty}\frac{f^{(n)}(0)}{n!}T^n&=\sum_{n=0}^{\infty}\left(\frac{1}{2\pi \mathrm{i}}\int_{|z|=r}\frac{f(z)}{z^{n+1}}\mathrm{d}z\right)T^n=\frac{1}{2\pi \mathrm{i}}\int_{|z|=r}f(z)\sum_{n=0}^{\infty}\frac{T^n}{z^{n+1}}\mathrm{d}z\\&=\frac{1}{2\pi \mathrm{i}}\int_{|z|=r}f(z)\sum_{n=0}^{\infty}\frac{T^n}{z^{n+1}}\mathrm{d}z=\frac{1}{2\pi \mathrm{i}}\int_{|z|=r}f(z)R(z,T)\mathrm{d}z=f(T)。\end{aligned}$$

定理 1.5.9(谱映射定理的一般形式) 设 $f\in A(T)$,则有

$$\sigma(f(T))=f(\sigma(T))=\{f(\lambda)\mid\lambda\in\sigma(T)\}。$$

【证】 首先证明 $\sigma(f(T))\subset f(\sigma(T))$。因为 $\sigma(T)$ 紧且 f 连续,所以 $f(\sigma(T))$ 亦为紧集。当 $\lambda_0\notin f(\sigma(T))$ 时,设 Γ 为 Dunford 积分中的闭曲线,f 在 Γ 及其内部 G 上解析,且 $\lambda_0\notin f(G\cup\Gamma)$,从而函数 $g(\lambda)=\dfrac{1}{f(\lambda)-\lambda_0}$ 在 $G\cup\Gamma$ 上解析,所以 $g\in A(T)$。由定理 1.5.6,有

$$\begin{aligned}g(T)[f(T)-\lambda_0I]&=[f(T)-\lambda_0I]g(T)\\&=\frac{1}{2\pi\mathrm{i}}\int_\Gamma[f(\lambda)-\lambda_0]g(\lambda)R(\lambda,A)\mathrm{d}\lambda\\&=\frac{1}{2\pi\mathrm{i}}\int_\Gamma R(\lambda,A)\mathrm{d}\lambda=I,\end{aligned}$$

因此 $\lambda_0\in\rho(f(T))$,即 $\lambda_0\notin\sigma(f(T))$,所以 $\sigma(f(T))\subset f(\sigma(T))$。

其次证明 $f(\sigma(T))\subset\sigma(f(T))$。当 $\lambda_0\in f(\sigma(T))$,存在 $\mu\in\sigma(T)$ 使得 $f(\mu)=\lambda_0$,从而

$$f(\lambda)-f(\mu)=(\lambda-\mu)h(\lambda),$$

其中 $h(\lambda)$ 在 $\sigma(T)$ 的某个邻域内解析,即 $h\in A(T)$,由可乘性有

$$f(T)-f(\mu)I=(T-\mu I)h(T)=h(T)(T-\mu I),$$

若 $\lambda_0\notin\sigma(f(T))$,则 $f(T)-f(\mu)I$ 存在有界逆,于是有

$$(T-\mu I)h(T)[f(T)-f(\mu)I]^{-1}=[f(T)-f(\mu)I]^{-1}(T-\mu I)h(T)=I,$$

由于 $h(T)$ 和 $(T-\mu I)$ 及 $f(T)-f(\mu)I$ 均可换,所以由上式知 $(T-\mu I)$ 可逆且

$$(T-\mu I)^{-1}=h(T)[f(T)-f(\mu)I]^{-1},$$

此与 $\mu\in\sigma(T)$ 矛盾。因此,$\lambda_0=f(\mu)\in\sigma f(T)$,由 λ_0 的任意性知 $f(\sigma(T))\subset\sigma(f(T))$。

Dunford 积分是研究算子谱理论的重要工具,由于它将解析函数与算子联系起来,二者的结合便产生了算子函数理论,许多经典的函数论的结果都可推广到算子函数的情形,相关领域的研究可以参考【4】及相关文献。

第1章练习题

1. 设

$$\begin{aligned}d(x,y)&=[(\xi_1-\eta_1)^2+(\xi_2-\eta_2)^2]^{\frac{1}{2}},\\d_1(x,y)&=\max_{k=1,2}|\xi_k-\eta_k|,\\d_2(x,y)&=|\xi_1-\eta_1|+|\xi_2-\eta_2|\end{aligned}$$

为 $\mathbb{R}^2$ 上两点 $x=(\xi_1,\eta_1)$ 和 $y=(\xi_2,\eta_2)$ 之间的三个距离,试在距离空间 $(\mathbb{R}^2,d)$,$(\mathbb{R}^2,d_1)$ 和 $(\mathbb{R}^2,d_2)$ 中分别画出单位球 $B(\theta,1)$ 的图形,其中 $\theta=(0,0)$。

2. 举例说明,在距离空间中开球 $B(x_0,r)$ 的闭包还可以不同于闭球 $\overline{B}(x_0,r)=\{x\mid d(x_0,x)\leqslant r\}$。

3. 证明 f 是 X 到 Y 的连续映射的充要条件是 Y 中任一闭集 K 在 f 下的原像 $f^{-1}(K)$ 是 X 中的闭集,其中 X,Y 为距离空间。

4. 设 $K(s,t)$ 为 $D=\{(s,t)\mid a\leqslant s\leqslant b, a\leqslant t\leqslant b\}$ 上的连续函数，定义 $C[a,b]$ 到 $C[a,b]$ 的映射 T 为

$$(Tx)(s)=\int_a^b K(s,t)x(t)\mathrm{d}t,\quad s\in[a,b]。$$

证明 T 为连续映射。

5. 设 (X,d) 为完备的距离空间，$\{F_n\}$ 为 X 内单调下降的非空集序列，且 $d(F_n)=\sup\limits_{x,y\in F_n} d(x,y)\to 0(n\to\infty)$。证明 $\bigcap\limits_{n=1}^{\infty} F_n\neq\varnothing$。

6. 证明：若 B 在 A 中稠密，则对任意给定的 $\varepsilon>0$，B 为 A 的 ε-网。

7. 证明全有界集是可分的。

8. 证明：若距离空间 X 中每个全有界集都列紧，则 X 为完备的距离空间。

9. 证明 $C[a,b]$ 是无穷维的。

10. 设 $g(x)=\int_a^b \sqrt{1+|x'(t)|}\mathrm{d}t, x\in C^1[a,b]$。证明：$g(x)$ 为非线性泛函。

11. 若函数 $f:\mathbb{R}\to\mathbb{R}$ 在直线 $\mathbb{R}$ 上连续可微，并且 $|f'(t)|\leqslant\alpha<1(x\in\mathbb{R})$，证明：方程 $f(x)=x$ 有唯一实数解。

12. 证明在内积空间中 $x\perp y$ 等价于

(1) $\|x+ay\|\geqslant\|x\|$，其中 a 为任意实数；或

(2) $\|x+ay\|=\|x-ay\|$，其中 a 为任意实数。

13. 证明 $C[a,b]$ 不是内积空间。

14. 设 $\{T_n\}$ 是赋范线性空间 X 到 Banach 空间 Y 的有界算子序列，证明：若 $\{\|T_n\|, n=1,2,\cdots\}$ 有界，且存在 $T\in \mathrm{B}(X,Y)$ 及 X 的稠密子集 D，使得对任意 $x\in D$ 有 $T_n x\to Tx$，则 T_n 依算子范数收敛到 T。

15. 设 f 为赋范线性空间 X 上的线性泛函，证明：f 连续的充要条件是 $N(f)$ 为 X 中的闭集（其中 $N(f)=\{x\mid x\in X, f(x)=0\}$）。

16. 设 X,Y 均为赋范线性空间，$T\in \mathrm{B}(X,Y)$，证明：若 T 的值域有限，则 T 是全连续算子。

17. 设 X,Y 均为赋范线性空间，证明：若 T 是 X 的闭线性子空间 $D(T)$ 到 Y 中的有界线性算子，则 T 是闭算子。

18. 设 X 是赋范线性空间，Y 是 Banach 空间，T 是 X 的子空间 $D(T)$ 到 Y 的有界线性算子，T 是闭算子，证明 $D(T)$ 为闭集。

19. 设 $T:\mathbb{R}^n\to\mathbb{R}^n$ 是线性算子，对 $\mathbb{R}^n$ 赋以范数

$$\|x\|=\sum_{j=1}^{n}|x_j|,\quad x=(x_1,x_2,\cdots,x_n)\in\mathbb{R}^n,$$

求 $\|T\|$。

20. 设 X,Y 是赋范线性空间，$T\in \mathrm{B}(X,Y)$，证明 T 是全连续当且仅当 T 将 X 中的闭单位球 $\overline{B}(\theta,1)$ 映成 Y 中的列紧集。

21. 设 $T\in \mathrm{B}(X,Y)$，若 T 是全连续算子，则 T 将 X 中的弱收敛点列映成 Y 中的强收敛点列。试证明之。

22. 证明：Banach 空间 X 自反的充要条件是 X^* 为自反的。

23. 设 X 是 Banach 空间 $\{x_n\}$ 是 X 中的点列，证明：如果

$$\forall f \in X^*, \quad \sum_{n=1}^{\infty} |f(x_n)| < +\infty,$$

则必存在正数 M，使得

$$\forall f \in X^*, \quad \sum_{n=1}^{\infty} |f(x_n)| \leqslant M \| f \| 。$$

24. 设 $\{f_n\}$ 是 Banach 空间 X 的共轭空间 X^* 的点列，则 $\forall x \in X, \sum_{n=1}^{\infty} |f_n(x)|$ 收敛，当且仅当 $\forall F \in X^{**}, \sum_{n=1}^{\infty} |F(f_n)|$ 收敛。试证明之。

25. 设 X 是 Banach 空间，$\{x_n\} \subset X$，若 $\forall f \in X^*$，$\{f(x_n)\}$ 是有界的，证明 $\{\| x_n \|\}$ 有界。

26. 在 l^2 中定义算子

$$T: (x_1, x_2, \cdots, x_n, \cdots) \mapsto \left(x_1, \frac{x_2}{2}, \cdots, \frac{x_n}{n}, \cdots\right),$$

证明 $T \in \mathrm{B}(l^2)$ 并求 T^*。

第2章 非线性算子微积分

线性泛函分析中的线性算子是线性代数中线性变换概念的推广，而作为微积分中函数的概念的延伸，就是我们下面要研究的非线性算子，这也是非线性问题经常需要研究的对象。自然想到的问题是，如何将经典的微积分理论推广到非线性算子，为研究非线性算子的性质、解决各类无限维空间之间的非线性算子方程的求解问题提供数学工具。本章我们将研究非线性算子的有界性和连续性，作为全微分概念和方向导数概念的推广，给出两种微分和导数的定义；通过多重线性算子的方法建立高阶微分的概念，获得非线性算子的 Taylor 公式，同时对解析的非线性算子给出了幂级数展开；作为从经典数学过渡到现代数学起重要作用的隐函数定理与反函数存在定理，在这里我们将给出抽象的一般形式，同时看到 Banach 不动点定理在证明中发挥的重要作用；类似实函数的 Riemann 积分推广到 Lebesgue 积分，我们将对非线性算子引进 Bochner 积分的概念，使积分方法具有更广泛的应用范围。实函数的经典微积分中导数是研究函数极值的重要工具，作为本章最后内容，我们将研究一般泛函的极值问题，介绍一些研究泛函极值的基本方法。

2.1 非线性算子的有界性与连续性

2.1.1 非线性算子的有界性与连续性

有界性与连续性这是数学分析中的两个基本概念，但在无限维空间中同一个空间可以赋予不同的拓扑结构(即不同的收敛性)。因此，对于空间之间的非线性算子的有界性和连续性，也有着各种不同形式的描述。

下面假设 X,Y 为实赋范线性空间，映射 $T: D\subset X\to Y$ 通常称为算子。

定义 2.1.1 (1) 设 $x_0\in \mathrm{int}D$(即 D 的内点的全体)，称 T 在 x_0 局部有界，若存在 x_0 的邻域 $B(x_0,\delta)$(在不关注邻域半径的大小时简记为 $B(x_0)$)，使得

$$\sup\{\|Tx\| \mid x\in B(x_0)\}<\infty。$$

一般地，若 T 在 $\Omega\subset \mathrm{int}D$ 的任一点局部有界，则称 T 在 Ω 上局部有界。

(2) 设 $\Omega\subset D$，若 T 将 Ω 中的有界集映成 Y 中的有界集，则称 T 在 Ω 中有界。

由定义知，若 T 在 x_0 局部有界，则 T 在 x_0 的某一邻域内有界。另外，注意 T 的有界性和通常函数在某一区间上有界的区别。

定义 2.1.2 (1) 称 T 在 $x_0\in D$ 连续，若 $\forall\{x_n\}\subset D$，有

$$x_n \to x \Rightarrow Tx_n \to Tx\text{。}$$

其中的收敛是依范数相应空间的范数收敛。若 T 在 $\Omega \subset D$ 上每一点连续，则称 T 在 Ω 上连续。

(2) 称 T 在 $\Omega \subset D$ 上一致连续，若 $\forall \varepsilon > 0, \exists \delta > 0$,

$$\| x_1 - x_2 \| < \delta,\quad x_1, x_2 \in \Omega \Rightarrow \| Tx_1 - Tx_2 \| < \varepsilon\text{。}$$

由于同一空间的不同拓扑可导出不同的收敛性，因此也有不同的连续性的概念。下面给出由强收敛、弱收敛及弱 * 收敛对应的算子的连续性。

定义 2.1.3 (1) 设 $T: D \subset X \to Y, x_0 \in D$，称

(i) T 在 x_0 是次连续的(demicontinuous)，若 $\forall \{x_n\} \subset D$ 有

$$x_n \to x_0 \Rightarrow Tx_n \xrightarrow{w} Tx_0;$$

(ii) T 在 x_0 是弱连续的(weakly continuous)，若 $\forall \{x_n\} \subset D$ 有

$$x_n \xrightarrow{w} x_0 \Rightarrow Tx_n \xrightarrow{w} Tx_0;$$

(iii) T 在 x_0 是强连续的(strongly continuous)，若 $\forall \{x_n\} \subset D$ 有

$$x_n \xrightarrow{w} x_0 \Rightarrow Tx_n \to Tx_0\text{。}$$

(2) 设 $T: D \subset X \to X^*$，称 T 在 x_0 是半连续的(hemicontinuous)，若 $\forall h \in X$，当 $t_n > 0, x_0 + t_n h \in D$ 时

$$t_n \to 0 \Rightarrow T(x_0 + t_n h) \xrightarrow{w^*} Tx_0\text{。}$$

同样可定义 T 在 Ω 上相应的连续性。若 T 为线性算子，则前面给出的有界性和连续性等价。在有限维空间中，定义 2.1.3(1)给出的三种连续性是等价的。一般地，上述连续性存在着包含关系，一致连续最强，半连续最弱。

2.1.2 连续算子的性质

在微积分中我们知道，有界闭区间上的连续函数一定有界，下面我们研究一般非线性算子的相应性质，为此引进连续模的概念。

定义 2.1.4 设 $T: D \subset X \to Y, \Omega \subset D$，令

$$\omega(t) = \sup\{ \| Tx - Ty \| \mid x, y \in \Omega, \| x - y \| \leqslant t \},$$

$$D(\omega) = \{ t \mid t \in [0, \infty), \omega(t) < \infty \},$$

称 $\omega(t): D(\omega) \subset [0, \infty) \to [0, \infty)$ 为 T 在 Ω 上的连续模。

显然，$\omega(t)$是不减的非负函数，且 $\omega(0) = 0$。连续模也是研究函数空间的重要概念，不同范数下有相应连续模的形式，如 $L^p[a,b]$所对应的连续模为

$$\omega(f, \delta) = \sup_{\substack{a \leqslant x, x+h \leqslant b \\ |h| \leqslant \delta}} \left(\int_a^b | f(x+h) - f(x) |^p \mathrm{d}x \right)^{\frac{1}{p}}\text{。}$$

下面的引理说明可以通过连续模的性质来刻画算子的一致连续性，并且一致连续映射的连续模的局部连续性与整体连续性等价。

引理 2.1.1 设 $T: D \subset X \to Y, \Omega \subset D$ 是凸集，则

(1) T 在 Ω 上一致连续的充要条件是：T 在 Ω 上的连续模 $\omega(t)$在$[0, \infty)$上有定义，且在 $t = 0$ 处连续；

(2) T 在 Ω 上一致连续的充要条件是：$\omega(t)$ 在 $[0,\infty)$ 上有定义且一致连续。

【证】 (1) 充分性。若 $\omega(t)$ 在 $[0,\infty)$ 上有定义，由 $\omega(t)$ 在 $t=0$ 的连续性知，$\forall \varepsilon>0$，存在 $\delta>0$，当 $0\leqslant t<\delta$ 时，有 $\omega(t)\leqslant\varepsilon$，即

$$\omega(\delta)=\sup\{\|Tx-Ty\| \mid \|x-y\|\leqslant\delta, x,y\in\Omega\}\leqslant\varepsilon,$$

此不等式等价于

$$\|x-y\|\leqslant\delta, x,y\in\Omega\Rightarrow\|Tx-Ty\|\leqslant\varepsilon,$$

由此知 T 在 Ω 上一致连续。

必要性。若 T 在 Ω 上一致连续，可以证明 $\omega(t)$ 在 $[0,\infty)$ 上有定义。给定 $t>0$，取 $\delta>0$，使当 $\|x-y\|\leqslant\delta$ 时，$\|Tx-Ty\|\leqslant t$。对任何满足 $\|x-y\|\leqslant t$ 的 $x,y\in\Omega$，在线段 $\overline{xy}$ 中插入若干个点，使相邻两点之间的距离小于 t。设正整数 m 使得 $\delta\geqslant\frac{t}{m}$，由于 Ω 为凸的，所以点

$$x_k=x+\frac{k}{m}(y-x)\in\Omega(k=1,2,\cdots,m),$$

且

$$\|x_k-x_{k-1}\|=\left\|\left[x+\frac{k}{m}(y-x)\right]-\left[x+\frac{k-1}{m}(y-x)\right]\right\|=\frac{1}{m}\|y-x\|\leqslant\frac{t}{m}\leqslant\delta。$$

因此

$$\|Tx-Ty\|=\|Tx_m-Tx_0\|\leqslant\sum_{k=1}^{m}\|Tx_k-Tx_{k-1}\|\leqslant mt,$$

于是 $\omega(t)\leqslant mt<\infty$，所以 $\omega(t)$ 在 $[0,\infty)$ 上有定义。另外，将充分性的证明反过来，便知 $\omega(t)$ 在 $t=0$ 连续。

(2) 只需证明：若 $\omega(t)$ 在 $[0,\infty)$ 上有定义且在 $t=0$ 连续，则 $\omega(t)$ 在 $[0,\infty)$ 上一致连续。首先证明，$\forall t_1,t_2\in[0,\infty)$ 有

$$|\omega(t_1)-\omega(t_2)|\leqslant\omega(|t_1-t_2|)。$$

设 t_1,t_2 不同时为零，则对满足

$$\|x-y\|<t_1+t_2$$

的 $x,y\in\Omega$，由于 Ω 为凸的，则

$$z=x+\frac{t_1}{t_1+t_2}(y-x)\in\Omega,$$

此时 $\|x-z\|\leqslant t_1$，$\|y-z\|\leqslant t_2$，所以

$$\|Tx-Ty\|\leqslant\|Tx-Tz\|+\|Ty-Tz\|\leqslant\omega(t_1)+\omega(t_2),$$

因此 $\omega(t_1+t_2)\leqslant\omega(t_1)+\omega(t_2)$（即 $\omega(t)$ 具有次可加性），由此推出

$$|\omega(t_1)-\omega(t_2)|\leqslant\omega(|t_1-t_2|)。\tag{2.1.1}$$

事实上，设 $0\leqslant t_1<t_2$，则有

$$\omega(t_2)=\omega(t_1+(t_2-t_1))\leqslant\omega(t_1)+\omega(t_2-t_1),$$

即

$$\omega(t_2)-\omega(t_1)\leqslant\omega(t_2-t_1),\tag{2.1.2}$$

又因 $\omega(t)$ 是不减且非负的，所以

$$\omega(t_1)\leqslant\omega(t_2)\leqslant\omega(t_2-t_1)+\omega(t_2),$$

即

$$\omega(t_2)-\omega(t_1)\geqslant-\omega(t_2-t_1)。\tag{2.1.3}$$

综合式(2.1.2)和式(2.1.3)便得式(2.1.1)。根据式(2.1.1)便可由 $\omega(t)$ 在 $t=0$ 的连续性推知 $\omega(t)$ 在 $[0,\infty)$ 上的一致连续性。

定理 2.1.1 若算子 $T: D\subset X\to Y$ 在凸集 $\Omega\subset D$ 上一致连续，则 T 在 Ω 上有界。

【证】 由引理 2.1.1，T 在 Ω 上的连续模 $\omega(t)$ 在 $[0,\infty)$ 上有定义。对于 Ω 的任何有界子集 Ω_0，有

$$\sup\{\|x-y\|\mid x,y\in\Omega_0\}=t_0<\infty,$$

于是，对 $x,y\in\Omega_0$，有

$$\begin{aligned}\|Tx-Ty\|&\leqslant\sup\{\|Tx-Ty\|\mid\|x-y\|\leqslant t_0,\quad x,y\in\Omega_0\}\\&\leqslant\sup\{\|Tx-Ty\|\mid\|x-y\|\leqslant t_0,\quad x,y\in\Omega\}=\omega(t_0)<\infty,\end{aligned}$$

因此 $T(\Omega_0)$ 为有界集，由定义知 T 在 Ω 上有界。

推论 2.1.1 若 T 在球上一致连续，则 T 在该球上有界。

正如有界闭区间上连续函数的有界性的两个条件“有界闭区间”和“连续”缺一不可，下面的两个例子说明定理 2.1.1 中的凸集和一致连续的条件是不能去掉的。首先给出在全空间连续而非有界的例。

例 1 设 $T: l^2\to R$，定义

$$Tx=\sum_{|\xi_i|\geqslant1}i(|\xi_i|-1),$$

$x=\{\xi_i\}\in l^2$，则 T 在 l^2 上连续。实际上，设 $x=\{\xi_i\}$，$x_n=\{\xi_i^{(n)}\}\in l^2$，且 $x_n\to x$，则 $\xi_i^{(n)}\to\xi_i(n\to\infty)$，且 $\forall\varepsilon>0$，$\exists N$，对于任意的 n，有

$$\Big(\sum_{i=N+1}^{\infty}|\xi_i^{(n)}|^2\Big)^{\frac{1}{2}}<\varepsilon(n=1,2,\cdots),$$

此不等式说明 $Tx_n=\sum\limits_{|\xi_i^{(n)}|\geqslant1}i(|\xi_i^{(n)}|-1)$ 中的求和项数对于所有的 n 均为有限。于是

$$\xi_i^{(n)}\to\xi_i(n\to\infty)\Rightarrow Tx_n\to Tx(n\to\infty),$$

即 T 在 l^2 上连续。取 $x_n=\{\xi_i^{(n)}\}\in\bar{B}(0,2)=\{x\mid x\in l^2,\|x\|\leqslant2\}$，

$$\xi_i^{(n)}=\begin{cases}2, & i=n,\\0, & i\neq n,\end{cases}$$

则 $Tx_n=n\to\infty(n\to\infty)$，即 $T(\bar{B})$ 为无界集，因此 T 在 l^2 上无界。

下面我们再来看一个非凸有界闭集上一致连续但非有界的例子。

例 2 设 X 是可分的 Hilbert 空间，$\{e_n\}_{n=1,2,\cdots}$ 是 X 上的标准正交基，令

$$\Omega=\bigcup_{n=1}^{\infty}\{(1-t)e_n+te_{n+1}\mid0\leqslant t\leqslant1\},$$

在 Ω 中的每个线段 $\{(1-t)e_n+te_{n+1}\mid t\in[0,1]\}$ 上定义算子 T：

$$T((1-t)e_n+te_{n+1})=n+t,\quad n=1,2,\cdots,t\in[0,1],$$

则 Ω 是有界闭集，下面验证 T 在 Ω 上一致连续。设

$$x=(1-t_1)e_m+t_1e_{m+1},\quad y=(1-t_2)e_n+t_2e_{n+1},$$

则 x,y 或者于同一线段、或者位于相邻线段、或者位于不相邻线段，相应地有

$$\|x-y\|=\begin{cases}\sqrt{2}\,|t_1-t_2|, & n=m,\\ \sqrt{(1-t_1)^2+(t_1+t_2-1)^2+t_2^2}, & n=m+1,\\ \sqrt{(1-t_1)^2+t_1^2+(1-t_2)^2+t_2^2}, & \text{其他。}\end{cases}$$

由于$(1-t_1)^2+t_1^2\geqslant\frac{1}{2}[(1-t_1)+t_1]^2=\frac{1}{2}$，所以

$$\sqrt{(1-t_1)^2+t_1^2+(1-t_2)^2+t_2^2}\geqslant 1,$$

因此，当 $\|x-y\|<1$ 时，只有 $n=m$ 或 $n=m+1$ 两种情形。此时

$$\|Tx-Ty\|=\begin{cases}|t_1-t_2|, & n=m,\\ |(t_1-t_2)-1|, & n=m+1。\end{cases}$$

于是，$\forall\varepsilon>0$，取 $\delta=\frac{1}{2}\varepsilon$，则当 $\|x-y\|<\delta$ 且 $x,y\in\Omega$ 时，有

$$|t_1-t_2|<\frac{\varepsilon}{2\sqrt{2}}\ \text{或}\ |t_2|<\frac{\varepsilon}{2}\ \text{且}\ |1-t_1|<\frac{\varepsilon}{2},$$

于是

$$\|Tx-Ty\|=|t_1-t_2|<\frac{\varepsilon}{2\sqrt{2}}<\varepsilon,$$

或

$$\|Tx-Ty\|=|t_1-t_2|+|t_2|<\frac{\varepsilon}{2}+\frac{\varepsilon}{2}=\varepsilon,$$

所以 T 在 Ω 上一致连续。但 $Te_n=n\to\infty$，即 T 在 Ω 上无界。

上面的例子说明，非线性算子的连续性与有界性的关系在有限维空间与无限维空间有着本质的区别。

定理 2.1.2 设 X 为自反的 Banach 空间，D 是弱闭集，$T: D\subset X\to Y$ 是弱连续算子，则 T 有界。

【证】 若 T 无界，则存在有界点列$\{x_n\}\subset D$ 使

$$\|Tx_n\|\to\infty(n\to\infty)。\tag{2.1.4}$$

由于自反 Banach 空间的有界弱闭集是弱紧的，故存在$\{x_{n_k}\}$使

$$x_{n_k}\xrightarrow{w}x_0\in D,$$

由 T 的弱连续性推出

$$Tx_{n_k}\xrightarrow{w}Tx_0(k\to\infty),$$

但弱收敛的序列是有界的，从而 $\|Tx_{n_k}\|<\infty$，此与式(2.1.4)矛盾。

2.1.3 全连续算子的概念

全连续算子是将有限维空间的某些结果推广到无穷维空间的重要工具之一。下面引入非线性全连续算子的概念，并给出全连续算子的等价刻画，由此可以看出它与有限维空间上算子的密切联系。

定义 2.1.5 (1) 设 $T: D\subset X\to Y$，称 T 为紧算子，若 T 将 D 中的任何有界集映成 Y 中的列紧集（也称相对紧集或预紧集）。

(2) 称 T 为全连续算子，若 T 是连续的紧算子。

由定义知，T 为 D 上紧算子的充要条件是：对 D 中的任何有界序列 $\{x_n\}$，$\exists\{x_{n_k}\}$ 使得 $\{Tx_{n_k}\}$ 在 Y 中是收敛的。

称连续的紧算子为全连续算子，是因为它包含算子的其他连续性。对于线性算子，全连续性与紧性是统一的，且全连续算子一定是强连续的，即 $x_n\xrightarrow{w}x_0$ 时，有 $Tx_n\to Tx_0$。

例 3 若 $\dim Y<\infty$，$T: D\subset X\to Y$ 连续且有界，则 T 是全连续的。

只需验证 T 是紧算子，因为对 D 的有界点列 $\{x_n\}$，$\{Tx_n\}$ 是 Y 中的有界点列，而 Y 是有限维空间，所以 $\{Tx_n\}$ 存在收敛的子列 $\{Tx_{n_k}\}$，因此 T 是紧算子。

例 4 若 X 为自反空间，$T: X\to Y$ 为强连续，则 T 是全连续的。

因为强连续是将若收敛的点列映成依范数收敛的点列，而自反空间的弱有界集一定是弱列紧的，由此便得该命题的证明。

例 5 设 $\Omega\subset\mathbb{R}^n$ 为有界开集，$K: \overline{\Omega}\times\overline{\Omega}\times\mathbb{R}\to\mathbb{R}$ 为连续函数，

$$T\varphi(x)=\int_\Omega K(x,y,\varphi(y))\mathrm{d}y,\quad \forall\varphi\in C(\overline{\Omega}),$$

则 $T: C(\overline{\Omega})\to C(\overline{\Omega})$ 为全连续算子。

【证】 首先证明 T 在 $C(\overline{\Omega})$ 上连续。设 $\{\varphi_n\}\subset C(\overline{\Omega})(n=1,2,\cdots)$，$\varphi_n\to\varphi\in C(\overline{\Omega})$，并且有

$$\|\varphi_n\|=\max_{x\in\overline{\Omega}}|\varphi_n(x)|\leqslant M,\quad \|\varphi\|=\max_{x\in\overline{\Omega}}|\varphi(x)|\leqslant M,$$

其中 $M>0$ 为常数。由于函数 $K(x,y,u)$ 在 $\overline{\Omega}\times\overline{\Omega}\times[-M,M]$ 上一致连续，所以 $\forall\varepsilon>0$，$\exists\delta>0$，当

$x_i,y_i\in\overline{\Omega},u_i\in[-M,M](i=1,2)$，且 $|x_1-x_2|\leqslant\delta,|y_1-y_2|<\Delta,|u_1-u_2|<\delta$ 时，有

$$|K(x_1,y_1,u_1)-K(x_2,y_2,u_2)|<\frac{\varepsilon}{\mathrm{mes}(\Omega)}。$$

由 $\varphi_n\to\varphi$（依连续范数收敛）知，存在正整数 N，当 $n>N$ 时有，

$$|\varphi_n(y)-\varphi(y)|<\delta,\quad \forall y\in\overline{\Omega}。$$

因此有

$$\begin{aligned}\|T\varphi_n-T\varphi\|&=\max_{x\in\overline{\Omega}}|T\varphi_n(x)-T\varphi(x)|\\&=\max_{x\in\overline{\Omega}}\left|\int_\Omega[K(x,y,\varphi_n(y))-K(x,y,\varphi(y))]\mathrm{d}y\right|<\varepsilon。\end{aligned}$$

类似于 2.2 节例 2 的方法，利用 Ascoli 定理可以验证 T 的紧性。综上可知，T 为全连续的。

2.1.4 全连续算子的性质与等价刻画

我们知道，有限维空间之间的连续算子一定是全连续的，那么，全连续算子与有限维空间之间的连续算子是否存在某种关系？实际上，我们可以通过值域空间为有限维的有界连续算子对全连续算子进行任意的逼近。首先我们介绍全连续算子的运算性质。

定理 2.1.3　(1) 若 T_1,T_2 为全连续算子，则 $\alpha T_1+\beta T_2$ 亦为全连续算子。

(2) 设 X,Y,Z 为 Banach 空间，$T:X\to Y$，$S:Y\to Z$ 是两个连续有界算子，且其中之一是全连续的，则 $S\circ T:X\to Z$ 是全连续算子。

(3) 设 $T:D\subset X\to Y$ 为全连续算子，则其值域 $T(D)$ 是可分的。

【证】　(1)和(2)容易由全连续算子的定义验证，下面给出(3)的证明。由于

$$T(D)=\bigcup_{n=1}^{\infty}T(B(0,n)),$$

其中 $B(0,n)=\{x\mid x\in D,\|x\|<n\}$，因为 T 为全连续，所以 $TB(0,n)$ 为列紧的，由定理 1.1.4 知 $TB(0,n)$ 全有界，因此 $TB(0,n)$ 可分(第 1 章练习题 7)，于是 $T(D)$ 是可分的。

另外，算子的全连续性对一致收敛是封闭的。下面假设 X 为赋范线性空间，Y 为 Banach 空间。

定理 2.1.4　设 $T_n:D\subset X\to Y(n=1,2,\cdots)$ 是全连续的，算子 $T:D\subset X\to Y$ 满足：对任何有界集 $\Omega\subset D$，$\{T_nx\}$ 对 $x\in\Omega$ 依范数一致收敛于 Tx，则 T 也是全连续的。

【证】　设 $x_n\to x_0$，则由

$$\|Tx_n-Tx_0\|\leqslant\|Tx_n-T_kx_n\|+\|T_kx_n-T_kx_0\|+\|T_kx_0-Tx_0\|$$

知 $Tx_n\to Tx_0$，即 T 连续。

对有界集 $\Omega\subset D$ 及 $\forall\varepsilon>0$，由 T_n 的一致收敛性，存在 n，使 $\|T_nx-Tx\|<\varepsilon(\forall x\in\Omega)$，即 $T_n(\Omega)$ 是 $T(\Omega)$ 的 ε-网，由 T_n 的紧性可推出 $T_n(\Omega)$ 为列紧集，根据定理 1.1.4，$T_n(\Omega)$ 为全有界，因此 $T(\Omega)$ 也是全有界的，而 Y 是完备的，再由定理 1.1.4 知 $T(\Omega)$ 是列紧的，因此 T 为紧算子。

下面给出全连续算子的等价刻画。

定理 2.1.5　设 $T:D\subset X\to Y$，其中 D 为有界集，则下列陈述等价：

(1) T 是全连续算子；

(2) $\forall\varepsilon>0$，存在 Y 的有限维子空间 Y_ε 与连续有界算子 $T_\varepsilon:D\to Y_\varepsilon$(称 T_ε 为有限维算子)，使

$$\|Tx-T_\varepsilon x\|<\varepsilon,\quad\forall x\in D;$$

(3) $\forall\varepsilon>0$，T 可表示成

$$Tx=\sum_{n=0}^{\infty}T_nx,\quad\forall x\in D,$$

其中 $T_n:D\to Y_n$ 连续有界，Y_n 为 Y 的某有限维空间，且满足

$$\|T_nx\|\leqslant\frac{\varepsilon}{2^n},\quad\forall x\in D,n=1,2,\cdots。$$

【证】　(1)⇒(2)。由于 $T(D)$ 是 Y 的相对紧集，所以 $T(D)$ 全有界，于是 $\forall\varepsilon>0$，存在 $T(D)$ 的有限 ε-网 $\{y_i\}_{i=1}^m$。设 Y_ε 为 $\{y_i\}_{i=1}^n$ 张成的子空间。$\forall y\in Y$，令

$$d_i(y)=\max\{0,\varepsilon-\|y-y_i\|\},\quad i=1,2,\cdots,m,$$

$$d(y)=\sum_{i=1}^{m}d_i(y),$$

则 $d_i(y)\geqslant0$ 且连续，且当 $\|y-y_i\|<\varepsilon$ 时有 $d_i(y)>0$。对 $x\in D$，存在 y_i 使 $\|Tx-y_i\|<\varepsilon$，因此 $d(Tx)>0$。令 $T_\varepsilon:D\to Y_\varepsilon$，

$$T_{\varepsilon}x=\frac{1}{d(Tx)}\sum_{i=1}^{m}d_i(Tx)y_i,$$

则 T_{ε} 连续，且 $\forall x\in D$，

$$\|Tx-T_{\varepsilon}x\|\leqslant\frac{1}{d(Tx)}\sum_{i=1}^{m}d_i(Tx)\|Tx-y_i\|<\varepsilon。$$

这里注意，当 $\|Tx-y_i\|\geqslant\varepsilon$ 时有 $d_i(Tx)=0$。由 $T(D)$ 全有界及上式知 $T_{\varepsilon}(D)$ 全有界，所以 T_{ε} 为连续有界算子。

(2) $\Rightarrow$(3)。对给定的 $\varepsilon>0$，令 $\varepsilon_n=\varepsilon/2^{n+2}$，由(2)，存在有限维算子 $A_n: D\to E_n$（E_n 为 Y 的某有限维子空间）使

$$\|Tx-A_nx\|<\varepsilon_n(\forall x\in D, n=0,1,\cdots)。$$

定义

$$T_0=A_0,\quad T_n=A_n-A_{n-1},\quad T_n: D\to Y_n,$$

其中

$Y_0=E_0,\quad Y_n=E_{n-1}+E_n=\{y=y_{n-1}+y_n\mid y_{n-1}\in E_{n-1},\quad y_n\in E_n\}(n=1,2,\cdots)$，

则 Y_n 为有限维子空间，且 $T_n: D\to Y_n$。由于

$$A_n=\sum_{k=0}^{n}T_k,\quad \|Tx-A_nx\|<\varepsilon_n,$$

即

$$\left\|Tx-\sum_{k=0}^{n}T_kx\right\|<\varepsilon_n。$$

令 $n\to\infty$ 即得 $Tx=\sum_{k=0}^{\infty}T_kx, x\in D$，且当 $n=1,2,\cdots$ 时，

$$\begin{aligned}\|T_nx\|&=\|A_nx-A_{n-1}x\|\\&\leqslant\|A_nx-Tx\|+\|Tx-A_{n-1}x\|\\&<\frac{\varepsilon}{2^{n+2}}+\frac{\varepsilon}{2^{n+1}}<\frac{\varepsilon}{2^n}。\end{aligned}$$

(3) $\Rightarrow$(1)。由于 $A_nx\to Tx$ 对 $x\in D$ 是一致的，且 A_n 为全连续算子，其中

$$A_nx=\sum_{k=0}^{n}T_kx(n=1,2,\cdots),$$

由定理 2.1.4 知 T 为全连续算子。

下面不加证明给出全连续算子的延拓定理，这在后面证明不动点定理时会用到。

定理 2.1.6 设 X 是距离空间，$A\subset X$ 是有界闭集；Y 是赋范线性空间，$T: A\to Y$ 是全连续算子，则存在 $\widetilde{T}: X\to Y$ 满足

(1) $\widetilde{T}$ 是全连续的；

(2) $\widetilde{T}x=Tx(\forall x\in A)$；

(3) $\widetilde{T}(X)\subset \mathrm{conv}T(A)=\{\lambda_1y_1+\lambda_2y_2\mid y_i\in T(A),\lambda_i\geqslant0,\lambda_1+\lambda_2=1\}$。

2.2 抽象函数的积分

2.2.1 抽象函数的 Riemann 积分

下面考虑经典微积分中导数和积分概念的推广，对于定义在实轴区间而取值于赋范线性空间的抽象函数，似于微积分中的方法可以定义它的导数和积分。

定义 2.2.1 设 X 为赋范线性空间，$x:[a,b]\to X$ 为抽象函数（或向量值函数），$t_0\in(a,b)$，若存在 $z_0\in X$ 使得

$$\left\|\frac{x(t_0+\Delta t)-x(t_0)}{\Delta t}-z_0\right\|\to 0(\Delta t\to 0),$$

则称 x 在 t_0 处可导，z_0 称为 x 在 t_0 处的导数，记为 $x'(t_0)$，即

$$x'(t_0)=\lim_{\Delta t\to 0}\frac{x(t_0+\Delta t)-x(t_0)}{\Delta t}。$$

类似地，可以定义 x 在区间端点的左、右导数。若 x 在 $[a,b]$ 每一点可导，则称 x 在 $[a,b]$ 上可导。

由定义知，若 $x:[a,b]\to X$ 在 $[a,b]$ 每一点可导，则 x 在 $[a,b]$ 上连续。

定义 2.2.2 设 $x:[a,b]\to X$ 为抽象函数。对于 $[a,b]$ 的任意划分 T：

$$a=t_0<t_1<\cdots<t_{n-1}<t_n=b,$$

作积分和

$$\sigma_n=\sum_{k=1}^{n}x(\tau_k)\Delta t_k,$$

其中 $\tau_k\in[t_{k-1},t_k]$，$\Delta t_k=t_k-t_{k-1}$，记 $\lambda=\max\limits_{1\leqslant k\leqslant n}\Delta t_k$。若存在 $I\in X$，$\forall\varepsilon>0$，存在 $\delta>0$，对于 $[a,b]$ 的任意划分 T 及任意 $\tau_k\in[t_{k-1},t_k]$，当 $\lambda<\delta$ 时，成立

$$\|\sigma_n-I\|<\varepsilon,$$

则称 x 在 $[a,b]$ 上 Riemann 可积，I 称为 x 在 $[a,b]$ 上的 Riemann 积分，记为 $\int_a^b x(t)\mathrm{d}t$，即

$$\int_a^b x(t)\mathrm{d}t=\lim_{\lambda\to 0}\sum_{k=1}^{n}x(\tau_k)\Delta t_k。$$

我们知道实的函数连续一定 Riemann 可积，对抽象函数的可积性也有相应的结论。

定理 2.2.1 若抽象函数 $x:[a,b]\to X$ 在 $[a,b]$ 上连续，则 x 在 $[a,b]$ 上 Riemann 可积。

同样也可以建立类似微分中值公式及微积分基本定理。

定理 2.2.2 设有抽象函数 $x:[a,b]\to X$，

(1) 若 $x(t)$ 在 $[a,b]$ 上可积且满足 $\|x(t)\|\leqslant M$，其中 $M>0$ 为常数，则有

$$\left\|\int_a^b x(t)\mathrm{d}t\right\|\leqslant M(b-a)。$$

(2) 若 $x(t)$ 在 $[a,b]$ 连续，(a,b) 内可导，则存在 $\xi\in(a,b)$ 使得

$$\|x(b)-x(a)\|\leqslant(b-a)\|x'(\xi)\|,$$

称其为微分中值公式。

(3) 若 $x(t)$ 在 $[a,b]$ 连续，定义

$$y(t)=\int_a^t x(s)\mathrm{d}s,$$

则 $y(t)$ 在 $[a,b]$ 上可导，且 $y'(t)=x(t)(a\leqslant t\leqslant b)$。

(4) 若 $x'(t)$ 在 $[a,b]$ 连续，则有

$$\int_a^b x'(t)\mathrm{d}t=x(b)-x(a), \tag{2.2.1}$$

此即为抽象函数的 Newton-Leibniz 公式。

【证】 (1)和(3)的证明与实函数类似，在 2.3 节中我们将给出更一般形式的微分中值公式。下面给出(4)的证明：

对于任意的 $\varphi\in X^*$，易知 φx 为可导的实函数，且 $(\varphi x)'(t)=\varphi[x'(t)]$，于是由实函数的 Newton-Leibniz 公式，有

$$\int_a^b \varphi[x'(t)]\mathrm{d}t=\varphi[x(b)]-\varphi[x(a)], \tag{2.2.2}$$

而由 φ 的线性性和连续性有 $\int_a^b \varphi[x'(t)]\mathrm{d}t=\varphi\int_a^b x'(t)\mathrm{d}t$，因此式(2.2.1)可以改写成

$$\varphi\left[\int_a^b x'(t)\mathrm{d}t-x(b)+x(a)\right]=0,$$

由 φ 的任意性便得式(2.2.1)。

2.2.2 Bochner 积分

我们知道，实函数的 Riemann 积分推广到 Lebesgue 积分，使得积分的使用范围得到很大拓展。相应地，抽象函数的 Riemann 积分也可以进行类似地推广，下面将要介绍的 Bochner 积分便是其中的一种推广。要给出积分的定义，需要做一些准备。

下面设 X 为 Banach 空间，X^* 为其对偶空间，$\Omega\subset\mathbb{R}^n$。

定义 2.2.3 设 $x:\Omega\to X$ 为抽象函数，若 Ω 可分解为有限个互不相交的可测子集，且在每个子集上 x 为常值，则称 x 为有限取值函数。若 Ω 可分解为可数个互不相交的可测子集，且在每个子集上 x 为常值，则称 x 为可数取值函数。

定义 2.2.4 设 $x:\Omega\to X$ 为抽象函数，若对于任意的 $x^*\in X^*$，为书写方便，记 $(x^*,x(t))=x^*(x(t))$，若 $(x^*,x(t))$ 为 Ω 上的 Lebesgue 可测函数，则称 x 为弱抽象可测函数。若存在可数取值函数序列 $\{x_n(t)\}$，使 $x_n(t)$ 几乎处处强收敛于 $x(t)$（即在 X 的范数意义下收敛），则称 x 是强抽象可测函数。

定义 2.2.5 设 $x:\Omega\to X$ 为抽象函数，若其值域 $x(\Omega)$ 是可分的，则称 x 在 Ω 上是可分取值函数。若存在零测集 $\Omega_0\subset\Omega$，使 x 在 $\Omega\backslash\Omega_0$ 上是可分取值函数，则称 x 是几乎可分取值函数。

定理 2.2.3 抽象函数 $x:\Omega\to X$ 在 Ω 上为强可测的，当且仅当它在 Ω 上为弱可测且几乎可分取值。

推论 2.2.1 若 X 是可分的 Banach 空间，则 $x:\Omega\to X$ 的强可测与弱可测等价。

定理 2.2.4 若抽象函数 $x:[a,b]\to X$ 弱连续，则 x 是强可测的。

【证】 首先 x 是弱可测的,因此由定理2.2.3只需证明它是可分取值的。设$\{r_m\}$为$[a,b]$上的全体有理数,令 $X_0=\overline{\mathrm{span}}_m\{x(r_m)\}$,则 X_0 是 X 的强闭可分子空间。实际上,X_0 也是 X 的弱闭可分子空间。若不然,存在 $x_n\in X_0$,$x_0\notin X_0$ 及 $x^*\in X^*$,使得

$$(x^*,x_n)\to(x^*,x_0)(n\to\infty)。\tag{2.2.3}$$

由 Hahn-Banach 定理,存在 $x_0^*\in X^*$ 使得

$$(x_0^*,x)=0,\quad x\in X_0;\quad (x_0^*,x_0)=d(x_0,X_0)>0。\tag{2.2.4}$$

由于$(x_0^*,x_n)=0$,所以由式(2.2.3)可得$(x_0^*,x_0)=0$,这与式(2.2.4)矛盾。因此,上述 x_0 不存在,即 X_0 是弱闭的。对任意的 $t\in[a,b]$,存在$\{r_m\}$的子列$\{r_{m_k}\}$使 $r_{m_k}\to t(k\to\infty)$。由于 $x(t)$弱连续,因此有

$$(x^*,x(r_{m_k}))\to(x^*,x(t)),\quad \forall x^*\in X^*,$$

由 X_0 为弱闭的知 $x(t)\in X_0$,故 $x([a,b])\subset X_0$,从而 $x(t)$是可分取值函数,由定理2.2.3知 $x(t)$是强可测的。

定理2.2.5 若 $x_n:\Omega\to X(n=1,2,\cdots)$均为强可测函数,且 x_n 几乎处处弱收敛于 x,则 x 为强可测的。

定义2.2.6 (1) 设 $x:\Omega\to X$ 是可数取值函数,即 $\Omega=\bigcup\limits_{k=1}^{\infty}\Omega_k$,$\Omega_i\cap\Omega_j=\varnothing(i\neq j)$,且当 $t\in\Omega_k$ 时 $x(t)=x_k$,$k=1,2,\cdots$,若$\sum\limits_{k=1}^{\infty}\|x_k\|\mathrm{mes}(\Omega_k)<\infty$,则定义 $x(t)$ 在 Ω 上的 Bochner 积分为

$$\int_\Omega x(t)\mathrm{d}t=\sum_{k=1}^{\infty}x_k\mathrm{mes}(\Omega_k)。$$

(2) 设 $x:\Omega\to X$ 为强可测函数,则存在可数取值的抽象函数序列 x_n,使 x_n 在 Ω 上几乎处处收敛于 x。如果 x_n 均为 Bochner 可积,且

$$\int_\Omega\|x_n(t)-x(t)\|\mathrm{d}t\to 0(n\to\infty),$$

则称 x 在 Ω 上 Bochner 可积,其 Bochner 积分定义为

$$\int_\Omega x(t)\mathrm{d}t=\lim_{n\to\infty}\int_\Omega x_n(t)\mathrm{d}t。$$

定义2.2.6中的极限$\lim\limits_{n\to\infty}\int_\Omega x_n(t)\mathrm{d}t$一定存在,这是因为$\left\{\int_\Omega x_n(t)\mathrm{d}t\right\}\subset X$ 为基本列且 X 是完备的。另外,积分值$\int_\Omega x(t)\mathrm{d}t$ 也不依赖于可数取值函数列$\{x_n\}$的选取。

定理2.2.6 设 $x:\Omega\to X$ 是强可测函数,则 $x(t)$在 Ω 上 Bochner 可积的充要条件是实值函数$\|x(t)\|$在 Ω 上 Lebesgue 可积。

【证】 必要性。设 x 是 Bochner 可积的,由定义知,存在几乎处处收敛于的 x 可数取值函数列 x_n,且

$$\int_\Omega\|x_n(t)-x(t)\|\mathrm{d}t\to 0(n\to\infty)。$$

因为$\|x(t)\|$是可测函数,$\|x_n(t)\|$是 Lebesgue 可积函数,由

$$\| x(t) \| \leqslant \| x_n(t) \| + \| x_n(t) - x(t) \|$$

知 $\| x(t) \|$ 在 Ω 上 Lebesgue 可积。

充分性。由于 $x(t)$ 强可测，所以存在几乎处处强收敛于 $x(t)$ 的可数取值函数列 $\{x_n(t)\}$，记

$$y_n(t) = \begin{cases} x_n(t), & \| x_n(t) \| \leqslant 2 \| x(t) \|, \\ 0, & \| x_n(t) \| > 2 \| x(t) \|. \end{cases}$$

则 $y_n(t)$ 在 Ω 上几乎处处强收敛于 $x(t)$。又

$$\| y_n(t) \| \leqslant 2 \| x(t) \|, \quad \| y_n(t) - x(t) \| \leqslant 3 \| x(t) \|, \tag{2.2.5}$$

由于 $\| x(t) \|$ 在 Ω 上 Lebesgue 可积，从而由式(2.2.5)知 $\| y_n(t) \|$ 与 $\| y_n(t) - x(t) \|$ 均在 Ω 上 Lebesgue 可积。由 Lebesgue 控制收敛定理可知

$$\lim_{n \to \infty} \int_{\Omega} \| y_n(t) - x(t) \| \mathrm{d}t = \int_{\Omega} \lim_{n \to \infty} \| y_n(t) - x(t) \| \mathrm{d}t = 0,$$

所以 $y_n(t)$ 可作为定义中的 $x_n(t)$，因此 $x(t)$ 在 Ω 上 Bochner 可积。

对于 Bochner 积分，同样具有如下的平均连续性。

定理 2.2.7 若抽象函数 $x: \Omega \to X$ 在 Ω 上 Bochner 可积，则有

$$\lim_{\varepsilon \to 0} \int_{\Omega} \| x(t + \varepsilon) - x(t) \| \mathrm{d}t = 0.$$

2.3 非线性算子的可微性与解析性

2.3.1 Gateaux 微分与导数

我们知道研究函数性质的重要工具之一是导数(或微分)，为了研究算子的相应性质，我们将微分与导数的概念进行推广，它们从不同角度刻画算子的光滑程度. 作为方向导数的推广，我们引进 Gateaux 微分概念。

设 X, Y 为赋范线性空间，$T: D(T) \subset X \to Y$，$\Omega \subset D(T)$ 为开集。

定义 2.3.1 设 $x_0 \in \Omega$，

(1) 称 T 在 x_0 沿 h 方向 G 可微，若极限

$$\lim_{t \to 0} \frac{T(x_0 + th) - T(x_0)}{t}$$

存在，将该极限记为 $\mathrm{d}T(x_0, h)$，称其为 T 在 x_0 处沿 h 方向的 Gateaux 微分，简称 G 微分。

(2) 称 T 在 x_0 处是 G 可导的，若 T 在 x_0 沿任意方向 G 可微，且存在 $T'(x_0) \in B(X, Y)$ 使得

$$\mathrm{d}T(x_0, h) = T'(x_0)h, \quad \forall h \in X.$$

此时 $T'(x_0)$ 称为 T 在 x_0 处的 G 导数。

若 T 在 Ω 中处处 G 可导，则称 $T': \Omega \to B(X, Y)$ 为 T 的 G 导算子。易知

(1) $\mathrm{d}T(x_0, \lambda h) = \lambda \mathrm{d}T(x_0, h)$，$\lambda \in \mathbb{R}$；

(2) 若 $T: \Omega \subset X \to X^*$ 在 $x_0 \in \Omega$ 处 G 可微，则 T 在 x_0 处半连续。实际上，对于任意的 $\varphi \in X^*$，则有

$$\lim_{t\to 0}\frac{\varphi T(x_0+th)-\varphi T(x_0)}{t}=\varphi \mathrm{d}T(x_0,h),$$

由此，当 $t_n\to 0(n\to\infty)$时，有$\lim\limits_{n\to\infty}\varphi T(x_0+t_nh)=\varphi T(x_0)$，即 T 在 x_0 处半连续。

例 1 设 $T:\mathbb{R}^2\to\mathbb{R}$，

$$Tx=\begin{cases}\dfrac{x_1^2x_2}{x_1^2+x_2^2}, & x=(x_1,x_2)\neq(0,0),\\ 0, & x=(0,0),\end{cases}$$

则 T 在$\boldsymbol{\theta}=(0,0)$沿任何方向 $h=(h_1,h_2)$是 G 可微的，且相应的 G 微分为

$$\mathrm{d}T(\boldsymbol{\theta},h)=\lim_{t\to 0}\frac{T(th)-T(0)}{t}=\frac{h_1^2h_2}{h_1^2+h_2^2}(h\neq(0,0)),$$

而 $\mathrm{d}T(\boldsymbol{\theta},h)$关于 $h=(h_1,h_2)$是非线性的，所以 T 在 x_0 处不是 G 可导的。

该例子说明 G 可微不一定 G 可导。特别地，有界线性算子在其定义域内处处 G 可导，且 G 导数 $T'(x)=T$，这是因为

$$\mathrm{d}T(x_0,h)=\lim_{t\to 0}\frac{T(x_0+th)-T(x_0)}{t}=T(h)。$$

定理 2.3.1（微分中值定理或微分中值公式）

设 Ω 是开集，$L=\{x_0+th\mid t\in[0,1]\}\subset\Omega$。

(1) 若 $f:X\to\mathbb{R}$ 为在 L 上 G 可微的泛函，则 $\exists\,\theta$：$0<\theta<1$ 使得

$$f(x_0+h)-f(x_0)=\mathrm{d}f(x_0+\theta h,h);$$

(2) 若 $T:X\to Y$ 在 L 上是 G 可微的，则 $\exists\,\theta$：$0<\theta<1$ 使得

$$\|T(x_0+h)-T(x_0)\|\leqslant\|\mathrm{d}T(x_0+\theta h,h)\|。$$

【证】 (1) 令 $g(t)=f(x_0+th),t\in[0,1]$，则 $g'(t)=\mathrm{d}f(x_0+th,h)$，由实函数的微分中值定理，有

$$f(x_0+h)-f(x_0)=g(1)-g(0)=g'(\theta)=\mathrm{d}f(x_0+th,h)。$$

(2) 由 Hahn-Banach 定理，$\exists\,y^*\in Y^*$，$\|y^*\|=1$ 使得

$$y^*(T(x_0+h)-T(x_0))=\|T(x_0+h)-T(x_0)\|。$$

令 $g(x)=y^*(T(x))$，则 $g(x)$在 L 上 G 可微，且

$$\mathrm{d}g(x,h)=y^*(\mathrm{d}T(x,h)),$$

于是，由(1)有

$$\begin{aligned}\|T(x_0+h)-T(x_0)\|&=\|g(x_0+h)-g(x_0)\|=|\mathrm{d}g(x_0+\theta h,h)|\\&=|y^*(\mathrm{d}T(x_0+\theta h,h))|\leqslant\|\mathrm{d}T(x_0+\theta h,h)\|。\end{aligned}$$

定理 2.3.1(2)中的等号一般不成立。例如 $T:\mathbb{R}^2\to\mathbb{R}^2$，

$$T(x_1,x_2)=(x_1^3,x_2^2),$$

则对 $x_0=(0,0)$，$h=(1,1)$，不存在 $\theta\in(0,1)$使

$$T(x_0+h)-T(x_0)=\mathrm{d}T(x_0+\theta h,h)。$$

这说明微积分中的微分中值定理不能简单推广到一般的非线性算子，实际上等号形式的微分中值定理对向量值函数一般不成立。

推论 2.3.1 设 Ω 为开凸集，T 在 Ω 内 G 可导，则 $\forall\,x,y\in\Omega$，有

$$\| Tx - Ty \| \leqslant \sup_{t \in [0,1]} \| T'(x + t(y - x)) \| \| x - y \| \xlongequal{\text{def}} M。$$

【证】 对于任意的 $x, y \in \Omega, x + t(y - x) \in \Omega, t \in [0,1]$，由定理

$$\| Tx - Ty \| \leqslant \| T'(x + \theta(y - x))(y - x) \| \leqslant \| T'(x + \theta(y - x)) \| \| x - y \| \leqslant M。$$

推论 2.3.2 设 Ω 为开凸集，T 在 Ω 上 G 可导，则 $\forall x, y, z \in \Omega$，有

$$\| Ty - Tz - T'(x)(y - z) \| \leqslant \sup_{t \in [0,1]} \| T'(z + t(y - z)) - T'(x) \| \| y - x \|。 \tag{2.3.1}$$

【证】 由于 T 在 Ω 上 G 可导，所以对于任意的 $x \in \Omega, T'(x) \in B(X,Y)$，定义算子 $A = T - T'(x)$，则 A 在 Ω 内 G 可导，且 A 的 G 导数为 $A' = T' - T'(x)$，于是由推论 2.3.1，有

$$\| Ay - Az \| \leqslant \sup_{t \in [0,1]} \| A'(x + t(y - z)) \| \| y - z \|, \tag{2.3.2}$$

由 A 的定义从式(2.3.2)推得式(2.3.1)。

关于 G 可微的算子还有如下的积分性质。

定理 2.3.2 若 $T: \Omega \subset X \to Y$，线段 $L = \{x_0 + th \mid 0 \leqslant t \leqslant 1\} \subset \Omega$，若 T 在 L 上每一点 G 可微，则有

$$T(x_0 + h) - T(x_0) = \int_0^1 \mathrm{d}T(x_0 + th, h)\mathrm{d}t。 \tag{2.3.3}$$

【证】 首先，对于任意的 $y^* \in Y^*$，关于 t 的函数 $y^* T(x_0 + th)$ 在 $[0,1]$ 上可导，且

$$\frac{\mathrm{d}}{\mathrm{d}t} y^* T(x_0 + th) = y^* \mathrm{d}T(x_0 + th, h)。$$

于是，由函数的 Newton-Leibniz 公式，有

$$\int_0^1 y^* \mathrm{d}T(x_0 + th, h)\mathrm{d}t = \int_0^1 \frac{\mathrm{d}}{\mathrm{d}t} y^* T(x_0 + th)\mathrm{d}t = y^* T(x_0 + h) - y^* T(x_0),$$

由 $y^* \in Y^*$ 的任意性知式(2.3.3)成立。

2.3.2 Fréchet 微分与导数

G 微分如同方向导数一样，在刻画算子的光滑性上有其局限性，而 Fréchet 微分作为全微分概念的推广，可以更深刻地反映算子的光滑性。

定义 2.3.2 设 $T: D(T) \subset X \to Y, \Omega \subset D(T)$ 为开集，$x_0 \in \Omega$，称 T 在 x_0 处 Fréchet 可微(简称 F 可微)，若存在 $T'(x_0) \in B(X,Y)$，当 $h \in X, x_0 + h \in \Omega$ 时，

$$T(x_0 + h) - T(x_0) = T'(x_0)h + o(\| h \|), \tag{2.3.4}$$

其中 $\| h \| \to 0$。此时 $DT(x_0, h) = T'(x_0)h$ 称为 T 在 x_0 处的 Fréchet 微分(简称 F 微分)，$T'(x_0)$ 为相应的 Fréchet 导数(简称 F 导数)。

若 T 在 Ω 上每一点 F 可微，则 $T': \Omega \to B(X,Y)$ 为 F 导算子。

例 2 设 $f: C[0,1] \to \mathbb{R}, f(x) = \int_0^1 x^2(t)\mathrm{d}t$，则 $\forall x_0 \in C[0,1]$，f 在 x_0 是 F 可微的，且相应的 F 微分为

$$Df(x_0, h) = f'(x_0)h = \int_0^1 2x_0(t)h(t)\mathrm{d}t。$$

【证】 由 F 微分的定义，

$$\begin{aligned} f(x_0+h)-f(x) &= \int_0^1 [x_0(t)+h(t)]^2 \mathrm{d}t - \int_0^1 x_0^2(t)\mathrm{d}t \\ &= 2\int_0^1 x_0(t)h(t)\mathrm{d}t + \int_0^1 h^2(t)\mathrm{d}t \\ &= 2\int_0^1 x_0(t)h(t)\mathrm{d}t + o(\|h\|)(\|h\| \to 0), \end{aligned}$$

而$\int_0^1 2x_0(t)h(t)\mathrm{d}t$ 定义了$C[0,1]$上的有界线性泛函 $f'(x_0)$，即

$$f'(x_0)h = \int_0^1 2x_0(t)h(t)\mathrm{d}t (\forall h \in C[0,1]),$$

它即为 f 在 x_0 处的 F 微分。

定理 2.3.3 若 T 在 $x_0 \in \Omega$ 是 F 可微的，则

(1) T 在 x_0 连续； (2) T 在 x_0 处亦 G 可导，且二导数相等。

【证】 (1)由于若 T 在 $x_0 \in \Omega$ 是 F 可微，由式(2.3.4)有

$$\|T(x_0+h)-T(x_0)\| \leqslant \|T'(x_0)h\| + o(\|h\|) \to 0(\|h\| \to 0),$$

因此 T 在 x_0 连续。

(2) 由 G 微分定义，T 在 x_0 处沿方向 h 的 G 微分的定义及式(2.3.2)有

$$\mathrm{d}T(x_0,h) = \lim_{t\to 0} \frac{T(x_0+th)-T(x_0)}{t} = \lim_{t\to 0} \frac{T'(x_0)(th)+o(\|th\|)}{t} = T'(x_0)(h),$$

因此 T 在 x_0 处的 G 导数为 $T'(x_0)$，即 G 导数与 F 导数相等。

该定理说明 F 可微的算子一定是 G 可导的，但反过来并不成立，受微积分中函数方向导数存在函数并一定可微的例子的启发，可以给出算子 $T: \mathbb{R}^2 \to \mathbb{R}$，它定义为

$$T\boldsymbol{x} = \begin{cases} x_1 + x_2 + \dfrac{x_1^3 x_2}{x_1^4 + x_2^2}, & \boldsymbol{x} = (x_1, x_2) \neq (0,0), \\ 0, & \boldsymbol{x} = (x_1, x_2) \neq (0,0), \end{cases}$$

则 T 在$\boldsymbol{\theta} = (0,0)$处是 G 可导的。实际上，由于

$$\lim_{t\to 0} \frac{T(\boldsymbol{\theta}+th)-T(\boldsymbol{\theta})}{t} = \lim_{t\to 0} \frac{1}{t} \cdot \left[th_1 + th_2 + \frac{(th_1)^3(th_2)}{(th_1)^4+(th_2)^2}\right] = h_1 + h_2,$$

即 $\mathrm{d}T(\boldsymbol{\theta}, h) = h_1 + h_2$，它关于 $h = (h_1, h_2)$是有界线性的，因此 T 在$\boldsymbol{\theta} = (0,0)$处是 G 可导的。下面验证 T 在$\boldsymbol{\theta} = (0,0)$处非 F 可导，这是因为若 T 在$\boldsymbol{\theta} = (0,0)$处 F 可导，则其 F 微分为 $DT(\boldsymbol{\theta}, h) = h_1 + h_2$，但取 $h_2 = h_1^2$ 便知

$$T(\boldsymbol{\theta}+h) - T(\boldsymbol{\theta}) - DT(\boldsymbol{\theta}, h) = \frac{h_1^3 h_2}{h_1^4 + h_2^2} \neq o(\|h\|)(\|h\| \to 0),$$

所以 T 在$\boldsymbol{\theta} = (0,0)$处非 F 可导。

类似偏导数连续的函数一定可微，我们有下面的定理。

定理 2.3.4 设 T 在 Ω 内 G 可导，且 G 导算子 T' 在 Ω 内连续，则 T 在 Ω 内是 F 可导的。

【证】 由推论 2.3.2 并由 G 导算子 T' 的连续性，$\forall x \in G$ 有

$$\|T(x+h)-T(x)-T'(x)h\| \leqslant \sup_{t\in[0,1]} \|T'(x+th)-T'(x)\| \|h\| \leqslant \varepsilon \|h\|,$$

即有式(2.3.2)成立，因此 T 在 $x \in \Omega$ 处 F 可导，由 x 的任意性知 T 在 Ω 内是 F 可导的。

对于 F 可微算子的抽象函数,成立类似于微积分中相应的结论。

关于 G 可微和 F 可微之间的关系,还有下面重要的结果,在讨论算子的解析性时我们会用到。

定理 2.3.5 设 T 在 Ω 上是 G 可微的,且 $\mathrm{d}T(x,h)$ 关于 h 是有界线性算子,关于 x 是连续的,则 T 在 Ω 上是 F 可微的。

【证】 将 T 在 $x\in\Omega$ 处的 G 微分 $\mathrm{d}T(x,h)$ 记为 $T'(x)h$,即

$$T'(x)h=\mathrm{d}T(x,h),$$

其中 $T'(x)\in B(X,Y)$,且 $\|\mathrm{d}T(x,h)\|\leqslant\|T'(x)\|\,\|h\|$。由式(2.3.3)有

$$\begin{aligned}\|T(x+h)-T(x)-\mathrm{d}T(x,h)\|&=\left\|\int_0^1[\mathrm{d}T(x+th,h)-\mathrm{d}T(x,h)]\mathrm{d}t\right\|\\&\leqslant\int_0^1\|\mathrm{d}T(x+th,h)-\mathrm{d}T(x,h)\|\,\mathrm{d}t\\&\leqslant\int_0^1\|T'(x+th)-T'(x)\|\,\|h\|\,\mathrm{d}t=o(\|h\|),\end{aligned}$$

这里用到了 $T'(x)h$ 关于 x 的连续性。因此 T 在 x 处 F 可微,由 $x\in\Omega$ 的任意性知 T 在 Ω 上是 F 可微的。

定理 2.3.6 设 $T:[a,b]\subset\mathbb{R}\to X$ 是 F 可导的,且存在连续可微的实值函数 $f:[a,b]\to\mathbb{R}$ 使 $\|T'(t)\|\leqslant f'(t)(a\leqslant t\leqslant b)$,则有

$$\|T(b)-T(a)\|\leqslant f(b)-f(a)。$$

【证】 由定理 2.3.2,有

$$T(b)-T(a)=\int_0^1 T'(a+t(b-a))(b-a)\mathrm{d}t,$$

于是

$$\begin{aligned}\|T(b)-T(a)\|&\leqslant\int_0^1\|T'(a+t(b-a))\|(b-a)\mathrm{d}t\\&\leqslant\int_0^1 f'(a+t(b-a))(b-a)\mathrm{d}t\\&=\int_0^1\frac{\mathrm{d}}{\mathrm{d}t}f(a+t(b-a))\mathrm{d}t=f(b)-f(a)。\end{aligned}$$

F 可导的算子有类似于导数的性质,如线性性、链式法则即乘法法则等。

定理 2.3.7 设 X,Y,Z 为赋范线性空间,$T_1:D(T_1)\subset X\to Y$,$T_2:D(T_2)\subset Y\to Z$,$x_0\in\operatorname{int}D(T_1)$,$T_1x_0\in\operatorname{int}D(T_2)$,

(1) 若 T_1 在 x_0 处 G 可导,T_2 在 T_1x_0 处 F 可导,则算子 $T=T_2\circ T_1:X\to Z$ 在 x_0 处是 G 可导的,且

$$T'(x_0)=T_2'(T_1x_0)T_1'(x_0)。$$

(2) 若 T_1 在 x_0 是 F 可导,T_2 在 T_1x_0 亦 F 可导,则上述复合算子 T 在 x_0 处 F 可导,且求导公式仍然成立。

(3) 若 $T_1:\Omega\subset X\to\mathbb{R}$,$T_2:\Omega\subset X\to Y$ 在 Ω 上均 F 可微,$S=T_1\cdot T_2$,则 S 在 Ω 上也 F 可微,且 $\forall x,h\in\Omega$ 有

$$S'(x)h=T_1{}'(x)h\cdot T_2(x)+T_1(x)\cdot T_2{}'(x)h。\tag{2.3.5}$$

【证】 证明与函数情形类似,我们只给出(3)的证明:由于 T_1,T_2 均 F 可微,所以由

式(2.3.4)有

$$T_j(x+h)=T_j(x)+T'_j(x)h+o(\|h\|)(\|h\|\to 0,j=1,2),$$

于是

$$T_1(x+h)T_2(x+h)=T_1(x)T_2(x)+T'_1(x)h\cdot T_2(x)+T_1(x)\cdot T'_2(x)h+o(\|h\|),$$

即

$$T_1(x+h)T_2(x+h)-T_1(x)T_2(x)=T'_1(x)h\cdot T_2(x)+T_1(x)\cdot T'_2(x)h+ o(\|h\|)(\|h\|\to 0),$$

再由式(2.3.4)便得式(2.3.5)。

值得注意的是,定理2.3.5(1)中 T_2 的 F 可导性不能减弱为 G 可导。

定理 2.3.8 设 Y 是 Banach 空间,$T: D(T)\subset X\to Y$ 是全连续算子,且在开集 $\Omega\subset D(T)$ 上是 F 可导的,则 $\forall x\in\Omega$,$T'(x)$ 是线性的全连续算子。

【证】 若存在 $x\in\Omega$,使 $T'(x)$ 不是全连续算子,则存在有界序列 $\{h_n\}\subset X$(设 $\|h_n\|\leqslant 1$),$\{T'(x)h_n\}$ 不是列紧的。于是,存在 $\varepsilon_0>0$ 及子列 $\{h_{n_i}\}$ 满足

$$\|T'(x)h_{n_i}-T'(x)h_{n_j}\|\geqslant\varepsilon_0(i\neq j)。$$

取充分小的 $t>0$,使 $x+th_i\in\Omega(i=1,2,\cdots)$,由 T 的 F 可导性知

$$\begin{aligned}\|T(x+th_{n_i})-T(x+th_{n_j})\| &= \|(tT'(x)h_{n_i}-tT'(x)h_{n_j})+(T(x+th_{n_i})-\\ &\quad T(x)-tT'(x)h_{n_i})-(T(x+th_{n_j})-T(x)-tT'(x)h_{n_j}\|\\ &\geqslant t\|T'(x)h_{n_i}-T'(x)h_{n_j}\|-[\|T(x+th_{n_i})-\\ &\quad Tx-T'(x)th_{n_i}\|+\|T(x+th_{n_j})-T(x)-T'(x)th_{n_j}\|]\\ &\geqslant t\varepsilon_0-o(t),\end{aligned}$$

取 t_0 使 $\dfrac{o(t_0)}{t_0}<\dfrac{\varepsilon_0}{2}$,则

$$\|T(x+t_0h_{n_i})-T(x+t_0h_{n_j})\|\geqslant\frac{t_0\varepsilon_0}{2}>0(i\neq j),$$

这说明 $\{T(x+t_0h_{n_i})\}$ 无收敛的子序列,此与 T 是全连续算子的假设矛盾。

在多元微分学中熟知的梯度和 Jacobi 矩阵均为非线性算子导数的特殊情形。

例 3 设

$$\boldsymbol{F}:\mathbb{R}^n\to\mathbb{R}^m,\quad \boldsymbol{x}=(x_1,x_2,\cdots,x_n)^{\mathrm{T}}\in\mathbb{R}^n,\quad \boldsymbol{F}\boldsymbol{x}=(f_1(x),f_2(x),\cdots,f_m(x))^{\mathrm{T}}。$$

假设 $\boldsymbol{F}$ 在 $x_0\in\mathbb{R}^n$ 处是 G 可导的,则 $\boldsymbol{F}'(\boldsymbol{x}_0)\in\mathrm{B}(\mathbb{R}^n,\mathbb{R}^m)$ 为 $m\times n$ 矩阵,令 $\boldsymbol{F}'(\boldsymbol{x}_0)=(a_{ij})_{m\times n}$,由于

$$\lim_{t\to 0}\frac{\|\boldsymbol{F}(\boldsymbol{x}_0+t\boldsymbol{h})-\boldsymbol{F}(\boldsymbol{x}_0)-\boldsymbol{F}'(\boldsymbol{x}_0)t\boldsymbol{h}\|}{t}=0。$$

分别取 $\boldsymbol{h}=\boldsymbol{e}_j=(0,\cdots,0,\overset{j}{1},0,\cdots,0)^{\mathrm{T}}$,由上式推得

$$\lim_{t\to 0}\frac{|f_i(\boldsymbol{x}_0+t\boldsymbol{e}_j)-f_i(\boldsymbol{x}_0)-ta_{ij}|}{t}=0,$$

由此得

$$a_{ij}=\left.\frac{\partial f_i(\boldsymbol{x})}{\partial x_j}\right|_{\boldsymbol{x}=\boldsymbol{x}_0}(i=1,2,\cdots,m;\ j=1,2,\cdots,n),$$

所以

$$\boldsymbol{F}'(\boldsymbol{x}_0)=\left.\begin{pmatrix}\dfrac{\partial f_1(\boldsymbol{x})}{\partial x_1} & \cdots & \dfrac{\partial f_1(\boldsymbol{x})}{\partial x_n}\\ \vdots & \ddots & \vdots\\ \dfrac{\partial f_m(\boldsymbol{x})}{\partial x_1} & \cdots & \dfrac{\partial f_m(\boldsymbol{x})}{\partial x_n}\end{pmatrix}\right|_{\boldsymbol{x}=\boldsymbol{x}_0},$$

即为 $\boldsymbol{F}$ 在 $\boldsymbol{x}_0$ 点处的 Jacobi 矩阵。特别地，若 $\boldsymbol{F}:\mathbb{R}^n\to\mathbb{R}$，则

$$\boldsymbol{F}'(\boldsymbol{x}_0)=\left.\left(\frac{\partial F(\boldsymbol{x})}{\partial x_1},\cdots,\frac{\partial F(\boldsymbol{x})}{\partial x_n}\right)\right|_{\boldsymbol{x}=\boldsymbol{x}_0}=\mathrm{grad}\boldsymbol{F}(\boldsymbol{x})\big|_{\boldsymbol{x}=\boldsymbol{x}_0},$$

即为 n 元函数 $F(\boldsymbol{x})$的梯度. 后面我们将梯度的概念进行推广，对一般非线性泛函也可以定义梯度算子，并且与传统的梯度有类似的性质，且可以将其应用于求解泛函极值的问题。

2.3.3 偏导数

设 $X_i(i=1,2,\cdots,n)$是赋范线性空间，它们的笛卡儿乘积为

$$X=\prod_{i=1}^{n}X_i=X_1\times X_2\times\cdots\times X_n,$$

记 $x=(x_1,x_2,\cdots,x_n)\in X,x_i\in X_i(i=1,2,\cdots,n)$。设

$$T:D(T)\subset X\to Y,\quad x_0=(x_1^0,x_2^0,\cdots,x_n^0),$$

将 T 的 i 个变元视为变量，其他变元视为常值，则得算子 $T_i^0:X_i\to Y$，

$$T_i^0(x_i)=T(x_1^0,\cdots,x_{i-1}^0,x_i,x_{i+1}^0,\cdots,x_n^0)。$$

于是便可定义多元算子的偏微分和偏导数。

定义 2.3.3 若算子 T_i^0 在 x_i^0 处的 F 导数存在，则称 T 在 x_0 处对 x_i 可偏导，且称

$$\partial_i T(x_0)\xlongequal{\text{def}}(T_i^0)'(x_i^0)$$

为 T 在 x_0 关于 x_i 的 F 偏导数；若 T 在 $\Omega\subset\mathrm{int}D(T)$的每一点对 x_i 可偏导，则

$$\partial_i T:\Omega\to B(X_i,Y)$$

称为 T 对 x_i 的偏导算子。

类似于多元函数的全微分公式，我们有如下的定理。

定理 2.3.9 设 $\Omega\subset D(T)$是开集，T 在 $x_0\in\Omega$ 处 F 可导，则 T 在 x_0 处对每一变元可偏导，且

$$T'(x_0)h=\sum_{i=1}^{n}\partial_i T(x_0)h_i,$$

其中 $h=(h_1,h_2,\cdots,h_n)\in X,h_i\in X_i$。

【证】 注意 $T_i^0(x_i^0)=T(x_0)$，所以有

$$\begin{aligned}T_i^0(x_i^0+h_i)-T_i^0(x_i^0)&=T(x_0+(0,\cdots,0,\overset{i}{h_i},0,\cdots,0))-T(x_0)\\&=T'(x_0)(0,\cdots,0,\overset{i}{h_i},0,\cdots,0)+\omega(x_0,h_i),\end{aligned}$$

其中 $\omega(x_0,h_i)=o(\|h_i\|)(\|h_i\|\to 0)$。令

$$\partial_i T(x_0)h_i=T'(x_0)(0,\cdots,0,h_i,0,\cdots,0),$$

则$\partial_i T(x_0): X_i \to Y$，且$\partial_i T(x_0) \in B(X_i, Y)$，故 T 在 x_0 处对 $x_i(i=1,2,\cdots,n)$ 可求偏导，且

$$T'(x_0)h = \sum_{i=1}^{n} T'(x_0)(0,\cdots,0,h_i,0,\cdots,0) = \sum_{i=1}^{n} \partial_i T(x_0) h_i。$$

定理 2.3.10 设 $\Omega \subset D(T)$ 是开集，T 在 Ω 中对每个变元有连续的偏导算子

$$\partial_i T: \Omega \to B(X_i, Y)(i=1,2,\cdots,n),$$

则 T 在 Ω 上 F 可导，且

$$T'(x)h = \sum_{i=1}^{n} \partial_i T(x) h_i。$$

类似多元函数相应结论的证明方法和推论 2.3.1 即可证明定理 2.3.10。

2.3.4 解析算子

在 1.5 节中我们考虑了定义在复平面上的向量值解析函数，可以将经典复分析的很多定理进行推广，下面我们研究具有更广泛意义的解析算子。

定义 2.3.4 设 X, Y 为 Banach 空间，D 为 X 的有界开子集，称算子 $f: D \to Y$ 在 D 内解析，若对于任何 $x \in D$ 及 $h \in X$，存在 $\rho = \rho(x,h) > 0$，使得关于 $z \in \mathbb{C}$ 的向量值函数 $f(x+zh)$ 在 $|z| < \rho$ 内解析。

引理 2.3.1 设 D 为复平面$\mathbb{C}$上的区域，$f: D \to X$ 为向量值解析函数，S 为 D 内的任意有界闭集，则存在常数 $M = M(f,S) > 0$，使得对于任意的 $\zeta, \zeta+\alpha, \zeta+\beta \in S$，有

$$\left\| \frac{1}{\alpha-\beta} \left\{ \frac{1}{\alpha}[f(\zeta+\alpha) - f(\zeta)] - \frac{1}{\beta}[f(\zeta+\beta) - f(\zeta)] \right\} \right\| \leqslant M。$$

【证】 设 Γ 为 D 内包含 S 的逐段光滑简单闭曲线，且 Γ 与 S 的距离 $d > 0$。由柯西积分公式有

$$\begin{aligned}
&\frac{1}{\alpha}[f(\zeta+\alpha) - f(\zeta)] - \frac{1}{\beta}[f(\zeta+\beta) - f(\zeta)] \\
&= \frac{1}{2\pi \mathrm{i}} \int_\Gamma \frac{f(\tau)}{(\tau-\zeta)(\tau-\zeta-\alpha)} \mathrm{d}\tau - \frac{1}{2\pi \mathrm{i}} \int_\Gamma \frac{f(\tau)}{(\tau-\zeta)(\tau-\zeta-\beta)} \mathrm{d}\tau \\
&= \frac{\alpha-\beta}{2\pi \mathrm{i}} \int_\Gamma \frac{f(\tau)}{(\tau-\zeta)(\tau-\zeta-\alpha)(\tau-\zeta-\beta)} \mathrm{d}\tau。
\end{aligned}$$

注意当 $\tau \in \Gamma$ 时 $|(\tau-\zeta)(\tau-\zeta-\alpha)(\tau-\zeta-\beta)| > d^3$，由于 $f(\Gamma)$ 为紧集，所以 $f(\Gamma)$ 有界，设当 $\tau \in \Gamma$ 时 $\|f(\tau)\| \leqslant M_1$。于是

$$\begin{aligned}
&\left\| \frac{1}{\alpha-\beta} \left\{ \frac{1}{\alpha}[f(\zeta+\alpha) - f(\zeta)] - \frac{1}{\beta}[f(\zeta+\beta) - f(\zeta)] \right\} \right\| \\
&= \left\| \frac{1}{2\pi \mathrm{i}} \int_\Gamma \frac{f(\tau)}{(\tau-\zeta)(\tau-\zeta-\alpha)(\tau-\zeta-\beta)} \mathrm{d}\tau \right\| \leqslant \frac{1}{2\pi} \frac{M_1}{d^3} L \xlongequal{\text{def}} M,
\end{aligned}$$

其中 L 为 Γ 的弧长。

我们知道，对于一般非线性算子，在一点 Gateaux 可微要弱于 Fréchet 可微，但如果是在一个开集上考虑可微性，则这两种可微与算子的解析性等价，即有下面深刻的结论。

定理 2.3.11 设 $U \subset X$ 为开集，$f: U \to Y$ 局部有界，则下面的说法是等价的：

(1) f 在 U 内解析；

(2) f 在 U 内是 Gateaux 可微的;

(3) f 在 U 内是 Fréchet 可微的,且 $f'(x)h=\mathrm{d}f(x,h)$。

【证】 证明(1)和(2)是等价的,首先证明(2)⇒(1)。由于 $f: U\to Y$ 在开集 U 内每一点 x 处 Gateaux 可微,因此对于给定的 $h\in X$,存在 $\rho=\rho(x,h)>0$,使得当 $|z|<\rho$ 时,有 $x+zh\in U$,且

$$\lim_{\Delta z\to 0}\frac{f(x+(z+\Delta z)h)-f(x+zh)}{\Delta z}$$
$$=\lim_{\Delta z\to 0}\frac{f(x+zh+\Delta zh)-f(x+zh)}{\Delta z}=\mathrm{d}f(x+zh,h),$$

所以 $f(x+zh)$ 在圆盘 $|z|<\rho$ 内解析,由 $x\in U$ 的任意性知 f 在 U 内解析。

再证明(1)⇒(2),这只需证明对任意的 $x\in U$ 及 $h\in X$,极限 $\lim\limits_{t\to 0}\dfrac{f(x+th)-f(x)}{t}$ 存在。记

$$g(s,t)=\frac{1}{t}[f(x+th)-f(x)]-\frac{1}{s}[f(x+sh)-f(x)],$$

由于 f 局部有界,所以存在 $r>0$ 及 $M>0$ 使得当 $\|x\|\leqslant r$ 时有 $\|f(x)\|\leqslant M$,取合适的 r 使得当 $|\zeta|\leqslant r$ 时 $x+\zeta h\in U$,记 C 为 $|\zeta|=r$,则当 $|s|<\dfrac{r}{2}$,$|t|<\dfrac{r}{2}$ 时,由柯西积分公式有

$$f(x+sh)=\frac{1}{2\pi\mathrm{i}}\oint_C\frac{f(x+\zeta h)}{\zeta-s}\mathrm{d}\zeta,\quad f(x)=\frac{1}{2\pi\mathrm{i}}\oint_C\frac{f(x+\zeta h)}{\zeta}\mathrm{d}\zeta,$$

于是有

$$\frac{1}{s}[f(x+sh)-f(x)]=\frac{1}{2\pi\mathrm{i}}\oint_C\frac{f(x+\zeta h)}{\zeta(\zeta-s)}\mathrm{d}\zeta,$$

同理有

$$\frac{1}{t}[f(x+th)-f(x)]=\frac{1}{2\pi\mathrm{i}}\oint_C\frac{f(x+\zeta h)}{\zeta(\zeta-t)}\mathrm{d}\zeta。$$

于是有

$$g(s,t)=\frac{t-s}{2\pi\mathrm{i}}\oint_C\frac{f(x+\zeta h)}{\zeta(\zeta-s)(\zeta-t)}\mathrm{d}\zeta,$$

所以有

$$\|g(s,t)\|=\left\|\frac{t-s}{2\pi\mathrm{i}}\oint_C\frac{f(x+\zeta h)}{\zeta(\zeta-s)(\zeta-t)}\mathrm{d}\zeta\right\|\leqslant\frac{|t-s|}{2\pi}\cdot\frac{M}{r\cdot\left(\dfrac{r}{2}\right)^2}\cdot 2\pi r=\frac{4M}{r^2}|t-s|,$$

根据柯西收敛准则知极限 $\lim\limits_{t\to 0}\dfrac{f(x+th)-f(x)}{t}$ 存在。

下面证明(2)和(3)是等价的,为此只需证明(2)⇒(3)。设 f 在 $x\in U$ 处的 Gateaux 微分为 $\mathrm{d}f(x,h)$,下面证明:

(i) 对于固定的 $x\in U$,$\mathrm{d}f(x,\cdot)\in B(X,Y)$;

(ii) 算子 $\mathrm{d}f(\cdot,h): U\to B(X,Y)$ 连续。

首先证明(i)。在 2.3.1 节中我们知道 $\mathrm{d}f(x,h)$ 关于 h 是齐次的,即对于 $\lambda\in\mathbb{C}$ 有

$$\mathrm{d}f(x,\lambda h)=\lambda\mathrm{d}f(x,h),$$

下面证明 $\mathrm{d}f(x,h)$ 关于 h 还具有可加性，即

$$\mathrm{d}f(x,h_1+h_2)=\mathrm{d}f(x,h_1)+\mathrm{d}f(x,h_2)。$$

对于 $\varphi\in Y^*$，定义

$$F(t_1,t_2)=\varphi f(x+t_1h_1+t_2h_2),\tag{2.3.6}$$

则 $F(t_1,t_2)$ 关于 t_1 和 t_2 为解析函数，于是由多复变函数论的 Hartogs 定理知，$F(t_1,t_2)$ 关于整体变量 (t_1,t_2) 为解析的，于是有

$$F(t_1,t_2)=F(0,0)+F_1(0,0)t_1+F_2(0,0)t_2+o(\sqrt{|t_1|^2+|t_2|^2}),$$

令 $t=t_1=t_2$，则有

$$\lim_{t\to 0}\frac{F(t,t)-F(0,0)}{t}=F_1(0,0)+F_2(0,0),$$

即有

$$\varphi\lim_{t\to 0}\frac{f(x+t(h_1+h_2))-f(x)}{t}=\varphi\mathrm{d}f(x,h_1)+\varphi\mathrm{d}f(x,h_2),$$

从而 $\mathrm{d}f(x,h_1+h_2)=\mathrm{d}f(x,h_1)+\mathrm{d}f(x,h_2)$。

再证明 $\mathrm{d}f(x,h)$ 关于 h 为有界的。由于 f 局部有界，设 $\|h\|\leqslant r$ 时有 $\|f(x+h)\|\leqslant M$，于是当 $\|h'\|=r$ 时，由高阶导数公式有

$$\begin{aligned}\|\mathrm{d}f(x,h')\|&=\sup_{\|\varphi\|=1,\varphi\in X^*}\left|\frac{\mathrm{d}}{\mathrm{d}t}[\varphi f(x+th')]\bigg|_{t=0}\right|\\&=\sup_{\|\varphi\|=1,\varphi\in Y^*}\left|\frac{1}{2\pi\mathrm{i}}\int_{|t|=1}\frac{\varphi f(x+th')}{t^2}\mathrm{d}t\right|\leqslant M,\end{aligned}$$

所以，对于任意非零 $h\in X$，有

$$\left\|\mathrm{d}f\left(x,\frac{r}{\|h\|}h\right)\right\|\leqslant M,\quad 即\ \|\mathrm{d}f(x,h)\|\leqslant\frac{M}{r}\|h\|,$$

因此，对固定的 $x\in U$，$\mathrm{d}f(x,h)$ 定义了 X 到 Y 的有界线性算子，即 $\mathrm{d}f(x,\cdot)\in B(X,Y)$。

现在证明(ii)。首先证明，$\mathrm{d}f(x,h)$ 作为 x 的函数是解析的。对于任意的 $\varphi\in Y^*$，有

$$\varphi\mathrm{d}f(x+t_2h_2,h_1)=\frac{\mathrm{d}}{\mathrm{d}t_1}\varphi f(x+t_2h_2+t_1h_1)\bigg|_{t_1=0}=F_{t_1}(0,t_2),$$

其中 $F(t_1,t_2)$ 由式(2.3.6)定义，由于 f 在 U 内是 Gateaux 可微的，再由 Hartogs 定理知 $F(t_1,t_2)$ 关于 (t_1,t_2) 是解析的，所以 $F_{t_1}(0,t_2)$ 关于 t_2 解析，即 $\varphi\mathrm{d}f(x+t_2h_2,h_1)$ 关于 t_2 解析，因此，$\mathrm{d}f(x,h)$ 作为 x 的函数是解析的。于是

$$\begin{aligned}\varphi\mathrm{d}f(x+z,h)-\varphi\mathrm{d}f(x,h)&=\int_0^1\frac{\mathrm{d}}{\mathrm{d}s}\varphi\mathrm{d}f(x+sz,h)\mathrm{d}s\\&=\int_0^1\frac{\mathrm{d}}{\mathrm{d}s}\frac{1}{2\pi\mathrm{i}}\int_{|t|=1}\frac{\varphi f(x+sz+th)}{t^2}\mathrm{d}t\,\mathrm{d}s\\&=\int_0^1\frac{1}{2\pi\mathrm{i}}\int_{|t|=1}\frac{\varphi f'(x+sz+th)z}{t^2}\mathrm{d}t\,\mathrm{d}s。\end{aligned}$$

于是，由柯西不等式有

$$\|\mathrm{d}f(x+z,h)-\mathrm{d}f(x,h)\|=\sup_{\|\varphi\|=1,\varphi\in Y^*}|\varphi\mathrm{d}(f(x+z,h)-\mathrm{d}f(x,h))|\leqslant M\|z\|,$$

因此(ii)得证。于是，由定理 2.3.5 知 f 在 U 内是 Fréchet 可微的。

2.4 多重线性算子与高阶微分

2.4.1 n 重线性算子

算子的 Gateaux 微分和 Fréchet 微分可以视为一阶微分，为了建立高阶微分的概念，我们首先讨论 n 重线性算子。设 $X_i(i=1,2,\cdots,n)$，Y 均为赋范线性空间，$X=\prod_{i=1}^{n}X_i$。

定义 2.4.1 称 $T: X\to Y$ 是 n 重线性算子，若对任意固定的$(x_1^0,\cdots,x_{i-1}^0,\cdot,x_{i+1}^0,\cdots,x_n^0)$，$T(x_1^0,\cdots,x_{i-1}^0,x_i,x_{i+1}^0,\cdots,x_n^0)$是 X_i 到 Y 的线性算子$(i=1,2,\cdots,n)$，称 $T: X\to Y$ 是有界 n 重线性算子。若 T 为 n 重线性算子，且存在常数 $M>0$ 使

$$\| T(x_1,x_2,\cdots,x_n)\| \leqslant M\|x_1\|\|x_2\|\cdots\|x_n\| \tag{2.4.1}$$

对一切$(x_1,x_2,\cdots,x_n)\in X$ 成立。定义

$$\|T\|=\inf\{M\}=\sup_{x_i\neq 0}\frac{\|T(x_1,x_2,\cdots,x_n)\|}{\|x_1\|\|x_2\|\cdots\|x_n\|},$$

其中 inf 是对满足式(2.4.1)所有的 M 取的，称 $\|T\|$ 为有界 n 线性算子 T 的范数。与通常的有界线性算子的范数一样，可以证明

$$\|T\|=\sup_{\substack{\|x_i\|\leqslant 1\\ i=1,2,\cdots,n}}\|T(x_1,x_2,\cdots,x_n)\|=\sup_{\substack{\|x_i\|=1\\ i=1,2,\cdots,n}}\|T(x_1,x_2,\cdots,x_n)\|。$$

定理 2.4.1 设 $T: X\to Y$ 是 n 重线性算子，则下面说法等价：

(1) T 在 X 上连续；

(2) T 在 $x=0$ 处连续；

(3) T 在 X 上有界，即存在常数 $M>0$ 使

$$\|T(x_1,x_2,\cdots,x_n)\|\leqslant M\|x_1\|\|x_2\|\cdots\|x_n\|,\quad \forall x_i\in X_i(i=1,2,\cdots,n);$$

(4) T 在 X 上 Fréchet 可微。

【证】 (2)⇒(3)。由于 T 在 $x=0$ 处连续，所以存在 $\delta>0$，当 $x_i\in X_i$ 且 $\|x_i\|\leqslant\delta$ 时，

$$\|T(x_1,x_2,\cdots,x_n)\|\leqslant 1, \tag{2.4.2}$$

于是，对任意的$(x_1,x_2,\cdots,x_n)\in X$，不妨设 $x_i\neq 0(i=1,2,\cdots,n)$，则由式(2.4.2)有

$$\left\|T\left(\frac{\delta}{\|x_1\|}x_1,\frac{\delta}{\|x_2\|}x_2,\cdots,\frac{\delta}{\|x_n\|}x_n\right)\right\|\leqslant 1,$$

由此得

$$\|T(x_1,x_2,\cdots,x_n)\|\leqslant\frac{1}{\delta^n}\|x_1\|\|x_2\|\cdots\|x_n\|,$$

因此有(3)成立。

(3)⇒(4)。首先，T 在 $x=(x_1,x_2,\cdots,x_n)$处是 Gateaux 可微的，且关于 $h=(h_1,h_2,\cdots,h_n)$的 Gateaux 微分为

$$\mathrm{d}T(x,h)=\sum_{i=1}^{n}T(x_1,\cdots,x_{i-1},h_i,x_{i+1},\cdots,x_n) \tag{2.4.3}$$

下面验证 $\mathrm{d}T(x,h)$关于 h 是有界线性的，线性性是显然的，只需证明有界性。若 $\|x_i\|\leqslant$

$M(i=1,2,\cdots,n)$，则由(3)及式(2.4.3)有

$$\| \mathrm{d}T(x,h) \| \leqslant \sum_{i=1}^{n} \| T(x_1,\cdots,x_{i-1},h_i,x_{i+1},\cdots,x_n) \| \leqslant M^n \sum_{i=1}^{n} \| h_i \|,$$

所以 $\mathrm{d}T(x,h)$ 关于 h 是有界的，记 $T'(x)h=\mathrm{d}T(x,h)$，其中 $T'(x)\in B(X,Y)$。下面证明 $T'(x)h=\mathrm{d}T(x,h)$ 为 T 在 x 处的 Fréchet 微分。为简单起见，假设 $n=2$，于是有

$$\begin{aligned} \| T(x+h)-T(x)-T'(x)h \| &= \| T(x_1+h_1,x_2+h_2)-T(x_1,x_2)- \\ &\quad [T(h_1,x_2)+T(x_1,h_2)] \| \\ &= \| T(h_1,h_2) \| \leqslant \| h_1 \| \| h_2 \| = o(\| h \|), \end{aligned}$$

所以 T 在 x 处是 Fréchet 可微的。

例 1　$T:\mathbb{R}^3\to\mathbb{R}$，$T(x,y,z)=xyz$ 为有界的 3 重线性算子，且 $\| T \|=1$。

例 2　$T: L^p[a,b]\times L^q[a,b]\to R\left(\dfrac{1}{p}+\dfrac{1}{q}=1\right)$，

$$T(x,y)=\int_a^b x(t)y(t)\mathrm{d}t$$

为有界 2 重线性算子。由 Hölder 不等式，有

$$| T(x,y) | \leqslant \| x \|_{L^p} \| y \|_{L^q},$$

所以有 $\| T \| \leqslant 1$。

定理 2.4.2　设 $T: X\to Y$ 是 n 重线性算子，则

(1) T 有界的充要条件是 T 对 x 是连续的；

(2) 若 $X_i(i=1,\cdots,n)$ 为 Banach 空间，则 T 有界的充要条件是 T 对每个 $x_i(i=1,2,\cdots,n)$ 连续。

【证】　(1)必要性。考虑 $n=2$ 的情形，设 $\| x_i \| \leqslant k$，$\| x_i^0 \| \leqslant k(i=1,2)$，则

$$\begin{aligned} \| T(x_1,x_2)-T(x_1^0,x_2^0) \| &= \| T(x_1,x_2)-T(x_1,x_2^0)+T(x_1,x_2^0)-T(x_1^0,x_2^0) \| \\ &\leqslant \| T(x_1,x_2-x_2^0) \| + \| T(x_1-x_1^0,x_2^0) \| \\ &\leqslant \| T \| \| x_1 \| \| x_2-x_2^0 \| + \| T \| \| x_2^0 \| \| x_1-x_1^0 \| \\ &\leqslant k \| T \| (\| x_1-x_1^0 \| + \| x_2-x_x^0 \|), \end{aligned}$$

因此 T 是连续的。

反之，若 T 是连续无界的，则存在 $\{x_i^{(k)}\}$：$\| x_i^{(k)} \| (i=1,2,\cdots,n)$ 有界，但

$$A_k = \| T(x_1^{(k)},x_2^{(k)},\cdots,x_n^{(k)}) \| \to \infty(k\to\infty)。$$

令 $z_i^{(k)}=A_k^{-\frac{1}{n+1}}x_i^{(k)}$，则 $z_i^{(k)}\to 0(k\to\infty,i=1,2,\cdots,n)$，但

$$\| T(z_1^{(k)},z_2^{(k)},\cdots,z_n^{(k)}) \| = A_k^{-\frac{n}{n+1}} \| T(x_1^{(k)},x_2^{(k)},\cdots,x_n^{(k)}) \| = A_k^{\frac{1}{n+1}} \to \infty,$$

此与 T 在 $(0,0,\cdots,0)$ 处连续矛盾，故 T 一定有界。

(2) 只需证明充分性。同样考虑 $n=2$ 的情形，由于 $T(x_1,x_2)$ 对 x_1,x_2 均为有界线性算子，从而 $\forall x_i(i=1,2)$，存在 $A(x_1)\in B(X_2,Y)$，$B(x_2)\in B(X_1,Y)$ 使得

$$T(x_1,x_2)=A(x_1)x_2=B(x_2)x_1。$$

当 $\| x_1 \|=1$ 时，

$$\| A(x_1)x_2 \| = \| B(x_2)x_1 \| \leqslant \| B(x_2) \|,$$

即$\forall x_2, A(x_1)x_2(\|x_1\|=1)$是有界的，由共鸣定理知$\|A(x_1)\|\leqslant M(\|x_1\|=1)$。于是，当$\|x_1\|=1$时，

$$\|T(x_1,x_2)\|=\|A(x_1)x_2\|\leqslant M\|x_2\|。\quad \forall(x_1,x_2)\in X, x_1\neq 0,$$

则

$$\left\|T\left(\frac{x_1}{\|x_1\|},x_2\right)\right\|\leqslant M\|x_2\|,$$

即

$$\|T(x_1,x_2)\|\leqslant M\|x_1\|\|x_2\|,$$

即T是有界的。

将$X=\prod_{i=1}^{n}X_i$到Y的有界n线性算子的全体记为$B(X_1,X_2,\cdots,X_n;Y)$，它依算子范数构成赋范线性空间。当Y为Banach空间时，$B(X_1,X_2,\cdots,X_n;Y)$为Banach空间。引进下面的符号：

$$B_1(E,Y)=B(E,Y),$$
$$B_2(E,Y)=B(E,B_1(E,Y)),\cdots$$
$$B_n(E,Y)=B(E,B_{n-1}(E,Y)),\quad n=1,2,\cdots。$$

同样，$B_n(E,Y)$亦为赋范线性空间，当Y为Banach空间时，$B_n(E,Y)$也为Banach空间。

定理 2.4.3 当$X_1=X_2=\cdots=X_n=E$时，$B(E,\cdots,E;Y)$与$B_n(E,Y)$是等距同构的，记为

$$B(E,\cdots,E;Y)\cong B_n(E,Y)。\tag{2.4.4}$$

【证】 证明当$n=2$时成立，即$B(E,E;Y)\cong B_2(E,Y)=B(E,B(E,Y))$。由于

$$T(x_1,x_2)=A(x_1)x_2,\quad A(x_1)\in B(E,Y),$$

定义

$$\widetilde{T}: E\to B(E,Y),\quad \widetilde{T}x=A(x)(\forall x\in E),$$

可以验证$\widetilde{T}$为线性的。实际上，$\forall x_2\in E, x,y\in E$,

$$\begin{aligned}A(x+y)x_2&=T(x+y,x_2)=T(x,x_2)+T(y,x_2)\\&=A(x)x_2+A(y)x_2=[A(x)+A(y)]x_2,\end{aligned}$$

所以$A(x+y)=A(x)+A(y)$，因此$\widetilde{T}$为可加的。对于$\forall\lambda\in K$，有

$$A(\lambda x)x_2=T(\lambda x,x_2)=\lambda T(x,x_2)=\lambda A(x)x_2,$$

由此$A(\lambda x)=\lambda A(x)$，所以$\widetilde{T}$为线性的。另外，$\widetilde{T}$是有界的，因为

$$\|\widetilde{T}x\|=\|A(x)\|=\sup_{\|y\|\leqslant 1}\|A(x)y\|=\sup_{\|y\|\leqslant 1}\|T(x_1,x_2)\|\leqslant\|T\|\|x\|,$$

从而$\widetilde{T}\in B(E,B(E,Y))=B_2(E,Y)$，且$\|\widetilde{T}\|\leqslant\|T\|$。

作映射$F: B(E,E;Y)\to B_2(E,Y)$,

$$F(T)=\widetilde{T}(\forall T\in B(E,E;Y)),$$

则F是一对一的，保持加法和数乘，下面验证F为满的。

对于任意的$B\in B_2(E,Y)$，令

$$T(x,y)=(Bx)y,\quad \forall x,y\in E,$$

则 T 为有界 2 重线性算子，即 $T\in B(E,E;Y)$，且

$$F(T)=\widetilde{T}=B,$$

因此为满的，且 $\|T\|\leqslant\|B\|=\|\widetilde{T}\|$，因此 $\|T\|=\|\widetilde{T}\|$。于是 F 为等距同构映射，因此有 $B(E,E;Y)\cong B_2(E,Y)$。

用数学归纳法可证一般情形(2.4.2)。

2.4.2 高阶微分与高阶导数

设 X,Y 为赋范线性空间，$\Omega\subset X$ 为开集，$T:\Omega\subset X\to Y$，$x_0\in\Omega$。

定义 2.4.2 称 T 在 x_0 处是二阶 F 可导的(二阶 G 可导的)，若 T 的导算子 $T':\Omega\to B_1(X,Y)$在 x_0 处是 F 可导的(或 G 可导的)，此时

$$T'':\Omega\to B_2(X,Y)$$

称为二阶 F(或 G)导算子。一般地，可定义 n 阶导算子

$$T^{(n)}:\Omega\to B_n(X,Y),$$

由于 $B_n(X,Y)\cong B(X,\cdots,X;Y)$，所以 $\forall x_0\in\Omega$，$T^{(n)}(x_0)$等同于 n 重线性算子，对 $h_i\in X(i=1,2,\cdots,n)$，记

$$T^{(n)}(x_0)h_1h_2\cdots h_n=(((T^{(n)}(x_0)h_1)h_2)\cdots h_n)=T^{(n)}(x_0)(h_1,h_2,\cdots,h_n)。$$

称其为 T 在 x_0 处的 n 阶微分。特别地，$h_i=h\in X(i=1,2,\cdots,n)$，记

$$T^{(n)}(x_0)h^n=T^{(n)}(x_0)h\cdots h。$$

同样可以定义算子 $T:\Omega\subset X\to Y$ 在 $x_0\in\Omega$ 处的 n 阶 G 微分

$$\mathrm{d}^nT(x;h_1,h_2,\cdots,h_n)=\mathrm{d}(\mathrm{d}^{n-1}T(x;h_1,h_2,\cdots,h_{n-1}),h_n)。$$

例 3 设 $f:\mathbb{R}^n\to\mathbb{R}$ 是二阶 F 可导的，则

$$f'(\boldsymbol{x})=\left(\frac{\partial f(\boldsymbol{x})}{\partial x_1},\cdots,\frac{\partial f(\boldsymbol{x})}{\partial x_n}\right),$$

再求导数，有

$$f''(\boldsymbol{x})=\begin{bmatrix}\dfrac{\partial^2 f(\boldsymbol{x})}{\partial x_1^2} & \cdots & \dfrac{\partial^2 f(\boldsymbol{x})}{\partial x_1\partial x_n}\\ \vdots & \ddots & \vdots\\ \dfrac{\partial^2 f(\boldsymbol{x})}{\partial x_n\partial x_1} & \cdots & \dfrac{\partial^2 f(\boldsymbol{x})}{\partial x_n^2}\end{bmatrix},$$

称其为 $f(\boldsymbol{x})$的 Hesse 矩阵。因此，微积分中梯度和 Hesse 矩阵是一元函数一、二阶导数概念的推广。

关于高阶的 G 微分和 F 微分之间的关系有如下定理。

定理 2.4.4 (1) 若 T 在 $x_0\in\Omega$ 处 n 阶 F 可微，则 T 在 $x_0\in\Omega$ 处 n 阶 G 可微，且相应的 n 阶 G 微分为

$$\mathrm{d}^nT(x;h_1,h_2,\cdots,h_n)=T^{(n)}(x)(h_1,h_2,\cdots,h_n),\tag{2.4.5}$$

其中 $T^{(n)}(x)$为 n 阶 F 导数。

(2) 若 T 在 $x_0\in\Omega$ 的邻域内 n 阶 G 可微，且 $\mathrm{d}^n T(x_0; h_1,h_2,\cdots,h_n)$ 关于 $(h_1,h_2,\cdots,h_n)$ 为 n 重有界线性算子，在 $x_0\in\Omega$ 的该邻域内，$\mathrm{d}^n T(x; h_1,h_2,\cdots,h_n)$ 关于 x 在 x_0 处连续，则 T 在 $x_0\in\Omega$ 处 n 阶 F 可微，且二者的 n 阶微分相等。

【证】 (1) 因为 T 在 $x_0\in\Omega$ 处 $k(k\leqslant n)$ 阶 F 可微，因此存在 k 重线性算子

$$A(h_1,h_2,\cdots,h_k)\in B_k(X,Y),$$

使得

$$\| T^{k-1}(x_0+h_k)(h_1,h_2,\cdots,h_{k-1})-T^{k-1}(x_0)(h_1,h_2,\cdots,h_{k-1})-A(h_1,h_2,\cdots,h_k)\| = o(\| h_k \|), \tag{2.4.6}$$

且式(2.4.6)对于有界集上的 $(h_1,h_2,\cdots,h_{k-1})$ 是一致的。由定理 2.3.2 知(1)对 $n=1$ 成立。设 $n=k-1$ 时(1)也成立，下面证明 $n=k$ 时依然成立，即

$$\mathrm{d}^k T(x; h_1,h_2,\cdots,h_k)=A(h_1,h_2,\cdots,h_k)\in B_k(X,Y)。$$

由归纳假设有

$$T^{(k-1)}(x+h_k)(h_1,h_2,\cdots,h_{k-1})=\mathrm{d}^{k-1}(x+h_k; h_1,h_2,\cdots,h_{k-1}),$$

特别有

$$T^{(k-1)}(x)(h_1,h_2,\cdots,h_{k-1})=\mathrm{d}^{k-1}(x; h_1,h_2,\cdots,h_{k-1})。$$

于是，由式(2.4.5)可推出

$$\left\|\frac{\mathrm{d}^{k-1}T(x_0+th_k; h_1,h_2,\cdots,h_{k-1})-\mathrm{d}^{k-1}T(x_0; h_1,h_2,\cdots,h_{k-1})}{t}-A(h_1,h_2,\cdots,h_k)\right\|=o(1),$$

由于 T 有 k 阶 G 微分，所以由上式得 k 阶 G 微分

$$\mathrm{d}^k T(x; h_1,h_2,\cdots,h_k)=T^{(k)}(x)(h_1,h_2,\cdots,h_k)。$$

因此式(2.4.5)对一切 $n=1,2,\cdots$ 成立。

同样用数学归纳法证明(2)。当 $n=1$ 时，由定理 2.3.3 知(2)成立。假设(2)对 $n=k-1$ 时成立，因为对于

$$A(h_1,h_2,\cdots,h_k)=\mathrm{d}^k T(x; h_1,h_2,\cdots,h_k),$$

有式(2.4.6)成立。由归纳假设有

$$\begin{aligned}&T^{(k-1)}(x+h_k)(h_1,h_2,\cdots,h_{k-1})-T^{(k-1)}(x)(h_1,h_2,\cdots,h_{k-1})\\&=\int_0^1\frac{\mathrm{d}}{\mathrm{d}s}\mathrm{d}^{k-1}T(x_0+sh_k; h_1,h_2,\cdots,h_{k-1})\mathrm{d}s\\&=\int_0^1\mathrm{d}^k T(x_0+sh_k; h_1,h_2,\cdots,h_{k-1},h_k)\mathrm{d}s\end{aligned}$$

于是，由微分中值定理(推论 2.3.1)有

$$\begin{aligned}&\| T^{(k-1)}(x+h_k)(h_1,h_2,\cdots,h_{k-1})-T^{(k-1)}(x)(h_1,h_2,\cdots,h_{k-1})-A(h_1,h_2,\cdots,h_k)\|\\&=\left\|\int_0^1\mathrm{d}^k T(x_0+sh_k; h_1,h_2,\cdots,h_{k-1},h_k)\mathrm{d}s-\mathrm{d}^k T(x_0; h_1,h_2,\cdots,h_k)\right\|\\&\leqslant\sup_{0\leqslant t\leqslant 1}\| \mathrm{d}^k T(x_0+th_k; h_1,h_2,\cdots,h_{k-1},h_k)\mathrm{d}s-\mathrm{d}^k T(x_0; h_1,h_2,\cdots,h_k)\| \; \| h_k \|\\&=o(\| h_k \|),\end{aligned}$$

这里用到了定理假设条件：$\mathrm{d}^k T(x; h_1,h_2,\cdots,h_k)$ 关于 x 在 x_0 处连续。于是，T 在 x_0 处 k 阶可 F 微分，且 $\mathrm{d}^k T(x; h_1,h_2,\cdots,h_k)=A(h_1,h_2,\cdots,h_k)$。

推论 2.4.1　设$\Omega\subset D(T)$为开集，若T在$x_0\in\Omega$处有n阶G可导或F可导，则相应的n阶导数$T^{(n)}(x_0)$满足

$$T^{(n)}(x_0)h_1h_2\cdots h_n=T^{(n)}(x_0)h_{p_1}h_{p_2}\cdots h_{p_n},$$

其中$(p_1,p_2,\cdots,p_n)$为$(1,2,\cdots,n)$的任一排列。

【证】　我们给出$n=2$时的证明，一般情形证明类似。由定理2.4.4，T在$x_0\in\Omega$处二阶G可微，且二阶G微分为$\mathrm{d}^2T(x_0;h_1,h_2)=T^{(2)}(x_0)(h_1,h_2)$。另一方面，由二阶$G$微分的定义有

$$\mathrm{d}^2T(x_0;h_1,h_2)=\mathrm{d}(\mathrm{d}T(x_0,h_1),h_2)=\frac{\mathrm{d}}{\mathrm{d}t}\mathrm{d}T(x_0+th_1,h_2)\Big|_{t=0}$$
$$=\frac{\partial^2}{\partial t_2\partial t_1}T(x_0+t_1x_1+t_2x_2)\Big|_{t_1=t_2=0},$$

同样

$$\mathrm{d}^2T(x_0;h_2,h_1)=\frac{\partial^2}{\partial t_2\partial t_1}T(x+t_1h_1+t_2h_2)\Big|_{t_1=t_2=0},$$

因此有$\mathrm{d}^2T(x_0;h_1,h_2)=\mathrm{d}^2T(x_0;h_2,h_1)$，即$T^{(2)}(x_0)h_1h_2=T^{(2)}(x_0)h_2h_1$。

2.5　非线性算子的 Taylor 公式与幂级数展开

2.5.1　非线性算子的 Taylor 公式

函数的Taylor公式是研究函数的重要手段，构成微积分的重要内容并有着广泛的应用，下面将其推广到一般非线性泛函和算子。

定理 2.5.1　设$\Omega\subset X$为开集，$x_0\in\Omega$，$f:\Omega\to\mathbb{R}$，且$\forall x\in\Omega$，$f^{(n+1)}(x)$存在，则$\forall h\in X$，当$x_0+th\in\Omega(0\leqslant t\leqslant1)$时，存在$\theta\in(0,1)$，使

$$f(x_0+h)=f(x_0)+f'(x_0)h+\frac{1}{2!}f''(x_0)h^2+\cdots+\frac{1}{n!}f^{(n)}(x_0)h^n+R_n(x_0,h),\tag{2.5.1}$$

其中

$$R_n(x_0,h)=\frac{1}{(n+1)!}f^{(n+1)}(x_0+\theta h)h^{n+1}。$$

【证】　设$\varphi:[0,1]\to\mathbb{R}$，$\varphi(t)=f(x_0+th)$，则

$$\varphi^{(k)}(t)=f^{(k)}(x_0+th)h^k(k=1,2,\cdots,n+1),\tag{2.5.2}$$

实际上，

$$\varphi'(t)=\lim_{\Delta t\to0}\frac{\varphi(t+\Delta t)-\varphi(t)}{\Delta t}$$
$$=\lim_{\Delta t\to0}\frac{f(x_0+(t+\Delta t)h)-f(x_0+th)}{\Delta t}$$
$$=\lim_{\Delta t\to0}\frac{f'(x_0+th)(\Delta th)+o(\|\Delta th\|)}{\Delta t}$$
$$=f'(x_0+th)h。$$

同理可证一般情形。于是,由一元函数的 Taylor 公式有

$$\varphi(1)=\varphi(0)+\varphi'(0)+\cdots+\frac{1}{n!}\varphi^{(n)}(0)+\frac{1}{(n+1)!}\varphi^{(n+1)}(\theta),$$

由 φ 的定义和式(2.5.2)便得式(2.5.1)。

定理 2.5.2 设 $\Omega\subset X$ 为开集,$x_0\in\Omega$,$T:\Omega\to Y$,且 $T^{(n+1)}(x)(\forall x\in\Omega)$存在,则 $\forall h\in X$,当 $x_0+th\in\Omega(t\in[0,1])$,存在 $\theta\in(0,1)$,使

$$T(x_0+h)=T(x_0)+T'(x_0)h+\cdots+\frac{1}{n!}T^{(n)}(x_0)h^n+R_n(x_0,h),\quad(2.5.3)$$

其中 $\|R_n(x_0,h)\|\leqslant\frac{1}{(n+1)!}\|T^{(n+1)}(x_0+\theta h)h^{n+1}\|$。

【证】 令 $R_n(x_0,h)=T(x_0+h)-\sum\limits_{k=0}^{n}\frac{T^{(k)}(x_0)}{k!}h^k$。若 $R_n(x_0,h)=0$,则上式成立。若不然,由 Hahn-Banach 定理,存在 $f\in X^*$,使 $\|f\|=1$,$f(R_n(x_0,h))=\|R_n(x_0,h)\|$,作函数

$$\varphi:[0,1]\to\mathbb{R},\quad \varphi(t)=fT(x_0+th),$$

则

$$\varphi^{(k)}(t)=fT^{(k)}(x_0+th)h^k(k=1,2,\cdots,n+1),$$

由上定理 2.5.1,有

$$\begin{aligned}\|R_n(x_0,h)\|&=|f(R_n(x_0,h))|=\left|\varphi(1)-\varphi(0)-\cdots-\frac{1}{n!}\varphi^{(n)}(0)\right|\\&=\frac{1}{(n+1)!}|fT^{(n+1)}(x_0+\theta h)h^{n+1}|\\&\leqslant\frac{1}{(n+1)!}\|T^{(n+1)}(x_0+\theta h)h^{n+1}\|.\end{aligned}$$

与函数的情形相同,在 $T^{(n+1)}(x)$连续的条件下,可以将余项 $R_n(x_0,h)$表示成积分的形式,即

$$R_n(x_0,h)=\frac{1}{n!}\int_0^1(1-t)^nT^{(n+1)}(x_0+th)h^{n+1}\mathrm{d}t.$$

另外,将 $R_n(x_0,h)$与$\frac{1}{(n+1)!}T^{(n+1)}(x_0)h^{n+1}$ 进行比较,可得相应的误差估计

$$\left\|R_n(x_0,h)-\frac{1}{(n+1)!}T^{(n+1)}(x_0)h^{n+1}\right\|\leqslant\frac{1}{(n+1)!}\max_{0\leqslant t\leqslant1}\|T^{(n+1)}(x_0+th)-T^{(n+1)}(x_0)\|\,\|h^{n+1}\|.$$

2.5.2 抽象幂级数及其收敛性

设 a_n 是对称的 n 重线性算子($n=1,2\cdots$),称形式无穷和

$$\sum_{n=0}^{\infty}a_nx^n=a_0+a_1x+a_2x^2+\cdots+a_nx^n+\cdots\quad(2.5.4)$$

为幂级数,其中 $a_nx^n=a_n(\overbrace{x,x,\cdots,x}^{n})$。下面讨论幂级数的收敛性、连续性和可微性。首先给出两个引理。

引理 2.5.1 设 $p(t)$ 是 n 次多项式，$\max\limits_{|t|\leqslant 1}|p(t)|\leqslant M$，则

$$|p'(0)|\leqslant M(n+1)^3。$$

【证】 记 $L_k(t)(k=0,1,\cdots)$ 为 k 次 Legendre 多项式，则有

$$p(t)=\sum_{k=0}^{n}a_kL_k(t),$$

其中 $a_k=\dfrac{2k+1}{2}\int_{-1}^{1}p(t)L_k(t)\mathrm{d}t$。由于 $|t|\leqslant 1$ 时，$|L_k(t)|\leqslant 1$，所以

$$|a_k|\leqslant\frac{2k+1}{2}\int_{-1}^{1}M\mathrm{d}t=(2k+1)M。$$

又由于 $|L_k'(0)|\leqslant k$，故

$$|p'(0)|=\left|\sum_{k=0}^{n}a_kL_k'(0)\right|\leqslant M\sum_{k=0}^{n}k(2k+1)\leqslant M(n+1)^3。$$

引理 2.5.2 设 a_n 是对称的有界 n 线性算子，则有

$$(a_nx^n)'=na_nx^{n-1}。$$

【证】 由计算

$$a_n(x+u)^n-a_nx^n-(na_nx^{n-1})u=\mathrm{C}_n^2a_nx^{n-2}u^2+\cdots+a_nu^n=o(\|u\|)(\|u\|\to 0),$$

因此引理 2.5.2 获证。

设 T_n 是对称的有界 n 线性算子，记

$$|||T_n|||=\sup_{\|x\|=1}\|T_nx^n\|,$$

则 $|||T_n|||\leqslant\|T_n\|$。

定理 2.5.3 设幂级数(2.5.4)的和函数为 $f(x)$，即

$$f(x)=\sum_{n=0}^{\infty}a_nx^n,\tag{2.5.5}$$

设 $\rho_0\xlongequal{\text{def}}(\overline{\lim\limits_{n\to\infty}}|||a_n|||^{\frac{1}{n}})^{-1}>0$，则对 ρ：$0<\rho<\rho_0$，幂级数(2.5.4)在 $\|x\|\leqslant\rho$ 上一致收敛，且 $f(x)$ 在 $\|x\|<\rho_0$ 内强可微，并且

$$f'(x)=\sum_{n=1}^{\infty}na_nx^{n-1}。\tag{2.5.6}$$

【证】 设 $\rho<\rho_0$，取 $\rho=\rho_0(1-\varepsilon)$，再取正整数 N，使得当 $n>N$ 时，$|||a_n|||^{\frac{1}{n}}<\dfrac{1+\varepsilon}{\rho_0}$。于是，当 $\|x\|\leqslant\rho$ 时，

$$\|a_nx^n\|\leqslant|||a_n|||\,\|x\|^n<\left(\frac{1+\varepsilon}{\rho_0}\right)^n(\rho_0(1-\varepsilon))^n=(1-\varepsilon^2)^n。$$

因此，级数 $\sum\limits_{n=1}^{\infty}\|a_nx^n\|$ 在 $\|x\|\leqslant\rho$ 中一致收敛，从而式(2.5.4)在 $\|x\|\leqslant\rho$ 中依范数一致收敛。与实幂级数一样，易知 $f(x)$ 在 $\|x\|<\rho_0$ 内强连续。

为证明 $f(x)$ 在 $\|x\|<\rho_0$ 中是强可微的，由引理 2.5.2，按照数学分析的方法，只要证明对任意 $\rho<\rho_0$，证明式(2.5.6)中的幂级数在 $\|x\|\leqslant\rho$ 中也是一致收敛的。而这只需证明

$$\overline{\lim_{n\to\infty}} ||| na_n |||^{\frac{1}{n}} \leqslant \overline{\lim_{n\to\infty}} ||| a_n |||^{\frac{1}{n}}。\tag{2.5.7}$$

对 $\| x \| = 1$，$\| u \| = \dfrac{1}{n}$，由 Hahn-Banach 定理可知，存在 $f \in Y^*$，$\| f \| = 1$，使得

$$f(na_n x^{n-1} u) = \| na_n x^{n-1} u \|。$$

令 $p(t) = f(a_n(x + tu)^n)$，则当 $|t| < 1$ 时，有

$$| p(t) | \leqslant \| f \| \; ||| a_n ||| (\| x \| + t \| u \|)^n \leqslant ||| a_n ||| \left(1 + \frac{1}{n}\right)^n \leqslant 3 ||| a_n |||。$$

但 $p'(0) = f(na_n x^{n-1} u) = \| na_n x^{n-1} u \|$，所以，由引理 2.5.1 知

$$\| na_n x^{n-1} u \| \leqslant 3(n+1)^3 ||| a_n |||,$$

于是

$$||| na_n ||| = \sup_{\| x \| = 1} \| na_n x^{n-1} \| \leqslant 3n(n+1)^3 ||| a_n |||,$$

因此式(2.5.7)成立。

由于幂级数 $\sum\limits_{n=1}^{\infty} na_n x^{n-1}$ 在 $\| x \| < \rho_0$ 仍然是强可微的，所以 $f(x)$ 在 $\| x \| < \rho_0$ 中是无穷次可微的。

2.5.3 解析算子的幂级数展开

我们知道，即使是任意次可微的实函数在其定义域内也不一定能表示成幂级数，但圆盘上的解析函数一定能展开成幂级数，下面将此结果推广到一般的解析算子。

定理 2.5.4 设 $U \subset X$ 为开集，$f: U \to Y$ 局部有界，f 在 U 内解析，则对于任意的 $x \in U$，存在 $\rho > 0$，当 $\| h \| \leqslant \rho$ 时有

$$f(x + h) = \sum_{n=0}^{\infty} \frac{f^{(n)}(x) h^n}{n!},\tag{2.5.8}$$

且对每一个 $a \in U$，存在 $r_a > 0$，式(2.5.8)右端级数对于 $\| x - a \| \leqslant r_a$，$\| h \| \leqslant r_a$ 是一致收敛的。

【证】 由定理 2.3.11 知，f 在 U 上存在任意阶的 Fréchet 导数，因此式(2.5.8)中的级数是有意义的。对于任意的 $x \in U$ 及 $h \in X$，存在 $\rho = \rho(x, h) > 0$，使得 $f(x + zh)$ 当 $|z| < \rho$ 时解析。于是，对于任意的 $\varphi \in Y^*$，关于 z 的复变函数 $\varphi f(x + zh)$ 在 $|z| < \rho$ 内解析，因此当 $|z| < \rho$ 时有

$$\varphi f(x + zh) = \sum_{n=0}^{\infty} \frac{\mathrm{d}^n}{\mathrm{d}z^n} \varphi f(x + zh) \bigg|_{z=0} \frac{z^n}{n!},$$

由于 $\dfrac{\mathrm{d}^n}{\mathrm{d}z^n} \varphi f(x + zh) = \varphi f^{(n)}(x + zh) h^n$，所以有

$$\varphi f(x + zh) = \sum_{n=0}^{\infty} \varphi [f^{(n)}(x) h^n] \frac{z^n}{n!} = \varphi \sum_{n=0}^{\infty} \frac{f^{(n)}(x)(zh)^n}{n!},$$

于是由 Hahn-Banach 定理且用 h 代替 zh，则有

$$f(x + h) = \sum_{n=0}^{\infty} \frac{f^{(n)}(x) h^n}{n!}$$

根据 f 局部有界及 Cauchy 不等式，当 $\| x-a \| \leqslant \frac{\rho}{2}$ 及 $\| h \| \leqslant \frac{\rho}{2}$ 时有

$$\| (x+h)-a \| \leqslant \| x-a \| + \| h \| \leqslant \rho,$$

且

$$\| f^{(n)}(x)h^n \| \leqslant n!\ M_a (n=0,1,\cdots)。$$

因此，当 $\| x-a \| \leqslant \frac{\rho}{2}$ 时，对任意 $h \in X$ 有

$$\left\| f^{(n)}(x)\left(\frac{h}{\| h \|} \cdot \frac{\rho}{2}\right)^n \right\| \leqslant n!\ M_a,$$

即

$$\| f^{(n)}(x)h^n \| \leqslant n!\ M_a \left(\frac{2}{\rho}\right)^n \| h \|^n (n=0,1,\cdots)。$$

这说明 $\mathrm{d}^n f(x,h)=f^{(n)}(x)h^n$ 关于 x 是局部有界的。取 r_a：$0<r_a<\frac{\rho}{2}$ 时，则式(2.5.8)的右端级数在 $\| x-a \| \leqslant r_a$，$\| h \| \leqslant r_a$ 上是一致收敛的。

2.6　梯度算子与单调算子

2.6.1　非线性泛函的梯度

在经典微积分中，多元实值函数有梯度的概念，并且它与函数的最大变化率以及向量场中积分与路径无关有密切的联系，下面我们考虑抽象函数的积分与路径无关问题，后面考虑泛函的极值问题时会涉及梯度的方法。

设 X 为 Banach 空间，U 为 X 中的开集，首先我们定义 U 上可求长曲线及其上的积分。称向量值函数 x：$[a,b] \to U$ 表示 U 上的一条曲线 C：$x=x(t)(a \leqslant t \leqslant b)$，若 x 连续则称 C 为连续曲线；若对于 $[a,b]$ 的任何划分 T：$a=t_0<t_1<\cdots<t_{n-1}<t_n=b$，极限 $\lim\limits_{\lambda \to 0}\sum\limits_{k=1}^{n} \| x(t_k)-x(t_{k-1}) \|$ 存在，其中 $\lambda=\max\limits_{1\leqslant k\leqslant n} \Delta t_k$，则称曲线 C 为可求长的。设 f：$U \to X^*$，定义 f 在 C 上的积分为

$$\int_C f(x)\mathrm{d}x=\int_a^b f(x(t))\mathrm{d}x(t),$$

右端的积分按照 Riemann-Stieltjes 积分来理解。

定义 2.6.1　设 U 是 Banach 空间 X 中的开集，$f \in C(U,X^*)$，若存在实值函数 $F \in C^1(U,\mathbb{R})$，使得 $\forall x \in U$，$F'(x)=f(x)$，其中的 $F'(x)$ 为 Fréchet 导数，则称 f 为梯度算子，记为

$$f(x)=\mathrm{grad}F(x)(x \in U)。$$

下面我们给出梯度算子的等价刻画，可以将其视为积分与路径无关结论的推广。

定理 2.6.1　设 X 为 Banach 空间，U 为 X 中包含原点的凸开集，且 $f \in C^1(U,X^*)$，则下面四种说法等价：

(1) f 为梯度算子；

(2) 对于 U 中的可求长曲线 C,积分 $\int_C f(x)\mathrm{d}x$ 与路径无关;

(3) $$\int_0^1 (f(sy),y)\mathrm{d}s-\int_0^1 (f(sx),x)\mathrm{d}s=\int_0^1 (f(z(s)),x-y)\mathrm{d}s, \tag{2.6.1}$$

其中 $z(s)=sx+(1-s)y,x,y\in U$。

【证】 (1)⇒(2)。因为 f 为梯度算子,即有 $f(x)=F'(x)$。设 C: $x=x(t)(0\leqslant t\leqslant 1)$,则有

$$\int_C f(x)\mathrm{d}x=\int_0^1 F'(x(t))\mathrm{d}x(t)=\int_0^1 \frac{\mathrm{d}}{\mathrm{d}t}F(x(t))\mathrm{d}t=F(x(1))-F(x(0))。$$

(2)⇒(3)。设 $\overline{xy}$ 表示从 x 到 y 的线段,即 $\overline{xy}=\{(1-t)x+ty\mid 0\leqslant t\leqslant 1\}$,则

$$\int_{\overline{0x}} f(x)\mathrm{d}x=\int_0^1 \frac{\mathrm{d}}{\mathrm{d}t}F(tx)\mathrm{d}t=\int_0^1 (f(tx),x)\mathrm{d}t,$$

$$\int_{\overline{0y}} f(x)\mathrm{d}x=\int_0^1 \frac{\mathrm{d}}{\mathrm{d}t}F(ty)\mathrm{d}t=\int_0^1 (f(ty),y)\mathrm{d}t,$$

$$\int_{\overline{xy}} f(x)\mathrm{d}x=-\int_0^1 \frac{\mathrm{d}}{\mathrm{d}t}F(z(t))\mathrm{d}t=-\int_0^1 (f(z(t)),x-y)\mathrm{d}t,$$

由 $\int_{\overline{x0}} f(x)\mathrm{d}x+\int_{\overline{0y}} f(x)\mathrm{d}x=\int_{\overline{xy}} f(x)\mathrm{d}x$ 便得式(2.6.1)。

(3)⇒(1)。定义

$$F(x)=\int_0^1 (f(sx),x)\mathrm{d}s,$$

首先求 $F(x)$的 Gateux 微分。由(3)得

$$\begin{aligned}F(x+\varepsilon h)-F(x)&=\int_0^1 (f(s(x+\varepsilon h)),x+\varepsilon h)\mathrm{d}s-\int_0^1 (f(sx),x)\mathrm{d}s\\&=\varepsilon\int_0^1 (f(s(x+\varepsilon h)+(1-s)x),h)\mathrm{d}s=\varepsilon\int_0^1 (f(x+\varepsilon sh),h)\mathrm{d}s\end{aligned}$$

于是

$$\mathrm{d}F(x,h)=\lim_{\varepsilon\to 0}\frac{F(x+\varepsilon h)-F(x)}{\varepsilon}=\lim_{\varepsilon\to 0}\int_0^1 (f(x+\varepsilon sh),h)\mathrm{d}s=(f(x),h),$$

因为 $f\in C^1(U,X^*)$,所以 $F\in C^2(U,\mathbb{R})$,由推论 2.4.1 知

$$F''(x)(h_1,h_2)=f'(x)(h_1,h_2)$$

是对称的。下面证明 $F'(x)=f(x)$。因为

$$F(x+h)-F(x)=\int_0^1 (f(tx+th),h)\mathrm{d}t+\int_0^1 (f(tx+th)-f(tx),x)\mathrm{d}t,$$

其中

$$\begin{aligned}&\int_0^1 (f(tx+th)-f(tx),x)\mathrm{d}t\\&=\int_0^1\mathrm{d}t\int_0^t \frac{\mathrm{d}}{\mathrm{d}s}(f(tx+sh),x)\mathrm{d}s\\&=\int_0^1\mathrm{d}t\int_0^t (f'(tx+sh)h,x)\mathrm{d}s(\text{因为 } f'(x)(h_1,h_2) \text{ 是对称的})\\&=\int_0^1\mathrm{d}t\int_0^t (f'(tx+sh)x,h)\mathrm{d}s(\text{交换积分次序})\end{aligned}$$

$$=\int_0^1 \mathrm{d}s\int_s^1 (f'(tx+sh)x,h)\mathrm{d}t$$

$$=\int_0^1 (f(x+sh)-f(sx+sh),h)\mathrm{d}s。$$

于是

$$F(x+h)-F(x)=\int_0^1 (f(x+sh),h)\mathrm{d}t,$$

由此便知

$$|F(x+h)-F(x)-(f(x),h)|=\left|\int_0^1 (f(x+sh)-f(x),h)\mathrm{d}t\right|=o(\|h\|),$$

所以 $F'(x)=f(x)$。

2.6.2 单调算子与凸泛函

定义 2.6.2 设 X 为实赋范线性空间，$\Omega\subset X$，称映射 $f: \Omega\to X^*$ 是单调的，是指对任何 $x,y\in\Omega$，均有

$$(f(x)-f(y),x-y)\geqslant 0,$$

其中$(x^*,x)=x^*(x)(x^*\in X^*,x\in X)$，此时称 f 为单调算子。

设有泛函 $\varphi: \Omega\to\mathbb{R}$，其中 Ω 为凸的，如果 $\forall x,y\in\Omega$，均有

$$\varphi(tx+(1-t)y)\leqslant t\varphi(x)+(1-t)\varphi(y),$$

则称 φ 是凸泛函。

定理 2.6.2 设 X 是赋范线性空间，$\varphi: X\to\mathbb{R}$ 是 F 可微映射，$f(x)=\mathrm{grad}\varphi(x)$，则 f 为单调算子的充要条件是 φ 是凸泛函。

【证】 必要性。设 f 是单调的，对 $\forall x,y\in X$，$0<t<1$，有

$$t\varphi(x)+(1-t)\varphi(y)-\varphi(tx+(1-t)y)$$

$$=t(1-t)\left[\frac{\varphi(x)-\varphi(tx+(1-t)y)}{1-t}+\frac{\varphi(y)-\varphi(tx+(1-t)y)}{t}\right]。$$

利用中值定理，易知存在 τ_1,τ_2，$t<\tau_1<1$，$0<\tau_2<t$，可以将上式右端化为

$$t(1-t)[(f(\tau_1x+(1-\tau_2)y),x-y)+(f(\tau_2x+(1-\tau_2)y),y-x)]$$

$$=t(1-t)(f(\xi)-f(\eta),x-y),$$

其中 $\xi=\tau_1x+(1-\tau_1)y$，$\eta=\tau_2x+(1-\tau_2)y$。注意 $\xi-\eta=(\tau_1-\tau_2)(x-y)$ 且 $\tau_1>\tau_2$，由 f 的单调性知

$$(f(\xi)-f(\eta),x-y)=(\tau_1-\tau_2)^{-1}(f(\xi)-f(\eta),\xi-\eta)\geqslant 0。$$

因此有

$$\varphi(tx+(1-t)y)\leqslant t\varphi(x)+(1-t)\varphi(y),$$

即 φ 为凸泛函。

充分性。设 φ 是凸泛函。对任意的 $x,y\in X$，$0\leqslant t\leqslant 1$，有

$$\frac{\varphi(tx+(1-t)y)-\varphi(y)}{t}\leqslant\varphi(x)-\varphi(y),$$

令 $t\to 0$ 并注意 $\varphi'(x)=f(x)$，得

$$(f(y),x-y)\leqslant\varphi(x)-\varphi(y)。$$

同样有

$$(f(x),y-x)\leqslant\varphi(y)-\varphi(x)。$$

将上式相加得

$$(f(y)-f(x),y-x)\geqslant 0,$$

即 f 是单调的。

后面我们还将研究凸泛函的半连续性及取极值的条件。

2.7 隐函数定理

2.7.1 C^p 映射

隐函数存在定理是讨论非线性方程解的存在与唯一性、解的连续性与可微性的基本工具，在讨论算子方程的解等问题中有重要应用。这里涉及非线性算子光滑性的条件，下面我们给出 C^p 映射的定义。

定义 2.7.1 设 X,Y 为实赋范线性空间，p 为正整数，开集 $\Omega\subset X$，映射 $f:\Omega\to Y$ 称为 C^p 映射，若 f 在 Ω 上具有 p 阶连续的 F 导算子 $f^{(p)}(x)(x\in\Omega)$. f 称为 C^0 映射，若 f 在 Ω 上是连续的。

如果 U,V 分别是 X,Y 中的开集，$f:U\to V$ 是双射，且 f 和 f^{-1} 均为 C^p 映射，则称 f 是 U 到 V 的 C^p 微分同胚。

设 $f:U\to V,x_0\in U$，若存在 x_0 和 $f(x_0)$ 的邻域 U_0 和 V_0，使 f 为 U_0 到 V_0 的 C^p 微分同胚，则称 f 在 x_0 处局部 C^p 微分同胚。

如果 $f:U\to V$ 在 U 的每一点均局部 C^p 微分同胚，则称 f 在 U 内是局部 C^p 微分同胚。

下面的定理指出，在完备空间中，由局部 C^p 微分同胚可诱导出一个线性拓扑同构(即空间之间一对一的有界线性算子)。

定理 2.7.1 设 X,Y 是实的 Banach 空间，U 是 X 的开集，$x_0\in U,p\geqslant 1$。如果 $f:U\to V$ 在 x_0 处局部 C^p 微分同胚，则 $f'(x_0):X\to Y$ 具有有界逆算子。

【证】 因为 f 在 x_0 处局部 C^p 微分同胚，所以存在 x_0 和 $f(x_0)$ 的邻域 U_0 和 V_0，使得 $f:U_0\to V_0$ 为 C^p 微分同胚。记 $g=f^{-1}:V_0\to U_0$，则有

$$(g\circ f)(x)=x,\quad (f\circ g)(y)=y,$$

其中 $x\in U_0,y\in V_0$ 为任意的。由于 f,g 为 $C^p(p\geqslant 1)$ 映射，利用复合算子的求导法则(定理 2.3.6)，可得

$$[g'(y_0)][f'(x_0)]=I_X,[f'(x_0)][g'(y_0)]=I_Y,$$

其中 I_X,I_Y 分别为 X,Y 上的恒等映射，这说明 $f'(x_0)$ 和 $g'(y_0)$ 是互逆的。注意 $f'(x_0)\in B(X,Y)$ 且 $f'(x_0):X\to Y$ 为双射，由逆算子定理知

$$[f'(x_0)]^{-1}=g'(y_0)=g'(f(x_0))\in B(X,Y)。$$

2.7.2 隐函数存在定理

定理 2.7.2 设 X,Y,Z 均为实 Banach 空间，Ω 是 $X\times Y$ 中的开集，$(x_0,y_0)\in\Omega,f:$

$\Omega\to Z$ 是连续映射,且满足

(1) $f(x,y)$ 对变元 x 是 F 可微的,且 $f'_x(x,y)$ 在 (x_0,y_0) 处连续;

(2) $f'_x(x_0,y_0)$: $X\to Z$ 具有有界逆;

(3) $f(x_0,y_0)=0$,

则存在 $r>0,\delta>0$,使得 $\|y-y_0\|<\delta$ 时,方程

$$f(x,y)=0$$

在 $\|x-x_0\|<r$ 内存在唯一连续解 $x=g(y)$,满足 $x_0=g(y_0)$。

【证】 利用压缩映射原理(定理 1.1.7)证明,为构造压缩映射,先创造一些条件。

(1) 因为 $f'_x(x_0,y_0)$: $X\to Z$ 具有有界逆,所以存在 $M>0$,使得

$$\|[f'_x(x_0,y_0)]^{-1}\|\leqslant M。$$

由于 $f'_x(x,y)$ 在 (x_0,y_0) 处连续,所以存在 $r>0,\delta>0$,使当 $\|x-x_0\|\leqslant r$, $\|y-y_0\|<\delta$ 时

$$\|f'_x(x,y)-f'_x(x_0,y_0)\|<\frac{1}{2M}。\tag{2.7.1}$$

又因 $f(x_0,y)$ 连续且 $f(x_0,y_0)=0$,可以假设对上述 δ,当 $\|y-y_0\|<\delta$ 时

$$\|f(x_0,y)\|<\frac{r}{2M}。$$

(2) 下面证明当 $\|y-y_0\|<\delta$ 时

$$\varphi_y(x)=x-[f'_x(x_0,y_0)]^{-1}f(x,y)$$

在 $\|x-x_0\|<r$ 内存在唯一的不动点 x^*,它满足 $f(x^*,y)=0$。

首先,由 r 的取法可知,当 $\|x-x_0\|\leqslant r$ 时,由微分中值定理(推论 2.3.1),有

$$\begin{aligned}\|\varphi_y(x)-x_0\|&\leqslant\|\varphi_y(x)-\varphi_y(x_0)\|+\|\varphi_y(x_0)-x_0\|\\&\leqslant\sup_{\|x-x_0\|\leqslant r}\|\varphi'_y(x)\|\,\|x-x_0\|+\|[f'_x(x_0,y_0)]^{-1}\|\,\|f(x_0,y)\|\\&\leqslant\sup_{\|x-x_0\|\leqslant r}\|\varphi'_y(x)\|\,\|x-x_0\|+M\|f(x_0,y)-f(x_0,y_0)\|。\end{aligned}\tag{2.7.2}$$

又由 r 的取法可得,当 $\|x-x_0\|\leqslant r$ 时,

$$\begin{aligned}\|\varphi'_y(x)\|&=\|I-[f'_x(x_0,y_0)]^{-1}f'_x(x,y)\|\\&\leqslant\|[f'_x(x_0,y_0)]^{-1}\|\,\|f'_x(x_0,y_0)-f'_x(x,y)\|<\frac{1}{2},\end{aligned}\tag{2.7.3}$$

因此当 $\|x-x_0\|\leqslant r$ 时,由式(2.7.1)和式(2.7.2)有 $\|\varphi_y(x)-x_0\|<r$,所以 φ_y 将 $\|x-x_0\|\leqslant r$ 映在 $\|x-x_0\|<r$ 之中。又当 $x_1,x_2\in\bar{B}(x_0,r)$ 时,由微分中值定理及式(2.7.3)有

$$\|\varphi_y(x_1)-\varphi_y(x_2)\|\leqslant\sup_{1\leqslant t\leqslant 1}\|\varphi'_y(tx_1+(1-t)x_2)\|\,\|x_1-x_2\|<\frac{1}{2}\|x_1-x_2\|,\tag{2.7.4}$$

所以 φ_y 在 $\|x-x_0\|\leqslant r$ 内是压缩的。由压缩映射原理知,当 $\|y-y_0\|<\delta$ 时,$\varphi_y(x)$ 在 $\|x-x_0\|\leqslant r$ 内存在唯一的不动点,记为 $x=g(y)$。由上述证明过程可知,该不动点一定

在开球 $\| x-x_0 \| < r$ 内，且由唯一性可知 $x_0=g(y_0)$。

(3) 最后证明 $x=\varphi(y)$ 在 $\| y-y_0 \| < \delta$ 内连续。设 $\| y_1-y_0 \| < \delta$，$\| y_2-y_0 \| < \delta$，$x_1=g(y_1)$，$x_2=g(y_2)$，其中 $\| x_1-x_0 \| < r$，$\| x_2-x_0 \| < r$。注意式(2.7.4)，则有

$$\begin{aligned}\| x_1-x_2 \| &= \| \varphi_{y_1}(x_1)-\varphi_{y_2}(x_2) \| \\ &\leqslant \| \varphi_{y_1}(x_1)-\varphi_{y_1}(x_2) \| + \| \varphi_{y_1}(x_2)-\varphi_{y_2}(x_2) \| \\ &< \frac{1}{2}\| x_1-x_2 \| + \| \varphi_{y_1}(x_2)-\varphi_{y_2}(x_2) \|。\end{aligned}$$

由此得到

$$\| g(y_1)-g(y_2) \| = \| x_1-x_2 \| < 2\| \varphi_{y_1}(x_2)-\varphi_{y_2}(x_2) \|，\tag{2.7.5}$$

由 f 的连续性和 $\varphi_y(x)$ 的定义可知，当 $y_1\to y_2$ 时，$\| \varphi_{y_1}(x_2)-\varphi_{y_2}(x_2) \| \to 0$，因此由式(2.7.5)知 g 连续。

称定理 2.7.2 为隐函数存在定理，它包括数学分析中所有形式的隐函数存在定理。由定理 2.7.2 可以得到如下推论，称其为反函数存在定理。

推论 2.7.1 假设 X,Y 是实的 Banach 空间，Ω 是 X 中的开集，$x_0\in\Omega$，$f:\Omega\to Y$ 是 C^1 映射，且满足

(1) $f'(x_0):X\to Y$ 具有有界逆；

(2) $y_0=f(x_0)$，

则存在 $r>0,\delta>0$，使得当 $\| y-y_0 \| < \delta$ 时，$f(x)=y$ 在 $\| x-x_0 \| < \delta$ 内存在唯一的连续解 $x=g(y)$，且满足 $x_0=g(y_0)$。

【证】 在定理 2.7.2 中取 $Z=Y$，$f(x,y)=f(x)-y$ 即得推论。

2.7.3 隐函数的可微性

下面讨论隐函数和反函数的可微性，首先给出反函数的可微性定理，由此可推得一般隐函数的可微性。

定理 2.7.3 设 X,Y 是实 Banach 空间，Ω 是 X 中的开集，$f:\Omega\to Y$ 是 $C^p(p\geqslant 1)$ 映射，$x_0\in\Omega$。若 $f'(x_0):X\to Y$ 为双射，则 f 在 x_0 为局部 C^p 微分同胚。

【证】 取 $Z=Y$，$f(x,y)=f(x)-y$，沿用定理 2.7.2 的记号，存在 $r>0,\delta>0$，使当 $\| y-y_0 \| < \delta$ 时，$f(x)=y$ 在 $\| x-x_0 \| < r$ 内有唯一的连续解 $x=g(y)$，满足 $y_0=f(x_0)$。

(1) 先证 g 在开球 $\| y-y_0 \| < \delta$ 内 F 可微，且在此开球中 $g'(y)$ 连续。设

$$\| y_1-y_0 \| < \delta,\quad \| y_2-y_0 \| < \delta,$$

记

$$\omega = g(y_1)-g(y_2)-[f'(g(y_2))]^{-1}(y_1-y_2),$$

下面证明 $\| \omega \| = o(\| y_1-y_2 \|)$。设 $y_1=f(x_1)$，$y_2=f(x_2)$，其中 $\| x_1-x_0 \| \leqslant r$，$\| x_2-x_0 \| \leqslant r$，则

$$\begin{aligned}\| \omega \| &= \| x_1-x_2-[f'(x_2)]^{-1}[f(x_1)-f(x_2)] \| \\ &\leqslant \| [f'(x_2)]^{-1} \| \, \| f(x_1)-f(x_2)-f'(x_2)(x_1-x_2) \|。\end{aligned}\tag{2.7.6}$$

因为

$$[f'(x)]^{-1}=(I-[f'(x_0)]^{-1}(f'(x)-f'(x_0)))^{-1}[f'(x_0)]^{-1}, \tag{2.7.7}$$

由式(2.7.3)可知

$$\|[f'(x_0)]^{-1}(f'(x)-f'(x_0))\|<\frac{1}{2},$$

所以,由引理1.4.1有

$$\|(I-[f'(x_0)]^{-1}(f'(x)-f'(x_0)))^{-1}\|<2,$$

于是由式(2.7.7)有

$$\|[f'(x)]^{-1}\|<2M。 \tag{2.7.8}$$

由于$f(x)$在x_2处是F可微的,所以

$$\|f(x_1)-f(x_2)-f'(x_2)(x_1-x_2)\|=o(\|x_1-x_2\|), \tag{2.7.9}$$

将式(2.7.8)和式(2.7.9)应用于式(2.7.6)得

$$\|\omega\|=o(\|x_1-x_2\|)。$$

又由式(2.7.5)可知

$$\begin{aligned}\|x_1-x_2\| &\leqslant 2\|\varphi_{y_1}(x_2)-\varphi_{y_2}(x_2)\|\\ &=2\|[f'(x_0)]^{-1}(y_1-y_2)\|\leqslant 2M\|y_1-y_2\|,\end{aligned}$$

所以

$$\|\omega\|=o(\|y_1-y_2\|),$$

这说明$g(y)$在$\|y-y_0\|<\delta$中强可微,而且

$$g'(y)=[f'(g(y))]^{-1}。$$

因为$f'(x)$连续,于是当$\|x_1-x_0\|\leqslant r$,$\|x_2-x_0\|\leqslant r$时,有

$$\begin{aligned}\|[f'(x_1)]^{-1}-[f'(x_2)]^{-1}\| &\leqslant \|[f'(x_1)]^{-1}\|\ \|[f'(x_2)]^{-1}\|\ \|f'(x_1)-f'(x_2)\|\\ &\leqslant 4M^2\|f'(x_1)-f'(x_2)\|,\end{aligned}$$

所以$[f'(x)]^{-1}$连续。

由$g'(y)=[f'(g(y))]^{-1}$,而$[f'(x)]^{-1}$及$g(y)$均连续,所以$g'(y)$也是连续的。

(2) 再证g是C^p映射。由假设f是C^p的,因此,对于任意k:$1\leqslant k\leqslant p$,f是C^k的,即f'是C^{k-1}。设$T\in B(X,Y)$且$\|T\|<1$,则由引理1.4.1知$h(T)=(1-T)^{-1}$有定义,又

$$h(T)=\sum_{k=0}^{\infty}T^k=I+T+T^2+\cdots+T^n+\cdots,$$

由定理2.5.3知$h(T)$在$\|T\|<1$内任意次强可微,而

$$[f'(x)]^{-1}=h[[f'(x_0)]^{-1}(f'(x)-f'(x_0))][f'(x_0)]^{-1},$$

由此知$[f'(x)]^{-1}$是C^k的。首先由(1)知g是C^1的,假设g是C^{k-1}的,由于$[f'(x)]^{-1}$是C^k的,所以$g'(y)=[f'(g(y))]^{-1}$也是C^{k-1}的,从而g是C^k的。因此,归纳得g是C^p的。

推论2.7.2 设X,Y,Z为实的Banach空间,Ω为$X\times Y$中的开集,$(x_0,y_0)\in\Omega$,$p\geqslant 1$,$f:\Omega\to Z$为C^p映射,$f(x_0,y_0)=0$,$f'_x(x_0,y_0)$: $X\to Z$具有有界逆,则存在$r>0$,$\delta>0$,使得当$\|y-y_0\|<\delta$时,方程

$$f(x,y)=0$$

在$\|x-x_0\|<r$内存在唯一解$x=g(y)$,满足$x_0=g(y_0)$,而且$g(y)$在$\|y-y_0\|<\delta$内

p 阶连续 F 可导。

【证】 作映射 $\varphi: \Omega \to Z\times Y, \varphi(x,y)=(f(x,y),y)$，由假设易知 φ 具有连续的 p 阶导映射，$\varphi(x_0,y_0)=(0,y_0)$，而且相应的 F 导数

$$\varphi'(x_0,y_0)=\begin{pmatrix} f'_x(x_0,y_0) & f'_y(x_0,y_0) \\ 0 & I \end{pmatrix}: X\times Y \to Z\times Y$$

具有有界逆。由推论 2.7.1，存在 $r,\delta>0$，当 $\|z\|<\delta$，$\|y-y_0\|<\delta$ 时，方程

$$\varphi(x,y)=(z,y)$$

在 $\|x-x_0\|<r$，$\|y-y_0\|<r$ 内存在唯一解，而由定理 2.7.2 知该解为 C^p 的。

特别取 $z=0$，则当 $\|y-y_0\|<\delta$ 时，有唯一解 $x=\varphi(y)$，它在 $\|y-y_0\|<\delta$ 内为 C^p 的，满足 $x_0=g(y_0)$，且 $\varphi(g(y),y)=(0,y)$，即 $f(g(y),y)=0$。

2.7.4 Newton 迭代方法

下面从计算的角度考虑方程 $f(x,y)=0$ 满足 $f(x_0,y_0)=0$ 的近似解。由隐函数存在定理的证明知道，映射

$$\varphi_y(x)=x-[f'(x_0,y_0)]^{-1}f(x,y)$$

将 $\|x-x_0\|\leqslant r$ 映射到 $\|x-x_0\|<r$，且为压缩的。因此，由压缩映射原理，$\varphi_y(x)$ 在 $\|x-x_0\|<r$ 内存在唯一的不动点 $x=g(y)$，即 $f(g(y),y)=0$. 选取迭代序列

$$x_{n+1}=\varphi_y(x)=x_n-[f'_x(x_0,y_0)]^{-1}f(x_n,y), n=0,1,2,\cdots,$$

则有

$$\|x_n-g(y)\|\leqslant\frac{\alpha^n}{1-\alpha}\|x_1-x_0\|,$$

其中 $\alpha\in(0,1)$ 为映射 $\varphi_y(x)$ 的压缩系数. 将上述迭代程序修改为

$$x_{n+1}=x_n-[f'_x(x_n,y)]^{-1}f(x_n,y),\quad n=0,1,2,\cdots, \tag{2.7.10}$$

则得到 Newton 迭代序列。Newton 迭代序列是数学分析中 Newton 切线法在算子方程中的推广，它的最大优点是收敛速度快，缺点是需要增加 f 的光滑性，并且对初值有很高的要求。

定理 2.7.4 令

$$B_X(x_0,r)=\{x\in X \mid \|x-x_0\|\leqslant r\},$$
$$B_Y(y_0,\delta)=\{y\in Y \mid \|y-y_0\|\leqslant \delta\}。$$

设 $f: B_X(x_0,r)\times B_Y(y_0,\delta)\to Y$ 连续，并满足：存在 $M\geqslant\sqrt{\frac{2}{r}}$ 使得

(1) 当 $x\in B_X(x_0,r), y\in B_Y(y_0,\delta)$ 时，$f'_x(x,y): X\to Y$ 可逆，并且

$$\|[f'_x(x,y)]^{-1}\|\leqslant M;$$

(2) 当 $x_i\in B_X(x_0,r)(i=1,2), y\in B_Y(y_0,\delta)$ 时

$$\|f'_x(x_1,y)-f'_x(x_2,y)\|\leqslant M\|x_1-x_2\|;$$

(3) $\|f(x_0,y)\|\leqslant\frac{1}{M^3}$，

则存在 $g(y)\in B_X(x_0,r)$ 使得 $f(g(y),y)=0$，并且 Newton 迭代程序(2.7.10)收敛到 $g(y)$，其收敛速度为 $\|x_n-g(y)\|\leqslant\frac{4}{M^2}\left(\frac{1}{2}\right)^{2^n}$。

【证】 以 $f'_x(x_n,y)$作用于式(2.7.10)两端,得

$$f(x_n,y)+f'_x(x_n,y)(x_{n+1}-x_n)=0。\tag{2.7.11}$$

下面用归纳法证明

$$x_n \in B_X(x_0,r)\tag{2.7.12}$$

且

$$\| x_{n+1}-x_n \| \leqslant \frac{2}{M^2}\left(\frac{1}{2}\right)^{2^n}。\tag{2.7.13}$$

根据假设,式(2.7.12)和式(2.7.13)当$n=0$时成立。假设当$k<n$时成立,则有

$$\begin{aligned}\| x_n-x_0 \| &\leqslant \sum_{k=0}^{n-1}\| x_{k+1}-x_k \| \leqslant \sum_{k=0}^{n-1}\frac{2}{M^2}\left(\frac{1}{2}\right)^{2^k}\\&\leqslant \frac{2}{M^2}\sum_{k=0}^{\infty}\left(\frac{1}{2}\right)^{2^k}\leqslant \frac{2}{M^2}\leqslant r,\end{aligned}$$

因此式(2.7.12)成立。由微分中值公式及假设条件(2)并注意式(2.7.11),有

$$\begin{aligned}\| f(x_n,y) \| &= \| f(x_n,y)-f(x_{n-1},y)-f'_x(x_{n-1},y)(x_n-x_{n-1}) \|\\&= \left\| \int_0^1 f'_x(x_{n-1}+t(x_n-x_{n-1}),y)(x_n-x_{n-1})\mathrm{d}t-\right.\\&\quad\left.\int_0^1 f'_x(x_{n-1},y)(x_n-x_{n-1})\mathrm{d}t \right\|\\&\leqslant \int_0^1 \| f'_x(x_{n-1}+t(x_n-x_{n-1}),y)-f'_x(x_{n-1},y) \| \cdot \| x_n-x_{n-1} \| \mathrm{d}t\\&\leqslant \int_0^1 Mt \| x_n-x_{n-1} \| \cdot \| x_n-x_{n-1} \| \mathrm{d}t=\frac{1}{2}M \| x_n-x_{n-1} \|^2\end{aligned}\tag{2.7.14}$$

于是,由式(2.7.10)及式(2.7.14)及条件(1)有

$$\begin{aligned}\| x_{n+1}-x_n \| &\leqslant \| [f'_x(x_n,y)]^{-1} \| \cdot \| f(x_n,y) \|\\&\leqslant \frac{M^2}{2}\| x_n-x_{n-1} \|^2\\&\leqslant \frac{M^2}{2}\cdot\left[\frac{2}{M^2}\left(\frac{1}{2}\right)^{2^{n-1}}\right]=\frac{2}{M^2}\left(\frac{1}{2}\right)^{2^n}。\end{aligned}$$

因此式(2.7.12)和式(2.7.13)均成立。由式(2.7.13)有

$$\begin{aligned}\| x_{n+p}-x_n \| &\leqslant \sum_{k=n}^{n+p-1}\| x_{k+1}-x_k \|\\&\leqslant \sum_{k=n}^{n+p-1}\frac{2}{M^2}\left(\frac{1}{2}\right)^{2^k}\\&\leqslant \frac{2}{M^2}\left(\frac{1}{2}\right)^{2^n}\sum_{k=0}^{\infty}\left(\frac{1}{2}\right)^k=\frac{4}{M^2}\left(\frac{1}{2}\right)^{2^n},\end{aligned}$$

即$\{x_n\}$为基本序列,因此在$B_X(x_0,r)$中存在极限$g(y)$,令$p\to\infty$得

$$\| g(y)-x_n \| \leqslant \frac{4}{M^2}\left(\frac{1}{2}\right)^{2^n},$$

一方面,由式(2.7.14)有 $f(x_n, y)\to 0$;另一方面,由 f 的连续性有 $f(x_n, y)\to f(g(y), y)$,因此有 $f(g(y), y)=0$。

2.8 泛函极值及条件

2.8.1 最速降线问题及其求解

数学及其应用领域中的许多问题都可转化为求某个适当泛函 φ 的极值,最典型的问题就是微积分创立初期所提出的最速降线问题。

Johann Bernoulli 在 1696 年提出:设 O 与 A 是高度不同且不在同一铅垂线上的两点。如果不计摩擦力和空气阻力,一质点在重力作用下从 O 点沿一曲线降落至 A 点,问曲线呈何种形状时,质点降落的时间最短?

如图 2.8.1 所示建立直角坐标系。设 A 的坐标为 (a, b),曲线方程为 $y=y(x)$,质点在点 $M(x, y)$ 处的速度大小为 v,由能量守恒定律,有

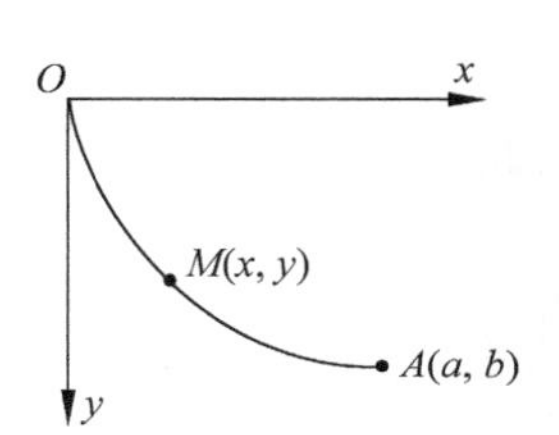

图 2.8.1 最速降线问题

$$mgy=\frac{1}{2}mv^2,\quad 即\ v^2=2gy,$$

其中 g 为重力加速度。设 OM 段的弧长为 s,则有

$$\frac{\mathrm{d}s}{\mathrm{d}t}=v=\sqrt{2gy},$$

由于 $\mathrm{d}s=\sqrt{1+y'^2}\,\mathrm{d}x$,所以有

$$\mathrm{d}t=\frac{\mathrm{d}s}{\sqrt{2gy}}=\frac{\sqrt{1+y'^2}}{\sqrt{2gy}}\mathrm{d}x,$$

积分得质点沿曲线 $y=y(x)$ 从 O 降落到 A 点时所需要的时间为

$$t=t(y(x))=\int_0^a\frac{\sqrt{1+y'^2}}{\sqrt{2gy}}\mathrm{d}x,$$

这里 t 是关于 $y(x)$ 的泛函。

下面求在条件 $y(0)=0, y(a)=b$ 下使 t 取最小值时的 $y(x)$。记

$$t=t(y(x))=\int_0^a\frac{\sqrt{1+y'^2}}{\sqrt{2gy}}\mathrm{d}x\xlongequal{\text{def}}\int_0^a F(y, y')\mathrm{d}x,$$

其中 $F(u, v)=\dfrac{\sqrt{1+v^2}}{\sqrt{2gu}}$。对于任意的 $\varphi\in C^1[0, a]$,$\varphi(0)=\varphi(a)=0$,则关于 ε 的函数

$$t(y+\varepsilon\varphi)=\int_0^a F(y+\varepsilon\varphi, y'+\varepsilon\varphi')\mathrm{d}x$$

在 $\varepsilon=0$ 处取极小值,于是有

$$\frac{\mathrm{d}}{\mathrm{d}\varepsilon}t(y+\varepsilon\varphi)\bigg|_{\varepsilon=0}=0。\tag{2.8.1}$$

由于

$$\frac{\mathrm{d}}{\mathrm{d}\varepsilon}t(y+\varepsilon\varphi)=\int_0^a \frac{\mathrm{d}}{\mathrm{d}\varepsilon}F(y+\varepsilon\varphi,y'+\varepsilon\varphi')\mathrm{d}x$$
$$=\int_0^a [F_u(y+\varepsilon\varphi,y'+\varepsilon\varphi')\varphi+F_v(y+\varepsilon\varphi,y'+\varepsilon\varphi')\varphi']\mathrm{d}x$$
$$=\int_0^a \left[F_u(y+\varepsilon\varphi,y'+\varepsilon\varphi')-\frac{\mathrm{d}}{\mathrm{d}x}F_v(y+\varepsilon\varphi,y'+\varepsilon\varphi')\right]\varphi\mathrm{d}x,$$

这里被积函数的第二部分是由分部积分得到。由式(2.8.1)及 φ 的任意性得

$$F_u(y,y')-\frac{\mathrm{d}}{\mathrm{d}x}F_v(y,y')=0, \tag{2.8.2}$$

应用式(2.8.2)有

$$\frac{\mathrm{d}}{\mathrm{d}x}[F(y,y')-y'F_v(y,y')]$$
$$=F_u(y,y')y'+F_v(y,y')y''-y''F_v(y,y')-y'\frac{\mathrm{d}}{\mathrm{d}x}F_v(y,y')=0,$$

因此

$$F(y,y')-y'F_v(y,y')=C(\text{常数})。$$

由于

$$F_v=\frac{\partial}{\partial v}\frac{\sqrt{1+v^2}}{\sqrt{2gu}}=\frac{v}{2\sqrt{2gu}\sqrt{1+v^2}},$$

所以

$$C=F(y,y')-y'F_v(y,y')=\frac{\sqrt{1+y'^2}}{\sqrt{2gy}}-\frac{y'^2}{\sqrt{2gy}\sqrt{1+y'^2}}=\frac{1}{\sqrt{2gy}\sqrt{1+y'^2}},$$

即

$$y(1+y'^2)=\frac{1}{2gC^2}\xlongequal{\text{def}}2r。 \tag{2.8.3}$$

下面我们求方程(2.8.3)的解,为此需要进行换元。令 $y=r(1-\cos\theta)$,则 $y'=r\frac{\mathrm{d}\theta}{\mathrm{d}x}\sin\theta$,代入方程(2.8.3)可得

$$\left(\frac{\mathrm{d}\theta}{\mathrm{d}x}\right)^2=\frac{1}{r^2(1-\cos\theta)^2},\quad \text{即}\frac{\mathrm{d}\theta}{\mathrm{d}x}=\pm\frac{1}{r(1-\cos\theta)},$$

考虑 $\frac{\mathrm{d}\theta}{\mathrm{d}x}=\frac{1}{r(1-\cos\theta)}$(取符号的情形本质上是一样的,不影响曲线的形状),即

$$\mathrm{d}x=r(1-\cos\theta)\mathrm{d}\theta,$$

积分得

$$x=r(\theta-\sin\theta)+x_0,$$

所以得方程(2.8.3)参数形式的解

$$x=r(\theta-\sin\theta)+x_0,\quad y=r(1-\cos\theta), \tag{2.8.4}$$

其中 r,x_0 由边值条件确定。

我们知道式(2.8.4)所表示的曲线为圆滚线(或摆线),这便是最速下降曲线. 上述问题的求解的方法发展为数学上一个重要的方法——变分法,该方法是研究微分方程解的存在

性、解的个数以及求近似解的重要工具和方法，继而在此基础上发展起来的有限元方法更是在物理、力学和工程技术中得到广泛应用。

以下我们利用前面介绍的非线性算子微分学的工具，类似经典分析的方法，对泛函极值作进一步讨论，主要介绍极值的两个条件及泛函梯度的应用——最陡下降法。

2.8.2 泛函极值的必要条件

定义 2.8.1 设 X 是实的赋范线性空间，$M\subset X$，$x_0\in M$，φ 是定义于 X 上的实值泛函。若存在 $\delta>0$，使当 $x\in M\cap B(x_0,\delta)$ 时

$$\varphi(x_0)\leqslant\varphi(x),$$

则称 φ 在 x_0 处有关于 $x\in M$ 条件的极小值；如果存在 $\delta>0$ 使上式对一切 $x\in B(x_0,\delta)$ 成立，则称 φ 在 x_0 有无条件的极小值(简称极小值)。

类似于微积分中函数取极值的 Fermat 引理，我们有泛函取极值的必要条件。

定理 2.8.1 设 X 为实赋范线性空间，泛函 $\varphi: X\to\mathbb{R}$ 在 $x_0\in X$ 处有极小值，又设 φ 在 x_0 处是 G 可导的，则该 G 导数为零，即

$$\varphi'(x_0)=0。\tag{2.8.5}$$

【证】 $\forall u\in X$，因为 φ 在 x_0 处是 G 可导的，所以当 $|t|$ 充分小时，有

$$\varphi(x_0+tu)-\varphi(x_0)=t\varphi'(x_0)u+o(t),\tag{2.8.6}$$

又因 φ 在 x_0 处取极小值，因此方程(2.8.6)左端非负。记 $a=\varphi'(x_0)u$，如果 $a\neq0$，取 t 与 a 异号且 $|t|$ 充分小，使 $o(t)<\dfrac{|at|}{2}$，由方程(2.8.6)得

$$0\leqslant t\varphi'(x_0)u+o(t)<-|at|+\frac{|at|}{2}=-\frac{1}{2}|at|<0,$$

这不可能，故得 $a=0$。再由 u 的任意性得式(2.8.5)。

2.8.3 下半弱连续条件与泛函极值的存在性

定义 2.8.2 泛函 $\varphi: X\to\mathbb{R}$ 在 $x\in X$ 称为是下半弱连续的，是指 x_n 弱收敛于 x 时，必有 $\varliminf\limits_{n\to\infty}\varphi(x_n)\geqslant\varphi(x)$。

定理 2.8.2 设 M 是 X 中弱闭且弱列紧的集合，$\varphi: M\to\mathbb{R}$ 为下半弱连续泛函，则存在 $x_0\in M$，使得 $\varphi(x_0)=\inf\limits_{x\in M}\varphi(x)$。

【证】 记 $c=\inf\limits_{x\in M}\varphi(x)$，则存在 $\{x_n\}\subset M$，使得 $\varphi(x_n)\to c$。由于 M 弱紧，故存在 $\{x_n\}$ 的子序列 $\{x_{n_k}\}$：$\{x_{n_k}\}$ 弱收敛于某个元 $x_0\in X$，又由于 M 是弱闭的，因此 $x_0\in M$。

因为 φ 下半弱连续，则有 $c=\varliminf\limits_{k\to\infty}\varphi(x_{n_k})\geqslant\varphi(x_0)$，但由 c 的定义，必有 $\varphi(x_0)=c$，因此 c 是极小值，且 $c>-\infty$。

推论 2.8.1 设 X 是自反的 Banach 空间，φ 是 X 的下半弱连续泛函。

(1) 如果 M 是 X 的有界弱闭子集，那么必存在 $x_0\in M$，使得 $\varphi(x_0)=\inf\limits_{x\in M}\varphi(x)$。

(2) 如果 $\lim\limits_{\|x\|\to\infty}\varphi(x)=+\infty$，那么必存在 $x_0\in X$，使得 $\varphi(x_0)=\inf\limits_{x\in X}\varphi(x)$。

【证】 (1) 由于自反 Banach 空间中有界弱闭集必弱列紧，由定理即得(1)的结论。

(2) 记 $c=\inf_{x\in X}\varphi(x)$，由假设，存在 r_0，$\|x\|>r_0$ 时，$\varphi(x)>c$。令 $M=\{x\mid \|x\|\leqslant r_0\}$，$M$ 是 X 中的有界弱闭集，由(1)可知必有 $x_0\in M$ 使得 $\varphi(x_0)=c$，而当 $x\in X\backslash M$ 时 $\varphi(x)>c$，所以

$$\varphi(x_0)=c=\inf_{x\in M}\varphi(x)=\inf_{x\in X}\varphi(x)。$$

定理 2.8.3 设 X 为赋范线性空间，泛函 φ：$X\to R$ 为 F 可微的，$F(x)=\mathrm{grad}\varphi(x)$ 是紧算子，则 φ 弱连续。

【证】 若 φ 不是弱连续的，则存在 $\varepsilon>0$ 及 $x_n,x_0\in X$ 满足：$x_n\xrightarrow{w}x_0(n\to\infty)$，使得

$$\|\varphi(x_n)-\varphi(x_0)\|\geqslant\varepsilon。\tag{2.8.7}$$

另一方面，由微分中值定理及定理条件，存在 $\tau_n\in(0,1)$ 使得

$$\begin{aligned}\|\varphi(x_n)-\varphi(x_0)\|&=\|\varphi'(x_0+\tau_n(x_n-x_0))(x_n-x_0)\|\\&=\|F(x_0+\tau_n(x_n-x_0))(x_n-x_0)\|。\end{aligned}\tag{2.8.8}$$

由于 $F(x)$ 为紧算子，且 $\{x_0+\tau_n(x_n-x_0)\}$ 有界，则 $\{F(x_0+\tau_n(x_n-x_0))\}$ 列紧，不妨设

$$F(x_0+\tau_n(x_n-x_0))\to y\in X^*。\tag{2.8.9}$$

于是由式(2.8.7)～式(2.8.9)有

$$\varepsilon\leqslant\|[F(x_0+\tau_n(x_n-x_0))-y](x_n-x_0)\|+|y(x_n-x_0)|\to 0(n\to\infty),$$

矛盾。因此，φ 是弱连续的。

定理 2.8.4 设 X 是赋范线性空间，φ：$X\to\mathbb{R}$ 是 F 可微的凸泛函，则 φ 在 X 上是下半弱连续的。

【证】 由定理 2.6.2，φ 的梯度算子 f：$f(x)=\varphi'(x)(\forall x\in X)$ 是单调的，此时，对任意 $\{x_n\}$：$x_n\xrightarrow{w}x$，则有 $(f(x),x_n-x)\to 0$，于是

$$\begin{aligned}\varphi(x_n)-\varphi(x)&=\int_0^1(f(tx_n+(1-t)x),x_n-x)\mathrm{d}t\\&=\int_0^1(f(tx_n+(1-t)x)-f(x),x_n-x)\mathrm{d}t+\int_0^1(f(x),x_n-x)\mathrm{d}t\\&\geqslant\int_0^1(f(x),x_n-x)\mathrm{d}t\to 0。\end{aligned}$$

由此便得 $\varliminf_{n\to\infty}\varphi(x_n)\geqslant\varphi(x)$，即 φ 是下半弱连续的。

定义 2.8.3 设 X 为实赋范线性空间，$x_0\in X$，φ 是 X 上 F 可微的泛函。若 $\varphi'(x_0)=0$，则称 x_0 为 φ 的驻点。

定理 2.8.5 设 X 是赋范线性空间，φ 是 X 上 F 可微的凸泛函，若 x_0 为 φ 的驻点，则

$$\varphi(x_0)=\inf_{x\in X}\varphi(x)。$$

【证】 对任何非零元 $u\in X$，由微分中值定理，存在 θ：$0<\theta<1$，使

$$\varphi(x_0+u)-\varphi(x_0)=\varphi'(x_0+\theta u)u。\tag{2.8.10}$$

由前定理 2.6.2 知 φ' 是单调的，因此

$$\varphi'(x_0+\theta u)u\geqslant\varphi'(x_0)u=0。$$

由式(2.8.10)及 u 的任意性有

$$\varphi(x_0)=\inf_{x\in X}\varphi(x)。$$

2.8.4 最陡下降法

设 φ 是实赋范线性空间 X 上的实值泛函，即 $\varphi: X\to\mathbb{R}$，且 φ 在 X 上有下界。我们试图寻找 $x^*\in X$，使得

$$\varphi(x^*)=\inf_{x\in X}\varphi(x)。$$

如果这样的 x^* 存在，由下确界的定义，存在$\{x_n\}$使得：

$$\lim_{n\to\infty}\varphi(x_n)=\varphi(x^*),$$

称$\{x_n\}$为极小化序列。若$\{x_n\}$收敛到 x^*，且 φ 连续，则 x^* 即为问题的解。所谓"最陡下降法"，就是对一类泛函构造极小化序列$\{x_n\}$的方法。

设 $x\in X$，$u\in X$，$u\neq 0$，称

$$\frac{1}{\|u\|}\lim_{t\to 0^+}\frac{\varphi(x+tu)-\varphi(x)}{t}$$

为 φ 在 x 处沿方向 u 的导数，记为$\dfrac{\partial\varphi}{\partial u}(x)$。若$\dfrac{\partial\varphi}{\partial u}(x)$对任何方向 u 均存在，且存在方向，使沿该方向的方向导数最小，则称该方向为 φ 在 x 处的最陡下降方向。

假定对每个 x 和 $u\neq 0$，$\dfrac{\partial\varphi}{\partial u}(x)$都存在，且对每个 x 都存在最陡下降方向，则可望用下面的方法构造极小化序列$\{x_n\}$：

任取 $x_0\in X$，假定已取得 x_{n-1}，泛函 φ 在 x_{n-1} 处的最陡下降方向为 u_n，取 x_n 为

$$x_n=x_{n-1}+\varepsilon_n u_n,$$

其中 $\varepsilon_n>0$ 为下降值。

设 X 为赋范线性空间，φ 在 X 上是处处 F 可微的，则

$$\frac{\partial\varphi}{\partial u}(x)=\frac{1}{\|u\|}\varphi'(x)(u)=\varphi'(x)\left(\frac{u}{\|u\|}\right)。$$

因此，泛函在 x 处的最陡下降方向的单位向量 y 满足

$$\varphi'(x)(y)=\inf_{\|u\|=1}\varphi'(x)(u)。$$

由于

$$\inf_{\|u\|=1}\varphi'(x)(u)=-\sup_{\|u\|=1}[-\varphi'(x)](u)=-\|\varphi'(x)\|,$$

因此，单位向量 y 是最陡下降方向的充要条件是：

$$\varphi'(x)(y)=-\|\varphi'(x)\|。$$

当 X 为 Hilbert 空间时，$\varphi'(x)\in X^*=X$，因此上述充要条件即为

$$(\varphi'(x),y)=-\|\varphi'(x)\|,$$

此等式成立的充要条件是$-\varphi'(x)$与 y 同向，即$-\varphi'(x)$为最陡下降方向，这与我们在微积分中得到的结论一致：函数沿梯度的反方向是下降最快的。此时，取 $x_0\in X$，

$$x_1=x_0-\varepsilon\varphi'(x)。$$

于是

$$\varphi(x_1)-\varphi(x_0)=\varphi'(x_0)(x_1-x_0)+o(x_1-x_0)=-\varepsilon\|\varphi'(x_0)\|^2+o(\varepsilon)。$$

因此，总可取得 ε，使得 $\varphi(x_1)<\varphi(x_0)$；然后，由 x_1 出发，取得 x_2，使 $\varphi(x_2)<\varphi(x_1)$；……

依次下去，可能得到所需要的极小化序列。

引理 2.8.1 设 X 是实赋范线性空间，φ 是 X 上的 F 可微泛函，B 是 X 的一个凸集，$L>0$，满足 Lipschitz 条件

$$\|\varphi'(x_1)-\varphi'(x_2)\| \leqslant L\|x_1-x_2\|, \quad \forall x_1,x_2 \in B。$$

则当 $x, x+u\in B$ 时，

$$\varphi(x+u) \leqslant \varphi(x)+\varphi'(x)u+\frac{L}{2}\|u\|^2。$$

【证】

$$\begin{aligned}
\varphi(x+u) &= \varphi(x)+\int_0^1 \varphi'(x+tu)u\,\mathrm{d}t \\
&= \varphi(x)+\varphi'(x)u+\int_0^1(\varphi'(x+tu)-\varphi'(x))u\,\mathrm{d}t \\
&\leqslant \varphi(x)+\varphi'(x)u+\int_0^1\|\varphi'(x+tu)-\varphi'(x)\|\,\|u\|\,\mathrm{d}t \\
&\leqslant \varphi(x)+\varphi'(x)u+L\|u\|^2\int_0^1 t\,\mathrm{d}t \\
&\leqslant \varphi(x)+\varphi'(x)u+\frac{L}{2}\|u\|^2。
\end{aligned}$$

下面设 X 是实的赋范线性空间，φ 是 X 上 F 可微的泛函，$x_0\in X$，

$$\Omega=\{x \mid \varphi(x)\leqslant\varphi(x_0)\}$$

为有界集，其表示的几何意义是泛函在某水平面下的图形是有界的。设

$$x_n=x_{n-1}+\varepsilon_n u_n, \quad n=1,2,\cdots \tag{2.8.11}$$

其中 u_n 是 φ 在 x_{n-1} 处最陡下降方向的单位向量，ε_n 满足

$$\varphi(x_{n-1}+\varepsilon_n u_n)=\inf_{t\geqslant 0}\varphi(x_{n-1}+tu_n)。$$

定理 2.8.6 设 $R'>R=\sup\limits_{x\in\Omega}\|x\|$，$B=\{x\mid \|x\|\leqslant R'\}$，$\varphi$ 满足

$$\|\varphi'(x)-\varphi'(y)\|\leqslant L\|x-y\|, \quad x,y\in B,$$

则由式(2.8.11)所定义的序列 $\{x_n\}$ 满足 $\varphi'(x_n)\to 0$。

【证】 设 $0<t<R'-R$，由 ε_n 的定义及引理 2.8.1，有

$$\varphi(x_n)\leqslant\varphi(x_{n-1}+tu_n)\leqslant\varphi(x_{n-1})+t\varphi'(x_{n-1})u_n+\frac{1}{2}Lt^2。$$

由于 u_n 是最陡下降方向，故有

$$\|\varphi'(x_{n-1})\| = -\varphi'(x_{n-1})u_n \leqslant \frac{\varphi(x_{n-1})-\varphi(x_n)}{t}+\frac{1}{2}Lt。$$

设 ε 是任意正数，$t<\min\{\varepsilon, R'-R\}$。由 Ω 的有界性及 Lipschitz 条件，知 $\{\varphi(x_n)\}$ 有界，又 $\{\varphi(x_n)\}$ 单调下降，故 $\lim\limits_{n\to\infty}\varphi(x_n)$ 存在。当 n 充分大时，$\frac{1}{t}(\varphi(x_{n-1})-\varphi(x_n))<\varepsilon$，于是

$$\|\varphi'(x_{n-1})\|\leqslant\varepsilon\left(1+\frac{1}{2}L\right)。$$

因此有 $\varphi'(x_n)\to 0\ (n\to\infty)$。

由定理 2.8.6 可知，若 $\{x_n\}$ 存在极限点，则此极限点即为 φ 的驻点。对于有限维空间

上的泛函，可以得到更精细的结果。

定理 2.8.7 设 X 是有限维空间，φ 是 C^1 泛函，则最速下降序列 $\{x_n\}$ 的极限点是驻点。

2.8.5 Palais-Smale 条件与泛函极值存在性

在考虑最陡下降法时，需要考虑点列 $\{x_n\}$ 或 $\{\varphi(x_n)\}$ 的收敛性，即与点列的紧性有关，基于此便给出了一类紧性条件，通常称为 Palais-Smale 条件，简称为(PS)条件。

为讨论方便，先给出一个关于抽象微分方程初值问题的解的存在性与唯一性的结果。

定义 2.8.4 设 X，Y 均为赋范线性空间，$f: X\to Y$，如果对任何 $x_0\in X$，均存在 $\delta>0$，$K>0$，使得对一切 $x_1,x_2\in B(x_0,\delta)$，均有

$$\| f(x_1)-f(x_2)\| \leqslant K\| x_1-x_2\|,$$

则称 f 满足局部 Lipschitz 条件。

引理 2.8.2 设 X 为 Hilbert 空间，$\varphi: X\to\mathbb{R}$ 为 C^1 泛函，且有下界，$f(x)=\text{grad}\varphi(x)$ 满足局部 Lipschitz 条件，则对任何 $x_0\in X$，方程

$$\frac{\mathrm{d}x}{\mathrm{d}t}=-f(x),\quad x(0)=x_0 \tag{2.8.12}$$

存在定义于 $[0,+\infty)$ 上的唯一解。

【证】 对 $x_0\in X$，取 $\delta>0$，$K>0$，使 $x_1,x_2\in\bar{B}(x_0,\delta)$ 时

$$\| f(x_1)-f(x_2)\| \leqslant K\| x_1-x_2\|。$$

任取 $\alpha>0$，显然，方程在 $[0,\alpha]$ 上有解，当且仅当 $0\leqslant t\leqslant\alpha$ 时，

$$x(t)=x_0-\int_0^t f(x(s))\mathrm{d}s。$$

设 $C([0,\alpha],X)$ 为 $[0,\alpha]\to X$ 的连续映射全体，按范数 $|||x|||=\sup\| x(t)\|$ 构成 Banach 空间。对 $x\in C([a,b],X)$，定义算子 A：

$$(Ax)(t)=x_0-\int_0^t f(x(s))\mathrm{d}s,$$

对任意 $x,y\in\bar{B}(x_0,\delta)$，有

$$\| Ax-x_0\| \leqslant\int_0^\alpha |||f(x(s))|||\,\mathrm{d}s\leqslant[K\delta+|||f(x_0)|||]\alpha,$$

$$|||Ax-Ay|||\leqslant K\alpha\,|||x-y|||。$$

可见，只要 α 充分小，满足

$$[K\delta+|||f(x_0)|||]\alpha<\delta,\quad K\alpha<1,$$

A 便是 $\bar{B}(x_0,\delta)$ 到 $\bar{B}(x_0,\delta)$ 的压缩映射。由压缩映射原理，A 有且仅有一个不动点，即方程在区间 $[0,\alpha]$ 上有且仅有一个解 $x(t)$。

现在，设 $x(t)$ 的最大解区间为 $(0,t^*)$，今证 $t^*=\infty$。

由于 φ 有下界，沿曲线 $x(t)$，有

$$\frac{\mathrm{d}}{\mathrm{d}t}\varphi(x(t))=\varphi'(x(t))x'(t)=-\| f(x(t))\|^2,$$

所以 $\varphi(x(t))$ 是 t 的下降函数，因此，$\varphi(x(t))$ 有界(因为 φ 有下界)。

对于 $0<t_1<t_2<t^*$，由 Cauchy-Schwarz 不等式有

$$\|x(t_2)-x(t_1)\|=\left\|\int_{t_1}^{t_2}x'(t)\mathrm{d}t\right\|\leqslant\int_{t_1}^{t_2}\|x'(t)\|\mathrm{d}t$$
$$=\int_{t_1}^{t_2}\|f(x(t))\|\mathrm{d}t\leqslant\left[\int_{t_1}^{t_2}\|f(x(t))\|^2\mathrm{d}t\right]^{\frac{1}{2}}(t_2-t_1)^{\frac{1}{2}}$$
$$=\left[-\int_{t_1}^{t_2}\frac{\mathrm{d}}{\mathrm{d}t}\varphi(x(t))\mathrm{d}t\right]^{\frac{1}{2}}(t_2-t_1)^{\frac{1}{2}}。$$

因为 $\varphi(x(t))$ 有界，所以存在 $M>0$，使得

$$\|x(t_1)-x(t_2)\|\leqslant M(t_2-t_1)^{\frac{1}{2}}。$$

若 $t^*<\infty$，则当 $t_n\to t^*$ 时，$\{x(t_n)\}$ 为基本序列，且 $\lim\limits_{t_n\to t^*}x(t_n)$ 与 $\{t_n\}$ 的选择无关。设 $x^*=\lim\limits_{t\to t^*}x(t)$。

由于 $f(x)$ 在 x^* 处具有局部 Lipschitz 条件，易知当 $\delta>0$ 充分小时，方程

$$\frac{\mathrm{d}x}{\mathrm{d}t}=-f(x),\quad x(t^*)=x^*$$

在 $|t-t^*|<\delta$ 上存在唯一解，因此，原方程在 $(0,t^*+\delta)$ 上存在唯一解，此与 t^* 的定义矛盾，引理 2.8.2 得证。

下面给出(PS)条件的概念。

定义 2.8.5 设 X 是赋范线性空间，φ: $X\to\mathbb{R}$ 为 C^1 泛函，$\Omega\subset X$。如果对任何序列 $\{x_n\}\subset\Omega$，只要 $\{\varphi(x_n)\}$ 有界，$\varphi'(x_n)\to 0$，则 $\{x_n\}$ 必有收敛的子序列，则称 φ 在 Ω 上满足(PS)条件。

(PS)条件的等价形式：若 φ 为 C^1 泛函，$\{\varphi(x)|x\in\Omega\}$ 有界，$\{\varphi'(x)|x\in\Omega\}$ 与原点的距离为零，则在 $\overline{\Omega}$ 上有点 x 使 $\varphi'(x)=0$。

定理 2.8.8 设 X 为实的 Hilbert 空间，φ: $X\to\mathbb{R}$ 为 C^1 泛函，φ 有下确界，且满足(PS)条件，$f(x)=\mathrm{grad}\varphi(x)$ 满足局部 Lipschitz 条件，则 φ 必在某点 $\bar{x}$ 处达到极小。

【证】 因为 φ 有下界，故 $c=\inf\varphi(x)>-\infty$。如果 φ 不能达到下确界 c，下面导出矛盾。

首先证明：存在 $\varepsilon>0$，使集合

$$\{x\in X\mid\varphi(x)\leqslant c+\varepsilon\}$$

内无 $f(x)$ 的零点。若不然，设有 $x_n\in\left\{x\in X|\varphi(x)\leqslant c+\dfrac{1}{n}\right\}$，使得 $f(x_n)=0$，即 $\varphi'(x_n)=0$。由于 φ 有下确界且满足(PS)条件，$\{x_n\}$ 有极限点 $\bar{x}$，即 φ 达到极小值 c，此与假设矛盾。

取 $x_0\in\{x\in X|\varphi(x)\leqslant c+\varepsilon\}$。考察方程

$$\frac{\mathrm{d}x}{\mathrm{d}t}=-f(x),x(0)=x_0,$$

由引理 2.8.2，上述方程存在定义于 $[0,+\infty)$ 上的解 $x(t)$。

与引理 2.8.2 的证明一样，由于 φ 有下界，且

$$\frac{\mathrm{d}\varphi(x(t))}{\mathrm{d}t}=-|f(x(t))|^2,$$

故 $\varphi(x(t))$ 单调下降，从而 $\varphi(x(t))$ 有界。再由 $\varphi(x)$ 有下界，故而

$$\lim_{t\to\infty} |f(x(t))| = 0,$$

即存在序列$\{t_n\}$,$t_n\to\infty$,$f(x(t_n))\to 0$. 利用(PS)条件,$\{x(t_n)\}$有极限点 $\bar{x}$,且 $f(\bar{x})=0$。

但因为 $\varphi(x(t))$单调下降,且 $x_0=x(0)\in\{x\in X\,|\,\varphi(x)\leqslant c+\varepsilon\}$,所以

$$x(t)\in\{x\in X\mid \varphi(x)\leqslant c+\varepsilon\},$$

从而 $\bar{x}$ 满足 $\varphi(\bar{x})\leqslant c+\varepsilon$,此与定义矛盾,这便完成了定理的证明。

第 2 章练习题

1. 设算子 $T:\mathbb{R}^2\to\mathbb{R}^2$ 定义为 $T\boldsymbol{x}=(x_1^3,x_2^2)^{\mathrm{T}}$,$\boldsymbol{x}=(x_1,x_2)^{\mathrm{T}}\in\mathbb{R}^2$。

(1) 证明算子 T 在$\mathbb{R}^2$ 上每一点处均 G-可导,并求其 G-导数 $T'(\boldsymbol{x})$;

(2) 设 $\boldsymbol{x}_0=(0,0)^{\mathrm{T}}$,$\boldsymbol{h}=(1,1)^{\mathrm{T}}$,试验证不存在 $\theta\in(0,1)$使得下述等式成立

$$T(\boldsymbol{x}_0+\boldsymbol{h})-T(\boldsymbol{x}_0)=T'(\boldsymbol{x}_0+\theta\boldsymbol{h})\boldsymbol{h}。$$

2. 设 $U\subset\mathbb{R}^n$ 为凸开集,$F:U\to\mathbb{R}^n$ 是可微的,且存在正常数 M 使

$$\|DF(x)\|=\sqrt{\sum_{i,j}\left(\frac{\partial F_i}{\partial x_j}\right)^2}\leqslant M,\quad x\in U。$$

证明:$\|F(b)-F(a)\|\leqslant M\|b-a\|$,$a,b\in U$。

3. 设微分算子 $A:C^1[0,1]\to C[0,1]$定义为

$$A[x(t)]=x'(t)+[x(t)]^2,\quad x(t)\in C^1[0,1]。$$

试证明算子 A 在 $C^1[0,1]$上每一点处都是 F-可微的,且在 $x_0\in C^1[0,1]$处的 F-微分为

$$A'(x_0)h(t)=h'(t)+2x_0(t)h(t),\quad \forall h\in C^1[0,1]。$$

$C^1[0,1]$的范数定义为 $\|h\|=\max\limits_{0\leqslant t\leqslant 1}\{|h(t)|,|h'(t)|\}$。

4. 设 X,Y 为赋范线性空间,$T:D(T)\subset X\to Y$,$\Omega\subset D(T)$为开集,若 T 在 $x_0\in\Omega$ 处 F-可微,试证明(1)T 在 x_0 处连续;(2)T 在 x_0 处亦 G-可导,且两导数相等。

5. 设 X,Y 均为赋范线性空间,$T:\prod\limits_n X\to Y$ 为 n 线性算子,则 T 有界的充要条件是 T 对于 $x\in\prod\limits_n X$ 连续。

6. 设 H 为 Hilbert 空间,算子 $A:D(A)\subset H\to H$,$f\in C(\mathbb{R},H)$(表示$\mathbb{R}$到 H 的连续映射的全体),称 x 为方程

$$x'(t)+Ax(t)=f(t)$$

的解,若 $x\in C^1(\mathbb{R},H)\cap C(\mathbb{R},D(A))$,且在$\mathbb{R}$上满足该方程。证明:若 A 为严格单调的,则该方程至多只有一个解。

7. 设 $\boldsymbol{f}(\boldsymbol{x})=(f_1(\boldsymbol{x}),f_2(\boldsymbol{x}),\cdots,f_m(\boldsymbol{x}))^{\mathrm{T}}$,$\boldsymbol{x}=(x_1,x_2,\cdots,x_n)^{\mathrm{T}}$,$f_j(\boldsymbol{x})(j=1,2,\cdots,n)$在 $\boldsymbol{x}_0=(x_0^{(1)},x_0^{(2)},\cdots,x_0^{(n)})$的某邻域内有一阶连续偏导数,证明 $\boldsymbol{f}(\boldsymbol{x})$在 $\boldsymbol{x}_0$ 处 Fréchet 可导,并求 Fréchet 微分和 Fréchet 导数。

8. 设 $\boldsymbol{f}(\boldsymbol{x})=(f_1(\boldsymbol{x}),f_2(\boldsymbol{x}),\cdots,f_n(\boldsymbol{x}))^{\mathrm{T}}$,$\boldsymbol{x}=(x_1,x_2,\cdots,x_n)^{\mathrm{T}}$,$f_j(\boldsymbol{x})(j=1,2,\cdots,n)$在$\boldsymbol{x}_0=(x_0^{(1)},x_0^{(2)},\cdots,x_0^{(n)})$的某邻域内有一阶连续偏导数,且 $\boldsymbol{f}(\boldsymbol{x})$在 $x_0=(x_0^{(1)},x_0^{(2)},\cdots,x_0^{(n)})$的 Jacobi 行列式

$$\frac{\partial(f_1,f_2,\cdots,\partial f_n)}{\partial(x_1,x_2,\cdots,x_n)}=\begin{vmatrix}\frac{\partial f_1}{\partial x_1} & \cdots & \frac{\partial f_1}{\partial x_n}\\ \vdots & & \vdots\\ \frac{\partial f_n}{\partial x_1} & \cdots & \frac{\partial f_n}{\partial x_n}\end{vmatrix}\neq 0,$$

则 $\boldsymbol{f}(\boldsymbol{x})$在点 $\boldsymbol{x}_0$ 处局部微分同胚。

9. 设 X 为 Banach 空间，则其范数为弱下半连续的，即：若 $x_n \xrightarrow{w} x\ (n\to\infty)$，则有 $\varliminf_{n\to\infty}\|x_n\|\geqslant\|x\|$。请思考，能否给该结论一个直接证明？

10. 称赋范线性空间 X 上的对称双线性泛函 F 为非负定的，若对任何 $h\in X, F(h,h)\geqslant 0$. 现在，设 f 是 X 上的二次连续可微泛函，如果 f 在 $x_0\in X$ 处达到局部极小，证明 $f''(x_0)$ 是非负定的。

11. 设 X 是自反的 Banach 空间，$f=f_1+f_2$ 是 X 上的强制泛函，即

$$\lim_{\|x\|\to\infty} f(x)=+\infty,$$

其中 f_1 是下半若连续的，f_2 若连续，证明 f 在 X 上达到极小值。

12. 证明定理 2.3.10。

13. 设 X,Y 是赋范线性空间，U 是 X 中的开集，$x_0\in U$，又设 $F\in C^2(U,Y)$，并且 F 全连续，证明 $F''(x_0)$：$X\times Y\to Y$ 全连续。

14. Banach 空间 X 称为一致凸的，如果对任何 $\varepsilon\in(0,2)$，存在 $\delta(\varepsilon)>0$ 使当 $x,y\in X$，$\|x\|=\|y\|=1$，且 $\|x-y\|\geqslant\varepsilon$ 时，有

$$\left\|\frac{x+y}{2}\right\|\leqslant 1-\delta(\varepsilon)。$$

证明：

(1) 如果 X 是一致凸的 Banach 空间，Y 是赋范线性空间，A：$X\to Y$ 是有界线性算子，则 A 是核裂的。

(2) 如果 X 是赋范线性空间，Y 是一致凸的 Banach 空间，A：$X\to Y$ 是有界线性算子，且值域 $R(A)$是闭的，则 A 是值裂的。

15. 设 X,Y 为 Banach 空间，f：$X\to Y$ 为 C^1 映射，且 $f'(x_0)$：$X\to Y$ 为满射，证明：对任何 $x\in X$，只要 $\|x\|$ 充分小，就存在 $z\in X$，$z=o(\|x\|)$使得

$$f(x_0+x+z)-f(x_0)-f'(x_0)=0。$$

16. 设映射 $\boldsymbol{f}$：$\mathbb{R}^n\to\mathbb{R}^n$，

$$\boldsymbol{f}(x_1,x_2,\cdots,x_n)=(f_1(x_1,x_2,\cdots,x_n),\cdots,f_m(x_1,x_2,\cdots,x_n)),$$

其中 f_i 具有二阶连续偏导数，$\boldsymbol{u},\boldsymbol{v}\in\mathbb{R}^n$，求 $f''(x)(u,v)$。

17. 设 f：$L^2[0,1]\to\mathbb{R}$ 定义为 $f(x)=\int_0^1 x^2(t)\mathrm{d}t$，求 $f'(x)$。

18. 设 $k=k(t,s,u)$和$\frac{\partial k}{\partial u},\frac{\partial^2 k}{\partial u^2}$都是$[0,1]\times[0,1]\times(-\infty,+\infty)$上的实值连续函数，映射

$$f: C[0,1]\to C[0,1],\quad [f(x)](t)=\int_0^1 k(t,s,x(s))\mathrm{d}s,$$

求 f 在 $x_0 \in C[0,1]$ 处的一阶和二阶 Fréchet 导数 $f'(x_0)$ 和 $f''(x_0)$。

19. 设 H 为实的 Riesz 空间，$f: H \to \mathbb{R}$ 为二阶可微实值泛函，证明：对任何 $x \in H$，存在自伴算子 $A: H \to H$，使得

$$f''(x)(h,k) = (h, Ak)。$$

20. 设 H 为实的 Riesz 空间，$A \in \mathrm{B}(H)$。证明：H 上的泛函 $\varphi(x) = (Ax, x)$ 是 Fréchet 可微的，并且求出 φ 在 x 处的最速下降方向。

第 3 章

算子半群基础

我们知道，在基本初等函数中，指数函数是最基本的函数，由它可以得到其他基本初等函数，比如根据 Euler 公式可以得到三角函数. 我们考虑实的指数函数 e^{At}，其中 A 为非零常数，可以从三方面来刻画它：

(1) 可以用无穷级数来表示：

$$e^{At}=\sum_{n=0}^{\infty}\frac{(At)^n}{n!}=1+At+\frac{(At)^2}{2!}+\cdots+\frac{(At)^n}{n!}+\cdots;$$

(2) 将其视为初值问题

$$\frac{dx}{dt}=Ax, \quad x(0)=1$$

的解 $x(t)$；

(3) 它为满足下列条件的函数 $x(t)$：$x(t)$在$\mathbb{R}$上有定义且满足

$$x(s+t)=x(s)x(t), \quad x(0)=1, \quad x'(0)=A。$$

研究发现，在一些与方程求解相关问题的研究中，可以将问题转化为关于无穷维空间上算子值函数 $S(t)$的方程

$$S(s+t)=S(s)S(t), \quad s,t\geqslant 0, \quad S(0)=I$$

的求解问题，这类似于上面(3)的情形。自然要问，这样的算子值函数是否具有(1)的指数形式，或构成形如(2)中微分方程的解，等等，关于这些问题的研究便形成了算子半群理论。该理论起源于 E. Hille 对某些特殊半群的研究，后来 K. Yosida 和 E. Hille 分别提出了无穷小生成元的概念，建立了基本的表示定理和无穷小生成元的等价刻画，即 Hille-Yosida 定理。算子半群理论在微分方程、概率论、系统理论以及量子场论等领域获得广泛应用。算子半群又分线性算子半群与非线性算子半群，本章作为线性算子半群理论的基础，将介绍算子半群的概念与基本性质、算子半群无穷小生成元的特征、可微与解析算子半群以及扇形算子与分数幂空间等内容，在第 5 章我们将看到算子半群方法在偏微分方程中的应用。

3.1 算子半群的基本概念与性质

3.1.1 算子半群的概念与性质

设 X 是 Banach 空间，记 $B(X)=B(X,X)$，即 X 到 X 的有界线性算子的全体。

定义 3.1.1 称 X 上的单参数算子族$\{S(t)\}_{t\geqslant 0}\subset B(X)$为线性有界算子半群，若满足

(1) $S(0)=I$,其中 I 为 X 上的恒等算子;

(2) $S(t+\tau)=S(t)S(\tau)$, $\forall t,\tau\geqslant 0$。

简称$\{S(t)\}_{t\geqslant 0}$ 是 X 上的半群。若 $S(t)$还满足

(3) $\lim\limits_{t\to 0}\|S(t)x-x\|_X=0$, $\forall x\in X$,

则称此半群为 X 上的强连续半群,简称 C^0 半群。

(4) 若半群$\{S(t)\}_{t\geqslant 0}$ 满足

$$\lim_{t\to 0^+}\|S(t)-I\|_{B(X)}=0,$$

则称该半群为一致连续半群。

显然,一致连续半群为强连续半群(即 C^0 半群)。有时为了简单,也将$\{S(t)\}_{t\geqslant 0}$ 简记为$\{S(t)\}$。

定义 3.1.2 若 X 上的 C^0 半群$\{S(t)\}_{t\geqslant 0}$ 满足 $\|S(t)\|_{B(X)}\leqslant 1$(简记为 $\|S(t)\|\leqslant 1$),则称其为 C^0 压缩半群。若存在常数 $M>0$ 使 $\|S(t)\|\leqslant M$,则称$\{S(t)\}_{t\geqslant 0}$ 为一致有界半群。

定义 3.1.3 对于 X 上的 C^0 半群$\{S(t)\}_{t\geqslant 0}$,称满足下列条件的线性算子 A 为该 C^0 半群的无穷小生成元:

(1) $D(A)=\left\{u\in X \mid \lim\limits_{t\to 0^+}\dfrac{S(t)u-u}{t}\text{存在}\right\}$;

(2) $Au=\lim\limits_{t\to 0^+}\dfrac{S(t)u-u}{t}$, $\forall u\in D(A)$。

例 1 设 $X=B(C[0,\infty))$,即$[0,\infty)$上有界连续函数的全体构成的空间,定义

$$\|x\|=\sup_{t\geqslant 0}|x(t)|,\ \forall x\in X,$$

则$(X,\|\cdot\|)$为 Banach 空间。在 X 上定义算子族$\{S(t)\}_{t\geqslant 0}$:

$$[S(t)x](s)=x(t+s),\quad t\geqslant 0,\quad s\geqslant 0,\quad \forall x\in X,$$

称 $S(t)$为位移算子,则$\{S(t)\}_{t\geqslant 0}$ 为 X 上的压缩 C^0 半群。

首先,$S(t)$满足定义 3.1.1 的(1)和(2):

(1) $\forall x\in X$, $[S(0)x](s)=x(s)$, $s\geqslant 0$,所以 $S(0)=I$;

(2) $\forall x\in X$ 及 $t,\tau\geqslant 0$,有

$$[S(t)S(\tau)x](s)=[S(t)x(\tau+\cdot)](s)=x(t+\tau+s)=[S(t+\tau)x](s),$$

所以有 $S(t)S(\tau)=S(t+\tau)$。

下面验证强连续条件(3),即

$$\|S(t)x-x\|=\sup_{s\geqslant 0}|x(t+s)-s(s)|\to 0(t\to 0^+)。$$

最后验证 $\|S(t)\|\leqslant 1$。事实上,

$$\|S(t)\|=\sup_{\|x\|=1}\|S(t)x\|=\sup_{\|x\|=1}\sup_{s\geqslant 0}|x(t+s)|$$

$$\leqslant\sup_{\|x\|=1}\sup_{s\geqslant 0}|x(s)|=\sup_{\|x\|=1}\|x\|=1。$$

但该 C^0 半群不是一致连续半群,即定义 3.1.1 的(4)不成立。实际上,$\forall\varepsilon>0$,取 $x_\varepsilon(s)=\sin\dfrac{\pi}{\varepsilon}s$,则 $x_\varepsilon\in X$ 且 $\|x_\varepsilon\|=1$,但

$$\| S(\varepsilon)-I \| \geqslant \| (S(\varepsilon)-I)x_{\varepsilon} \|$$

$$=\sup_{s\geqslant 0}\left|\sin\frac{\pi}{\varepsilon}(s+\varepsilon)-\sin\frac{\pi}{\varepsilon}s\right|=2\sup_{s\geqslant 0}\left|\sin\frac{\pi}{\varepsilon}s\right|=2。$$

下面求$\{S(t)\}_{t\geqslant 0}$的无穷小生成元。因为

$$\lim_{t\to 0^+}\left[\frac{S(t)x-x}{t}\right](s)=\lim_{t\to 0^+}\frac{x(t+s)-x(s)}{t}=x'(s),$$

所以$\{S(t)\}_{t\geqslant 0}$的无穷小生成元 A 满足

$$D(A)=\{x \mid x,x'\in X\},$$

$$(Ax)(s)=x'(s),$$

即$\{S(t)\}_{t\geqslant 0}$的无穷小生成元为导算子,它是一个无界的闭算子。实际上,下节我们可以看到,闭算子是无穷小生成元的共同特征。

3.1.2 C^0 半群的性质

性质 3.1.1 设$\{S(t)\}_{t\geqslant 0}$为 X 上的 C^0 半群,则存在 $\omega\geqslant 0$ 和 $M\geqslant 1$,使得

$$\| S(t) \| \leqslant M\mathrm{e}^{\omega t},\quad \forall\, 0\leqslant t<+\infty。\tag{3.1.1}$$

【证】 首先证明:存在 $\eta>0$ 和 $M\geqslant 1$ 使

$$\| S(t) \| \leqslant M,\quad 0\leqslant t\leqslant \eta \tag{3.1.2}$$

成立。若不然,存在序列 $t_n\to 0^+(n\to\infty)$使得

$$\| S(t_n) \| \geqslant n,$$

由共鸣定理,存在 $x\in X$ 使得 $\| S(t_n)x \|$ 无界,此与 C^0 半群的连续性条件矛盾。

当 $t>\eta$ 时,对上述 $\eta>0$,有 $t=n\eta+\delta,n\in\mathbb{Z}^+,0\leqslant\delta<\eta$ 且 $n<\frac{t}{\eta}$,于是由半群性质及式(3.1.2)有

$$\| S(t) \| = \| S(n\eta+\delta) \| = \| S^n(\eta)S(\delta) \| \leqslant M^{\frac{t}{\eta}}\cdot M,$$

令 $\omega=\eta^{-1}\ln M$,则得式(3.1.1)。

该性质说明,C^0 半群中的算子值函数 $S(t)$是局部有界的,即在$[0,\infty)$的任何有界子集上有界(在算子范数意义下)。

性质 3.1.2 设$\{S(t)\}_{t\geqslant 0}$为 X 上的 C^0 半群,则 $\forall\, x\in X$,$S(t)x$ 对 $t\geqslant 0$ 连续。

【证】 设 $t_1,t_2\geqslant 0$,记 $\alpha=\min\{t_1,t_2\}$,$\beta=|t_1-t_2|$,则有 $\max(t_1,t_2)=\alpha+\beta$。于是

$$\| S(t_1)x-S(t_2)x \| \leqslant \| S(\alpha) \| \, \| S(\beta)x-x \|,$$

当 $t_1\to t_2$ 时 $\beta\to 0^+$,由 $S(t)x$ 在 $t=0$ 的右连续性及 $S(\alpha)$的局部有界性有

$$\| S(t_1)x-S(t_2)x \| \to 0,$$

即 $S(t)x$ 在 t_2 连续,从而 $S(t)x$ 对 $t\geqslant 0$ 连续。

性质 3.1.3 对任意 $A\in B(X)$,级数$\sum\limits_{n=0}^{\infty}\frac{A^n}{n!}$在 $B(X)$ 中收敛,将和记为 e^A,映射

$$S: t\to \mathrm{e}^{tA},\quad \forall\, t\in\mathbb{R}$$

无穷次可微,且成立

(1) $\frac{\mathrm{d}}{\mathrm{d}t}S(t)=AS(t)=S(t)A,\forall\, t\in\mathbb{R}$; (3.1.3)

(2) 若 $A_1, A_2 \in B(X)$ 可换，即 $A_1A_2 = A_2A_1$，则有

$$e^{A_1+A_2} = e^{A_1}e^{A_2}, \tag{3.1.4}$$

从而 $\{S(t)\}_{t\geqslant 0}$ 构成 C^0 类半群，且以 A 为无穷小生成元。

【证】 设 $A\in B(X)$，注意到

$$\left\|\sum_{n=0}^{m}\frac{A^n}{n!}\right\|\leqslant \sum_{n=0}^{m}\frac{\|A\|^n}{n!}\to e^{\|A\|},$$

易知 $\sum\limits_{n=0}^{\infty}\frac{A^n}{n!}$ 在 $B(X)$ 中收敛，所以

$$S(t)=e^{tA}\in B(X)。$$

由于

$$S(0)=e^0=I,$$

$$S(t+\tau)=e^{(t+\tau)A}=e^{tA}e^{\tau A}=S(t)S(\tau),$$

则 $\{S(t)\}_{t\geqslant 0}$ 为有界线性算子半群。又

$$\|S(t)-I\|=\|e^{tA}-I\|\leqslant |t|\|A\|e^{t\|A\|},\quad t\in\mathbb{R}。$$

知 $\{S(t)\}_{t\geqslant 0}$ 是一致连续半群，也是 C^0 类半群。

类似于实的幂级数的方法，易知 $S(t)=e^{tA}$ 关于 t 是无穷次可微的。注意到，存在常数 $c>0$ 使

$$\left\|\frac{S(t)-I}{t}-A\right\|\leqslant c|t|e^{t\|A\|},$$

易知 $S(t)$ 在 $t=0$ 处可导，且结论(3.1.3)成立。

下面验证式(3.1.4)。由于 $A_1A_2=A_2A_1$，所以

$$e^{A_1}e^{A_2}=\sum_{n=0}^{\infty}\frac{A_1^n}{n!}\sum_{n=0}^{\infty}\frac{A_2^n}{n!}=\sum_{n=0}^{\infty}\left(\frac{A_1^0}{0!}\frac{A_2^n}{n!}+\frac{A_1^1}{1!}\frac{A_2^{n-1}}{(n-1)!}+\cdots+\frac{A_1^n}{n!}\frac{A_2^0}{0!}\right),$$

注意 $\frac{1}{k!(n-k)!}=\frac{1}{n!}C_n^k$，所以由二项式定理有

$$e^{A_1}e^{A_2}=\sum_{n=0}^{\infty}\frac{(A_1+A_2)^n}{n!}=e^{A_1+A_2}。$$

定理 3.1.1 设 A 是 X 上 C^0 类半群 $\{S(t)\}_{t\geqslant 0}$ 的无穷小生成元，则有

(1) 对 $u\in X, t\geqslant 0$，有

$$\lim_{h\to 0}\frac{1}{h}\int_t^{t+h}S(\tau)u\,d\tau=S(t)u。\tag{3.1.5}$$

(2) 对 $u\in X, t\geqslant 0$，有 $\int_0^t S(\tau)u\,d\tau\in D(A)$，且

$$A\left(\int_0^t S(\tau)u\,d\tau\right)=S(t)u-u。\tag{3.1.6}$$

(3) 对 $u\in D(A), t\geqslant 0$，有 $S(t)u\in D(A)$，且

$$\frac{d}{dt}(S(t)u)=AS(t)u=S(t)Au。\tag{3.1.7}$$

(4) 对 $u\in D(A), t, r\geqslant 0$，有

$$S(t)u-S(r)u=\int_r^t S(\tau)Au\,d\tau=\int_r^t AS(\tau)u\,d\tau。\tag{3.1.8}$$

【证】 (1)由性质 3.1.2 知 $S(t)x$ 对 $t\geqslant 0$ 连续，所以 $\forall \varepsilon>0$，存在 $\delta>0$，当 $|\tau-t|<\delta$ 时，有

$$\| S(\tau)u-S(t)u \| <\varepsilon,$$

于是，当 $|h|<\delta$ 时，有

$$\left\|\frac{1}{h}\int_t^{t+h} S(\tau)u\,\mathrm{d}\tau-S(t)u\right\|\leqslant\left|\frac{1}{h}\int_t^{t+h}\| S(\tau)u-S(t)u \|\,\mathrm{d}\tau\right|<\varepsilon,$$

由此得式(3.1.5)。

(2) 因为

$$\begin{aligned}\frac{S(h)-I}{h}\int_0^t S(\tau)u\,\mathrm{d}\tau&=\frac{1}{h}\int_0^t S(h)S(\tau)u\,\mathrm{d}\tau-\frac{1}{h}\int_0^t S(\tau)u\,\mathrm{d}\tau\\&=\frac{1}{h}\int_t^{t+h} S(\tau)u\,\mathrm{d}\tau-\frac{1}{h}\int_0^h S(\tau)u\,\mathrm{d}\tau,\end{aligned}$$

由式(3.1.5)便得式(3.1.6)。

(3) 设 $u\in D(A)$，$h>0$，当 $t\geqslant 0$ 时，有

$$\frac{S(t+h)u-S(t)u}{h}=\frac{S(h)-I}{h}S(t)u=S(t)\,\frac{S(h)u-u}{h}。$$

令 $h\to 0^+$，有 $S(t)u\in D(A)$，且

$$\frac{\mathrm{d}^+}{\mathrm{d}t}(S(t)u)=AS(t)u=S(t)Au,\quad t\geqslant 0。$$

再考虑左导数。对 $u\in D(A)$，$h>0$，$t>0$，由于

$$\begin{aligned}&\left\|\frac{S(t)-S(t-h)}{h}u-S(t)Au\right\|\\&=\left\|S(t-h)\left[\frac{S(h)u-u}{h}u-Au\right]+S(t-u)Au-S(t)Au\right\|\\&\leqslant M\left\|\frac{S(h)u-u}{h}-Au\right\|+\| S(t-h)Au-S(t)Au \|\to 0(h\to 0^+),\end{aligned}$$

于是有

$$\frac{\mathrm{d}^-}{\mathrm{d}t}(S(t)u)=S(t)Au=AS(t)u,$$

综合左、右导数的结论便得式(3.1.7)。

(4) 对式(3.1.7)从 r 到 t 积分，由 Newton-Leibniz 公式便得式(3.1.8)。

定理 3.1.2 设 A 是 X 上 C^0 类半群 $\{S(t)\}_{t\geqslant 0}$ 的无穷小生成元，则 $D(A)$ 在 X 中稠密，且 A 是闭算子(称 A 为稠定的闭算子或闭稠定算子)。

【证】 对任意 $u\in X$，令

$$w(t)=\frac{1}{t}\int_0^t S(\tau)u\,\mathrm{d}\tau,\quad \forall t\geqslant 0,$$

由定理 3.1.1(2)，有 $w(t)\in D(A)$ ($\forall t\geqslant 0$)，再由式(3.1.5)知 $w(t)\to u(t\to 0^+)$，因此 $D(A)$ 在 X 中稠密。

设 $u_n\in D(A)$，使得

$$u_n\to u \text{ 且 } Au_n\to w(n\to\infty)。$$

由定理 3.1.1(4)，有

$$S(t)u_n - u_n = \int_0^t S(\tau)Au_n \mathrm{d}\tau,$$

令 $n\to\infty$，便得

$$S(t)u - u = \int_0^t S(\tau)w\mathrm{d}\tau,$$

在两端除以 $t>0$，再利用式(3.1.5)，令 $t\to 0^+$ 知 $u\in D(A)$，且 $Au=w$，故 A 是闭算子。

性质 3.1.4 设 A 和 B 分别为 C^0 半群 $\{S(t)\}_{t\geqslant 0}$ 和 $\{T(t)\}_{t\geqslant 0}$ 的无穷小生成元，若 $A=B$，则 $S(t)=T(t)$，$\forall t\geqslant 0$。

【证】 设 $A=B$，则 $D(A)=D(B)$。任取 $u\in D(A)=D(B)$，则对任何 $t>0$，由定理 3.1.1(2)知，$S(t)u\in D(A)$ 且 $T(t)u\in D(B)$。由乘法求导法则及式(3.1.7)，有

$$\frac{\mathrm{d}}{\mathrm{d}\tau}[T(t-\tau)S(\tau)u] = -T(t-\tau)BS(\tau)u + T(t-\tau)AS(\tau)u = 0,$$

故

$$\int_0^t \frac{\mathrm{d}}{\mathrm{d}\tau}T(t-\tau)S(\tau)u\mathrm{d}\tau = 0,$$

由 Newton-Leibniz 公式有

$$T(t-\tau)S(\tau)\mid_{\tau=t} = T(t-\tau)S(\tau)\mid_{\tau=0},$$

即

$$S(t)\mid_{D(A)} = T(t)\mid_{D(B)},$$

而 $D(A)=D(B)$ 在 X 中稠密，所以结论成立。

性质 3.1.4 说明 C^0 半群由其无穷小生成元唯一确定。

3.1.3 一致连续半群的等价刻画

由性质 3.1.3 知，由 $B(X)$ 中的有界线性算子可以生成一个一致连续半群，且以该算子为无穷小生成元，实际上反过来也成立，即有下面的定理。

定理 3.1.3 若 $\{S(t)\}_{t\geqslant 0}$ 为 X 上的 C^0 半群，A 为其无穷小生成元，则下面三种说法等价：

(1) $D(A)=X$；

(2) $\lim\limits_{h\to 0^+}\|S(h)-I\|=0$；

(3) $A\in B(X)$ 且 $S(t)=\mathrm{e}^{tA}\ (t\geqslant 0)$。

【证】 (3)⇒(2)。令 $T(t)=\mathrm{e}^{tA}=\sum\limits_{n=0}^{\infty}\frac{(tA)^n}{n!}$，由性质 3.1.3 知 $\{T(t)\}_{t\geqslant 0}$ 为 X 上的一致连续半群，且以 A 为其无穷小生成元，由性质 3.1.4 有 $S(t)=T(t)(t\geqslant 0)$。

(2)⇒(3)。设 $\{S(t)\}_{t\geqslant 0}$ 是一致连续半群，则 $\forall t_1>0$，Bochner 积分 $\int_0^{t_1}S(t)\mathrm{d}t\in B(X)$。由于

$$\lim_{h\to 0^+}\|S(h)-I\|=0,$$

所以，可以取充分小的 $\rho>0$ 使

$$\left\|I-\frac{1}{\rho}\int_0^{\rho}S(t)\mathrm{d}t\right\| \leqslant \frac{1}{\rho}\int_0^{\rho}\|I-S(t)\|\mathrm{d}t < 1,$$

于是

$$\frac{1}{\rho}\int_0^\rho S(t)\mathrm{d}t = I - \left[I - \frac{1}{\rho}\int_0^\rho S(t)\mathrm{d}t\right]$$

可逆，因此$\int_0^\rho S(t)\mathrm{d}t$ 也可逆。由于

$$\begin{aligned}&\frac{1}{h}[S(h)-I]\int_0^\rho S(t)\mathrm{d}t\\ &=\frac{1}{h}\int_\rho^{\rho+h} S(t)\mathrm{d}t - \frac{1}{h}\int_0^h S(t)\mathrm{d}t \to S(\rho)-I\,(h\to 0^+),\end{aligned}$$

所以

$$A=\lim_{h\to 0^+}\frac{S(h)-I}{h}=[S(\rho)-I]\left(\int_0^\rho S(t)\mathrm{d}t\right)^{-1},$$

因此有 $A\in B(X)$。

(1) ⇒(3)。因为 A 为闭算子，当 $D(A)=X$ 时 A 为 X 上的闭算子，由闭图像定理知 $A\in B(X)$。

(3) ⇒(1)显然。

3.2　无穷小生成元的特征

3.2.1　C^0 半群的无穷小生成元的特征

由于无穷小生成元对算子半群研究的重要性，我们自然要问：什么样的算子可以作为一个 C^0 半群的无穷小生成元，下面给出基础性的结果。首先，压缩半群的无穷小生成元的充要条件由下面的 Hille-Yosida 定理给出。

定理 3.2.1(Hille-Yosida)　设 $A: D(A)\subset X\to X$ 为线性算子，则存在一个 X 上的压缩 C^0 半群$\{S(t)\}_{t\geqslant 0}$ 使 A 为其无穷小生成元的充要条件是：

(1) A 是闭算子，且 $D(A)$在 X 中稠密；

(2) $\rho(A)\supset\mathbb{R}^+$，且

$$\|R(\lambda,A)\|\leqslant\frac{1}{\lambda},\quad \forall\lambda>0。\tag{3.2.1}$$

【证】　必要性。设 A 是 C^0 类压缩半群$\{S(t)\}_{t\geqslant 0}$ 的无穷小生成元，则 A 是稠定的闭算子。下面证明(2)。

第一步：$\forall\lambda>0$，取 $u\in X$，定义 $R(\lambda): X\to X$ 为

$$R(\lambda)u=\int_0^{+\infty}\mathrm{e}^{-\lambda t}S(t)u\,\mathrm{d}t=\lim_{a\to+\infty}\int_0^a \mathrm{e}^{-\lambda t}S(t)u\,\mathrm{d}t。$$

易知该积分收敛，从而 $R(\lambda)u\in X$，且

$$\|R(\lambda)u\|\leqslant\int_0^{+\infty}\mathrm{e}^{-\lambda t}\|u\|\,\mathrm{d}t\leqslant\frac{1}{\lambda}\|u\|,\quad\forall\lambda>0,\tag{3.2.2}$$

故 $R(\lambda)\in B(X)$。

第二步：证明 $R(\lambda)=R(\lambda,A)$。首先 $R(\lambda)$是$(\lambda I-A)$的右逆，即在 X 上有

$$(\lambda I-A)R(\lambda)=I。$$

因为由定理 3.1.1(1)有

$$
\begin{aligned}
&\lim_{h\to 0^+}\frac{S(h)-I}{h}R(\lambda)u\\
&=\lim_{h\to 0^+}\frac{1}{h}\int_0^{+\infty}\mathrm{e}^{-\lambda t}[S(t+h)-S(t)]u\,\mathrm{d}t\\
&=\lim_{h\to 0^+}\left[\frac{1}{h}\int_h^{+\infty}\mathrm{e}^{-\lambda t+\lambda h}S(t)u\,\mathrm{d}t-\frac{1}{h}\int_0^{+\infty}\mathrm{e}^{-\lambda t}S(t)u\,\mathrm{d}t\right]\\
&=\lim_{h\to 0^+}\left[\frac{1}{h}(\mathrm{e}^{\lambda h}-1)\int_0^{+\infty}\mathrm{e}^{-\lambda t}S(t)u\,\mathrm{d}t-\frac{1}{h}\mathrm{e}^{\lambda h}\int_0^{h}\mathrm{e}^{-\lambda t}S(t)u\,\mathrm{d}t\right]\\
&=\lambda R(\lambda)u-u,\quad \forall u\in X,
\end{aligned}
$$

即 $R(\lambda)u\in D(A)$,且

$$AR(\lambda)u=\lambda R(\lambda)-u,\quad \forall u\in X。$$

因此 $(\lambda I-A)R(\lambda)=I$ 在 X 上成立。

其次,$\forall u\in D(A)$,由于 A 为闭算子,则 A 与积分可以交换,于是

$$
\begin{aligned}
R(\lambda)Au&=\int_0^{+\infty}\mathrm{e}^{-\lambda t}S(t)Au\,\mathrm{d}t\\
&=\int_0^{+\infty}\mathrm{e}^{-\lambda t}AS(t)u\,\mathrm{d}t\\
&=A\left(\lim_{a\to+\infty}\int_0^{a}\mathrm{e}^{-\lambda t}S(t)u\,\mathrm{d}t\right)\\
&=AR(\lambda)u。
\end{aligned}
$$

于是在 $D(A)$ 上有

$$R(\lambda)Au=\lambda R(\lambda)u-u,$$

或 $R(\lambda)(\lambda I-A)=I$ 在 $D(A)$ 上成立,从而

$$R(\lambda)=R(\lambda,A)$$

成立,由式(3.2.2)有 $\rho(A)\supset\mathbb{R}^+$ 且

$$\|R(\lambda,A)\|=\|R(\lambda)\|\leqslant\frac{1}{\lambda}。$$

充分性。设 A 满足定理 3.2.1 的条件(1)和(2)。任取 $\lambda>0$,则 $\lambda\in\rho(A)$,定义算子 A 的 Yosida 逼近

$$A_\lambda=\lambda AR(\lambda,A)。$$

由于

$$A_\lambda=\lambda[\lambda I-(\lambda I-A)]R(\lambda,A)=\lambda^2R(\lambda,A)-\lambda I,\tag{3.2.3}$$

则有 $A_\lambda\in B(X)$,注意下面我们还要用到等式(3.2.3)。

第一步:证明 $\forall u\in X$,极限 $\lim\limits_{\lambda\to\infty}\mathrm{e}^{tA_\lambda}u$ 存在。由于

$$
\begin{aligned}
&AR(\lambda,A)-R(\lambda,A)A\\
&=R(\lambda,A)[(\lambda I-A)A-A(\lambda I-A)]R(\lambda,A)=0,
\end{aligned}
$$

所以 $AR(\lambda,A)=R(\lambda,A)A$。于是,对任意 $u\in D(A)$,由式(3.2.3)有

$$
\begin{aligned}
\|A_\lambda u-Au\|&=\|\lambda AR(\lambda,A)u-Au\|\\
&=\|\lambda R(\lambda,A)Au-Au\|
\end{aligned}
$$

$$= \| R(\lambda, A)A^2 u \|$$
$$\leqslant \frac{1}{\lambda} \| A^2 u \| \to 0, \quad \lambda \to \infty,$$

即

$$\lim_{\lambda \to \infty} A_\lambda u = Au, \quad \forall u \in D(A)。 \tag{3.2.4}$$

另一方面，由式(3.2.3)和式(3.2.1)，有

$$\| e^{tA_\lambda} \| = \| e^{(t\lambda^2 R(\lambda, A) - t\lambda I)} \| \leqslant e^{-t\lambda} e^{t\lambda^2 \| R(\lambda, A) \|} \leqslant e^{-t\lambda} e^{t\lambda} = 1, \quad \forall t, \lambda > 0。 \tag{3.2.5}$$

于是，对 $\forall \varepsilon > 0$，当 $\lambda, \mu > 0$ 充分大后，由式(3.2.4)和式(3.2.5)有

$$\| e^{tA_\lambda} u - e^{tA_\mu} u \| = \left\| \int_0^1 \frac{d}{ds} [e^{tsA_\lambda} e^{(1-s)tA_\mu}] u \, ds \right\|$$
$$\leqslant t \int_0^1 \| e^{tsA_\lambda} e^{(1-s)tA_\mu} \| \cdot \| A_\lambda u - A_\mu u \| \, ds$$
$$\leqslant t \| A_\lambda u - A_\mu u \| < \varepsilon, \quad \forall u \in D(A)。$$

从而极限 $\lim\limits_{\lambda \to \infty} e^{tA_\lambda} u$ 对任意的 $u \in D(A)$ 存在，且在 t 的一个有界域上对 t 是一致收敛的。又由于 $D(A)$ 在 X 上稠密，所以 $\lim\limits_{\lambda \to \infty} e^{tA_\lambda} u$ 对任意的 $u \in X$ 存在，定义

$$S(t)u = \lim_{\lambda \to \infty} e^{tA_\lambda} u, \quad \forall u \in X,$$

则 $S(t) \in B(X)$。

第二步：证明 $\{S(t)\}$ 是 X 上的 C^0 类压缩半群。首先 $\{S(t)\}$ 是半群。由于极限

$$\lim_{\lambda \to \infty} e^{tA_\lambda} u = S(t)u$$

对 t 的一致收敛性，所以

$$\lim_{t \to 0^+} S(t)u = \lim_{t \to 0^+} \lim_{\lambda \to \infty} e^{tA_\lambda} u = \lim_{\lambda \to \infty} \lim_{t \to 0^+} e^{tA_\lambda} u = u,$$

即 $\{S(t)\}$ 是 C^0 半群。又当 $\lambda > 0$ 充分大时，有

$$\| e^{tA_\lambda} u - S(t)u \| < \varepsilon,$$

于是有

$$\| S(t)u \| = \| e^{tA_\lambda} u \| + \| e^{tA_\lambda} u - S(t)u \| \leqslant \| u \| + \varepsilon,$$

或

$$\| S(t) \| \leqslant 1,$$

即 $\{S(t)\}$ 是压缩的。

第三步：证明 A 是 $\{S(t)\}$ 的无穷小生成元。同样，由极限 $\lim\limits_{\lambda \to \infty} e^{tA_\lambda} u = S(t)u$ 对 t 在有界域上的收敛是一致的，有

$$\lim_{t \to 0^+} \frac{S(t)u - u}{t} = \lim_{t \to 0^+} \frac{1}{t} (\lim_{\lambda \to \infty} e^{tA_\lambda} u - u) = \lim_{t \to 0^+} \frac{1}{t} \left(\lim_{\lambda \to \infty} \int_0^t e^{\tau A_\lambda} A_\lambda u \, d\tau \right)$$
$$= \lim_{t \to 0^+} \frac{1}{t} \int_0^t S(\tau) Au \, d\tau = Au, \quad u \in D(A)。$$

设 B 是 $\{S(t)\}$ 的无穷小生成元，则上面说明 $D(A) \subset D(B)$，下面证明 $D(A) = D(B)$。由

于 $B|_{D(A)}=A$，所以

$$(I-B)D(A)=(I-A)D(A)。$$

由于 $1\in\rho(B)\cap\rho(A)$，对任意 $w\in X$，存在 $u\in X$，使

$$(I-A)u=w。$$

而 $D(A)$ 在 X 中稠密，故存在 $\{u_n\}\subset D(A)$ 使 $u_n\to u(n\to\infty)$。又因 A 是闭算子，可知 $u\in D(A)$，即方程 $(I-A)u=w$ 在 $D(A)$ 中有解，从而

$$X\supseteq(I-A)D(A)\supseteq X。$$

于是

$$(I-A)D(A)=X。$$

类似可证

$$(I-B)D(B)=X。$$

因此

$$(I-B)D(B)=X=(I-A)D(A)=(I-B)D(A),$$

从而 $D(A)=D(B)$。

推论 3.2.1 设 A 是 C^0 类压缩半群 $\{S(t)\}_{t\geqslant 0}$ 的无穷小生成元，A_λ 是 A 的 Yosida 逼近，则

$$\lim_{\lambda\to\infty}\mathrm{e}^{tA_\lambda}u=S(t)u,\quad \forall u\in X。$$

【证】 由定理 3.2.1 及性质 3.1.4 即得。

下面给出非压缩半群生成元的充要条件。

定理 3.2.2 存在 X 上的 C^0 半群 $\{S(t)\}_{t\geqslant 0}$ 满足条件

$$\|S(t)\|\leqslant \mathrm{e}^{\omega t},$$

其中 $\omega\geqslant 0$，使 A 为 $\{S(t)\}_{t\geqslant 0}$ 的无穷小生成元，当且仅当

(1) A 是闭稠定的；

(2) $\rho(A)\supset\{\lambda\,|\,\mathrm{Im}\lambda=0,\lambda>\omega\}$，且对如此 λ 有

$$\|R(\lambda,A)\|<(\lambda-\omega)^{-1}。\tag{3.2.6}$$

【证】 设 $T(t)=\mathrm{e}^{-\omega t}S(t)$，$\forall t\geqslant 0$。则

$$\|T(t)\|\leqslant \mathrm{e}^{-\omega t}\|S(t)\|\leqslant 1,$$

故 $\{T(t)\}$ 为 C^0 压缩半群。

必要性。若 A 是 $\{S(t)\}_{t\geqslant 0}$ 的无穷小生成元，则 $A-\omega I$ 是 $T(t)$ 的无穷小生成元。事实上

$$(A-\omega I)u=\lim_{t\to 0^+}\frac{[S(t)-\omega I]u-u}{t}=\lim_{t\to 0^+}\frac{T(t)u-u}{t},$$

对 $A-\omega I$ 和 $T(t)$ 利用定理 3.2.1，可验证 A 满足定理条件(1)和(2)。

充分性。可以验证 $A-\omega I$ 满足定理 3.2.1 的条件，于是存在压缩 C^0 半群 $\{T(t)\}_{t\geqslant 0}$ 使 $A-\omega I$ 为其无穷小生成元，记 $S(t)=\mathrm{e}^{\omega t}T(t)$，则 A 是 $\{S(t)\}$ 的无穷小生成元。事实上，

$$\lim_{t\to 0^+}\frac{S(t)u-u}{t}=\lim_{t\to 0^+}\frac{\mathrm{e}^{\omega t}T(t)u-u}{t}$$

$$=\lim_{t\to 0^+}\left[\frac{\mathrm{e}^{\omega t}-1}{t}T(t)u+\frac{T(t)u-u}{t}\right]$$

$$=\omega u+Au-\omega u=Au,$$

并且 $\|S(t)\|\leqslant e^{\omega t}\|T(t)\|\leqslant e^{\omega t}$,故充分性获证。

定理 3.2.3 线性算子 A 为 X 为 C^0 半群 $\{S(t)\}_{t\geqslant 0}$ 的无穷小生成元,当且仅当

(1) A 闭且 $\overline{D(A)}=X$;

(2) 对任何 $\lambda>\omega$,有 $\lambda\in\rho(A)$,且

$$\|(\lambda I-A)^{-n}\|\leqslant M(\lambda-\omega)^{-n},\quad n=1,2,\cdots, \tag{3.2.7}$$

其中 $M,\omega>0$ 由 $\|S(t)\|\leqslant Me^{\omega t}$ 决定。

【证】 下面只证必要性的条件(2)。

设算子 A 是 C^0 半群 $\{S(t)\}_{t\geqslant 0}$ 的无穷小生成元。定义

$$R(\lambda)u=\int_0^\infty e^{-t\lambda}S(t)u\,dt,\quad \forall u\in X。 \tag{3.2.8}$$

由性质 3.1.1 有

$$\|e^{-t\lambda}S(t)\|\leqslant Me^{-(\lambda-\omega)t},$$

因此,当 $\lambda>\omega$ 时,由式(3.2.8)给出的 $R(\lambda)$: $X\to X$ 有定义,类似定理 3.2.1 的证明,有

$$(\lambda I-A)R(\lambda)u=I,\quad \forall u\in X,$$
$$R(\lambda)(\lambda I-A)u=I,\quad \forall u\in D(A),$$

因此有

$$R(\lambda,A)=(\lambda I-A)^{-1}=R(\lambda)。$$

由于

$$\frac{d}{d\lambda}R(\lambda,A)u=\frac{d}{d\lambda}R(\lambda)u=-\int_0^\infty te^{-\lambda t}S(t)u\,dt。$$

归纳可得

$$\frac{d^n}{d\lambda^n}R(\lambda,A)u=(-1)^n\int_0^\infty t^n e^{-\lambda t}S(t)u\,dt。$$

另一方面,由

$$R(\lambda,A)-R(\mu,A)=(\mu-\lambda)R(\lambda,A)R(\mu,A)。$$

计算得

$$\frac{d}{d\lambda}R(\lambda,A)=\lim_{\mu\to\lambda}\frac{R(\lambda,A)-R(\mu,A)}{\lambda-\mu}=-R(\lambda,A)^2。$$

归纳可得

$$\frac{d^n}{d\lambda^n}R(\lambda,A)=(-1)^nR(\lambda,A)^{n+1}。$$

于是

$$R(\lambda,A)^nu=\frac{1}{(n-1)!}\int_0^\infty t^{n-1}e^{-\lambda t}S(t)u\,dt,$$

因此有

$$\|R(\lambda,A)^nu\|\leqslant\frac{M}{(n-1)!}\int_0^\infty t^{n-1}e^{(\omega-\lambda)t}\|u\|\,dt\leqslant M\frac{\|u\|}{(\lambda-\omega)^n}。$$

从而有式(3.2.7)。

对于一般 C^0 半群 $\{S(t)\}_{t\geqslant 0}$,存在常数 $M>0$ 和 α,使

$$\| S(t) \| \leqslant M e^{-\alpha t}。$$

设 $S(t)$ 的无穷小生成元为 A，令 $T(t)=e^{\alpha t}S(t)$，则

$$\| T(t) \| \leqslant M, \quad \forall t \geqslant 0。$$

即 $T(t)$ 是一致有界的 C^0 半群，其无穷小生成元为 $B=A+\alpha I$，且当 $\lambda \in \rho(A)$ 时，$\lambda+\alpha \in \rho(B)$。

另外，若 $\{S(t)\}_{t\geqslant 0}$ 为 X 上的 C^0 半群，且满足 $\| S(t) \| \leqslant M e^{\omega t}$。对于复数 λ：$\mathrm{Re}\lambda > \omega$，同样可以定义

$$R(\lambda)u=\int_0^{\infty} e^{-\lambda t}S(t)u\,dt,$$

则该积分收敛，且 $R(\lambda)=R(\lambda,A)$，于是有 $\lambda \in \rho(A)$ 且有

$$\| R(\lambda,A) \| = \| R(\lambda) \| \leqslant \frac{M}{\mathrm{Re}\lambda-\omega}。$$

因此，定理 3.2.3 可以改写成如下定理。

定理 3.2.4 线性算子 A 为 X 为 C^0 半群 $\{S(t)\}_{t\geqslant 0}$ 的无穷小生成元，当且仅当

(1) A 闭且 $\overline{D(A)}=X$；

(2) 对任何 λ：$\mathrm{Re}\lambda>\omega$，有 $\lambda \in \rho(A)$，且

$$\| R(\lambda,A)^n \| \leqslant M(\mathrm{Re}\lambda-\omega)^{-n}, \quad n=1,2,\cdots,$$

其中 $M,\omega>0$ 由 $\| S(t) \| \leqslant M e^{\omega t}$ 决定。

下面考虑无穷小生成元的扰动问题，如何保证扰动以后仍然构成一个半群的无穷小生成元，我们有下面的结果。

定理 3.2.5 设 A 为 X 上的 C^0 半群 $\{S(t)\}_{t\geqslant 0}$ 的无穷小生成元，则对任何 $B \in B(X)$，$A+B$ 仍然是某个 C^0 半群 $\{T(t)\}_{t\geqslant 0}$ 的无穷小生成元，并且该半群由下式给出：

$$T(t)=\sum_{n=0}^{\infty} T_n(t), \tag{3.2.9}$$

其中 $T_0(t)=S(t)$，

$$T_n(t)u=\int_0^t S(t-\tau)BT_{n-1}(\tau)\,d\tau, \quad n=1,2,\cdots。$$

【证】 对 C^0 半群 $\{S(t)\}_{t\geqslant 0}$，由性质 3.1.1 有 $\| S(t) \| \leqslant M e^{\omega t}$，其中 $M\geqslant 1,\omega>0$ 为常数。于是有

$$\| T_0(t) \| = \| S(t) \| \leqslant M e^{\omega t},$$

$$\| T_1(t) \| = \left\| \int_0^t S(t-\tau)BT_0(\tau)\,d\tau \right\| \leqslant \int_0^t M e^{\omega(t-\tau)} \| B \| M e^{\omega\tau}\,dt = \| B \| M^2 e^{\omega\tau},$$

$$\| T_2(t) \| = \left\| \int_0^t S(t-\tau)BT_1(\tau)\,d\tau \right\| \leqslant \int_0^t M e^{\omega(t-\tau)} \| B \| \cdot \| B \| M^2 \tau e^{\omega\tau}\,d\tau$$

$$=\frac{(M\| B \| t)^2}{2} M e^{\omega t}。$$

一般地，有

$$\| T_n(t) \| \leqslant \frac{(M\| B \| t)^n}{n!} M e^{\omega\tau} (n=1,2,\cdots)。$$

因此

$$\| T(t) \| \leqslant \sum_{n=0}^{\infty} \frac{(M \| B \| t)^n}{n!} M e^{\omega\tau} = M e^{(\omega+M\|B\|)t}, \tag{3.2.10}$$

因此式(3.2.9)中的级数对于 t 的任何有界区间是一致收敛的，$T(t) \in B(X)$。

下面证明由式(3.2.9)所定义的 $\{T(t)\}_{t\geqslant 0}$ 为 X 上的 C^0 半群。对于 $\forall u \in X$，由于式(3.2.9)中的级数对于 t 的任何有界区间一致收敛，所以

$$\begin{aligned} T(t)u &= S(t)u + \sum_{n=1}^{\infty} T_n(t)u \\ &= S(t)u + \sum_{n=1}^{\infty} \int_0^t S(t-\tau) B T_{n-1}(\tau) u \mathrm{d}\tau \\ &= S(t)u + \int_0^t S(t-\tau) B \sum_{n=1}^{\infty} T_{n-1}(\tau) u \mathrm{d}\tau \\ &= S(t)u + \int_0^t S(t-\tau) B T(\tau) u \mathrm{d}\tau。 \end{aligned} \tag{3.2.11}$$

于是，对任意的 $t_1 \geqslant 0, t_2 \geqslant 0$，并利用 $\{S(t)\}_{t\geqslant 0}$ 的半群性质，有

$$\begin{aligned} & T(t_1+t_2)u - T(t_1)T(t_2)u \\ =& S(t_1+t_2)u + \int_0^{t_1+t_2} S(t_1+t_2-\tau) B T(\tau) \mathrm{d}\tau - \\ & S(t_1)[T(t_2)u] + \int_0^{t_1} S(t_1-\tau) B T(\tau) [T(t_2)u] \mathrm{d}\tau \\ =& S(t_1+t_2)u + \int_0^{t_1+t_2} S(t_1+t_2-\tau) B T(\tau) \mathrm{d}\tau - \\ & S(t_1)\left[S(t_2)u + \int_0^{t_2} S(t_2-\tau) B T(\tau) u \mathrm{d}\tau\right] - \int_0^{t_1} S(t_1-\tau) B T(\tau) [T(t_2)u] \mathrm{d}\tau \\ =& \int_{t_2}^{t_1+t_2} S(t_1+t_2-\tau) B T(\tau) \mathrm{d}\tau - \int_0^{t_1} S(t_1-\tau) B T(\tau) [T(t_2)u] \mathrm{d}\tau \\ =& \int_0^{t_1} S(t_1-\tau) B [T(\tau+t_2) - T(\tau)T(t_2)] u \mathrm{d}\tau。 \end{aligned}$$

于是有

$$\| T(t_1+t_2)u - T(t_1)T(t_2)u \| \leqslant M \| B \| \int_0^{t_1} e^{\omega(t_1-\tau)} \| T(\tau+t_2)u - T(\tau)T(t_2)u \| \mathrm{d}\tau,$$

根据 Gronwall 不等式便得

$$T(t_1+t_2)u = T(t_1)T(t_2)u, \quad \forall u \in X。$$

由 $T(0)u = S(0) = I$，所以 $\{T(t)\}_{t\geqslant 0}$ 为半群。下面验证强连续性，由式(3.2.11)有

$$T(t)u - u = S(t)u - u + \int_0^t S(t-\tau) B T(\tau) u \mathrm{d}\tau,$$

由 $\{S(t)\}_{t\geqslant 0}$ 的强连续性有 $\| S(t)u - u \| \to 0 (t \to 0^+)$，又由式(3.2.10)有

$$\begin{aligned} \left\| \int_0^t S(t-\tau) B T(\tau) u \mathrm{d}\tau \right\| &\leqslant \int_0^t e^{\omega(t-\tau)} \| B \| M e^{(\omega+M\|B\|)\tau} \| u \| \mathrm{d}\tau \\ &= M e^{\omega t} (e^{M\|B\|t} - 1) \| u \| \to 0 (t \to 0^+), \end{aligned}$$

因此有

$$\| T(t)u - u \| \to 0 (t \to 0^+)。$$

最后，验证$\{T(t)\}_{t\geqslant 0}$的无穷小生成元为$A+B$。实际上，$D(A+B)=D(A)$显然，且当$u\in D(A)$时，由式(2.2.10)有

$$\frac{T(t)u-u}{t}=\frac{S(t)u-u}{t}+\frac{1}{t}\int_0^t S(t-\tau)BT(\tau)u\mathrm{d}\tau\rightarrow(A+B)u(t\rightarrow 0^+)。$$

综上所述，便完成定理3.2.5的证明。

3.2.2 耗散算子与压缩C^0半群

所谓耗散是一种自然现象，是指系统远离平衡区域时所产生的一种现象，耗散算子可以用来描述这种现象，它是动力系统中的重要概念。

定义3.2.1 设$A:D(A)\subset X\rightarrow X$为线性算子，若对$\forall x\in D(A)$，均存在$x^*\in X^*$满足如下条件：

(1) $(x^*,x)=\|x\|^2=\|x^*\|^2$；

(2) $\mathrm{Re}(x^*,Ax)\leqslant 0$，

则称A为耗散算子。

下面的定理给出了耗散算子的一种等价刻画。

定理3.2.6 线性算子A为耗散算子的充要条件是：$\forall x\in D(A)$及$\lambda>0$，有

$$\|\lambda x-Ax\|\geqslant\lambda\|x\|。\tag{3.2.12}$$

【证】 必要性。设A为耗散算子，则由定义，对$\forall x\in D(A)$，存在$x^*\in X^*$，对$\lambda>0$，有

$$\begin{aligned}\|\lambda x-Ax\|\,\|x\|&=\|\lambda x-Ax\|\,\|x^*\|\\&\geqslant|(x^*,(\lambda I-A)x)|\\&\geqslant\mathrm{Re}(x^*,(\lambda I-A)x)\\&=\lambda\mathrm{Re}(x^*x)-\mathrm{Re}(x^*,Ax)\\&\geqslant\lambda\mathrm{Re}(x^*x)=\lambda\|x\|^2,\end{aligned}$$

所以有式(3.2.12)成立。

充分性。需要用到X^*上单位球的弱$*$紧性，证明从略。

推论3.2.2 设X是Riesz空间，则线性算子A为耗散算子的充要条件是：

$$\mathrm{Re}(x,Ax)\leqslant 0,\quad\forall x\in D(A)。\tag{3.2.13}$$

【证】 充分性。若式(3.2.13)成立，即

$$(x,Ax)+(Ax,x)\leqslant 0,$$

它等价于

$$(\lambda x-A,\lambda x-A)\geqslant(\lambda x,\lambda x),\tag{3.2.14}$$

此即为式(3.2.12)。

必要性。若A为耗散算子，则$\forall x\in D(A)$有式(3.2.12)成立，即有式(3.2.14)成立，等价于

$$\lambda[(Ax,x)+(x,Ax)]\leqslant(Ax,Ax)。\tag{3.2.15}$$

若存在$x_0\in D(A)$使得$\mathrm{Re}(x_0,Ax_0)>0$，取

$$\lambda=\frac{(Ax_0,Ax_0)}{(Ax_0,x_0)+(x_0,Ax_0)}+1,$$

则$\lambda>0$,将其代入式(3.2.15)可得$\mathrm{Re}(x_0,Ax_0)\leqslant 0$,与假设矛盾。因此,$\forall x\in D(A)$有式(3.2.12)成立。

引理 3.2.1 设$A:D(A)\subset X\to X$为闭线性算子,则$\forall\lambda_0\in\rho(A)$,有

$$B(\lambda_0)=\left\{\lambda\mid\lambda\in\mathbb{C},\ |\lambda-\lambda_0|<\frac{1}{\|R(\lambda_0,A)\|}\right\}\subset\rho(A)。\tag{3.2.16}$$

【证】 因为A为闭算子且$\lambda\in B(\lambda_0)$时,有$R(\lambda_0,A)\in B(X)$,且由定理1.4.2的证明,当$|\lambda-\lambda_0|\,\|R(\lambda_0,A)\|<1$,即$|\lambda-\lambda_0|<\dfrac{1}{\|R(\lambda_0,A)\|}$时,有$\lambda\in\rho(A)$,且

$$R(\lambda,A)=R(\lambda_0,A)\left[I+\sum_{n=1}^{\infty}(\lambda_0-\lambda)^nR(\lambda_0,A)^n\right]^{-1}。\tag{3.2.17}$$

由式(3.2.17)及引理1.4.1还有下面的估计

$$\|R(\lambda,A)\|\leqslant\frac{\|R(\lambda_0,A)\|}{1-|\lambda_0-\lambda|\,\|R(\lambda_0,A)\|}。$$

定理 3.2.7(Lumer-Phillips定理) 设$A:D(A)\subset X\to X$为线性算子,则A为X上的压缩C^0半群的充要条件为

(1) A是稠定的闭算子;

(2) A为耗散算子,并且对某个$\lambda_0>0$,有$R(\lambda_0I-A)=X$,即$\lambda_0I-A:D(A)\to X$为满射。

【证】 充分性。若A为耗散算子,且对某个$\lambda_0>0$有$R(\lambda_0I-A)=X$,则由式(3.2.12)知,$\lambda_0I-A:D(A)\to X$为双射,从而$(\lambda_0I-A)^{-1}:X\to D(A)$存在,且$\forall y\in X$,令

$$x=(\lambda_0I-A)^{-1}y,$$

代入式(3.2.12)得

$$\|y\|\geqslant\lambda_0\|(\lambda_0I-A)^{-1}y\|,\quad 或\ \|(\lambda_0I-A)^{-1}y\|\leqslant\frac{1}{\lambda_0}\|y\|,$$

因此有$\lambda_0\in\rho(A)$,且$\|R(\lambda_0,A)\|\leqslant\dfrac{1}{\lambda_0}$。由引理3.2.1,当$|\lambda-\lambda_0|<\|R(\lambda_0,A)\|^{-1}$时有$\lambda\in\rho(A)$;而$\lambda_0\leqslant\|R(\lambda_0,A)\|^{-1}$,所以,当$|\lambda-\lambda_0|<\lambda_0$时$\lambda\in\rho(A)$。因此,当$0<\lambda<2\lambda_0$时$\lambda\in\rho(A)$,且由式(3.2.9)知

$$\|R(\lambda,A)\|\leqslant\frac{1}{\lambda}。$$

再取$\lambda_1:\lambda_0<\lambda_1<2\lambda_0$,则可以得到$\lambda$的更大范围,将该过程沿$\mathbb{R}^+$向右延拓,便得到$\forall\lambda>0$,有$\lambda\in\rho(A)$且有式(3.2.1)成立。

必要性。若A为X上压缩C^0类半群$\{S(t)\}_{t\geqslant 0}$的无穷小生成元,则A是闭稠定的,由定理3.2.1,$\rho(A)\supset\mathbb{R}^+$,且$\forall\lambda>0$,$R(\lambda I-A)=X$。

再验证A为耗散算子。$x\in D(A)$,由Hahn-Banach定理,存在$x^*\in X^*$使得

$$(x^*,x)=\|x\|^2=\|x^*\|^2,$$

从而

$$|(x^*,S(t)x)|\leqslant\|S(t)\|\,\|x^*\|\leqslant\|x\|^2,$$

因此,由于$\{S(t)\}_{t\geqslant 0}$是压缩的,所以有

$$\begin{aligned}\operatorname{Re}(x^*,S(t)x-x)&=\operatorname{Re}(x^*,S(t)x)-\operatorname{Re}(x^*,x)\\&=\operatorname{Re}(x^*,S(t)x)-\|x\|^2\\&\leqslant|(x^*,S(t)x)|-\|x\|^2\leqslant 0\end{aligned}$$

由此得

$$\operatorname{Re}\left(x^*,\frac{S(t)x-x}{t}\right)\leqslant 0(t>0),$$

令 $t\to 0^+$ 便得 $\operatorname{Re}(x^*,Ax)\leqslant 0$,从而 A 是耗散算子。

3.2.3 应用

前面我们看到,由平移算子生成的 C^0 半群的无穷小生成元是导算子,下面我们考虑相反的问题,即由导算子所确定的半群的形式如何。这里除了要用到 Hille-Yosida 定理,还需要 Fourier 变换的工具,下面对此做个简单介绍。

函数 $f:\mathbb{R}\to\mathbb{R}$ 的 Fourier 变换定义为

$$\mathcal{F}[f(x)]=\hat{f}(\omega)=\int_{-\infty}^{\infty}f(x)\mathrm{e}^{-\mathrm{i}\omega x}\mathrm{d}x,$$

逆变换为

$$\mathcal{F}^{-1}[f(\omega)]=\int_{-\infty}^{\infty}f(\omega)\mathrm{e}^{\mathrm{i}\omega x}\mathrm{d}\omega。$$

若 $f:\mathbb{R}\to\mathbb{R}$ 连续且分段光滑,并且在$\mathbb{R}$上绝对可积,则其 Fourier 变换存在,且成立如下反演公式:

$$f(x)=\mathcal{F}^{-1}[\hat{f}(\omega)]=\frac{1}{2\pi}\int_{-\infty}^{\infty}\hat{f}(\omega)\mathrm{e}^{\mathrm{i}\omega x}\mathrm{d}\omega。$$

另外,罗列几条下面要用到的 Fourier 变换的性质:

(1) $\mathcal{F}(af+bg)=a\,\mathcal{F}(f)+b\,\mathcal{F}(g)$;(线性运算性质)

(2) $\mathcal{F}[f(x-x_0)]=\mathrm{e}^{\mathrm{i}x_0\omega}\hat{f}(\omega)$;(位移性质)

(3) $\int_{-\infty}^{\infty}|f(x)|^2\mathrm{d}x=\frac{1}{2\pi}\int_{-\infty}^{\infty}|\hat{f}(\omega)|^2\mathrm{d}\omega$。(Parseval 恒等式)

例 1 设 $X=L^2[0,\infty)$,按如下方式定义 X 上的算子 A:

$$D(A)=\{x\mid x,x'\in X,x(0)=0\},$$
$$(Ax)(s)=-x'(s),\quad \forall x\in D(A),$$

则 A 为闭稠定算子。

【证】 首先证明 A 为稠定算子,即 $\overline{D(A)}=X$。设 $C_0^{\infty}[0,\infty)$(简记为 C_0^{∞})为$[0,\infty)$上无穷次可微且具有紧支集的函数组成的集合,则 $C_0^{\infty}[0,\infty)$在 X 中稠密. 所以,$\forall\varepsilon>0$ 即 $x\in X$,存在 $f\in C_0^{\infty}$ 使得

$$\|x-f\|_X<\frac{\varepsilon}{2}。\tag{3.2.18}$$

设 f 的紧支集为$[0,b]$,构造函数列:

$$x_n(s)=\begin{cases}\text{光滑连接}(0,0)\text{和}\left(\frac{1}{n},f\left(\frac{1}{n}\right)\right):|x_n(s)|\leqslant\max\limits_{0\leqslant s\leqslant b}, & 0\leqslant s\leqslant\frac{1}{n},\\ f(s), & \frac{1}{n}\leqslant s<b,\\ 0, & b\leqslant s<\infty,\end{cases}$$

则 $x_n\in D(A)(n=1,2,\cdots)$，且由 $x_n(s)$ 的定义可知

$$\begin{aligned}\|x_n-f\|_X^2&=\int_0^{\frac{1}{n}}|x_n(s)-f(s)|^2\mathrm{d}s\\&\leqslant\int_0^{\frac{1}{n}}(|x_n(s)|+|f(s)|)^2\mathrm{d}s\leqslant 4\max_{0\leqslant s\leqslant b}|f(s)|^2\frac{1}{n}。\end{aligned}$$

于是，存在正整数 N，当 $n>N$ 时

$$\|x_n-f\|_X<\frac{\varepsilon}{2}。\tag{3.2.19}$$

由式(3.2.18)和式(3.2.19)有 $\|x_n-x\|_X<\varepsilon$，即有 $\overline{D(A)}=X$。

下面证明 A 为闭算子。首先验证，当 $\lambda>0$ 时，$\lambda I-A: D(A)\to X$ 为双射，且 $(\lambda I-A)^{-1}\in B(X)$。$\forall x\in X$，考虑方程 $(\lambda I-A)y=x$，它等价于初值问题：

$$\lambda y(s)+y'(s)=x(s)(s>0),\quad y(0)=0。\tag{3.2.20}$$

该初值问题存在唯一解

$$y(s)=\mathrm{e}^{-\lambda s}\int_0^s\mathrm{e}^{\lambda\xi}x(\xi)\mathrm{d}\xi=\int_0^s\mathrm{e}^{-\lambda(s-\xi)}x(\xi)\mathrm{d}\xi(s>0)。$$

定义当 $s<0$ 时 $x(s)=0,y(s)=0$。将 $x(s),y(s)$ 的 Fourier 变换分别记为

$$X(\omega)=\mathcal{F}(x(s)),\quad Y(\omega)=\mathcal{F}(y(s))。$$

于是有

$$\begin{aligned}Y(\omega)&=\int_0^\infty\mathrm{e}^{-\mathrm{i}\omega s}y(s)\mathrm{d}s\\&=\int_0^\infty\mathrm{e}^{-\mathrm{i}\omega s}\mathrm{d}s\int_0^s\mathrm{e}^{-\lambda(s-\xi)}x(\xi)\mathrm{d}\xi(\text{交换积分次序})\\&=\int_0^\infty\mathrm{e}^{\lambda\xi}x(\xi)\mathrm{d}\xi\int_\xi^\infty\mathrm{e}^{-(\lambda+\mathrm{i}\omega)s}\mathrm{d}s\\&=\frac{1}{\lambda+\mathrm{i}\omega}\int_0^\infty\mathrm{e}^{\lambda\xi}\mathrm{e}^{-(\lambda+\mathrm{i}\omega)\xi}x(\xi)\mathrm{d}\xi\\&=\frac{1}{\lambda+\mathrm{i}\omega}\int_0^\infty\mathrm{e}^{-\mathrm{i}\omega\xi}x(\xi)\mathrm{d}\xi=\frac{1}{\lambda+\mathrm{i}\omega}X(\omega),\end{aligned}$$

即

$$Y(\omega)=\frac{1}{\lambda+\mathrm{i}\omega}X(\omega)。\tag{3.2.21}$$

于是，由 Parseval 恒等式，有

$$\begin{aligned}\|y\|^2&=\int_0^\infty|y(s)|^2\mathrm{d}s=\frac{1}{2\pi}\int_0^\infty|Y(\omega)|^2\mathrm{d}\omega\\&=\frac{1}{2\pi}\int_0^\infty\frac{1}{\lambda^2+\omega^2}|X(\omega)|^2\mathrm{d}\omega\end{aligned}$$

$$\leqslant \frac{1}{\lambda^2}\frac{1}{2\pi}\int_0^{\infty} |X(\omega)|^2 d\omega = \frac{1}{\lambda^2}\|x\|^2, \tag{3.2.22}$$

所以,对任何 $\lambda>0$,$\lambda I-A: D(A)\to X$ 为双射(等价于问题(3.2.20)的解存在且唯一),且由 $y=(\lambda I-A)^{-1}x$ 及式(3.2.22)有

$$\|(\lambda I-A)^{-1}x\| = \|y\| \leqslant \frac{1}{\lambda}\|x\|。$$

这说明$(\lambda I-A)^{-1}$ 在 X 上有界,即$(\lambda I-A)^{-1}\in B(X)$,且 $\|(\lambda I-A)^{-1}\|\leqslant\frac{1}{\lambda}$。下面验证 A 为闭算子。实际上,设

$$x_n\in D(A),\quad x_n\to x,\quad Ax_n\to y(n\to\infty),$$

则有

$$(\lambda I-A)x_n\to\lambda x-y,$$

再由$(\lambda I-A)^{-1}\in B(X)$有

$$x_n=(\lambda I-A)^{-1}(\lambda I-A)x_n\to(\lambda I-A)^{-1}(\lambda x-y),$$

所以有

$$x=(\lambda I-A)^{-1}(\lambda x-y)\in D(A),$$

且$(\lambda I-A)x=(\lambda x-y)$,即 $Ax=y$。

综上所述,A 为闭稠定的线性算子,且满足 $\rho(A)\supset\mathbb{R}^+$,$\|(\lambda I-A)^{-1}\|\leqslant\frac{1}{\lambda}(\lambda>0)$,因此由 Hille-Yosida 定理知,$A$ 为 X 上某 C^0 半群的无穷小生成元,下面我们求出该 C^0 半群$\{S(t)\}_{t\geqslant 0}$。

由推论 3.2.1,有

$$S(t)x=\lim_{\lambda\to\infty}e^{tA_\lambda}x,$$

所以我们首先求$(e^{tA_\lambda}x)(s)$,依然采用 Fourier 变换的方法。由于$(\lambda I-A)y=x(\lambda>0)$的唯一解可以表示为

$$y=(\lambda I-A)^{-1}x=R(\lambda,A)x,$$

于是,等式(3.2.21)可以写成

$$\mathcal{F}[(R(\lambda,A)x)(s)]=\frac{1}{\lambda+i\omega}X(\omega)=\frac{1}{\lambda+i\omega}\mathcal{F}[x(s)]。$$

由此有

$$\mathcal{F}[(R(\lambda,A)^2x)(s)]=\frac{1}{\lambda+i\omega}\mathcal{F}[(R(\lambda,A)x)(s)]=\frac{1}{(\lambda+i\omega)^2}X(\omega),$$

一般地,有

$$\mathcal{F}[(R(\lambda,A)^nx)(s)]=\frac{1}{(\lambda+i\omega)^n}X(\omega),\quad n=1,2,\cdots。\tag{3.2.23}$$

于是,由式(3.2.3)和式(3.2.23)及 Fourier 变换的线性性有

$$\begin{aligned}\mathcal{F}[(e^{tA_\lambda}x)(s)]&=\mathcal{F}[(e^{-\lambda t}e^{t\lambda^2R(\lambda,A)}x)(s)]\\&=e^{-\lambda t}\mathcal{F}[(e^{t\lambda^2R(\lambda,A)}x)(s)]\end{aligned}$$

$$=\mathrm{e}^{-\lambda t}\mathcal{F}\left[\left(\sum_{n=0}^{\infty}\frac{t^n\lambda^{2n}R(\lambda,A)^n}{n!}x\right)(s)\right]$$

$$=\mathrm{e}^{-\lambda t}\sum_{n=0}^{\infty}\frac{t^n\lambda^{2n}}{n!\ (\lambda+\mathrm{i}\omega)^n}X(\omega)$$

$$=\mathrm{e}^{-\lambda t}\mathrm{e}^{\frac{t\lambda^2}{\lambda+\mathrm{i}\omega}}X(\omega)=\mathrm{e}^{-\frac{\mathrm{i}\omega\lambda t}{\lambda+\mathrm{i}\omega}}X(\omega),$$

于是

$$\mathcal{F}[(S(t)x)(s)]=\lim_{\lambda\to\infty}\mathcal{F}[(\mathrm{e}^{tA_\lambda}x)(s)]$$

$$=\lim_{\lambda\to\infty}\mathrm{e}^{-\frac{\mathrm{i}\omega\lambda t}{\lambda+\mathrm{i}\omega}}X(\omega)=\mathrm{e}^{-\mathrm{i}\omega t}X(\omega)。$$

由 Fourier 变换的反演公式有

$$[S(t)x](s)=\mathcal{F}^{-1}[\mathrm{e}^{-\mathrm{i}\omega t}X(\omega)]$$

$$=\frac{1}{2\pi}\int_{-\infty}^{\infty}\mathrm{e}^{-\mathrm{i}\omega t}X(\omega)\mathrm{e}^{\mathrm{i}s\omega}\,\mathrm{d}\omega=\frac{1}{2\pi}\int_{-\infty}^{\infty}X(\omega)\mathrm{e}^{\mathrm{i}\omega(s-t)}\,\mathrm{d}\omega$$

$$=\begin{cases}x(s-t), & s-t\geqslant 0,\quad t\geqslant 0,\\ 0, & s-t<0,\quad s\geqslant 0\end{cases}$$

$$=\begin{cases}x(s-t), & s\geqslant t\geqslant 0,\\ 0, & 0\leqslant s<t。\end{cases}\tag{3.2.24}$$

与例的方法相同,可以证明式(3.2.24)定义了 X 上的收缩 C^0 半群,且以例 1 所定义的算子 A 为无穷小生成元。这便回答了 3.1 节中例 1 相反的问题。

3.3 解析半群与扇形算子

根据定理 3.1.1,对于 X 上 C^0 的半群 $\{S(t)\}_{t\geqslant 0}$,当 $u\in D(A)$ 时,$S(t)u$ 作为 t 的向量值函数在 $[0,\infty)$ 上是可导的,且导数与该半群的无穷小生成元 A 有着密切的关系。但对于任意 $u\in X$,$S(t)u$ 并不一定在 $[0,\infty)$ 上可导,而这又是研究半群有时所需要的条件,为此对半群增加相应的可微条件,此时的半群会具有更好的性质。

定义 3.3.1 设 $\{S(t)\}_{t\geqslant 0}$ 是 Banach 空间 X 上的 C^0 半群,若对任意的 $u\in X$ 及 $t>0$,向量值函数 $t\mapsto S(t)u$ 可微,即极限

$$\lim_{h\to 0}\frac{S(t+h)u-S(t)u}{h}$$

在 X 范数意义下是存在的,该极限记为 $S'(t)u$,则称半群 $\{S(t)\}_{t\geqslant 0}$ 是可微的 C^0 半群. 简称可微半群。

若极限

$$\lim_{h\to 0}\frac{S(t+h)-S(t)}{h}$$

在 $B(X)$ 的算子范数意义下存在,则称 $S(t)$ 在 $t>0$ 是强可微的,该极限是 $S(t)$ 的导算子,记为 $S'(t)$,其 n 阶导算子记为 $S^{(n)}(t)$。

定理 3.3.1 设 A 是可微半群$\{S(t)\}_{t\geqslant 0}$的无穷小生成元，则 $\forall\, t>0, n\in\mathbb{Z}^+$，成立

(1) 对任意 $u\in X$，$S(t)u$ 无限次可微，$S(t): X\to D(A^n)$，且

$$S^{(n)}(t)=A^nS(t): X\to X$$

是有界线性算子，即 $S^{(n)}(t)\in B(X)$；

(2) $S^{(n-1)}(t)$按算子范数对 $t>0$ 连续；

(3) $S^{(n)}(t)=\left(AS\left(\dfrac{t}{n}\right)\right)^n=\left(S'\left(\dfrac{t}{n}\right)\right)^n$。

【证】 用归纳法证明。当 $n=1$ 时，由定理 3.1.1，$u\in X$ 时有 $S(t)u\in D(A)$，且

$$\frac{\mathrm{d}}{\mathrm{d}t}(S(t)u)=AS(t)u=S(t)Au。$$

又因 $S(t)$有界且 A 为闭算子，所以 $AS(t)$为闭算子，又 $D(AS(t))=X$，因此由闭图像定理，有 $AS(t)\in B(X)$，于是(1)成立。设当 $0\leqslant t<1$ 时，由性质 3.1.1，存在 $M_1>0$ 使得

$$\|S(t)\|\leqslant M_1。$$

于是，对任意的 $0<t_1\leqslant t_2\leqslant t_1+1$，由定理 3.1.1 有

$$\begin{aligned}\|S(t_2)u-S(t_1)u\| &=\left\|\int_{t_1}^{t_2}AS(\tau)u\,\mathrm{d}\tau\right\|\\ &=\left\|\int_{t_1}^{t_2}S(\tau-t_1)AS(t_1)u\,\mathrm{d}\tau\right\|\\ &\leqslant (t_2-t_1)M_1\|AS(t_1)\|\,\|u\|,\end{aligned}$$

即

$$\|S(t_2)-S(t_1)\|\leqslant (t_2-t_1)M_1\|AS(t_1)\|,$$

由此知 $S(t)$按范数关于 $t>0$ 连续，因此(2)成立。当 $n=1$ 时，(3)由定理 3.1.1 即得。

设定理结论对 n 成立，下面证明 $n+1$ 时相应结论也成立。

对于(1)。取 $0<\zeta<t$，由归纳有

$$S(t-\zeta)A^nS(\zeta)u=A^nS(t-\zeta)S(\zeta)u=A^nS(t)u=S^{(n)}(t)u,$$

由定理 3.1.1 有 $S(t-\zeta)A^nS(\zeta)u\in D(A)$，所以 $S^{(n)}(t)u\in D(A)$，且

$$S^{(n+1)}(t)u=AS(t-\zeta)A^nS(\zeta)u=A^{n+1}S(t)u,$$

故

$$S(t): X\to D(A^{n+1}),$$

且 $S^{(n+1)}(t)$是有界线性算子。

对于(2)。设 $0<t_1\leqslant t_2\leqslant t_1+1$，则有

$$\begin{aligned}\|S^{(n)}(t_2)u-S^{(n)}(t_1)u\| &=\|A^n(S(t_2)u-S(t_1)u)\|\\ &=\left\|A^n\int_{t_1}^{t_2}AS(\tau)u\,\mathrm{d}\tau\right\|\\ &=\left\|\int_{t_1}^{t_2}A^{n+1}S(\tau)u\,\mathrm{d}\tau\right\|\\ &=\left\|\int_{t_1}^{t_2}S(\tau-t_1)A^{n+1}S(t_1)u\,\mathrm{d}\tau\right\|\\ &\leqslant (t_2-t_1)M_2\|u\|,\end{aligned}$$

其中$\|S(\tau-t_2)\|\cdot\|A^{n+1}S(t_1)\|\leqslant M_2$，可知 $S^{(n)}(t)$对 $t>0$ 连续。

对于(3)。取 $0<\zeta\leqslant t$，由

$$S^{(n)}(t)=\left(AS\left(\frac{t}{n}\right)\right)^n=\left(S\left(\frac{t-\zeta}{n}\right)AS\left(\frac{\zeta}{n}\right)\right)^n$$
$$=S(t-\zeta)\left(AS\left(\frac{\zeta}{n}\right)\right)^n,$$

得

$$S^{(n+1)}(t)=AS(t-\zeta)\left(AS\left(\frac{\zeta}{n}\right)\right)^n。$$

令 $\zeta=\dfrac{nt}{n+1}$，则知(3)对 $n+1$ 成立。

定理 3.3.2 设$\{S(t)\}_{t\geqslant 0}$ 是 X 上的 C^0 半群，则对于任何 $u\in X$，$S(t)u$ 在$[0,+\infty)$上的可微的充要条件是：$\{S(t)\}_{t\geqslant 0}$ 是 X 上的一致连续半群。

【证】 必要性。若对任何 $u\in X$，$S(t)u$ 在$[0,+\infty)$上的可微，设 A 为其无穷小生成元，则有

$$\lim_{t\to 0^+}\frac{S(t)u-u}{t}=Au,$$

从而 $D(A)=X$，又因 A 为闭算子，由闭图像定理知 $A\in B(X)$，于是由定理 3.1.3，$\{S(t)\}_{t\geqslant 0}$ 为 X 上的一致连续半群。

充分性。若$\{S(t)\}_{t\geqslant 0}$ 是 X 上的一致连续半群，且 A 为其无穷小生成元，同样由定理 3.1.3，$A\in B(X)$且 $S(t)u=\mathrm{e}^{tA}u$，由此知 $S(t)u$ 在$[0,+\infty)$上的可微。

正是因为定理 3.3.2，我们在定义可微半群的时候只要求 $S(t)u$ 在$(0,\infty)$上可导，尽管只是 $t=0$ 处可导性的区别，但半群却有着本质上的不同。

以上我们考虑的半群$\{S(t)\}_{t\geqslant 0}$ 的参数 t 是取非负实数，而作为函数，如果将定义域扩充到复平面上，将会获得更深刻的性质，下面我们研究参数 t 取复数时所对应的半群。

下面设 X 为复的 Banach 空间。在复平面$\mathbb{C}$中，记扇形区域

$$\Delta=\{x\in\mathbb{C}\mid\varphi_1<\arg z<\varphi_2,\varphi_1<0<\varphi_2\}$$

及 Δ 上的算子族

$$\{T(z)\}_{z\in\Delta}\xlongequal{\text{def}}\{T(z)\mid T(z)\in B(X),z\in\Delta\}。$$

定义 3.3.2 称算子族$\{T(z)\}_{z\in\Delta}$ 为Δ 内的解析半群，若

(1) 映射 $z\mapsto T(z)$在 Δ 内解析；

(2) $T(0)=I$ 为恒等算子，且$\lim\limits_{\substack{z\to 0\\ z\in\Delta}}T(z)u=u$，$\forall\, u\in X$；

(3) $T(z_1+z_2)=T(z_1)T(z_2)$，$\forall\, z_1,z_2\in\Delta$ 成立。

定义 3.3.3 X 上的 C^0 半群$\{S(t)\}_{t\geqslant 0}$ 称为实解析半群，若对任意 $u\in X$，映射 $t\mapsto S(t)u$ 在$(0,+\infty)$内是实解析的。

定义在$\mathbb{R}$的某个开区间 I 上的函数 $f(t)$称为实解析的，若 $f(t)$可以在 I 的任何点的某邻域内可以表示成幂级数。

定理 3.3.3 设$\{S(t)\}_{t\geqslant 0}$ 是 X 上一致有界的 C^0 半群，A 为无穷小生成元，且 $0\in\rho(A)$，则下列说法等价：

(1) $\{S(t)\}_{t\geqslant 0}$ 能延拓为扇形 $\Delta_\delta=\{z \mid |\arg z|<\delta\}$ 内的解析半群，且 $\|S(z)\|$ 在每个闭扇形 $\overline{\Delta}_{\delta_1}(\delta_1<\delta)$ 上一致有界；

(2) 存在常数 $c>0$，使得

$$\|R(\sigma+\mathrm{i}\eta,A)\|\leqslant c|\tau|^{-1},\quad \forall\sigma>0,\quad \eta\neq 0;\tag{3.3.1}$$

(3) 存在 $0<\delta<\dfrac{\pi}{2}$ 和 $M>0$，使得

$$\rho(A)\supset\Sigma=\left\{\lambda\in\mathbb{C}\;\middle|\;|\arg\lambda|<\frac{\pi}{2}+\delta,\lambda\neq 0\right\}\cup\{0\},\tag{3.3.2}$$

且

$$\|R(\lambda,A)\|\leqslant M|\lambda|^{-1},\quad \forall\lambda\in\Sigma,\quad \lambda\neq 0。\tag{3.3.3}$$

(4) $\{S(t)\}_{t\geqslant 0}$ 是可微半群，且存在常数 $c>0$，使

$$\|AS(t)\|<ct^{-1},\quad \forall t>0。\tag{3.3.4}$$

【证】 (1)⇒(2)。设 $\sigma>0$，由于半群是一致有界的，类似于定理 3.2.1 的证明过程，可知 $\sigma+\mathrm{i}\eta\in\rho(A)(\forall\eta\in\mathbb{R})$，且

$$R(\sigma+\mathrm{i}\eta,A)u=\int_0^\infty \mathrm{e}^{-(\sigma+\mathrm{i}\eta)t}S(t)u\,\mathrm{d}t\in X。\tag{3.3.5}$$

由于$\{S(z)\}_{z\in\Delta_\delta}$ 是解析半群，且在 Δ_δ 内任一闭子区域上一致有界，考虑原点出发的射线

$$\Gamma:\ z=\rho\mathrm{e}^{\mathrm{i}\varphi},0\leqslant\rho<\infty,\quad |\varphi|\leqslant\delta_1<\frac{\pi}{2},\quad \eta\sin\varphi<0。$$

且当 $z\in\overline{\Delta}_{\delta_1}$ 时 $\|S(z)\|\leqslant M_{\delta_1}$。于是，可以将式(3.3.5)的积分路径更改为 Γ，且有

$$\begin{aligned}\|R(\sigma+\mathrm{i}\eta,A)u\|&=\left\|\int_\Gamma \mathrm{e}^{-(\sigma+\mathrm{i}\eta)t}S(t)u\,\mathrm{d}t\right\|\\&\leqslant M_{\delta_1}\|u\|\int_0^\infty\left|\mathrm{e}^{-(\sigma+\mathrm{i}\delta)\rho(\cos\varphi+\mathrm{i}\sin\varphi)}\right|\mathrm{d}\rho\\&\leqslant M_{\delta_1}\|u\|\int_0^\infty \mathrm{e}^{-\rho(\sigma\cos\varphi-\eta\sin\varphi)}\mathrm{d}\rho\\&=\frac{M_{\delta_1}}{\sigma\cos\varphi-\eta\sin\varphi}\|u\|\leqslant\frac{M_{\delta_1}}{|\sin\varphi|}\frac{1}{|\eta|}\|u\|,\end{aligned}$$

于是得式(3.3.1)。

(2)⇒(3)。由于 A 生成 C^0 半群，由定理 3.2.4 及半群的一致有界性，当 $\mathrm{Re}\lambda>\omega=0$ 时，即 $|\arg\lambda|<\dfrac{\pi}{2}$ 时，有 $\lambda\in\rho(A)$，且对任何 θ：$0<\theta<\dfrac{\pi}{2}$，有式(3.3.3)成立。下面考虑将右半平面 $|\arg\lambda|<\dfrac{\pi}{2}$ 扩充为更大的角形区域

$$\Sigma=\left\{\lambda\in\mathbb{C}\;\middle|\;|\arg\lambda|<\frac{\pi}{2}+\delta,\lambda\neq 0\right\}。$$

首先注意，对 $\rho(A)$ 中给定的复数 $\sigma+\mathrm{i}\eta(\sigma>0)$，如果 λ 满足

$$\|R(\sigma+\mathrm{i}\eta,A)\|\,|\sigma+\mathrm{i}\eta-\lambda|\leqslant k<1,\tag{3.3.6}$$

下面的算子项级数依算子范数收敛，且

$$\sum_{n=0}^\infty R(\sigma+\mathrm{i}\eta,A)^{n+1}(\sigma+\mathrm{i}\eta-\lambda)^n$$

$$=R(\sigma+\mathrm{i}\eta,A)\sum_{n=0}^{\infty}R(\sigma+\mathrm{i}\eta,A)^{n}(\sigma+\mathrm{i}\eta-\lambda)^{n}$$
$$=R(\sigma+\mathrm{i}\eta,A)[I-R(\sigma+\mathrm{i}\eta,A)(\sigma+\mathrm{i}\eta-\lambda)]^{-1}$$
$$=R(\lambda,A),$$

所以 $\lambda\in\rho(A)$ 且

$$R(\lambda,A)=\sum_{n=0}^{\infty}R(\sigma+\mathrm{i}\eta,A)^{n+1}(\sigma+\mathrm{i}\eta-\lambda)^{n}。\tag{3.3.7}$$

取 $\mathrm{Im}\lambda=\eta$, $\sigma+\mathrm{i}\eta-\lambda=\sigma-\mathrm{Re}\lambda$，所以当

$$|\sigma-\mathrm{Re}\lambda|\leqslant\frac{k|\eta|}{c}\tag{3.3.8}$$

时，由式(3.3.1)有

$$\|R(\sigma+\mathrm{i}\eta,A)\||\sigma+\mathrm{i}\eta-\lambda|=\|R(\sigma+\mathrm{i}\eta,A)\||\sigma-\mathrm{Re}\lambda|\leqslant\frac{c}{|\eta|}\frac{k|\eta|}{c}=k<1,$$

因此，当 $\mathrm{Im}\lambda=\eta$ 且式(3.3.8)满足时，有式(3.3.6)成立，从而 $\lambda\in\rho(A)$。由于式(3.3.8)中的 $\sigma>0$ 和 $k\in(0,1)$ 是任意的，因此当 $|\mathrm{Re}\lambda|<\frac{|\eta|}{c}$ 时有 $\lambda\in\rho(A)$。从而，对任意的 $k\in(0,1)$，取 $\theta=\arctan\frac{k}{c}$，则当 $\frac{\pi}{2}\leqslant\arg\lambda<\frac{\pi}{2}+\theta$ 时，有

$$\frac{|\mathrm{Re}\lambda|}{|\mathrm{Im}\lambda|}<\tan\theta=\frac{k}{c},\quad 即\ |\mathrm{Re}\lambda|<\frac{|\eta|}{c}。$$

因此有 $\lambda\in\rho(A)$，即式(3.3.2)成立。又由 $|\mathrm{Re}\lambda|<\frac{|\eta|}{c}$ 及 $\mathrm{Im}\lambda=\eta$ 有

$$|\lambda|^{2}=(\mathrm{Re}\lambda)^{2}+(\mathrm{Im}\lambda)^{2}\leqslant\left(1+\frac{1}{c^{2}}\right)|\mathrm{Im}\lambda|^{2}=\left(1+\frac{1}{c^{2}}\right)|\eta|^{2},$$

即有

$$\frac{1}{|\eta|}\leqslant\frac{\sqrt{1+c^{2}}}{c}\frac{1}{|\lambda|}。\tag{3.3.9}$$

所以由式(3.3.1)和式(3.3.7)及式(3.3.9)有

$$\|R(\lambda,A)\|\leqslant\sum_{n=0}^{\infty}\|R(\sigma+\mathrm{i}\eta,A)\|^{n+1}|\sigma+\mathrm{i}\eta-\lambda|^{n}$$
$$\leqslant\|R(\sigma+\mathrm{i}\eta,A)\|\frac{1}{1-k}\leqslant\frac{\sqrt{1+c^{2}}}{1-k}\frac{1}{|\lambda|}\xlongequal{\text{def}}\frac{M}{|\lambda|},$$

即式(3.3.3)成立。

(3)⇒(4)。这里我们需要一致有界 C^0 半群 $\{S(t)\}_{t\geqslant 0}$ 的如下表示

$$S(t)=\frac{1}{2\pi\mathrm{i}}\int_{\Gamma}\mathrm{e}^{\lambda t}R(\lambda,A)\mathrm{d}\lambda,$$

其中积分路径 $\Gamma=\Gamma_1+\Gamma_2+\Gamma_3$，$\Gamma_j(j=1,2,3)$ 如图3.3.1所示。下面证明 $S(t)$ 在 $(0,\infty)$ 上可微，且

$$S'(t)=\frac{1}{2\pi\mathrm{i}}\int_{\Gamma}\lambda\mathrm{e}^{\lambda t}R(\lambda,A)\mathrm{d}\lambda。\tag{3.3.10}$$

由于 $\cos\theta_1<0$，根据式(3.3.3)我们有如下估计

$$\begin{aligned}
&\left\|\frac{1}{2\pi\mathrm{i}}\int_{\Gamma_1}\lambda\mathrm{e}^{\lambda t}R(\lambda,A)\mathrm{d}\lambda\right\| \\
=&\left\|\frac{1}{2\pi\mathrm{i}}\int_{\frac{1}{t}}^{\infty}\rho\mathrm{e}^{\mathrm{i}\theta_1}\mathrm{e}^{t\rho\mathrm{e}^{\mathrm{i}\theta_1}}R(\rho\mathrm{e}^{\mathrm{i}\theta_1},A)\mathrm{e}^{\mathrm{i}\theta_1}\mathrm{d}\rho\right\| \\
\leqslant&\frac{1}{2\pi}\int_{\frac{1}{t}}^{\infty}\left|\rho\mathrm{e}^{\mathrm{i}\theta_1}\mathrm{e}^{t\rho\mathrm{e}^{\mathrm{i}\theta_1}}\right|\frac{M}{|\rho\mathrm{e}^{\mathrm{i}\theta_1}|}\mathrm{d}\rho \\
=&\frac{M}{2\pi}\int_{\frac{1}{t}}^{\infty}\mathrm{e}^{t\rho\cos\theta_1}\mathrm{d}\rho=-\left(\frac{M\mathrm{e}^{\cos\theta_1}}{2\pi\cos\theta_1}\right)\frac{1}{t}\overset{\text{def}}{=\!=}\frac{M_1}{t}。
\end{aligned}$$

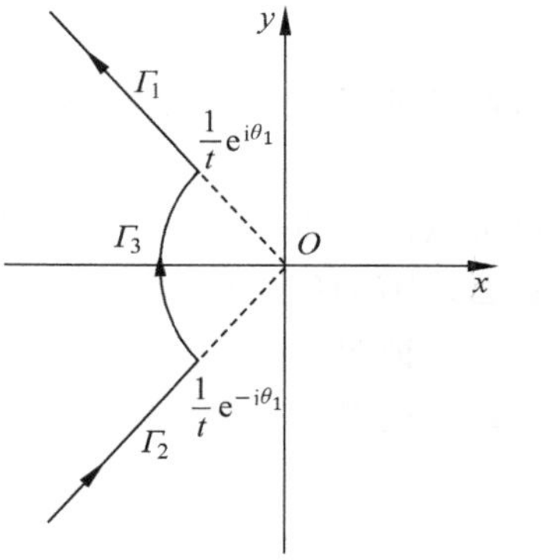

图 3.3.1 积分路径

同理可得到对 Γ_2 和 Γ_3 上的积分，因此有

$$\left\|\frac{1}{2\pi\mathrm{i}}\int_{\Gamma_j}\lambda\mathrm{e}^{\lambda t}R(\lambda,A)\mathrm{d}\lambda\right\|\leqslant\frac{Mj}{t},j=1,2,3,\tag{3.3.11}$$

这说明式(3.3.10)中积分是收敛的，$S(t)$在$(0,\infty)$上可微，且有式(3.3.10)成立。又因为 $S'(t)=AS(t)$，所以由式(3.3.11)得式(3.3.4)。

(4) ⇒(1)。根据定理 3.3.1，有

$$S^{(n)}(t)=\left(AS\left(\frac{t}{n}\right)\right)^n=\left(S'\left(\frac{t}{n}\right)\right)^n,$$

由 e^n 的级数表示知$\frac{n^n}{n!}<\mathrm{e}^n$，于是由式(3.3.4)知，对充分大的 n，有

$$\frac{1}{n!}\|S^{(n)}(t)\|\leqslant\frac{1}{n!}\left\|AS\left(\frac{t}{n}\right)\right\|^n\leqslant\frac{1}{n!}\left(\frac{nc}{t}\right)^n<\left(\frac{ce}{t}\right)^n,$$

因此，当$|t-\lambda|<\frac{t}{c\mathrm{e}}$时，级数

$$T(\lambda)=S(t)+\sum_{n=1}^{\infty}\frac{S^{(n)}(t)}{n!}(\lambda-t)^n$$

收敛，且对每个 $t>0$，和函数 $T(\lambda)$在$|t-\lambda|<\frac{t}{c\mathrm{e}}$内解析。作扇形区域

$$\Delta_\delta=\{\lambda\mid|\arg\lambda|<\delta\}\left(\delta=\arctan\frac{1}{c\mathrm{e}}\right),$$

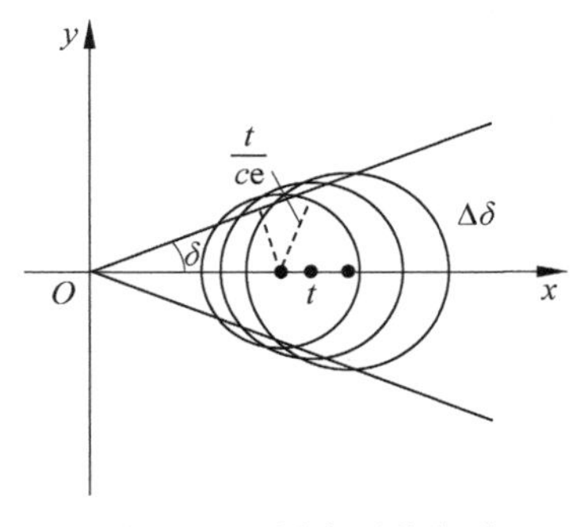

图 3.3.2 圆串覆盖扇形

则所有圆盘$|t-\lambda|<\frac{t}{c\mathrm{e}}(t>0)$将 Δ_δ 覆盖，如图 3.3.2 所示$\left(因为\ t\ 到射线|\arg\lambda|=\delta\ 的距离\ t\sin\delta<t\tan\delta=\frac{t}{c\mathrm{e}}\right)$，所以 $T(\lambda)$在 Δ_δ 内解析。

下面再验证$\{T(\lambda)\}_{\lambda\in\Delta}$ 满足半群性质。首先，当 $\lambda=t\geqslant0$ 时，$T(t)=S(t)$，因此 $T(\lambda)$是 $S(t)$的解析延拓，由唯一性定理，$T(\lambda)$是唯一确定的，且当 $\lambda\in\Delta_\delta$，$\lambda\to t$ 时，有
$\|T(\lambda)u-S(t)u\|=\|T(\lambda)u-T(t)u\|\to0,\quad\forall u\in X$，
所以当 $\lambda\in\Delta_\delta$，$\lambda\to0$ 时，有
$\|T(\lambda)u-u\|\leqslant\|T(\lambda)u-T(t)u\|+\|T(t)u-u\|$

$$= \| T(\lambda)u - S(t)u \| + \| S(t)u - u \| \to 0,$$

这便验证了半群的强连续性。最后，$\forall \lambda,\mu \in \Delta_\delta$ 有

$$T(\lambda + \mu) = T(\lambda)T(\mu),$$

这可以由二项式定理直接验证。因此，$\{T(\lambda)\}_{\lambda \in \Delta}$ 是由 $\{S(t)\}_{t \geqslant 0}$ 延拓得到的解析半群，且在 Δ_δ 中的任何闭扇形中是一致有界的，于是便得到(1)。

在证明 Hille-Yosida 定理时，我们是用所谓的 Yosida 逼近来表示半群的，实际上可以由通常极限运算启发得到。因为如果将 λ, A 视为复数的话，则

$$A_\lambda = \lambda A R(\lambda, A) = \frac{\lambda A}{\lambda - A},$$

因此有 $e^{tA_\lambda} \to e^{tA}$。类似地，对于复数运算有

$$[nt^{-1}R(nt^{-1}, A)]^{n+1} = \left(1 - \frac{tA}{n}\right)^{-n} \to e^{tA} \ (n \to \infty),$$

因此，可以设想半群有如下的表示：

$$S(t)u = \lim_{n \to \infty} [nt^{-1}R(nt^{-1}, A)]^{n+1} u, \quad \forall u \in X, \tag{3.3.12}$$

而这正是半群的另一种表示。

定理 3.3.4 设 A 是 C^0 半群 $\{S(t)\}_{t \geqslant 0}$ 的无穷小生成元，则 $\{S(t)\}_{t \geqslant 0}$ 可以延拓为某个扇形区域 Δ_δ 上的解析半群的充要条件是：存在常数 c 和 $\Lambda > 0$，使得

$$\| AR(\lambda, A)^{n+1} \| \leqslant c/(n\lambda^n), \quad \forall \lambda > n\Lambda, \quad n = 1, 2, \cdots。 \tag{3.3.13}$$

【证】 充分性。由

$$A(\lambda I - A)^{-1} = (\lambda I - A)^{-1}[(\lambda I - A)A(\lambda I - A)^{-1}] = (\lambda I - A)^{-1}A$$

有

$$AR(\lambda, A)^{n+1} = R(\lambda, A)^{n+1}A。$$

令 $t < \Lambda^{-1}$，$\lambda = nt^{-1}$，有 $\lambda > n\Lambda$。于是，由式(3.3.4)有

$$\| Ant^{-1}R(nt^{-1}, A)^{n+1}u \| \leqslant c \| u \| t^{-1}, \quad n = 1, 2, \cdots$$

对一切 $u \in D(A)$ 成立。同时，由于

$$A[nt^{-1}R(nt^{-1}, A)]^{n+1}u = [nt^{-1}R(nt^{-1}, A)]^{n+1}Au,$$

根据式(3.3.12)及 A 为闭算子，所以

$$\| AS(t)u \| \leqslant c \| u \| t^{-1}, \quad \forall u \in D(A)。$$

由于 $D(A)$ 在 X 中稠密，且 $AS(t)$ 为闭算子，所以上式在 X 中成立，于是

$$\| AS(t) \| \leqslant ct^{-1}。$$

由定理 3.3.3(3)，$\{S(t)\}_{t \geqslant 0}$ 可延拓为 Δ_δ 内的解析半群。

必要性。由于

$$n!\ R(\lambda, A)^{n+1}u = \int_0^\infty t^n e^{-\lambda t} S(t)u \, dt,$$

两端以 A 作用，由定理 3.3.3(4)有

$$\| AR(\lambda, A)^{n+1}u \| \leqslant \frac{c_1}{n!} \int_0^\infty t^{n-1} e^{-\lambda t} dt \| u \| \leqslant \frac{c_2}{n\lambda^n} \| u \|,$$

因此，式(3.3.13)成立。

下面的定理表明，解析半群的无穷小生成元做适当的扰动仍然是某个半群的无穷小生

成元。

定理 3.3.5 设 A 是 Banach 空间 X 上的解析半群$\{S(z)\}_{z\in\Delta}$ 的无穷小生成元，$B\in B(X)$，则 $A+B$ 是 X 上的某个解析半群$\{T(z)\}_{z\in\Delta'}$的无穷小生成元。

【证】 若$\{S(t)\}_{t\geqslant 0}$ 是一致有界半群，则由定理 3.3.3 知，存在常数 $M>0$ 及 $0<\theta<\frac{\pi}{2}$，使得

$$\Delta_{\theta+\frac{\pi}{2}}=\left\{\lambda \mid \lambda\in\mathbb{C},\ |\arg\lambda|<\theta+\frac{\pi}{2}\right\}\subset\rho(A),$$

$$\|R(\lambda,A)\|\leqslant\frac{M}{|\lambda|},\ \forall\lambda\in\Delta_{\theta+\frac{\pi}{2}}。\tag{3.3.14}$$

由定理 3.2.5 知，$A+B$ 是某个 C^0 半群$\{T(t)\}_{t\geqslant 0}$ 的无穷小生成元，则对于正数 k，$A+B-kI$ 生成的 C^0 半群为$\{V(t)\}_{t\geqslant 0}\overset{\text{def}}{=\!=}\{e^{-kt}T(t)\}_{t\geqslant 0}$。

下面证明，对充分大的 k，$A+B-kI$ 可生成解析半群。设 $\lambda\in\Delta_{\theta+\frac{\pi}{2}}$，则由式(3.3.14)可知

$$\|BR(\lambda+k,A)\|\leqslant\frac{M\|B\|}{|\lambda+k|},$$

取充分大的 k，使得 $\|BR(\lambda+k,A)\|\leqslant b'<1$，从而 $\lambda+k\in\rho(A+B)$，即 $\lambda\in\rho(A+B-kI)$，并且

$$R(\lambda+k,A+B)=R(\lambda+k,A)[I-BR(\lambda+k,A)]^{-1}。$$

此时有

$$\begin{aligned}\|R(\lambda,A+B-kI)\| &\leqslant \|R(\lambda+k,A)\|\ \|[I-BR(\lambda+k,A)]^{-1}\|\\ &\leqslant\frac{M}{|\lambda+k|}\frac{1}{1-b'}\leqslant\frac{M'}{|\lambda|},\end{aligned}$$

由定理 3.3.3 知，$A+B-kI$ 可生成解析半群$\{V(z)\}_{z\in\Delta'}$，令 $T(z)=e^{kz}V(z)$，则$\{T(z)\}_{z\in\Delta'}$也是解析半群，且以 $A+B$ 为无穷小生成元。

若$\{S(t)\}_{t\geqslant 0}$ 是一般的 C^0 半群，且满足 $\|S(t)\|\leqslant Me^{\omega t}$，则$\{e^{-\omega t}S(t)\}_{t\geqslant 0}$ 为一致有界半群，且以 $A-\omega I$ 为无穷小生成元，因此上面的证明同样适用，于是便完成定理 3.3.5 的证明。

下面讨论扇形算子，它与解析半群有着密切的关系。

定义 3.3.4 称 Banach 空间 X 上的线性算子 A 为扇形算子，若满足条件

(1) A 是闭稠定的；

(2) 存在扇形区域 $S_{a,\varphi}$，使 $S_{a,\varphi}\subset\rho(A)$，其中 $S_{a,\varphi}=\{\lambda\mid\varphi<|\arg(\lambda-a)|\leqslant\pi\}$(如图 3.3.3 所示)；

(3) 存在常数 $M\geqslant 1$ 使 $\|(\lambda I-A)^{-1}\|\leqslant\frac{M}{|\lambda-a|}$，$\forall\lambda\in S_{a,\varphi}$。

引理 3.3.1 设 A 是 Banach 空间 X 上闭稠定的线性闭算子，若存在 $M_1>0$，$R_0>1$，当$|\lambda|>R_0$ 时$(\lambda I-A)^{-1}$ 存在，$D((\lambda I-A)^{-1})=X$，且满足

$$\|(\lambda I-A)^{-1}\|\leqslant\frac{M_1}{|\lambda|},$$

则 A 是扇形算子。

【证】 作圆

$$\Gamma_R=\{\lambda\in\mathbb{C}\mid|\lambda|=R>R_0\},$$

则圆 Γ_R 的外部包含在 $\rho(A)$ 内。先取一定点 $a'\in\mathbb{C}$，由于 $\dfrac{|\lambda-a'|}{|\lambda|}\to1(\lambda\to\infty)$，则存在 $R>R_0$，当 $|\lambda|>R$ 时，有 $\dfrac{|\lambda-a'|}{|\lambda|}<2$。又在负实轴上取一点 a，作适当的 $S_{a,\varphi}$ 使 $\lambda\in S_{a,\varphi}$ 时 $|\lambda|>R$（如图 3.3.4 所示），此时有

$$\|(\lambda I-A)^{-1}\|\leqslant\frac{|\lambda-a|}{|\lambda|}\cdot\frac{M_1}{|\lambda-a|}\leqslant\frac{|\lambda-a'|+|a-a'|}{|\lambda|}\frac{M_1}{|\lambda-a|}$$

$$<\left(2+\frac{|a-a'|}{R}\right)\frac{M_1}{|\lambda-a|}\overset{\text{def}}{=\!=}\frac{M}{|\lambda-a|},$$

因此，A 为扇形算子。

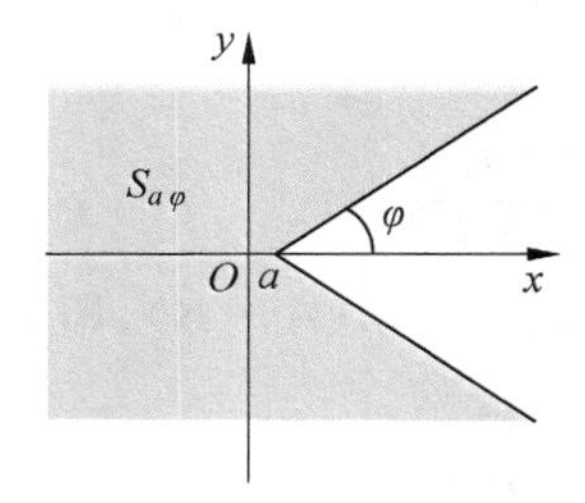

图 3.3.3 扇形区域 $S_{a,\varphi}$

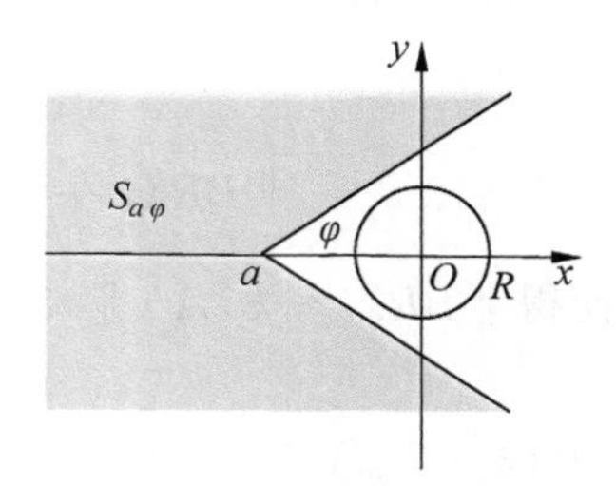

图 3.3.4 扇形区域的构造

由引理 3.3.1 即知，Banach 空间 X 上的有界线性算子 A 是扇形算子。实际上，对于算子 $A\in B(X)$，当 $|\lambda|>\dfrac{\|A\|}{k}(0<k<1)$ 时，有 $(\lambda I-A)^{-1}\in B(X)$，且

$$\|(\lambda I-A)^{-1}\|\leqslant\frac{1}{|\lambda|}\left(1-\frac{\|A\|}{|\lambda|}\right)^{-1}<\frac{1}{|\lambda|}\frac{1}{1-k},$$

所以 A 是扇形算子。

引理 3.3.2 设 A 是扇形算子，则存在 $\varphi_0\in\left(0,\dfrac{\pi}{2}\right)$ 及正常数 R_0,C,M_0，使得

$$\|(\lambda I-A)^{-1}\|\leqslant\frac{M_0}{|\lambda|},\quad\|A(\lambda I-A)^{-1}\|\leqslant C,$$

其中 $|\arg\lambda|\geqslant\varphi_0$，$|\lambda|\geqslant R_0$。

定理 3.3.6 设 A 是扇形算子，若线性算子 B 满足 $D(B)\supset D(A)$，且

$$\|Bu\|\leqslant\varepsilon\|Au\|+k\|u\|,\quad\forall u\in D(A),$$

其中 $k>0$，$0<\varepsilon<\dfrac{1}{C}$，$C$ 为引理 3.3.2 确定，则 $A+B$ 为扇形算子。

【证】 对任意 $u\in X$，由引理 3.3.2 有

$$\|B(\lambda I-A)^{-1}u\|\leqslant\varepsilon\|A(\lambda I-A)^{-1}u\|+k\|(\lambda I-A)^{-1}u\|$$

$$\leqslant\left(\varepsilon C+\frac{kM_0}{|\lambda|}\right)\|u\|,$$

于是，存在充分大的 $R\geqslant R_0$，当 $|\lambda|\geqslant R$ 时，有

$$\|B(\lambda I-A)^{-1}\|\leqslant \varepsilon C+\frac{kM_0}{|\lambda|}<1,$$

其中 $|\arg\lambda|\geqslant\varphi_0$。此时，$[I-B(\lambda I-A)^{-1}]^{-1}$ 是 $B(X)$ 中的有界线性算子，且

$$\|[I-B(\lambda I-A)^{-1}]^{-1}\|\leqslant\frac{1}{1-\|B(\lambda I-A)^{-1}\|}。$$

于是

$$[\lambda I-(A+B)]^{-1}=(\lambda I-A)^{-1}[I-B(\lambda I-A)^{-1}]^{-1}\in B(X),$$

且存在常数 $M_1>0$，使得

$$\|[\lambda I-(A+B)]^{-1}\|\leqslant\|(\lambda I-A)^{-1}\|\,\|[I-B(\lambda I-A)^{-1}]^{-1}\|\leqslant\frac{M_1}{|\lambda|}。\tag{3.3.15}$$

由式(3.3.15)，可以证明 $A+B$ 是闭算子；又因为 $D(A)\subset D(B)$，所以 $D(A)\subset D(A+B)$，由 $\overline{D(A)}=X$ 便有 $\overline{D(A+B)}=X$，所以 $A+B$ 是闭稠定的。因此，由引理 3.3.1 知 $A+B$ 是扇形算子。

推论 3.3.1 设 A 是扇形算子，则

(1) 当 $B\in B(X)$ 时 $A+B$ 是扇形算子；

(2) $\lambda I+A(\lambda\in\mathbb{C})$ 是扇形算子。

设 A 是扇形算子，$S_{a,\varphi}$ 是相应的扇形区域，记 $e^{t\xi}$ 的 Dunford 积分为

$$e^{-tA}=\begin{cases}\dfrac{1}{2\pi i}\displaystyle\int_\Gamma(\lambda I+A)^{-1}e^{\lambda t}d\lambda, & t>0,\\ I, & t=0,\end{cases}$$

其中 Γ 是 $\rho(-A)$ 中的积分路径。

引理 3.3.3 设 $B=A-aI$，则

(1) $\rho(A)\supset S_{a,\varphi}$，$\|(\lambda I-A)^{-1}\|\leqslant\dfrac{M}{|\lambda-a|}$，$\forall\lambda\in S_{a,\varphi}$ 等价于

$\rho(B)\supset S_{0,\varphi}$，$\|(\lambda I-B)^{-1}\|\leqslant\dfrac{M}{|\lambda|}$，$\forall\lambda\in S_{0,\varphi}$。

(2) 若 e^{-tA} 和 e^{-tB} 收敛，则 $e^{-tA}=e^{-tB}e^{-ta}$。

引理 3.3.3 容易直接验证。

定理 3.3.7 设 A 是扇形算子，$S_{a,\varphi}$ 是相应的扇形，Γ 是 $\rho(-A)$ 中的一条围道，对某个 $\theta\in\left(\dfrac{\pi}{2},\pi\right)$，当 $|\lambda|\to\infty$ 时，满足 $\arg\lambda\to\pm\theta$，则

(1) $\forall t>0$，e^{-tA} 收敛，且为 X 上的有界线性算子族，且与积分路径 Γ 的选择无关；

(2) 存在常数 $c>0$，使

$$\|e^{-tA}\|\leqslant ce^{-at},\quad \|Ae^{-tA}\|\leqslant\frac{c}{t}e^{-at},\quad \forall t>0;$$

(3) 对 $t>0$ 及 $u\in X$，有

$$\frac{d}{dt}e^{-tA}=-Ae^{-tA},\quad \frac{d}{dt}e^{-tA}u=-Ae^{-tA}u。$$

(4) e^{-tA} 是以 $-A$ 为无穷小生成元的解析半群，且 e^{-tA} 可解析延拓到包含正实轴在内的扇形 $\{t \mid |\arg t| < \varepsilon, \mathrm{Re}t > 0\}$ 中去。

【证】 由引理 3.3.3，只需证明 $a=0$ 的情形。

对于(1)和(2)，将积分路径 Γ 更改为 $\tilde{\Gamma}$，它由三部分 $\Gamma_j\ (j=1,2,3)$ 构成，其中 Γ_1, Γ_3 为 Γ 的渐近线，Γ_2 是半径为 R 的圆弧，如图 3.3.5 所示。由柯西积分定理有

$$e^{-tA} = \frac{1}{2\pi i}\int_{\tilde{\Gamma}} (\lambda I + A)^{-1} e^{\lambda t} d\lambda, \quad t > 0,$$

类似于定理 3.3.3 中的积分估计方法，可以证明上述积分是收敛的，且积分值属于 $B(X)$，并且有(2)中相应的估计成立。因此(1)和(2)获证。

对于(3)和(4)，当 $t>0$ 时，

$$\begin{aligned}\frac{d}{dt}e^{-tA} &= \frac{1}{2\pi i}\int_{\Gamma} (\lambda I + A)^{-1} \lambda e^{\lambda t} d\lambda \\ &= \frac{1}{2\pi i}\int_{\Gamma} e^{\lambda t} d\lambda - \frac{1}{2\pi i}\int_{\Gamma} A(\lambda I + A)^{-1} e^{\lambda} t\, d\lambda \\ &= \frac{1}{2\pi i}\int_{\Gamma} e^{\lambda t} d\lambda - A e^{-tA} \\ &= -A e^{-tA}。\end{aligned}$$

同理可证明另一式。

下面证明 e^{-tA} 满足半群性质。由

$$(\lambda I + A)^{-1} - (\mu I + A)^{-1} = (\mu - \lambda)(\lambda I + A)^{-1}(\mu I + A)^{-1},$$

将积分路径 Γ 右移得 Γ'（如图 3.3.6 所示），则有

$$\begin{aligned}e^{-tA}e^{-sA} &= \left(\frac{1}{2\pi i}\right)^2 \int_{\Gamma}\int_{\Gamma'} (\lambda I + A)^{-1}(\mu I + A)^{-1} e^{\lambda t + \mu s} d\mu\, d\lambda \\ &= \left(\frac{1}{2\pi i}\right)^2 \int_{\Gamma}\int_{\Gamma'} [(\lambda I + A)^{-1} - (\mu I + A)^{-1}](\mu - \lambda)^{-1} e^{\lambda t + \mu s} d\mu\, d\lambda \\ &= \left(\frac{1}{2\pi i}\right)^2 \int_{\Gamma} (\lambda I + A)^{-1} e^{\lambda t}\int_{\Gamma'} (\mu - \lambda)^{-1} e^{\mu s} d\mu \cdot d\lambda - \\ &\quad \left(\frac{1}{2\pi i}\right)^2 \int_{\Gamma'} (\mu I + A)^{-1} e^{\mu s}\int_{\Gamma'} (\mu - \lambda)^{-1} e^{\lambda t} d\lambda \cdot d\mu\end{aligned}$$

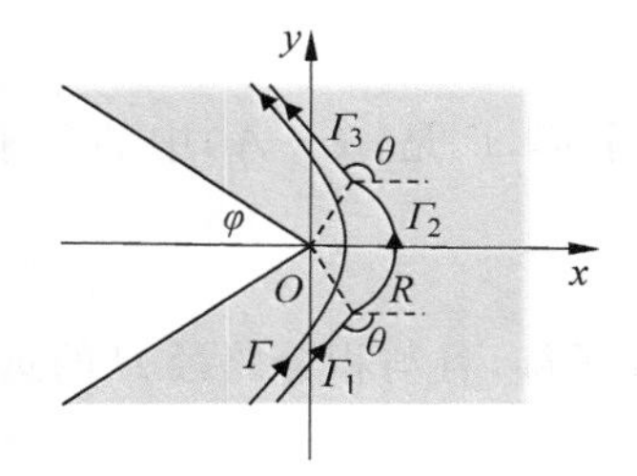

图 3.3.5 积分路径的选取

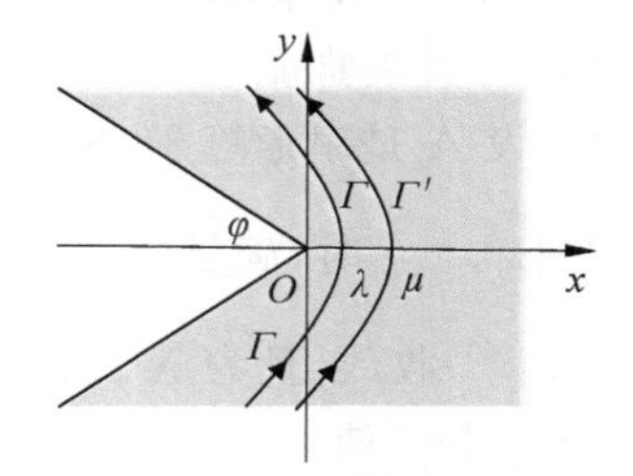

图 3.3.6 积分路径右移

将 Γ, Γ' 视为在无穷远点相交的闭曲线，由 Cauchy 定理和 Cauchy 公式有

$$\frac{1}{2\pi i}\int_{\Gamma'} (\mu - \lambda)^{-1} e^{\mu s} d\mu = e^{\lambda s},$$

$$\frac{1}{2\pi i}\int_{\Gamma}(\mu-\lambda)^{-1}e^{\lambda t}d\lambda=0。$$

所以

$$e^{-tA}e^{-sA}=\frac{1}{2\pi i}\int_{\Gamma}(\lambda I+A)^{-1}e^{\lambda(t+s)}d\lambda=e^{-(t+s)A},$$

即有半群性质。

下面证明 e^{-tA} 在 $t=0$ 处右连续。对任一 $u\in D(A)$，$t>0$，在

$$\begin{aligned}e^{-tA}u-u&=\frac{1}{2\pi i}\int_{\Gamma}e^{\lambda t}[(\lambda I+A)^{-1}-\lambda^{-1}]u\,d\lambda\\&=\frac{-1}{2\pi i}\int_{\Gamma}\lambda^{-1}e^{\lambda t}(\lambda I+A)^{-1}Au\,d\lambda。\end{aligned}$$

令 $\lambda t=\mu$，积分路径相应地由 Γ 变成 Γ'，于是

$$\begin{aligned}\|e^{-tA}u-u\|&\leqslant\frac{1}{2\pi}\int_{\Gamma'}\frac{|e^{\mu}|}{|\mu|}\left\|\left(\frac{\mu}{t}I+A\right)^{-1}\right\|\|Au\||d\mu|\\&\leqslant M'\int_{\Gamma'}\frac{|e^{\mu}|}{|\mu|^{2}}|d\mu|\|Au\|t\leqslant M\|Au\|t。\end{aligned}$$

因此

$$\lim_{t\to0^{+}}e^{-tA}u=u,\quad\forall u\in D(A)。$$

由于 $D(A)$ 在 X 中稠密，所以上式在 X 中成立，即 e^{-tA} 是 C^0 半群。下面证明 $-A$ 是该 C^0 半群的无穷小生成元。对任一 $u\in D(-A)$ 及 $t>0$，可证

$$\frac{d}{dt}e^{-tA}u=-e^{-tA}Au,$$

于是

$$\frac{1}{t}(e^{-tA}-I)u=-\frac{1}{t}\int_{0}^{t}e^{-\tau A}Au\,d\tau,$$

令 $t\to0^{+}$，得

$$\lim_{t\to0^{+}}\frac{1}{t}(e^{-tA}-I)u=-Au。$$

若 G 是 e^{-tA} 的生成元，则上式说明 $D(G)\supset D(-A)$。又设 $u\in D(G)$，则有

$$\lim_{t\to0^{+}}\frac{1}{t}(e^{-tA}-I)u=Gu。$$

对任意的 $s>0$，有 $e^{-sA}u\in D(-A)$，于是

$$e^{-sA}Gu=Ge^{-sA}u=\lim_{t\to0^{+}}\frac{e^{-tA}e^{-sA}u-e^{-sA}u}{t}=-Ae^{-sA}u。$$

令 $s\to0^{+}$，由于 A 是闭算子，所以

$$Gu=-Au,$$

即 $D(G)\subset D(-A)$，且 $-A=G$ 为其生成元。

最后，类似于定理 3.3.3 的方法，可以证明 e^{-tA} 能够延拓为某个扇形区域上的解析半群。于是便完成了定理 3.3.7 的证明。

3.4 分数幂算子与分数幂空间

3.4.1 分数幂算子

在偏微分方程研究中,经常用到分数阶 Laplace 算子$(-\Delta)^s$ 的定义和性质。

当 $0<s\leqslant 1, D\subseteq\mathbb{R}$ 时,定义$(-\Delta)^s$ 为

$$(-\Delta)^s u(x)=\frac{2^{2s}\Gamma(n/2+s)}{\pi^{n/2}\,|\Gamma(-s)|}\text{P. V.}\int_D \frac{u(y)-u(x)}{|y-x|^{n+2s}}\mathrm{d}y,$$

这里 P. V. 是主值(principle value)的简写。

当 $0<s<1, D=\mathbb{R}^n$ 时,可用傅里叶变换的逆变换定义分数阶 Laplace 算子$(-\Delta)^s$ 为

$$(-\Delta)^s u(x)=F^{-1}(|\xi|^{2s}F(u)(\xi))(x)。$$

设 X 为 Banach 空间,对 X 中的算子 A,如何定义其分数次幂算子?注意到当 $\alpha>0$,由 Γ 函数的定义

$$\Gamma(\alpha)=\int_0^{+\infty} s^{\alpha-1}\mathrm{e}^{-s}\mathrm{d}s=a^\alpha\int_0^{+\infty} t^{\alpha-1}\mathrm{e}^{-at}\mathrm{d}t$$

可知,$a^\alpha=\dfrac{1}{\Gamma(\alpha)}\displaystyle\int_0^{+\infty} t^{\alpha-1}\mathrm{e}^{-at}\mathrm{d}t$。

定义 3.4.1 设 A 是 X 中的扇形算子,且 $\mathrm{Re}\sigma(A)>0$,则对任意 $\alpha>0$,定义

$$A^{-\alpha}=\frac{1}{\Gamma(\alpha)}\int_0^{+\infty} t^{\alpha-1}\mathrm{e}^{-tA}\mathrm{d}t$$

为 A 的分数幂算子. 当 $\alpha=0$ 时,$A^0=I$。

命题 3.4.1 设 A 是 X 中的扇形算子,$\alpha>0$,且 $\mathrm{Re}\sigma(A)>0$,则

(1) $A^{-\alpha}$ 是 X 上的有界线性算子;

(2) 对任意 $\alpha>0$,$A^{-\alpha}$ 是可逆的。

【证】 (1)由 $\mathrm{Re}\sigma(A)>0$ 及定理 3.3.7 可知,存在 $\delta>0$ 及 $c>0$,使

$$\|\mathrm{e}^{-tA}\|\leqslant c\mathrm{e}^{-\delta t}。$$

于是,定义 $A^{-\alpha}$ 的积分收敛,并且

$$\|A^{-\alpha}u\|\leqslant\frac{c}{\Gamma(\alpha)}\int_0^{\infty} t^{\alpha-1}\mathrm{e}^{-\delta t}\mathrm{d}t\,\|u\|,$$

从而,当 $\alpha>0$ 时,$A^{-\alpha}$ 为有界线性算子。

(2) 由于 $0\in\rho(A)$,所以 $A^{-1}\in L(X)$。于是对正整数 n,有

$$A^{-n}=(A^{-1})^n(\text{后面证明 }A^{-(\alpha+\beta)}=A^{-\alpha}A^{-\beta},\alpha,\beta>0)$$

存在。设 $A^{-\alpha}u=0$,对正整数 $n>\alpha$,由

$$A^{-n}u=A^{-(n-\alpha)}A^{-\alpha}u=0$$

推得 $u=0$,即 $A^{-\alpha}$ 是一一映射,故 $A^{-\alpha}$ 可逆。

由命题 3.4.1 可知,当 A 是 X 中的扇形算子,且 $\alpha>0$,$\mathrm{Re}\sigma(A)>0$ 时,$A^{-\alpha}$ 可逆,可定义 $A^\alpha=(A^{-\alpha})^{-1}$。

例 1 设 $B\in L(X)$,$\|B\|<1$,记 $A=I+B$,则

$$A^{-\alpha}=(I+B)^{-\alpha}=\sum_{n=0}^{\infty}\binom{-\alpha}{n}B^n,$$

其中$\begin{pmatrix}-\alpha\\ n\end{pmatrix}=(-1)^n\dfrac{\alpha(\alpha+1)\cdots(\alpha+n-1)}{n!}$。

【证】 将 $\mathrm{e}^{-tA}=\mathrm{e}^{-t}\mathrm{e}^{-tB}=\mathrm{e}^{-t}\sum\limits_{n=0}^{\infty}\dfrac{1}{n!}(-tB)^n$ 代入 $A^{-\alpha}$ 定义的积分中，得

$$\begin{aligned}A^{-\alpha}&=\sum_{n=0}^{\infty}\frac{(-1)^n}{n!}B^n\frac{1}{\Gamma(\alpha)}\int_0^{\infty}t^{n+\alpha-1}\mathrm{e}^{-t}\mathrm{d}t\\&=\sum_{n=0}^{\infty}(-1)^n\frac{1}{n!}\frac{\Gamma(n+\alpha)}{\Gamma(\alpha)}B^n\\&=\sum_{n=0}^{\infty}\begin{pmatrix}-\alpha\\ n\end{pmatrix}B^n。\end{aligned}$$

命题 3.4.2 设 A 是扇形算子，则成立

(1) $A^{-\alpha}A^{-\beta}=A^{-(\alpha+\beta)}$，$\forall\alpha>0,\beta>0$；

(2) $D(A^{\alpha})\subset D(A^{\beta})$，$\forall\alpha\geqslant\beta$；

(3) 在 $D(A^{\gamma})$上，$A^{\alpha}A^{\beta}=A^{\beta}A^{\alpha}=A^{\alpha+\beta}$，其中 $\gamma=\max\{\alpha,\beta,\alpha+\beta\}$

【证】 (1)记 $\Gamma_{\alpha\beta}=(\Gamma(\alpha)\Gamma(\beta))^{-1}$，有

$$\begin{aligned}A^{-\alpha}A^{-\beta}&=\Gamma_{\alpha\beta}\int_0^{\infty}\int_0^{\infty}t^{\alpha-1}s^{\beta-1}\mathrm{e}^{-(t+s)A}\mathrm{d}s\mathrm{d}t\\&=\Gamma_{\alpha\beta}\int_0^{\infty}\int_t^{\infty}t^{\alpha-1}(r-t)^{\beta-1}\mathrm{e}^{-rA}\mathrm{d}r\mathrm{d}t\\&=\Gamma_{\alpha\beta}\int_0^{\infty}\mathrm{e}^{-rA}\int_0^{r}t^{\alpha-1}(r-t)^{\beta-1}\mathrm{d}t\mathrm{d}r\\&=\Gamma_{\alpha\beta}\int_0^{\infty}r^{\alpha+\beta-1}\mathrm{e}^{-rA}\int_0^{r}\left(\frac{t}{r}\right)^{\alpha-1}\left(1-\frac{t}{r}\right)^{\beta-1}\mathrm{d}\left(\frac{t}{r}\right)\mathrm{d}r\\&=\Gamma_{\alpha\beta}\int_0^{\infty}r^{\alpha+\beta-1}\mathrm{e}^{-rA}\int_0^{1}s^{\alpha-1}(1-s)^{\beta-1}\mathrm{d}s\mathrm{d}r\\&=A^{-(\alpha+\beta)}。\end{aligned}$$

(2) 设 $\beta>0$。若 $y\in R(A^{-\alpha})$，则存在 $x\in X$，使得 $y=A^{-\alpha}x$。于是

$$A^{-\alpha}x=A^{-\beta-(\alpha-\beta)}x=A^{-\beta}(A^{-(\alpha-\beta)}x)\subset R(A^{-\beta}),$$

所以

$$R(A^{-\alpha})\subset R(A^{-\beta}),\quad 即\ D(A^{\alpha})\subset D(A^{\beta})。$$

其他情形类似证明。

(3) 如果 α,β 都是非负实数，则(3)的结论显然成立。如果 α,β 是异号实数，不妨设 $\alpha>0,\beta<0$。此时 $\gamma=\alpha$。当 $x\in D(A^{\alpha})$时，记 $A^{\alpha}x=y\in X$，则 $x=A^{-\alpha}y$。由于

$$A^{\alpha}A^{\beta}x=A^{\alpha}A^{\beta}A^{-\alpha}y=A^{\alpha}A^{-\alpha}A^{\beta}y=A^{\beta}y\in X,$$

所以有 $x\in D(A^{\alpha}A^{\beta})$，显然 $x\in D(A^{\alpha+\beta})$，并且当 $\alpha+\beta\leqslant 0$ 时，

$$A^{\alpha+\beta}x=A^{\alpha+\beta}A^{-\alpha}y=A^{\beta}y=A^{\beta}A^{\alpha}x。$$

当 $\alpha+\beta>0$ 时，

$$A^{\beta}A^{-(\alpha+\beta)}(A^{\alpha+\beta}x)=A^{-\alpha}(A^{\alpha+\beta}x)。$$

从而 $A^{\alpha+\beta}x=A^{\alpha}A^{\beta}x$。如果 α,β 都是正实数，此时 $\gamma=\alpha+\beta$。当 $x\in D(A^{\alpha+\beta})$时，记 $A^{\alpha+\beta}x=y\in X$，则 $x=A^{-(\alpha+\beta)}y$。再由

$$A^{\alpha}A^{\beta}x = A^{\alpha}A^{\beta}A^{-(\alpha+\beta)}y = A^{\alpha}A^{\beta}A^{-\beta}A^{-\alpha}y = y,$$

可知，当 $x \in D(A^{\alpha+\beta})$，$A^{\alpha}A^{\beta}x = A^{\alpha+\beta}x$。

命题 3.4.3 设 A 是扇形算子，$\mathrm{Re}(A)>0$，$0<\alpha<1$，则

(1) 在 X 中，有 $A^{-\alpha} = \dfrac{\sin\alpha\pi}{\pi}\displaystyle\int_0^{\infty} t^{-\alpha}(tI+A)^{-1}\mathrm{d}t$；

(2) 在 $D(A)$上，有 $A^{\alpha} = \dfrac{\sin\alpha\pi}{\pi}\displaystyle\int_0^{\infty} t^{\alpha-1}A(tI+A)^{-1}\mathrm{d}t$

【证】 (1) 当 $t \geqslant 0$ 时，

$$(\lambda I + A)^{-1} = \int_0^{\infty} \mathrm{e}^{-tA}\mathrm{e}^{-\lambda t}\mathrm{d}t。$$

注意到 $0<\alpha<1$ 时，$\Gamma(\alpha)\Gamma(1-\alpha)=\pi/\sin\pi\alpha$，因此，

$$\begin{aligned}\int_0^{\infty}\lambda^{-\alpha}(\lambda I+A)^{-1}\mathrm{d}\lambda &= \int_0^{\infty}\mathrm{e}^{-tA}\left(\int_0^{\infty}\lambda^{-\alpha}(\lambda I+A)^{-1}\mathrm{d}\lambda\right)\mathrm{d}t\\ &= \int_0^{\infty}\mathrm{e}^{-tA}t^{\alpha-1}\Gamma(1-\alpha)\mathrm{d}t\\ &= \frac{\pi}{\sin\pi\alpha}A^{-\alpha}。\end{aligned}$$

注意到由(1)可知

$$A^{\alpha-1}x = \frac{\sin\alpha\pi}{\pi}\int_0^{\infty}t^{\alpha-1}(tI+A)^{-1}x\mathrm{d}t,$$

存在 $R_0>0$，$C_1>0$，当 $t \geqslant R_0$ 时，$\|(tI+A)^{-1}\| \leqslant \dfrac{C_1}{t}$。因此，

$$\|t^{\alpha-1}A(tI+A)^{-1}x\| \leqslant C_1 t^{\alpha-2}\|Ax\|。$$

再由 $A(tI+A)^{-1} = I - tI(tI+A)^{-1}$ 可知，$\|A(tI+A)^{-1}\|$ 在$[0,R_0]$上一致有界，因此积分

$$\int_0^{\infty}t^{\alpha-1}A(tI+A)^{-1}x\mathrm{d}t$$

是收敛的。当 $x\in D(A)$时，$x \in D(A^{\alpha})$，$A^{\alpha-1}x \in D(A)$。由于 A 是闭稠定的线性算子，因此，

$$A^{\alpha}x = A(A^{\alpha-1}x) = \frac{\sin\alpha\pi}{\pi}\int_0^{\infty}t^{\alpha-1}A(tI+A)^{-1}x\mathrm{d}t。$$

命题 3.4.4 设 A 是扇形算子，$\mathrm{Re}\sigma(A)>0$，$0<\alpha<1$，则存在常数 $c>0$，使

(1) $\|A^{-\alpha}\| \leqslant c$，即一致有界；

(2) $\lim\limits_{\alpha\to 0^+} A^{-\alpha}u = u$，$\forall u \in X$。

【证】 (1) 设 A 是扇形算子，由上节结论可以证明存在 $R_0 \geqslant 1$ 及常数 $c_1, c_2>0$，使得

$$\|(\lambda I+A)^{-1}\| \leqslant c_1\lambda^{-1}, \quad \forall \lambda \geqslant R_0,$$

$$\|(\lambda I+A)^{-1}\| \leqslant c_2, \quad \forall\, 0 \leqslant \lambda \leqslant R_0。$$

由此估计

$$\|A^{-\alpha}\| \leqslant \left|\frac{\sin\alpha\pi}{\pi}\right|\left[\int_0^{R_0}\lambda^{-\alpha}\|(\lambda I+A)^{-1}\|\mathrm{d}\lambda + \int_{R_0}^{\infty}\lambda^{-1-\alpha}\|\lambda(\lambda I+A)^{-1}\|\mathrm{d}\lambda\right] \leqslant c。$$

(2) 任取 $u\in D(A)$,存在 $v\in X$ 使 $u=A^{-1}v$,于是对任意 $T_0\geqslant 1$,有

$$\|A^{-\alpha}u-u\|=\|A^{-(1+\alpha)}v-A^{-1}v\|=\left\|\int_0^{\infty}\left(\frac{t^{\alpha}}{\Gamma(1+\alpha)}-1\right)\mathrm{e}^{-tA}v\,\mathrm{d}t\right\|$$

$$\leqslant\left(c\int_0^{T_0}\left|\frac{t^{\alpha}}{\Gamma(1+\alpha)}-1\right|\mathrm{d}t+c_1\int_{T_0}^{\infty}t\mathrm{e}^{-\delta t}\mathrm{d}t\right)\|v\|。$$

令 $\alpha\to 0^+$,再令 $T_0\to+\infty$,便得

$$\lim_{\alpha\to 0^+}A^{-\alpha}u=u,\quad \forall u\in D(A)。$$

由于 $A^{-\alpha}$ 在(0,1)内一致有界,且 $\overline{D(A)}=X$,结论成立。

命题 3.4.5 设 A 是 X 中的扇形算子,且 $\mathrm{Re}\sigma(A)>0$,则对任意 α,A^{α} 是闭算子,且 $\overline{D(A^{\alpha})}=X$。

【证】 当 $\alpha\leqslant 0$ 时,A^{α} 是 X 上的线性有界算子,故结论成立。

当 $\alpha>0$ 时,由于闭算子的逆为闭算子,所以 $A^{\alpha}=(A^{-\alpha})^{-1}$ 是闭算子。

下证 $D(A^{\alpha})$在 X 中稠密。首先,对于任意正整数 n,$D(A^n)$在 X 中稠密。任取 $x\in D(A)$,存在 $y\in X$ 使得 $x=A^{-1}y$。由于 $D(A)$在 X 中稠密,故存在$\{y_m\}\subset D(A)$,使得当 $n\to+\infty$时,$y_m\to y$。记 $x_m=A^{-1}y_m$,则 $x_m\in D(A)$,$Ax_m=y_m\in D(A)$,即 $x_m\in D(A^2)$,且 $x_m=A^{-1}y_m\to A^{-1}y=x$,于是 $D(A^2)$在 $D(A)$中稠密,从而在 $D(A)$中稠密。可用归纳法证明一般情形。

对任意 $\alpha>0$,存在正整数 n 使得 $n>\alpha$,而

$$D(A^n)\subset D(A^{\alpha}),$$

故 $D(A^{\alpha})$在 X 中稠密。

命题 3.4.6 设 A 是 X 上的扇形算子,令 $0<\alpha<1$,则存在常数 $C_0>0$,使得对任意的 $x\in D(A)$和 $\rho>0$,都有

$$\|A^{\alpha}x\|\leqslant C_0(\rho^{\alpha}\|x\|+\rho^{\alpha-1}\|Ax\|)$$

及

$$\|A^{\alpha}x\|\leqslant 2C_0\|x\|^{1-\alpha}\|Ax\|^{\alpha}。$$

【证】 由于 A 是 X 上的扇形算子,则存在常数 M,使得对任意的 $t>0$,有

$$\|(tI+A)^{-1}\|\leqslant M/t。$$

当 $x\in D(A)$时,由命题 3.4.3(2)可知

$$\|A^{\alpha}x\|\leqslant\left|\frac{\sin\pi\alpha}{\pi}\right|\int_0^{\rho}t^{\alpha-1}\|A(tI+A)^{-1}\|\cdot\|x\|\,\mathrm{d}t+$$

$$\left|\frac{\sin\pi\alpha}{\pi}\right|\int_{\rho}^{\infty}t^{\alpha-1}\|(tI+A)^{-1}\|\cdot\|Ax\|\,\mathrm{d}t$$

$$\leqslant\|A^{\alpha}x\|\leqslant\left|\frac{\sin\pi\alpha}{\alpha\pi}\right|(1+M)\rho^{\alpha}\|x\|+\left|\frac{\sin\pi(1-\alpha)}{\pi(1-\alpha)}\right|M\rho^{\alpha-1}\|Ax\|$$

$$\leqslant C_0\,|\,(\rho^{\alpha}\|x\|+\rho^{\alpha-1}\|Ax\|)。$$

当 $x=0$ 时,$\|A^{\alpha}x\|\leqslant 2C_0\|x\|^{1-\alpha}\|Ax\|^{\alpha}$ 显然成立。当 $x\neq 0$ 时,取 $\rho=\|Ax\|/\|x\|$ 即可。

命题 3.4.7 设 A 是 X 上的扇形算子,B 是 X 上的闭线性算子,且当 $0<\alpha<1$ 时,

$D(B)\supset D(A^{\alpha})$，则对任意的 $x\in D(A^{\alpha})$，有

$$\|Bx\|\leqslant C_1(\rho^{\gamma}\|x\|+\rho^{\gamma-1}\|Ax\|)\|Bx\|\leqslant C\|A^{\alpha}x\|,$$

并且存在常数 C_1 使得对每个 $x\in D(A)$ 和 $\rho>0$，

$$\|Bx\|\leqslant C_1(\rho^{\alpha}\|x\|+\rho^{\alpha-1}\|Ax\|)。$$

【证】 考虑闭算子 $BA^{-\alpha}$，由于 $D(B)\supset D(A^{\alpha})$，因此，$BA^{-\alpha}$ 在 X 上是稠定的，由闭图像定理可知，$BA^{-\alpha}$ 是有界的，因此，任意的 $x\in D(A^{\alpha})$，$\|Bx\|\leqslant C\|A^{\alpha}x\|$。当 $x\in D(A)$ 时，由命题 3.4.6 即可得证。

定理 3.4.1 设 A 是 X 上的扇形算子，$\mathrm{Re}\sigma(A)>0$，则对任意的 $t>0$，由 $-A$ 生成的解析半群 e^{-At} 满足

(1) $\mathrm{e}^{-tA}: X\to D(A),\ \forall\alpha\in\mathbb{R}$；

(2) $A^{\alpha}\mathrm{e}^{-tA}\in L(X)$；

(3) $A^{\alpha}\mathrm{e}^{-tA}u=\mathrm{e}^{-tA}A^{\alpha}u$。

【证】 (1) 由于

$$\mathrm{e}^{-tA}: X\to D(A^{n}),\quad \forall n\in\mathbf{N},$$

取 $n>\alpha$，即有结论成立。

(2) 由于 $A^{\alpha}\mathrm{e}^{-tA}$ 是 X 上的闭线性算子，由闭图像定理即得(2)。

(3) 设 $\beta>0$，由 $A^{-\alpha}$ 的定义及 $\mathrm{e}^{-tA}\mathrm{e}^{-sA}=\mathrm{e}^{-sA}\mathrm{e}^{-tA}$，可证 $A^{-\beta}\mathrm{e}^{-tA}=\mathrm{e}^{-tA}A^{-\beta}$，于是结论成立。

下面给出 $D(B)\supset D(A^{\alpha})$ 的一个充分条件，便于应用命题 3.4.7 的结论。

定理 3.4.2 设 B 是 X 上的闭线性算子，且满足 $D(B)\supset D(A)$，如果对某个 $\gamma(0<\gamma<1)$ 和任意的 $\rho\geqslant\rho_0>0$，当 $x\in D(A)$ 时，有

$$\|Bx\|\leqslant C_1(\rho^{\gamma}\|x\|+\rho^{\gamma-1}\|Ax\|)。$$

则对每个 $\gamma<\alpha\leqslant 1$，都有 $D(B)\supset D(A^{\alpha})$ 成立。

【证】 令 $x\in D(A^{1-\alpha})$，则 $A^{-\alpha}x\in D(A)\subset D(B)$，由于 B 是 X 上的闭线性算子，当积分 $\int_0^{\infty}t^{\alpha-1}B\mathrm{e}^{tA}x\,\mathrm{d}t$ 收敛时，$BA^{\alpha-1}x=\dfrac{1}{\Gamma(\alpha)}\int_0^{\infty}t^{\alpha-1}B\mathrm{e}^{tA}x\,\mathrm{d}t$。注意到

$$\|BA^{\alpha-1}x\|\leqslant\frac{1}{\Gamma(\alpha)}\left(\int_0^{\delta}t^{\alpha-1}\|B\mathrm{e}^{tA}x\|\,\mathrm{d}t+\int_{\delta}^{\infty}t^{\alpha-1}\|B\mathrm{e}^{tA}x\|\,\mathrm{d}t\right),$$

由定理 3.4.1 可知，e^{tA} 是解析半群，且对每个 $t>0$，$\mathrm{e}^{tA}x\in D(A)$，选取 $\delta=\rho_0^{-1}$，利用假设条件

$$\|Bx\|\leqslant C_1(\rho^{\gamma}\|x\|+\rho^{\gamma-1}\|Ax\|),$$

在 $\int_0^{\delta}t^{\alpha-1}\|B\mathrm{e}^{tA}x\|\,\mathrm{d}t$ 中，取 $\rho=t^{-1}$，而在 $\int_{\delta}^{\infty}t^{\alpha-1}\|B\mathrm{e}^{tA}x\|\,\mathrm{d}t$ 中取 $\rho=\rho_0$，再由定理 3.4.1 及命题 3.4.3 可知，当 $x\in D(A^{1-\alpha})$ 时，有

$$\|BA^{-\alpha}x\|\leqslant C\|x\|。$$

由于 $BA^{-\alpha}$ 是闭的，且 $D(A^{1-\alpha})$ 在 X 中是稠密的，因此，对每个 $x\in X$，有

$$\|BA^{-\alpha}x\|\leqslant C\|x\|。$$

综上所述，$D(B)\supset D(A^{\alpha})$。

3.4.2 分数幂空间

设 A 是 Banach 空间 X 中的扇形算子，当 $\mathrm{Re}\sigma(A)>0$ 时，可定义分数幂算子 A^{α}。当 $\mathrm{Re}\sigma(A)\leqslant 0$ 时，可选取适当的 a，令 $A_1=A+aI$，使得 $\mathrm{Re}\sigma(A_1)>0$，由于 A_1 也是扇形算子，从而可定义分数幂算子 A_1^{α}。令 $X^{\alpha}=D(A_1^{\alpha})$，并赋以图范数

$$\|x\|_{\alpha}=\|A_1^{\alpha}x\|,\quad \forall x\in X^{\alpha}。$$

对不同的 a，只要 $\mathrm{Re}\sigma(A_1)>0$，就使 A_1^{α} 有相同的定义域。可以证明，图范数不依赖于 a 的选择，即如果 A 是 Banach 空间 X 中的扇形算子，对不同的 a，只要 $\mathrm{Re}\sigma(A_1)=\mathrm{Re}\sigma(A+aI)>0$，则图范数是等价的。

定义 3.4.2 设 A 是 Banach 空间 X 上的扇形算子，对 $\alpha\in\mathbb{R}$，有

$$\mathrm{Re}\sigma(A_1)=\mathrm{Re}\sigma(A+aI)>0,$$

则称 $(X^{\alpha},\|\ \|_{\alpha})$ 为分数幂空间。

定理 3.4.3 设 A 是 Banach 空间 X 上的扇形算子，则对于 $\alpha\geqslant 0$，分数幂空间 X^{α} 在范数 $\|\cdot\|_{\alpha}$ 下是一个 Banach 空间。

在研究非线性发展方程初值问题时，通常选用 X^{α} 作为非线性方程解所在的函数空间。因为扇形算子对应的微分方程具有某种光滑效应，即如果初值 $u_0\in X^{\alpha}$，$0<\alpha<1$，则当 $t>0$ 时，

$$\begin{cases}\dfrac{\mathrm{d}u}{\mathrm{d}t}+Au=f(t,u),\\ u(t_0)=u_0\end{cases}$$

的解 $u(t,x)\in D(A)=X^1$，在一定条件下，当初值 $u_0\in X^{\alpha}$，$0<\alpha<1$，对任意的 $r<1$，在解的存在区间上，$\dfrac{\mathrm{d}u(t,x)}{\mathrm{d}t}\in X^r$ 且是 Hölder 连续的。

定理 3.4.4 若 B_1,B_2 是 X 上的扇形算子，$D(B_1)=D(B_2)$，$\mathrm{Re}\sigma(B_j)>0(j=1,2)$。对任意的 $\beta\in[0,1]$，$X_j^{\beta}=D(B_j^{\beta})(j=1,2)$，且存在 $\alpha\in(0,1)$ 使 $(B_1-B_2)B_1^{\alpha}$ 是有界线性算子，则 $X_1^{\beta}=X_2^{\beta}$，且有等价的图范数。

【证】 (1) 先证明 $B_1^{\beta}B_2^{-\beta}$ 与 $B_2^{\beta}B_1^{-\beta}$ 是有界算子。事实上，

$$\begin{aligned}B_2^{-\beta}-B_1^{-\beta}&=\frac{\sin\pi\beta}{\pi}\int_0^{\infty}t^{-\beta}[(tI+B_2)^{-1}-(tI+B_1)^{-1}]\mathrm{d}t\\&=\frac{\sin\pi\beta}{\pi}\int_0^{\infty}t^{-\beta}[(tI+B_2)^{-1}(tI+B_1)(tI+B_1)^{-1}-\\&\qquad(tI+B_2)^{-1}(tI+B_2)(tI+B_1)^{-1}]\mathrm{d}t\\&=\frac{\sin\pi\beta}{\pi}\int_0^{\infty}t^{-\beta}(tI+B_2)^{-1}[(tI+B_1)-(tI+B_2)](tI+B_1)^{-1}\mathrm{d}t\\&=\frac{\sin\pi\beta}{\pi}\int_0^{\infty}t^{-\beta}[(tI+B_2)^{-1}(B_1-B_2)(tI+B_1)^{-1}]\mathrm{d}t,\end{aligned}$$

因此，上式两边同乘算子 B_2^{β} 后得到

$$B_2^{\beta}B_1^{-\beta}=I-\frac{\sin\pi\beta}{\pi}\int_0^{\infty}t^{-\beta}B_2^{\beta}[(tI+B_2)^{-1}(B_1-B_2)B_1^{-\alpha}B_1^{\alpha}(tI+B_1)^{-1}]\mathrm{d}t,$$

由定理3.4.4条件可知,存在正常数$C>0$,使得

$$\|B_2^{\beta}(tI+B_2)^{-1}\|<C,\ \|B_1^{\alpha}(tI+B_1)^{-1}\|<C,$$

因此,

$$\|B_2^{\beta}B_1^{-\beta}\|=1+C\left[\int_0^{R_0}t^{-\beta}\mathrm{d}t+\int_{R_0}^{\infty}t^{-\beta}t^{-1+\beta}t^{-1+\alpha}\mathrm{d}t\right],$$

即$B_1^{\beta}B_2^{-\beta}$在X上有界。同理可证$B_2^{\beta}B_1^{-\beta}$在X上有界。令

$$B_3=B_1+\lambda_1 I,\quad B_4=B_1+\lambda_2 I,$$

使得

$$\mathrm{Re}\sigma(B_3)>0,\quad \mathrm{Re}\sigma(B_4)>0,$$

则$B_3-B_4=(\lambda_1-\lambda_2)I$,$B_3^{-\alpha}$在$X$上有界,于是,$(B_3-B_4)B_3^{-\alpha}$在$X$上有界,由情形(1)可知

$$\|B_4^{\alpha}x\|=\|B_4^{\alpha}B_3^{-\alpha}B_3^{\alpha}x\|\leqslant\|B_4^{\alpha}B_3^{-\alpha}\|\cdot\|B_3^{\alpha}x\|,$$

$$\|B_3^{\alpha}x\|=\|B_3^{\alpha}B_4^{-\alpha}B_4^{\alpha}x\|\leqslant\|B_3^{\alpha}B_4^{-\alpha}\|\cdot\|B_4^{\alpha}x\|,$$

因此,$\|B_4^{\alpha}x\|$与$\|B_3^{\alpha}x\|$是等价的。

最后给出在构造分数幂空间的一个重要方法,类似于定理3.4.4的证明,有如下定理。

定理3.4.5 设$A\in B(X)$,B是X到Banach空间Y上的闭线性算子,$D(B)\supset D(A)$,若存在$\beta\in[0,1)$和正常数C,使得对任意的$x\in D(A)$,都满足

$$\|Bx\|_Y\leqslant C\|Ax\|^{\beta}\cdot\|x\|^{1-\beta}。$$

则当$\alpha>\beta$时,有$D(B)\supset D(A^{\alpha})$,并且$BA^{-\alpha}\in B(X,Y)$。

例2 设$\Omega\subseteq R^3$是具有光滑边界$\partial\Omega$的有界开集,

$$\begin{cases}\dfrac{\mathrm{d}u}{\mathrm{d}t}+\left(-\displaystyle\sum_{i,j=1}^{3}a_{ij}(x)\frac{\partial^2}{\partial x_j\partial x_i}+\sum_{j=1}^{3}b_j(x)\frac{\partial u}{\partial x_j}+c(x)u\right)=f(t,u),\\ u(t_0)=u_0(x),\quad x\in\Omega,\\ u(t,x)=0,\quad x\in\partial\Omega,t>0。\end{cases}$$

算子A定义在Ω上的一致椭圆算子

$$Au=-\sum_{i,j=1}^{3}a_{ij}(x)\frac{\partial^2 u}{\partial x_j\partial x_i}+\sum_{j=1}^{3}b_j(x)\frac{\partial u}{\partial x_j}+c(x)u,$$

其中$a_{ij}(x)\in C^1(\Omega)$,$b_j(x)$,$c(x)\in C(\Omega)$,$a_{ij}(x)=a_{ji}(x)$,存在正常数$a>0$,对任意的$\xi=(\xi_1,\xi_2,\xi_3)$使得

$$\sum_{i,j=1}^{3}a_{ij}(x)\xi_i\xi_j\geqslant a|\xi|^2,\quad x\in\Omega$$

成立。设

$$D(A)=H^2(\Omega)\cap H_0^1(\Omega),\quad X=L^2(\Omega),$$

则$-A$是$L^2(\Omega)$上某一解析半群的无穷小生成元,且$\mathrm{Re}\sigma(A)>0$,定义

$$X^{\alpha}=D(A^{\alpha}),\quad 0\leqslant\alpha\leqslant 1,$$

以及

$$F(t,u(t))(x)=f(t,u(t,x)),$$

则该问题可写出抽象发展方程

$$\begin{cases}\dfrac{\mathrm{d}u(t)}{\mathrm{d}t}+Au(t)=F(t,u(t)),\\u(t_0)=u_0,\end{cases}$$

只要 $F:R^+\times X^\alpha\to X$ 满足

(1) 对于固定的 $t>0$,F 将 X^α 中 的有界集映射成为 X 中的有界集;

(2) F 是 Lipschitz 的,

则对应任意的初值 $u_0\in X^\alpha$,该方程有唯一的极大解。

第 3 章练习题

1. 设抽象函数 $f(t)$ 在 $[a,b]$ 上 Riemann 可积,B 为闭线性算子,$Bf(t)$ 在 $[a,b]$ 上 Riemann 可积,证明:$\int_a^b f(t)\mathrm{d}t\in D(B)$,且

$$B\left(\int_a^b f(t)\mathrm{d}t\right)=\int_a^b Bf(t)\mathrm{d}t。$$

2. 设 $\{T_t\}_{t\geqslant 0}$ 是 Banach 空间 X 上 C^0 类算子半群,$t_0>0$,T_{t_0} 为紧算子,证明:对一切 $t>t_0$,T_t 均为紧算子。

3. 设 $\{T_t\}$ 是 Banach 空间 X 上有界线性算子半群,$f(t)=\ln\|T_t\|$。如果存在 $a>0$,使得 $f(t)$ 在 $[0,a]$ 上有界,证明 $\lim\limits_{t\to+\infty}\dfrac{1}{t}f(t)=\inf\limits_{t>0}\dfrac{1}{t}f(t)$。

4. 设 $X=\{f\in C[0,\infty)\mid \lim\limits_{x\to+\infty}f(x)=0\}$,

$$T(t):f(\cdot)\mapsto f(t+\cdot),$$

证明:$\{T(t)\}_{t\geqslant 0}$ 为 X 上的 C_0 类压缩半群。

5. 设 $\{T(t)\}_{t\geqslant 0}$ 是 Banach 空间 X 的 C_0 类半群,$x,y\in H$,且

$$w-\lim_{t\to 0^+}\frac{1}{t}(T_t-I)x=y。$$

证明:$x\in D(A)$,且 $Ax=y$。

6. 设 A 是一个压缩半群的无穷小生成元,B 为耗散算子,$D(A)\subset D(B)$。而且,当 $x\in D(A)$ 时,有

$$\|Bx\|\leqslant a\|Ax\|+b\|x\|,$$

其中 $0<a<\dfrac{1}{2}$,$b>0$. 求证:$A+B$ 是闭的耗散算子,而且也是某压缩算子半群的无穷小生成元。

7. 设 A 是 C^0 半群 $T(t)$ 的无穷小生成元,$T(t)$ 满足 $\|T(t)\|\leqslant M(\forall t\geqslant 0)$。又设 $x\in D(A^2)$,证明:

(1) $T(t)x-x=tAx+\int_0^t(t-s)T(s)A^2x\mathrm{d}s$;

(2) $\|Ax\|\leqslant\dfrac{2M}{t}\|x\|+\dfrac{Mt}{2}\|A^2x\|$;

(3) $\|Ax\|^2\leqslant 4M^2\|A^2x\|\cdot\|x\|$。

8. 令 $X=\{f \mid f(x)$在$(-\infty,+\infty)$内有界且一致连续$\}$，$\forall f\in X$，定义

$$\|f\|=\sup_{x\in(-\infty,+\infty)}|f(x)|,(T(t)f)(x)=f(x+t),$$

$$(Bf)(x)=f'(x),$$

$$f\in D(B)=\{f \mid f\in X,f'\in X\}。$$

证明：

(1) $T(t)$是 C^0 半群，$\|T(t)\|\leqslant 1$；

(2) B 是 $T(t)$的无穷小生成元；

(3) 若 $f,f',f''\in X$，则

$$(\sup_{x\in(-\infty,+\infty)}|f'(x)|)^2\leqslant 4(\sup|f''(x)|)\cdot(\sup|f(x)|)。$$

9. 设 $\boldsymbol{X}=\mathbb{C}^2$，$\boldsymbol{A}=\begin{pmatrix}0 & 1\\ 0 & 0\end{pmatrix}$。

(1) 求 $\boldsymbol{A}$ 生成的 C^0 半群 $T(t)$；

(2) 求 $\|T(t)\|$ 的形如 $Me^{\omega t}$ 的估计式。

10. 令 $X=C_0(\mathbb{R})=\{u \mid u\in C(\mathbb{R}),u(\pm\infty)=0\}$，对 $\forall u\in X$，令 $\|u\|=\sup_{x\in\mathbf{R}}|u(x)|$，则 X 为 Banach 空间。考察一个初值问题：

$$\begin{cases}\dfrac{\partial U}{\partial t}+\dfrac{\partial U}{\partial x}=0(0\leqslant t<+\infty),\\ U(\pm\infty,t)=0(0\leqslant t<+\infty),\\ U(x,0)=U_0(x),\end{cases}$$

将其改写成

$$\frac{du}{dt}+Au=0,\quad u(0)=U_0,$$

其中$(Au)(x)=u'(x)$，$u\in D(A)=\{u \mid u\in X,u'\in X\}$，$U_0\in X$。证明：

(1) A 是 X 上的闭稠定线性算子；

(2) 对 $\forall\lambda\in\mathbb{C}$，$\mathrm{Re}\lambda<0$，$\forall v\in X$，

$$\begin{cases}u'-\lambda u=v,\\ u(\pm\infty)=0\end{cases}$$

有唯一解；

(3) $\rho(A)\supset\{\lambda \mid \lambda\in\mathbb{C},\mathrm{Re}\lambda<0\}$，且

$$\|R(\lambda,A)\|\leqslant\frac{1}{\|\mathrm{Re}\lambda\|};$$

(4) 存在 C^0 半群 $T(t)$以_A 为无穷小生成元，并求出 $T(t)$。

拓 扑 度

我们知道,一元微积分的很多概念和结论可以比较容易推广到多元微积分,例如关于实数完备性的很多定理,在平面$\mathbb{R}^2$ 或空间$\mathbb{R}^3$ 甚至一般 n 维空间$\mathbb{R}^n$($n>3$)上可以得到相应的推广,而且证明方法没有本质上的不同。但有些看似很简单的结论在推广中却发生了本质上的变化,为方便叙述,我们记 B_n 为$\mathbb{R}^n$ 中的闭单位球,即 $B_n=\{x\mid x\in\mathbb{R}^n,\|x\|\leqslant 1\}$。在一元微积分中很容易证明:若 $f:B_1\to B_1$ 连续,则 f 在 B_1 中存在不动点,即存在 $x_0\in B_1$ 使得 $f(x_0)=x_0$。非常自然地想到该结论可以推广到$\mathbb{R}^2$,即有"如果 $f:B_2\to B_2$ 连续,则 f 在 B_2 中存在不动点",但沿用微积分的方法确难以证明,一般情形更是不置可否。上述问题实际上是著名的 Brouwer 不动点定理的特殊情形,本章将要介绍的拓扑度理论便可解决此类问题。在这一章我们首先介绍一些预备知识,主要是关于有限维空间上连续映射或光滑映射的一些性质,为后面建立拓扑度的概念做些准备,但这些性质本身也很有意义。其次对有限维空间的连续映射建立 Brouwer 度,其深刻的性质蕴含了其广泛的应用,上面的不动点定理便是该理论的简单应用,还有代数基本定理也获得了拓扑度的证明方法。Brouwer 度在无穷维空间的推广便是 Leray-Schauder 度,这种推广是本质的,它使拓扑度的方法有了更广泛的使用范围。最后给出了拓扑度的几个应用,实际上拓扑度已成为解决无穷维空间非线性问题的重要工具之一,由此可见一斑。

4.1 预备知识

4.1.1 连续映射规范化与光滑逼近

我们知道,$\boldsymbol{x}=(x_1,x_2,\cdots,x_n)\in\mathbb{R}^n$ 可以定义多种范数,在这里采用无穷范数,即 $\|\boldsymbol{x}\|=\|\boldsymbol{x}\|_\infty=\max\limits_{1\leqslant i\leqslant n}|x_i|$。设 Ω 为$\mathbb{R}^n$ 中的一个有界开集,$\overline{\Omega}$ 为 Ω 的闭包,$C(\overline{\Omega},\mathbb{R}^m)$表示 $\overline{\Omega}$ 到$\mathbb{R}^m$ 的连续映射的全体,为简化记号,通常用 $C(\overline{\Omega})$表示 $C(\overline{\Omega},\mathbb{R}^n)$。对 $f\in C(\overline{\Omega})$,定义范数

$$\|\boldsymbol{f}\|=\max_{\boldsymbol{x}\in\overline{\Omega}}\|\boldsymbol{f}(\boldsymbol{x})\|=\max_{\boldsymbol{x}\in\overline{\Omega},1\leqslant i\leqslant n}|f_i(\boldsymbol{x})|,\tag{4.1.1}$$

其中 $\boldsymbol{f}(\boldsymbol{x})=(f_1(\boldsymbol{x}),\cdots,f_n(\boldsymbol{x}))$,则 $C(\overline{\Omega})$在范数(4.1.1)下成为 Banach 空间。用 $C^p(\overline{\Omega})$表示 $C(\overline{\Omega})$的一个子空间,$\boldsymbol{f}\in C^p(\overline{\Omega})$是指 $\boldsymbol{f}\in C(\overline{\Omega})$,且存在 $\boldsymbol{f}$ 在一个包含 $\overline{\Omega}$ 的开集 $\tilde{\Omega}$ 上的延拓 $\tilde{f}$,且 $\tilde{f}$ 的各分量函数在 $\tilde{\Omega}$ 上具有 p 阶的各个连续偏导数,$\boldsymbol{f}\in C^\infty(\overline{\Omega})$是指相应分

量函数具有任意阶的偏导数。对 $\boldsymbol{f}\in C^1(\overline{\Omega})$，取

$$\|\boldsymbol{f}\|_1=\sup_{\substack{\boldsymbol{x}\in\Omega\\1\leqslant i\leqslant n}}|f_i(\boldsymbol{x})|+\sup_{\substack{\boldsymbol{x}\in\Omega\\1\leqslant i,j\leqslant n}}\left|\frac{\partial f_i(\boldsymbol{x})}{\partial x_j}\right|,\tag{4.1.2}$$

同样，$C^1(\overline{\Omega})$在范数(4.1.2)下成为 Banach 空间。

性质 4.1.1 设$-\infty<\mu<\lambda<\infty$，则存在 $\varphi\in C^\infty(\mathbb{R})$，使得 $0\leqslant\varphi(x)\leqslant 1$，且当 $x>\lambda$ 时 $\varphi(x)=0$，当 $x<\mu$ 时，$\varphi(x)=1$。

【证】 令 $\delta=\dfrac{\lambda-\mu}{3}$，作连续函数 $f:\mathbb{R}\to[0,1]$，使当 $x\geqslant\lambda-\delta$ 时，$f(x)=0$；当 $x\leqslant\mu+\delta$ 时，$f(x)=1$。取 $h\in(0,\delta)$，令

$$\psi(x)=\begin{cases}\dfrac{1}{\mu_0}\mathrm{e}^{\frac{x^2}{x^2-h^2}}, & |x|<h,\\ 0, & |x|\geqslant h,\end{cases}\tag{4.1.3}$$

其中 $\mu_0=\int_{-h}^{h}\mathrm{e}^{\frac{x^2}{x^2-h^2}}\mathrm{d}x$，则 $\psi\in C^\infty(\mathbb{R},\mathbb{R})$，且

$$\int_{-\infty}^{\infty}\psi(x)\mathrm{d}x=\int_{-h}^{h}\psi(x)\mathrm{d}x=1。$$

再令

$$\varphi(x)=\int_{-\infty}^{\infty}\psi(z-x)f(z)\mathrm{d}z,\quad x\in\mathbb{R},\tag{4.1.4}$$

则 $\varphi\in C^\infty(\mathbb{R})$，且 $0\leqslant\varphi(x)\leqslant 1$。当 $x>\lambda$ 时，有 $x-h>\lambda-\delta$，从而

$$\varphi(x)=\int_{x-h}^{x+h}\psi(z-x)f(z)\mathrm{d}z=\int_{x-h}^{x+h}\psi(z-x)\cdot 0\mathrm{d}z=0。$$

当 $x<\mu$ 时，有 $x+h<\mu+\delta$，所以有

$$\begin{aligned}\varphi(x)&=\int_{x-h}^{x+h}\psi(z-x)f(z)\mathrm{d}z=\int_{x-h}^{x+h}\psi(z-x)\cdot 1\mathrm{d}z\\&=\int_{-h}^{h}\psi(u)\mathrm{d}u=1。\end{aligned}$$

因此，由式(4.1.4)定义的 φ 即满足要求。

将性质 4.1.1 证明的构造方法推广到$\mathbb{R}^n$ 中，便可得到下面非常有用的结果。

定理 4.1.1 设 Ω 是$\mathbb{R}^n$ 中的开集，$f\in C(\overline{\Omega},\mathbb{R}^n)$连续，则对于$\forall\varepsilon>0$，存在 $g\in C^\infty(\overline{\Omega},\mathbb{R}^n)$，使得

$$\|f(x)-g(x)\|<\varepsilon,\quad\forall x\in\overline{\Omega}。$$

【证】 由延拓定理，首先将 f 连续延拓到整个$\mathbb{R}^n$ 上。令

$$\Omega_1=\{x\mid x\in\mathbb{R}^n,\mathrm{dist}(\boldsymbol{x},\overline{\Omega})<1\}。$$

由于 f 在$\overline{\Omega}_1$ 上一致连续，所以$\forall\varepsilon>0$，存在 $h\in(0,1)$，使得当 $x,x'\in\overline{\Omega}_1$ 且 $\|x-x'\|<h$ 时，有

$$\|f(x)-f(x')\|<\frac{\varepsilon}{\sqrt{n}}。\tag{4.1.5}$$

设 ψ: $\mathbb{R}^n\to\mathbb{R}$ 定义为

$$\psi(x)=\begin{cases}\dfrac{1}{\mu_0}\mathrm{e}^{\frac{\|x\|^2}{\|x\|^2-h^2}}, & \|x\|<h,\\ 0, & \|x\|\geqslant h,\end{cases}$$

其中 $\mu_0=\int_{\|x\|<h}\mathrm{e}^{\frac{\|x\|^2}{\|x\|^2-h^2}}\mathrm{d}x$，由于 $\varphi(x)=\begin{cases}\mathrm{e}^{\frac{\|x\|^2}{\|x\|^2-h^2}}, & \|x\|<h\\ 0, & \|x\|\geqslant h\end{cases}$，在$\mathbb{R}^n$ 上连续，所以 $0<\mu_0<\infty$。实际上，可以证明 $\varphi\in C^{\infty}(\mathbb{R}^n,\mathbb{R})$，这只需要注意当 $\|x\|<h$ 时，

$$\frac{\partial^{\alpha}\varphi}{\partial x_1^{\alpha_1}\cdots\partial x_n^{\alpha_n}}=\frac{P_{\alpha_1\cdots\alpha_n}(x_1,x_2,\cdots,x_n)}{(\|x\|^2-h^2)^{2\alpha}}\mathrm{e}^{\frac{\|x\|^2}{\|x\|^2-h^2}}(\alpha=\alpha_1+\alpha_2+\cdots+\alpha_n),\tag{4.1.6}$$

其中 $P_{\alpha_1\cdots\alpha_n}(x_1,x_2,\cdots,x_n)$是 n 元多项式，由式(4.1.6)及偏导数的定义和归纳法可以证明 φ 存在任意阶偏导数，即 $\varphi\in C^{\infty}(\mathbb{R}^n,\mathbb{R})$，且有

$$\left.\frac{\partial^{\alpha}\varphi(x)}{\partial x_1^{\alpha_1}\cdots\partial x_n^{\alpha_n}}\right|_{\|x\|=h}=0。$$

因此有 $\psi\in C^{\infty}(\mathbb{R}^n,\mathbb{R})$，且

$$\int_{\mathbb{R}^n}\psi(x)\mathrm{d}x=\int_{\|x\|<h}\psi(x)\mathrm{d}x=1。\tag{4.1.7}$$

设 $f=(f_1,f_2,\cdots,f_n)$，定义函数 $g_i:\mathbb{R}^n\to\mathbb{R}$，

$$g_i(x)=\int_{\overline{\Omega}_1}\psi(x-z)f_i(z)\mathrm{d}z,\quad i=1,2,\cdots,n。\tag{4.1.8}$$

由于 $\psi\in C^{\infty}(\mathbb{R}^n,\mathbb{R})$，$f_i\in C(\mathbb{R}^n,\mathbb{R})$，因此(4.1.8)右端积分关于 x 可以任意次可偏导，于是 $g_i\in C^{\infty}(\mathbb{R}^n,\mathbb{R})$，并且当 $x\in\overline{\Omega}$ 时，利用式(4.1.5)、式(4.1.7)及式(4.1.8)有

$$\begin{aligned}|g_i(x)-f_i(x)|&=\left|\int_{\overline{\Omega}_1}\psi(x-z)f_i(z)\mathrm{d}z-f_i(x)\right|\\&=\left|\int_{\|x-z\|\leqslant h}\psi(x-z)f_i(z)\mathrm{d}z-f_i(x)\right|\\&=\left|\int_{\|u\|\leqslant h}\psi(u)[f_i(x+u)-f_i(x)]\mathrm{d}u\right|\\&\leqslant\int_{\|u\|\leqslant h}\psi(u)\|f(x+u)-f(x)\|\mathrm{d}u\\&\leqslant\frac{\varepsilon}{\sqrt{n}}\int_{\|u\|\leqslant h}\psi(u)\mathrm{d}u=\frac{\varepsilon}{\sqrt{n}}(i=1,2,\cdots,n)。\end{aligned}$$

令 $g=(g_1,g_2,\cdots,g_n)$，则 $g\in C^{\infty}(\mathbb{R}^n,\mathbb{R}^n)$，且当 $x\in\overline{\Omega}$ 时，有

$$\|f(x)-g(x)\|=\left(\sum_{i=1}^{n}|f_i(x)-g_i(x)|^2\right)^{\frac{1}{2}}<\varepsilon,$$

于是定理获证。

下面的性质是我们在定义 C^1 映射的拓扑度所需要的。

性质 4.1.2 存在函数 $\Phi\in C([0,\infty),\mathbb{R})$满足如下条件：

(1) 存在 σ,τ^*，满足 $0<\sigma<\tau^*$，当 $0\leqslant r<\sigma$ 或 $r\geqslant\tau^*$ 时 $\Phi(r)=0$；

(2) $\int_{\mathbb{R}^n}\Phi(\|z\|)\mathrm{d}z=1$。

【证】 实际上,满足条件的函数 Φ 有无穷多个,例如可以借鉴性质 4.1.1 的方法来构造,下面给出另一种构造方法。设

$$\Phi_0(r)=\begin{cases}\sin\dfrac{\pi(r-\sigma)}{\tau^*-\sigma}, & \sigma\leqslant r\leqslant\tau^*,\\ 0, & 0\leqslant r<\sigma \text{ 或 } \tau^*<r<\infty,\end{cases}$$

$$\lambda_0=\int_{\mathbb{R}^n}\Phi_0(\|z\|)\mathrm{d}z=S_{n-1}\int_\sigma^{\tau^*}r^{n-1}\sin\frac{\pi(r-\sigma)}{\tau^*-\rho}\mathrm{d}r,$$

其中 S_{n-1} 表示 $\mathbb{R}^n$ 中单位球面 $x_1^2+x_2^2+\cdots+x_n^2=1$ 的面积,即 $S_{n-1}=2\pi^{\frac{n}{2}}\Gamma\left(\frac{n}{2}\right)^{-1}$,则

$$\Phi(r)=\frac{1}{\lambda_0}\Phi_0(r)$$

即满足要求。

4.1.2 临界点与 Sard 定理

设 $f=(f_1,\cdots,f_n)\in C^1(\overline{\Omega})$,则 f 在 $x\in\Omega$ 处的 Fréchet 导数为其 Jacobi 矩阵,即

$$f'(x)=\left(\frac{\partial f_i(x)}{\partial x_j}\right)_{n\times n},$$

其 Jacobi 行列式记为

$$J_f(x)=\det f'(x)=\det\left(\frac{\partial f_i(x)}{\partial x_j}\right)_{n\times n}。$$

定义 4.1.1 设 $f\in C^1(\overline{\Omega})$,如果 $J_f(x)=0$,就称 x 是 f 的一个临界点,f 的临界点全体记为 $Z_f(\overline{\Omega})$,简记为 Z_f。

引理 4.1.1 设 $f\in C^1(\overline{\Omega})$,$p\notin f(Z_f)$,则

$$f^{-1}(p)=\{x\mid f(x)=p,x\in\overline{\Omega}\}$$

是有限点集。

【证】 若 $f^{-1}(p)$ 为无限点集,即有无穷多个不同的元素。由 $\overline{\Omega}$ 的紧性可知,必存在两两不同的点组成的点列 $\{x_n\}\subset\overline{\Omega}$,使得 $f(x_n)=p$,$x_n\to x_0\in\overline{\Omega}$,由 f 的连续性有 $f(x_0)=p$。由此及 Fréchet 导数的定义可得

$$0=f(x_n)-f(x_0)=f'(x_0)(x_n-x_0)+o(\|x_n-x_0\|)。\tag{4.1.9}$$

但 $p\notin f(Z_f)$,所以 $x_0\notin Z_f$,即 $J_f(x_0)\neq0$。这说明,$f'(x_0)$ 作为 $\mathbb{R}^n$ 到 $\mathbb{R}^n$ 的线性算子具有有界逆,从而存在 $\varepsilon>0$ 使得

$$\|f'(x_0)x\|\geqslant\varepsilon\|x\|,\quad x\in\mathbb{R}^n。$$

于是,存在充分大的 n 使得

$$\begin{aligned}\|f'(x_0)(x_n-x_0)+o(\|x_n-x_0\|)\| &\geqslant\|f'(x_0)(x_n-x_0)\|-\|o(\|x_n-x_0\|)\|\\ &>\frac{\varepsilon}{2}\|x_n-x_0\|>0,\end{aligned}$$

此与式(4.1.9)矛盾。

下面的定理是微分拓扑中的重要结论的特殊情形，它说明 C^1 映射的临界点的集合所映照的像相对于定义域是非常小的集合，该结论在建立拓扑度概念中起到重要作用。

定理 4.1.2(Sard 定理) 设 $f\in C^1(\overline{\Omega})$，则

$$\mathrm{mes}(f(Z_f))=0, \tag{4.1.10}$$

这里 mes 表示$\mathbb{R}^n$ 中的 Lebesgue 测度。

【证】 由于开集 Ω 可用可列个闭正方体覆盖，根据测度的可列可加性，只需证明对每个闭正方体 C，有 $\mathrm{mes}(f(Z_f\cap C))=0$。

设 C 每边长为 l，N 等分各边得 N^n 个小闭立方体，其直径为 $\delta=\sqrt{n}\dfrac{l}{N}$，记

$$M=\max_{x\in C}\|f'(x)\|。$$

由于 $f\in C^1(\overline{\Omega})$，所以对任意的 $\varepsilon>0$，可以取充分大的 N，使对小立方体 K 内的任意两点 x 和 x_0，有

$$\|f(x)-f(x_0)-f'(x_0)(x-x_0)\|<\varepsilon\|x-x_0\|<\delta\varepsilon,$$

或者

$$\|[f(x)-f(x_0)+f'(x_0)x_0]-f'(x_0)x\|<\delta\varepsilon,\quad \forall x,x_0\in K。\tag{4.1.11}$$

由式(4.1.11)可知，$f(K)$经平移后得到的 $f(K)-f(x_0)+f'(x_0)x_0$ 与 K 经线性变换 $f'(x_0)$得到的 $f'(x_0)K$，两者对应点之间的距离不超过 $\varepsilon\delta$。

设 K 含有临界点x_0，则 $J_f(x_0)=0$，于是 $f'(x_0)K$ 位于某$n-1$ 维超平面上。实际上，设 $f'(x_0)=(\alpha_1,\alpha_2,\cdots,\alpha_n)^{\mathrm{T}}$，其中 $\alpha_i(i=1,2,\cdots,n)$ 为 $f'(x_0)$ 的行向量。由于 $J_f(x_0)=0$，所以 $\alpha_i(i=1,2,\cdots,n)$ 线性相关，于是存在不全为零的数 $k_i(i=1,2,\cdots,n)$ 使得 $\sum\limits_{i=1}^{n}k_i\alpha_i=0$，下面验证 $f'(x_0)K$ 位于如下 $n-1$ 维超平面 π_n 内，这里

$$\pi_n: k_1y_1+k_2y_2+\cdots+k_ny_n=0。$$

因为 $\forall x=(x_1,x_2,\cdots,x_n)^{\mathrm{T}}\in K$，它在 $f'(x_0)$下的像为

$$(\alpha_1x,\alpha_2x,\cdots,\alpha_nx)^{\mathrm{T}}\xlongequal{\text{def}}(y_1,y_2,\cdots,y_n)^{\mathrm{T}},$$

由此有

$$k_1y_1+\cdots+k_ny_n=k_1\alpha_1x+\cdots+k_n\alpha_nx=(k_1\alpha_1+\cdots+k_n\alpha_n)x=0。$$

又因为 $\forall x,x'\in K$，有

$$\|f'(x_0)x-f'(x_0)x'\|\leqslant M\|x-x'\|<M\delta, \tag{4.1.12}$$

因此，如图 4.1.1 所示，$f'(x_0)K$ 位于$n-1$ 维超平面 π_n 内边长为$M\delta$ 的平行体 P_{n-1} 内。记 P'_{n-1}为超平面 π_n 内的 $\varepsilon\delta$ 邻域，则根据式(4.1.11)和式(4.1.12)，$f(K)-f(x_0)+f'(x_0)x_0$ 包含在以 P'_{n-1}为底、高不超过 $2\varepsilon\delta$ 的 n 维柱体中。

由 Lebesgue 测度的平移不变性，得到

$$\begin{aligned}\mathrm{mes}(f(K))&=\mathrm{mes}(f(K)-f(x_0)+f'(x_0)x_0)\\&\leqslant(M\delta+2\varepsilon\delta)^{n-1}(2\varepsilon\delta),\\&=[2(M+2\varepsilon)^{n-1}n^{\frac{n}{2}}l^n]\cdot\frac{\varepsilon}{N^n}\leqslant A\frac{\varepsilon}{N^n},\end{aligned}$$

其中 A 为常数。于是

$$\text{mes}(f(Z_f \cap C)) \leqslant N^n \text{mes}(f(K)) < A\varepsilon。$$

由 ε 的任意性知 $\text{mes}(f(Z_f \cap C))=0$,于是完成式(4.1.10)的证明。

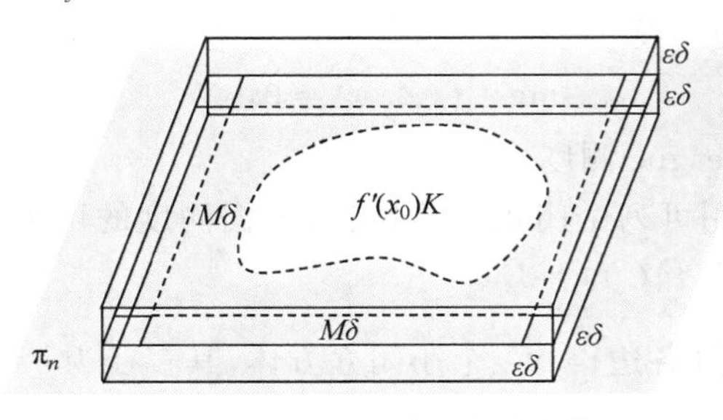

图 4.1.1 超平面与平行体

4.1.3 散度与积分

设 $f \in C(\overline{\Omega}, \mathbb{R}^n)$,其支撑集 $\text{supp}f$ 定义为

$$\text{supp}f = \overline{\{x \mid x \in \overline{\Omega}, f(x) \neq 0\}}。$$

显然,若 $\text{supp}f \subset \Omega$,则当 $x \in \partial\Omega$ 时有 $f(x)=0$。下面记

$$C_0^p(\overline{\Omega}) = \{f \mid f \in C^p(\overline{\Omega}), \text{supp}f \subset \Omega\}。$$

对 $u=(u_1, u_2, \cdots, u_n) \in C^1(\overline{\Omega})$,其散度 $\text{div}u$ 为

$$\text{div}u = \sum_{i=1}^{n} u_{i,i} = \sum_{i=1}^{n} \frac{\partial u_i}{\partial x_i}。$$

设 X 为$\mathbb{R}^n$ 的开子集,$C_0^1(X, \mathbb{R}^m)$为 $C^1(X, \mathbb{R}^m)$中具有紧支撑集的元素的全体。

引理 4.1.2(Hadamard 恒等式) 设 $f \in C^2(\overline{\Omega})$,$A_{ij}(x)$为 Jacobian 行列式 $J_f(x)$中元素$\dfrac{\partial f_j}{\partial x_i}$的代数余子式,则有

$$\sum_{i=1}^{n} \frac{\partial}{\partial x_i} A_{ij} = 0 (j=1,2,\cdots,n)。\tag{4.1.13}$$

【证】 证明 $j=1$ 的情形,其他类似。由代数余子式的定义有 $A_{i1}=(-1)^{i+1}D_i$,其中

$$D_i = \begin{vmatrix} \dfrac{\partial f_2}{\partial x_1} & \cdots & \dfrac{\partial f_2}{\partial x_{i-1}} & \dfrac{\partial f_2}{\partial x_{i+1}} & \cdots & \dfrac{\partial f_2}{\partial x_n} \\ \vdots & & \vdots & \vdots & & \vdots \\ \dfrac{\partial f_n}{\partial x_1} & \cdots & \dfrac{\partial f_n}{\partial x_{i-1}} & \dfrac{\partial f_n}{\partial x_{i+1}} & \cdots & \dfrac{\partial f_2}{\partial x_n} \end{vmatrix},$$

根据行列式的求导法则,有

$$\frac{\partial D_i}{\partial x_i} = \sum_{k<i} (-1)^{k-1} d_{ik} + \sum_{k>i} (-1)^{k-2} d_{ik} = \sum_{k \neq i} (-1)^{k-1} \text{sgn}(i-k) d_{ik},$$

其中

$$d_{ik}=\begin{vmatrix}\frac{\partial^2 f_2}{\partial x_k\partial x_i} & \frac{\partial f_2}{\partial x_1} & \cdots & \frac{\partial f_2}{\partial x_{i-1}} & \frac{\partial f_2}{\partial x_{i+1}} & \cdots & \frac{\partial f_2}{\partial x_{k-1}} & \frac{\partial f_2}{\partial x_{k+1}} & \cdots & \frac{\partial f_2}{\partial x_n}\\ \vdots & \vdots & & \vdots & \vdots & & \vdots & \vdots & & \vdots\\ \frac{\partial^2 f_n}{\partial x_k\partial x_i} & \frac{\partial f_n}{\partial x_1} & \cdots & \frac{\partial f_n}{\partial x_{i-1}} & \frac{\partial f_n}{\partial x_{i+1}} & \cdots & \frac{\partial f_n}{\partial x_{k-1}} & \frac{\partial f_n}{\partial x_{k+1}} & \cdots & \frac{\partial f_n}{\partial x_n}\end{vmatrix}。$$

于是

$$\sum_{i=1}^{n}\frac{\partial}{\partial x_i}A_{i1}=\sum_{i=1}^{n}(-1)^{i+1}\frac{\partial}{\partial x_i}D_i=\sum_{i,k=1,i\neq k}^{n}(-1)^{i+k}\operatorname{sgn}(i-k)d_{ik}, \quad (4.1.14)$$

由于$\frac{\partial^2 f_j}{\partial x_k\partial x_i}=\frac{\partial^2 f_j}{\partial x_i\partial x_k}$，所以$d_{ik}=d_{ki}$。又$\operatorname{sgn}(i-k)=-\operatorname{sgn}(k-i)$，因此，式(4.1.14)右端各项两两抵消，所以有$\sum_{i=1}^{n}\frac{\partial}{\partial x_i}A_{i1}=0$，这便证明了式(4.1.13)当$j=1$时的情形。

定理 4.1.3 设$f\in C^2(\overline{\Omega})$，$v\in C_0^1(\mathbb{R}^n,\mathbb{R}^n)$，$\operatorname{supp}v\cap f(\partial\Omega)=\varnothing$，则存在$u\in C_0^1(\overline{\Omega})$，使得$(\operatorname{div}u)(x)=J_f(x)(\operatorname{div}v)(f(x))$。

【证】 记J_f中元素$\frac{\partial f_j}{\partial x_i}$的代数余子式为$A_{ij}(x)$，作

$$u_i(x)=\sum_{j=1}^{n}v_j(f(x))A_{ij}(x)。$$

由于$\operatorname{supp}v\cap f(\partial\Omega)=\varnothing$，所以当$x\in\partial\Omega$时，$f(x)\notin\operatorname{supp}v$，从而有$v(f(x))=0$，所以$u\in C_0^1(\overline{\Omega})$。利用求导数的乘法法则和链式法则有

$$\begin{aligned}(\operatorname{div}u)(x)&=\sum_{i=1}^{n}\frac{\partial u_i}{\partial x_i}=\sum_{i=1}^{n}\frac{\partial}{\partial x_i}\sum_{j=1}^{n}v_j(f(x))A_{ij}(x)\\&=\sum_{i=1}^{n}\sum_{j=1}^{n}\sum_{k=1}^{n}\frac{\partial v_j}{\partial f_k}(f(x))\frac{\partial f_k}{\partial x_i}A_{ij}(x)+\sum_{i=1}^{n}\sum_{j=1}^{n}v_j(f(x))\frac{\partial}{\partial x_i}A_{ij}(x)\\&=\sum_{j=1}^{n}\sum_{k=1}^{n}\frac{\partial v_j}{\partial f_k}(f(x))\sum_{i=1}^{n}\frac{\partial f_k}{\partial x_i}A_{ij}(x)+\sum_{j=1}^{n}v_j(f(x))\sum_{i=1}^{n}\frac{\partial}{\partial x_i}A_{ij}(x),\end{aligned} \quad (4.1.15)$$

由行列式的展开定理有

$$\sum_{i=1}^{n}\frac{\partial f_k}{\partial x_i}A_{ij}(x)=\begin{cases}J_f(x), & k=j,\\0, & k\neq j。\end{cases} \quad (4.1.16)$$

将式(4.1.13)和式(4.1.16)应用于式(4.1.15)得

$$(\operatorname{div}u)(x)=\sum_{j=1}^{n}\frac{\partial v_j}{\partial f_j}(f(x))J_f(x)=(\operatorname{div}v)(f(x))J_f(x),$$

于是定理获证。

若$f\in C^1(\mathbb{R},\mathbb{R})$，$a,b\in\mathbb{R}$，令

$$v(x)=\int_0^1 f(x-b+(b-a)t)(b-a)\mathrm{d}t, \quad (4.1.17)$$

则有

$$v'(x)=\int_0^1 \frac{\partial}{\partial x}f(x-b+(b-a)t)(b-a)\mathrm{d}t$$
$$=\int_0^1 \frac{\partial}{\partial t}f(x-b+(b-a)t)\mathrm{d}t$$
$$=f(x-a)-f(x-b)。$$

如果将上述结论推广到$\mathbb{R}^n$中,便有下面的定理。

定理 4.1.4 设 $f\in C_0^1(\mathbb{R}^n,\mathbb{R})$,$K=\operatorname{supp}f$,$\gamma(s)(0\leqslant s\leqslant 1)$是$\mathbb{R}^n$中的连续曲线,使得

$$A=\{k+\gamma(s)\mid k\in K,0\leqslant s\leqslant 1\}\subset\Omega,$$

则存在 $v\in C_0^1(\overline{\Omega})$,使得

$$(\operatorname{div}v)(x)=f(x-\gamma(0))-f(x-\gamma(1))。\tag{4.1.18}$$

【证】 首先证明式(4.1.18)是局部成立的,即对$\forall s\in[0,1]$,存在$\delta>0$,使得当$t\in[0,1]$且$|t-s|<\delta$时,存在$v\in C_0^1(\overline{\Omega})$,使得

$$\operatorname{div}v(x)=f(x-\gamma(s))-f(x-\gamma(t))。$$

为叙述方便引进下面的记号:

$$K_s=\{k+\gamma(s)\mid k\in K\},\quad f_s(x)=f(x-\gamma(s)),\quad h_t=\gamma(t)-\gamma(s)。$$

则有 $\operatorname{supp}f_s=K_s$,由于 K_s 为紧集(即有界闭集)且 $K_s\subset\Omega$,所以 $\eta=\operatorname{dist}(K_s,\partial\Omega)>0$。由 γ 的连续性,存在 $\delta>0$,当 $t\in[0,1]$且$|t-s|<\delta$时,有$\|h_t\|<\frac{\eta}{2}$。于是

$$K_s^1=\{k+\theta h_t\mid k\in K_s,0\leqslant\theta\leqslant 1\}\subset\Omega。$$

定义 $F:\overline{\Omega}\to\mathbb{R}$,$v:\overline{\Omega}\to\mathbb{R}^n$ 为

$$F(x)=\int_0^1 f_s(x-\theta h_t)\mathrm{d}\theta,\quad v(x)=F(x)h_t,$$

其中 $h_t=(h_{t1},\cdots,h_{tn})\in\mathbb{R}^n$。于是,$v\in C^1(\mathbb{R}^n,\mathbb{R}^n)$。因为当 $x-\theta h_t\notin K_s$ 时 $f_s(x-\theta h_t)=0$,可知若 $x\notin\bigcup\limits_{0\leqslant\theta\leqslant 1}(K_s+\theta h_t)$,则 $F(x)=0$,从而 $\operatorname{supp}F\subset K_s^1$,$v\in C_0^1(\overline{\Omega})$。于是

$$(\operatorname{div}v)(x)=\sum_{i=1}^n h_{ti}\frac{\partial F}{\partial x_i}(x)$$
$$=\int_0^1\sum_{i=1}^n h_{ti}\frac{\partial f_s}{\partial x_i}(x-\theta h_t)\mathrm{d}\theta$$
$$=-\int_0^1\frac{\mathrm{d}}{\mathrm{d}\theta}f_s(x-\theta h_t)\mathrm{d}\theta$$
$$=f_s(x)-f_s(x-h_t)$$
$$=f(x-\gamma(s))-f(x-\gamma(t))。\tag{4.1.19}$$

由于$[0,1]$可由有限个上述邻域所覆盖,于是 $s=0$ 和 $s=1$ 可由该有限个邻域联系起来,将每个局部邻域所对应的式(4.1.19)相加,便得式(4.1.18)。

4.2 Brouwer 度

4.2.1 C^1 类映射的拓扑度的导数表示

对有限维空间中的连续映射建立的拓扑度称为 Brouwer 度,下面用分析的方法从特殊

到一般引入 Brouwer 度的定义，并介绍其性质，它们为整个拓扑度理论的出发点。

设 f 为定义在$[a,b]$上的连续可微实值函数，p 为某实数，考察方程

$$f(x)=p$$

在(a,b)内解的个数，它可能随着 p 的小扰动而变化，例如，方程 $x^2=p$ 当 p 在 0 附近变化时，解的个数可以发生本质的变化。下面考虑引进一种度量，它既能反映方程解个数的特征，如这个度量不等于零时方程一定存在解，但同时又具有小扰动的不变性。例如定义这个度量为

$$\deg(f,(a,b),p)=\sum_{f(x)=p}\operatorname{sign}f'(x),$$

则可知它是小扰动不变的。设 $f(a)\neq f(b)$，直观上我们有如下结果

$$\deg(f,(a,b),p)=\begin{cases}1, & f(b)>p>f(a),\\ -1, & f(b)<p<f(a),\\ 0, & [f(b)-p][f(a)-p]>0。\end{cases}$$

从上述结果可知，当 p 在一个小的范围变化时，$\deg(f,(a,b),p)$的值不变。与此同时，$\deg(f,(a,b),p)\neq 0$ 反映了方程 $f(x)=p$ 在(a,b)内解的存在性。下面我们首先对 C^1 类映射建立上述度量，然后再推广到$\mathbb{R}^n$ 到$\mathbb{R}^n$ 的连续映射。

定义 4.2.1 设 $f\in C^1(\overline{\Omega})$，$p\notin f(\partial\Omega\cup Z_f)$，定义 f 在 p 处关于Ω 的拓扑度为

$$\deg(f,\Omega,p)=\sum_{x\in f^{-1}(p)}\operatorname{sign}J_f(x)。\tag{4.2.1}$$

若 $f^{-1}(p)=\varnothing$，则定义 $\deg(f,\Omega,p)=0$。

由于 $p\notin f(Z_f)$，由引理 4.1.1 知上述求和为有限项的和。另外，设 I 为$\mathbb{R}^n$ 上的恒等映射，则有

$$\deg(I,\Omega,p)=\begin{cases}1, & \forall p\in\Omega,\\ 0, & \forall p\notin\Omega。\end{cases}$$

该性质称为拓扑度的标准性。

例 1 设 $f:\mathbb{C}\to\mathbb{C}$，$f(z)=z^n(n=1,2,\cdots)$，$\Omega=\{z\mid |z|<2\}$，则 $p=1\notin f(Z_f\cup\partial\Omega)$，且 $\deg(f,\Omega,p)=n$。

实际上，$f^{-1}(p)=\{\mathrm{e}^{\frac{k}{n}\mathrm{i}}\mid k=0,1,\cdots,n-1\}$，设 $f(z)=u+\mathrm{i}v$，由于 f 解析，所以有

$$J_f(z)=\begin{vmatrix}u_x & v_x\\ u_y & v_y\end{vmatrix}=u_x^2+v_x^2=|f'(z)|^2,$$

由此得 $J_f(\mathrm{e}^{\frac{k}{n}\mathrm{i}})=|f'(\mathrm{e}^{\frac{k}{n}\mathrm{i}})|^2=n\neq 0$，而且当 $z\in\partial\Omega$ 时 $f(z)\neq 1$，因此 $p\notin f(Z_f\cup\partial\Omega)$。根据式(4.2.1)有

$$\deg(f,\Omega,p)=\sum_{k=0}^{n-1}\operatorname{sign}J_f(\mathrm{e}^{\frac{k}{n}\mathrm{i}})=n。$$

类似地，若考虑函数 $g(z)=\bar{z}^n(n=1,2,\cdots)$，则有 $\deg(f,\Omega,p)=-n$。

下面的定理说明当 f 作一小的扰动时，$\deg(f,\Omega,p)$的值不发生改变。

定理 4.2.1 设 $f\in C^1(\overline{\Omega})$，$p\notin f(Z_f\cup\partial\Omega)$，则存在 $\delta>0$，使得当 $g\in C^1(\overline{\Omega})$且 $\|f-g\|_1<\delta$ 时，有 $p\notin g(Z_g\cup\partial\Omega)$，并且

$$\deg(g,\Omega,p)=\deg(f,\Omega,p)。$$

【证】 先证 $f^{-1}(p)=\varnothing$的情形。易知只要取 $\delta=\frac{1}{2}\operatorname{dist}(p,f(\overline{\Omega}))$，则当 $\|f-g\|_1<\delta$ 时，由式(4.1.2)范数的定义，有 $\|f-g\|<\delta$，于是当 $x\in\overline{\Omega}$ 时，有

$$\|g(x)-p\|\geqslant\|f(x)-p\|-\|f(x)-g(x)\|>2\delta-\delta=\delta>0,$$

这说明 g 在 $\overline{\Omega}$ 上取不到 p，即 $g^{-1}(p)=\varnothing$。由定义 4.2.1 的规定有

$$\deg(f,\Omega,p)=\deg(g,\Omega,p)=0。$$

再证 $f^{-1}(p)\neq\varnothing$的情形。由引理 4.1.1，可设 $f^{-1}(p)=\{a_1,a_2,\cdots,a_k\}$。下面要选取正数 r,δ，使得 $B_i=B(a_i,r)$互不相交，且当 $g\in C^1(\overline{\Omega})$，$\|f-g\|_1<\delta$ 时，

$$g^{-1}(p)\subset\bigcup_{i=1}^{k}\boldsymbol{B}_i,$$

$g^{-1}(p)$与每个 B_i 的交均为单点集，即方程 $g(x)=p$ 在Ω 内只有k 个解，且每个 $B_i(i=1,2,\cdots,k)$内存在唯一解。

为此，先取 r_0：$0<r_0<1$，且 $r=r_0$ 时 $\overline{B}_i$ 互不相交，

$$\overline{B}_i\cap(\partial\Omega\cup Z_f)=\varnothing(i=1,2,\cdots,k),$$

其中 $\overline{B}_i$ 不含 Z_f 的点用到了 $J_f(a_i)\neq0$ 及 $J_f(x)$的连续性，因此，当 $x\in\bigcup_{i=1}^{k}\overline{B}_i$ 时有 $|J_f(x)|>0$。记

$$M=\sup\{\|[f'(x)]^{-1}\|\mid x\in\bigcup_{i=1}^{k}\overline{B}_i\}。$$

由于 $p\notin f(\partial\Omega)$，再取 $\delta_0>0$，使当 $\|f-g\|_1<\delta_0$ 时，$p\notin g(\partial\Omega)$，且当 $x\in\bigcup_{i=1}^{k}\overline{B}_i$ 时 $|J_g(x)|>0$，$\|[g'(x)]^{-1}\|\leqslant2M$(类似于式(2.7.8)的证明)。

下面考虑合适的 B_i，使方程 $g(x)=p$ 在 B_i 中存在唯一解。记 $a=a_i$，$z=x-a$，将方程 $g(x)=p$ 写成如下等价形式：

$$g'(a)z+g(z+a)-g'(a)z=p。$$

又 $g'(a)$可逆，因此可将上述方程写为

$$z=[g'(a)]^{-1}[p-g(z+a)+g'(a)z]。$$

记

$$Tz=[g'(a)]^{-1}[p-g(z+a)+g'(a)z]。\tag{4.2.2}$$

下面证明，当 r,δ 充分小时，T 是 $\overline{B(a,r)}$到其自身的压缩算子。实际上，对 $y,z\in\overline{B(a,r)}$，根据微分中值定理，有

$$\begin{aligned}\|Tz-Ty\|&=\|[g'(a)]^{-1}[g(z+a)-g(y+a)-g'(a)(z-y)]\|\\&\leqslant\|[g'(a)]^{-1}\|\,\|[g'(\theta z+(1-\theta)y+a)-g'(a)](z-y)\|。\end{aligned}\tag{4.2.3}$$

由于 $T0=[g'(a)]^{-1}(p-g(a))$，故在式(4.2.3)中令 $y=0$，得

$$\begin{aligned}\|Tz\|&\leqslant\|Tz-T0\|+\|T0\|\\&\leqslant\|[g'(a)]^{-1}\|(\|g'(\theta z+a)-g'(a)\|\,\|z\|+\|p-g(a)\|)。\end{aligned}\tag{4.2.4}$$

由 $f'(x)$的连续性，可以取正数 $r<r_0$，使当 $z\in B(0,r)$时，有

$$\| f'(z+a_i)-f'(a_i) \| \leqslant \frac{1}{10M}, \quad i=1,2,\cdots,k。 \tag{4.2.5}$$

再取正数 δ，使 $\delta \leqslant \frac{r}{10M}$。于是，由 $\| f-g \|_1 < \delta$ 及式(4.2.5)有

$$\begin{aligned} \| g'(\theta z+(1-\theta)y+a)-g'(a) \| &\leqslant \| g'(\theta z+(1-\theta)y+a)-f'(\theta z+(1-\theta)y+a) \| + \\ &\quad \| f'(\theta z+(1-\theta)y+a)-f'(a) \| + \| f'(a)-g'(a) \| \\ &< \delta+\frac{1}{10M}+\delta<\frac{3}{10M}, \end{aligned}$$

所以由式(4.2.3)有

$$\| Tz-Ty \| < 2M \cdot \frac{3}{10M} \| z-y \| = \frac{3}{5} \| z-y \|。 \tag{4.2.6}$$

类似地，由式(4.2.4)有

$$\| Tz \| < 2M\left(\frac{3}{10M}r+\delta\right) < 2M\left(\frac{3}{10M}r+\frac{r}{10M}\right)=\frac{4}{5}r。 \tag{4.2.7}$$

因此，由式(4.2.6)和式(4.2.7)知，式(4.2.2)定义的算子 T 是 $\overline{B(a,r)}$ 到其自身的压缩算子。由 Banach 不动点定理，T 在 $B(a,r)$ 中存在唯一不动点，即方程 $g(x)=p$ 在 $B(a,r)$ 中存在唯一解。因此，当 $\| f-g \|_1 < \delta$ 时，方程 $g(x)=p$ 在每个 B_i 中存在唯一解。

最后说明方程 $g(x)=p$ 在 $F=\overline{\Omega} \setminus \bigcup_{i=1}^{k} B_i$ 上无解。由于 $f(x)=p$ 的解位于 B_i 内，所以存在正数 ε，使当 $x \in F$ 时 $\| f(x)-p \| \geqslant \varepsilon$。设 δ 还满足 $\delta<\frac{\varepsilon}{2}$，则当 $x \in \overline{\Omega}$ 时，有 $\| f(x)-g(x) \| < \frac{\varepsilon}{2}$。于是，当 $x \in F$ 时 $\| g(x)-p \| \geqslant \frac{\varepsilon}{2}$，即有

$$g^{-1}(p) \subset \bigcup_{i=1}^{k} B_i。$$

又在 B_i 中 $|J_g(x)|>0$，所以 $p \notin g(Z_g)$。根据上面的 δ 和 r 的取法，$J_g(x)$ 与 $J_f(x)$ 在每个 B_i 内有相同的符号，因此，根据式(4.2.1)有

$$\begin{aligned} \deg(g,\Omega,p) &= \sum_{x \in g^{-1}(p)} \operatorname{sign}(J_g(x)) \\ &= \sum_{i=1}^{k} \operatorname{sign} J_f(a_i) = \deg(f,\Omega,p)。 \end{aligned}$$

这便完成了定理 4.2.1 的证明。

4.2.2 C^1 类映射的拓扑度的积分表示

为了将式(4.2.1)所定义的 C^1 类映射的拓扑度 $\deg(f,\Omega,p)$ 推广到连续映射，并且去掉看似多余的条件 $p \notin f(Z_f)$，我们需要下面 $\deg(f,\Omega,p)$ 的积分表示。

定理 4.2.2 设 $f \in C^1(\overline{\Omega})$，$p \notin f(\partial\Omega \cup Z_f)$，$\varphi_\varepsilon: \mathbb{R}^n \to \mathbb{R}$ 是连续函数，且满足

$$K_\varepsilon = \operatorname{supp}\varphi_\varepsilon \subset O(0,\varepsilon),$$

$$\int_{\mathbb{R}^n} \varphi_\varepsilon(x)\,\mathrm{d}x = 1。$$

则存在 ε_0，当 $0<\varepsilon<\varepsilon_0$ 时，

$$\deg(f,\Omega,p)=\int_\Omega \varphi_\varepsilon(f(x)-p)J_f(x)\mathrm{d}x。\tag{4.2.8}$$

【证】 由性质 4.1.2，满足定理条件的函数 φ_ε 一定存在。设 $f^{-1}(p)=\{a_1,a_2,\cdots,a_k\}$，我们证明

$$\int_\Omega \varphi_\varepsilon(f(x)-p)J_f(x)\mathrm{d}x=\sum_{i=1}^k \mathrm{sgn}J_f(a_i)。$$

对充分小的 ε_1，可以取到 a_i 在 Ω 中的邻域 O_i（即包含 a_i 的开集），使得

$$f(O_i)=B(p,\varepsilon_1),\quad i=1,2,\cdots,k。$$

由于 $J_f(a_i)\neq 0$，根据反函数存在定理，还可以保证 $f|_{O_i}$ 是一对一的。不妨设 ε_1 充分小，使

$$\left(\bigcup_{i=1}^k O_i\right)\cap\partial\Omega=\varnothing,$$

且当 $x\in\bigcup_{i=1}^k O_i$ 时 $J_f(x)\neq 0$。由于当 $x\in\overline{\Omega}\backslash\bigcup_{i=1}^k O_i$ 时 $f(x)\neq p$，且 $f(\overline{\Omega}\backslash\bigcup_{i=1}^k O_i)$ 为闭集，所以可以再取 $0<\varepsilon_0<\varepsilon_1$，使当 $x\in\overline{\Omega}\backslash\bigcup_{i=1}^k O_i$ 时 $\|f(x)-p\|>\varepsilon_0$。于是，当 $0<\varepsilon<\varepsilon_0$ 时，

$$\mathrm{supp}\varphi_\varepsilon(f(\cdot)-p)\subset f^{-1}(B(p,\varepsilon_0))\subset\bigcup_{i=1}^k O_i。\tag{4.2.9}$$

式(4.2.9)左边的包含关系可以证明如下：$\forall x\notin f^{-1}(B(p,\varepsilon_0))$，则 $f(x)\notin B(p,\varepsilon_0)$，即 $f(x)-p\notin B(0,\varepsilon_0)$，由函数 φ_ε 的定义，有 $\varphi_\varepsilon(f(x)-p)=0$，所以 $x\notin\mathrm{supp}\varphi_\varepsilon(f(\cdot)-p)$，因此包含关系成立。于是，由式(4.2.9)有

$$\int_\Omega \varphi_\varepsilon(f(x)-p)J_f(x)\mathrm{d}x=\sum_{i=1}^k\int_{O_i}\varphi_\varepsilon(f(x)-p)J_f(x)\mathrm{d}x。$$

记 $K_i=f(O_i)-p$，则 $K_i=B(0,\varepsilon_1)$，又因 J_f 在每个 O_i 中符号不变，于是

$$\int_{O_i}\varphi_\varepsilon(f(x)-p)J_f(x)\mathrm{d}x=\mathrm{sign}J_f(a_i)\int_{K_i}\varphi_\varepsilon(y)\mathrm{d}y=\mathrm{sign}J_f(a_i)。$$

因此

$$\int_\Omega \varphi(f(x)-p)J_f(x)\mathrm{d}x=\sum_{i=1}^k\mathrm{sign}J_f(a_i)=\deg(f,\Omega,p),$$

即式(4.2.8)成立，于是定理获证。

例2 设 $f:\mathbb{C}\to\mathbb{C}$，$f(z)=z(z^2-1)$，$\Omega=\{z\mid z\in\mathbb{C},|z|<2\}$，则 f 将 $\partial\Omega$ 映射成图 4.2.1 中的曲线，该曲线将 $\mathbb{C}$ 分成 6 个部分 $D_j(j=1,2,\cdots,6)$，称它们为 $\mathbb{C}\backslash f(\partial\Omega)$ 的连通分支。任取 $p\in D_1$，考虑方程 $f(z)=p$ 在 Ω 中解的个数，从图 4.2.1 可以看出，当 z 从 2 开始沿 $\partial\Omega$ 逆时针绕行一周回到 2 时，$\arg(f(z)-p)$ 增加 6π，由复变函数的幅角原理知 $f(z)-p$ 在 Ω 中零点的个数等于 3，即方程 $f(z)=p$ 在 Ω 中解的个数为 3。注意到 $J_f(z)=|f'(z)|^2=|3z^2-1|$，所以 $Z_f=\left\{\pm\frac{1}{\sqrt{3}}\right\}$，因此当 $p\in D_1$ 且 $p\neq f\left(\pm\frac{1}{\sqrt{3}}\right)$ 时，类似于例 1 的方法可以计算得 $\deg(f,\Omega,p)=3$，对于其他连通分支也有类似的结论。一般地，我们有如

下定理。

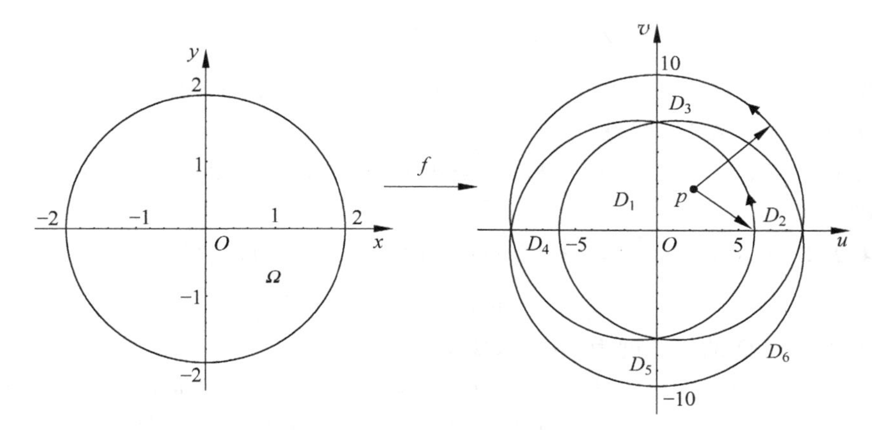

图 4.2.1 像 $f(\partial\Omega)$与 $\mathbf{C}\backslash f(\partial\Omega)$的连通分支

定理 4.2.3 设 $f\in C^1(\overline{\Omega})$，$p_1$ 和 p_2 在$\mathbb{R}^n\backslash f(\partial\Omega)$的同一连通分支中，而且都不属于 $f(Z_f)$，则

$$\deg(f,\Omega,p_1)=\deg(f,\Omega,p_2)。$$

【证】 (1) 先证 $f\in C^2(\overline{\Omega})$的情形。若 D 是含有 p_1,p_2 的连通分支，任取 D 中的连续曲线 $\gamma(s)(0\leqslant s\leqslant 1)$，使 $\gamma(0)=p_1,\gamma(1)=p_2$。取 $\varepsilon_1>0$ 使得 γ 的 ε_1 邻域含于 D 中。再取 $\varepsilon<\varepsilon_1$ 及相应的 φ_ε，使得 $\deg(f,\Omega,p_1)$和 $\deg(f,\Omega,p_2)$均可表示为积分的形式。

显然

$$\{z+\gamma(s)\mid z\in\operatorname{supp}\varphi_\varepsilon,0\leqslant s\leqslant 1\}\subset D。$$

由定理 4.1.4，存在 $v\in C_0^1(\overline{D})$，使得

$$(\operatorname{div}v)(x)=\varphi_\varepsilon(x-p_1)-\varphi_\varepsilon(x-p_2)。\tag{4.2.10}$$

因为 $f\in C^2(\overline{\Omega})$，$\operatorname{supp}v\cap f(\partial\Omega)=\varnothing$。由定理 4.1.3，存在 $u\in C_0^1(\overline{\Omega})$，使得

$$(\operatorname{div}u)(x)=J_f(x)(\operatorname{div}v)(f(x))。\tag{4.2.11}$$

利用定理 4.2.2，由式(4.2.10)和式(4.2.11)有

$$\begin{aligned}\deg(f,\Omega,p_1)&=\int_\Omega\varphi_\varepsilon(f(x)-p_1)J_f(x)\mathrm{d}x\\&=\int_\Omega\varphi_\varepsilon(f(x)-p_2)J_f(x)\mathrm{d}x+\int_\Omega J_f(x)(\operatorname{div}v)(f(x))\mathrm{d}x\\&=\deg(f,\Omega,p_2)+\int_\Omega(\operatorname{div}u)(x)\mathrm{d}x\\&=\deg(f,\Omega,p_2),\end{aligned}$$

其中$\int_\Omega(\operatorname{div}u)(x)\mathrm{d}x=0$是由散度定理推得，注意 $u\in C_0^1(\overline{\Omega})$，所以当 $x\in\partial\Omega$ 时，$u(x)=0$，因此有$\int_\Omega(\operatorname{div}u)(x)\mathrm{d}x=\int_{\partial\Omega}u\mathrm{d}x=0$。

(2) 设 $f\in C^1(\overline{\Omega})$，由定理 4.1.1，可以取 $f_m\in C^2(\overline{\Omega})$，使 $\|f_m-f\|\to 0$。同(1)取连续曲线 γ 连接 p_1 和 p_2。记 $\delta=\operatorname{dist}(\gamma,f(\partial\Omega))$，则 $\delta>0$。当 $\|f-f_m\|_1<\frac{1}{2}\delta$ 时，对于

$x\in\partial\Omega$，有

$$\operatorname{dist}(\gamma,f_m(\partial\Omega))\geqslant\operatorname{dist}(\gamma,f(\partial\Omega))-\|f(x)-f_m(x)\|>\delta-\frac{1}{2}\delta=\frac{1}{2}\delta。$$

这说明曲线 γ 不可能穿越 $f_m(\partial\Omega)$，因此 p_1 和 p_2 属于$\mathbb{R}^n\setminus f_m(\partial\Omega)$的同一分支。利用定理 4.2.1 及前证(1)的结果，即得

$$\deg(f,\Omega,p_1)=\deg(f_m,\Omega,p_1)=\deg(f_m,\Omega,p_2)=\deg(f,\Omega,p_2)。$$

于是定理获证。

定义 4.2.2　设 $f\in C^1(\overline{\Omega})$，$p\notin f(\partial\Omega)$。任取 $q\notin f(Z_f)$，使得

$$\|p-q\|<\operatorname{dist}(p,f(\partial\Omega))\xlongequal{\text{def}}\rho。$$

定义 f 在 p 处关于 Ω 的拓扑度为 $\deg(f,\Omega,p)=\deg(f,\Omega,q)$。

与定义 4.2.1 比较，这里的 $\deg(f,\Omega,p)$不再要求 $p\notin f(Z_f)$，但应该说明它与 q 的选择无关。实际上，由 Sard 定理，对任意的 $r>0$，$B(p,r)\setminus f(Z_f)\neq\varnothing$，即 $f(Z_f)$不能包含任何小邻域，这是因为 $\operatorname{mes}(f(Z_f))=0$。又$\mathbb{R}^n\setminus f(\partial\Omega)$包含 p 的连通分支一定含有 $B(p,\rho)$，因此由定理 4.2.3，当 $g\notin f(Z_f)$且 $\|q-p\|<\rho$ 时，有

$$\deg(f,\Omega,p)=\deg(f,\Omega,q)。$$

上面将拓扑度的 $p\notin f(Z_f)$的限制去掉了，为了将条件 $f\in C^1(\overline{\Omega})$减弱成 $f\in C(\overline{\Omega})$，我们还需做一些准备工作。

定义 4.2.3　称映射 $H:\overline{\Omega}\times[0,1]\to\mathbb{R}^n$ 是 $C^1(\overline{\Omega})$中函数 f 和 g 的一个 $C^1(\overline{\Omega})$同伦，若 H 满足条件(1)对 $H_t:x\mapsto H(x,t)$有 $H_t\in C^1(\overline{\Omega})$，$0\leqslant t\leqslant 1$，$H_0=f$，$H_1=g$；(2)$s\to t$ 时 $\|H_t-H_s\|_1\to 0$。

定理 4.2.4　设 $f\in C^1(\overline{\Omega})$，则

(1) $\deg(f,\Omega,\cdot)$在$\mathbb{R}^n\setminus f(\partial\Omega)$的每个连通分支上均为常数；

(2) 如果 $p\notin f(\partial\Omega)$，则存在 $\varepsilon>0$，使得当 $g\in C^1(\overline{\Omega})$且 $\|f-g\|_1<\varepsilon$ 时，

$$\deg(f,\Omega,p)=\deg(g,\Omega,p)。$$

(3) 设 $H(x,t)$是 f 和 g 之间的 C^1 同伦，且 $p\notin H(\partial\Omega,t)(\forall t\in[0,1])$，则

$$\deg(f,\Omega,p)=\deg(g,\Omega,p)。$$

【证】　(1) 设 p_1,p_2 为$\mathbb{R}^n\setminus f(\partial\Omega)$的同一连通分支 D 上的任两点，$\gamma(s)(0\leqslant s\leqslant 1)$是 D 内连接 p_1,p_2 的连续曲线，记 $\rho=\operatorname{dist}(\gamma,f(\partial\Omega))$，则 $\rho>0$，且 $B(p_i,\rho)\subset D(i=1,2)$。取 $q_i\in B(p_i,\rho)(i=1,2)$使 $q_i\notin f(Z_f)(i=1,2)$，则由定义 4.2.2 及定理 4.2.3 有

$$\deg(f,\Omega,p_1)=\deg(f,\Omega,q_1)=\deg(f,\Omega,q_2)=\deg(f,\Omega,p_2)。$$

(2) 记 $\eta=\operatorname{dist}(p,f(\partial\Omega))$，则 $\eta>0$。由 Sard 定理，可以取到 q，使得 $\|q-p\|<\frac{1}{2}\eta$ 且 $q\notin f(Z_f)$，此时 p,q 在$\mathbb{R}^n\setminus f(\partial\Omega)$的同一连通分支内。再由定理 4.2.1，取 $\delta<\frac{1}{2}\eta$，使得 $\|f-g\|_1<\delta$ 时 $q\notin g(Z_g)$，且

$$\deg(f,\Omega,q)=\deg(g,\Omega,q)。\tag{4.2.12}$$

若 $x\in\partial\Omega$，则得

$$\|p-g(x)\|\geqslant\|p-f(x)\|-\|f(x)-g(x)\|>\frac{1}{2}\eta。$$

因此，p 和 q 既在 $\mathbb{R}^n\setminus f(\partial\Omega)$ 的同一分支，也在 $\mathbb{R}^n\setminus g(\partial\Omega)$ 的同一分支，由定义 4.2.2 及式(4.2.12)有

$$\deg(f,\Omega,p)=\deg(f,\Omega,q)=\deg(g,\Omega,q)=\deg(g,\Omega,p)。$$

(3) 由(2)知，关于 $t\in[0,1]$ 的整数值函数 $\deg(H_t,\Omega,p)$ 在 $[0,1]$ 上任一点是局部为常数，由有限覆盖定理知 $\deg(H_t,\Omega,p)$ 对 $t\in[0,1]$ 为常数。

4.2.3 Brouwer 度及其基本定理

设 $f\in C(\overline{\Omega})$，$p\notin f(\partial\Omega)$，记 $\eta=\mathrm{dist}(p,f(\partial\Omega))$，则 $\eta>0$。对 $g_1,g_2\in C^1(\overline{\Omega})$，当 $\|f-g_i\|<\eta(i=1,2)$ 时，考察 g_1,g_2 的同伦

$$H_t(x)=tg_1(x)+(1-t)g_2(x),\quad x\in\overline{\Omega},\quad 0\leqslant t\leqslant 1。$$

对 $t\in[0,1]$，$p\notin H_t(\partial\Omega)$。实际上，当 $x\in\partial\Omega$ 时，

$$\begin{aligned}\|H_t(x)-p\|&=\|f(x)-p+t(g_1(x)-f(x))+(1-t)(g_2(x)-f(x))\|\\&\geqslant\|f(x)-p\|-t\|g_1(x)-f(x)\|-(1-t)\|g_2(x)-f(x)\|>0。\end{aligned}$$

于是，由上述定理 4.2.4(3)可知

$$\deg(g_1,\Omega,p)=\deg(g_2,\Omega,p)。$$

由此，我们可以建立 Brouwer 度的概念。

定义 4.2.4 设 $f\in C(\overline{\Omega})$，$p\notin f(\partial\Omega)$，取 $g\in C^1(\overline{\Omega})$，使得

$$\|f-g\|<\rho(p,f(\partial\Omega)),$$

规定

$$\deg(f,\Omega,p)=\deg(g,\Omega,p),$$

称 $\deg(f,\Omega,p)$ 为 f 在 p 点关于 Ω 的 Brouwer 度。

尽管上述定义中只要求 $g\in C^1(\overline{\Omega})$ 而无需 $p\notin g(Z_g)$，但实际上可以取到 g，使得 $p\notin g(Z_g)$，下面说明 g 的选取过程。记 $\eta=\mathrm{dist}(p,f(\partial\Omega))$。先取 $h\in C^1(\overline{\Omega})$，使得 $\|f-h\|<\frac{1}{2}\eta$。于是，$\mathrm{dist}(p,h(\partial\Omega))>\frac{1}{2}\eta$。再取 q，使得 $\|p-q\|<\frac{1}{2}\eta$，$g\notin h(Z_h)$。令 $g(x)=h(x)+p-q$，便有

$$\|f-g\|\leqslant\|f-h\|+\|p-q\|<\eta。$$

并且，$g(x)=p$ 当且仅当 $h(x)=q$。对这样的 x，有 $J_g(x)=J_h(x)\neq 0$，因而 $p\notin g(Z_g)$。

为了给出 Brouwer 度的基本定理，需要下面两个引理，它们是定理 4.2.4 中的(2)和(3)对 Brouwer 度的推广。

引理 4.2.1 设 $f\in C(\overline{\Omega})$，$p\notin f(\partial\Omega)$，如果 $\|f-g\|<\mathrm{dist}(p,f(\partial\Omega))$，则

$$\deg(g,\Omega,p)=\deg(f,\Omega,p)。\tag{4.2.13}$$

【证】 由条件可知，$p\notin g(\partial\Omega)$，因此 $\deg(g,\Omega,p)$ 有意义。取 $k\in C^1(\overline{\Omega})$，使得

$$\|k-g\|+\|g-f\|<\rho(p,f(\partial\Omega))。$$

于是 $\|k-f\|<\mathrm{dist}(p,f(\partial\Omega))$。由定义 4.2.4

$$\deg(f,\Omega,p)=\deg(k,\Omega,p)。\tag{4.2.14}$$

又因为 $\mathrm{dist}(p,f(\partial\Omega))\leqslant\mathrm{dist}(p,g(\partial\Omega))+\|f-g\|$，所以

$$\|k-g\|<\mathrm{dist}(p,g(\partial\Omega)),$$

再由定义 4.2.4 有

$$\deg(g,\Omega,p)=\deg(k,\Omega,p)。\tag{4.2.15}$$

因此，由式(4.2.14)和式(4.2.15)有式(4.2.13)成立。

引理 4.2.2 在$\mathbb{R}^n\setminus f(\partial\Omega)$的同一连通分支上，$\deg(f,\Omega,\cdot)$为常数。

【证】 设 D 是$\mathbb{R}^n\setminus f(\partial\Omega)$的连通分支，$p_1,p_2\in D$，$\gamma(s)(0\leqslant s\leqslant 1)$是 D 内连接 p_1,p_2 的连续曲线。取 $g\in C^1(\overline{\Omega})$使得

$$\| f-g\| < \operatorname{dist}(\gamma,f(\partial\Omega))。\tag{4.2.16}$$

于是

$$\deg(f,\Omega,p_i)=\deg(g,\Omega,p_i),\quad i=1,2。\tag{4.2.17}$$

但 p_1,p_2 在$\mathbb{R}^n\setminus g(\partial\Omega)$的同一连通分支，因为当 $x\in\partial\Omega$ 时，由式(4.2.16)有

$$\operatorname{dist}(\gamma,g(\partial\Omega))\geqslant \operatorname{dist}(\gamma,f(\partial\Omega))-\| f(x)-g(x)\| >0,$$

这说明 γ 不能穿越 $g(\partial\Omega)$。由定理 4.2.4(2)有

$$\deg(g,\Omega,p_1)=\deg(g,\Omega,p_2)。$$

因此，由式(4.2.17)有

$$\deg(f,\Omega,p_1)=\deg(f,\Omega,p_2)。$$

对于两个 C^1 映射可以定义 C^1 同伦，同样对于两个连续映射，有下面一般同伦的概念。

定义 4.2.5 如果 X 和 Y 为两个拓扑空间，称连续映射 $f,g:X\to Y$ 为同伦的，若存在连续映射 $H:[0,1]\times X\to Y$，使得

$$H(0,x)=f(x),\quad H(1,x)=g(x),\quad \forall x\in X。$$

用记号 $f\sim g$ 表示 f,g 是同伦的，称 H 为 f 与 g 之间的一个同伦或同伦变换。

下面给出 Brouwer 拓扑度的基本定理，这也是一般意义下的拓扑度所需要具有的性质。

定理 4.2.5 设 $f\in C(\overline{\Omega})$，$p\notin f(\partial\Omega)$，$\deg(f,\Omega,p)$具有下面的性质：

(1) 标准性：若 $p\in\Omega$，则 $\deg(I,\Omega,p)=1$；

(2) 可加性：若 Ω_1,Ω_2 为含于 Ω 中的两个互不相交的开子集，$p\notin f(\overline{\Omega}\setminus(\Omega_1\cup\Omega_2))$，则有

$$\deg(f,\Omega,p)=\deg(f,\Omega_1,p)+\deg(f,\Omega_2,p);\tag{4.2.18}$$

(3) 同伦不变性：若 $h_t(0\leqslant t\leqslant 1)$是 $C(\overline{\Omega})$中的一个同伦，$p_t(0\leqslant t\leqslant 1)$是$\mathbb{R}^n$ 中的一条连续曲线，$p_t\notin h_t(\partial\Omega)(0\leqslant t\leqslant 1)$，则 $\deg(h_t,\Omega,p_t)$恒为常数。

【证】 (1) 由定义(4.2.1)可以直接验证，下面证明(2)和(3)。

(2) 取 $g\in C^1(\overline{\Omega})$，使 $p\notin g(Z_g)$，且

$$\| f-g\| < \operatorname{dist}(p,f(\overline{\Omega}\setminus(\Omega_1\cup\Omega_2))),$$

由 Brouwer 度的定义知

$$\deg(f,\Omega,p)=\deg(g,\Omega,p)。\tag{4.2.19}$$

因为$\partial\Omega_i\subset\overline{\Omega}\setminus\Omega_i$，所以$\partial\Omega_i\subset\overline{\Omega}\setminus(\Omega_1\cup\Omega_2)(i=1,2)$，于是，$p\notin g(\partial\Omega_i)$，且当 $x\in\overline{\Omega}_i$ 时，有

$$\| f(x)-g(x)\| < \operatorname{dist}(p,f(\partial\Omega_i)),\quad i=1,2,$$

因此，由引理 4.2.1 有

$$\deg(f,\Omega_i,p)=\deg(g,\Omega_i,p),\quad i=1,2。\tag{4.2.20}$$

于是，由式(4.2.1)、式(4.2.19)及式(4.2.20)有

$$\begin{aligned}\deg(f,\Omega,p)=\deg(g,\Omega,p)&=\sum_{x\in g^{-1}(p)}\operatorname{sign}J_g(x)\\&=\sum_{j=1}^{2}\sum_{x\in g^{-1}(p)\cap\Omega_j}\operatorname{sign}J_g(x)\\&=\sum_{j=1}^{2}\deg(g,\Omega_j,p)=\sum_{j=1}^{2}\deg(g,\Omega_j,p)。\end{aligned}$$

(3) 考察$[0,1]$上定义的整数值函数 $t\mapsto\deg(h_t,\Omega,p_t)$，只需证明该函数在$[0,1]$上局部为常数。实际上，对 $t_0\in[0,1]$，取 $\delta_1>0$，使 $t\in[0,1]$且$|t-t_0|<\delta_1$ 时，p_t 与 p_{t_0} 在 $R^n\backslash h_{t_0}(\partial\Omega)$的同一连通分支上，则由引理 4.2.2 有

$$\deg(h_{t_0},\Omega,p_{t_0})=\deg(h_{t_0},\Omega,p_t)。\tag{4.2.21}$$

记 $\eta=\operatorname{dist}(p_{t_0},h_{t_0}(\partial\Omega))$，由 p_t 的连续性，存在 $\delta_2>0$，使 $t\in[0,1]$且$|t-t_0|\leqslant\delta_2$ 时，有

$$\operatorname{dist}(p_t,h_{t_0}(\partial\Omega))>\frac{1}{2}\eta。$$

再由 h_t 的连续性，存在正数 $\delta_3\leqslant\delta_2$，使得 $t\in[0,1]$且$|t-t_0|\leqslant\delta_3$ 时 $\|h_t-h_{t_0}\|\leqslant\frac{1}{2}\eta$。此时，由引理 4.2.1 有

$$\deg(h_t,\Omega,p_t)=\deg(h_{t_0},\Omega,p_t)。\tag{4.2.22}$$

记 $\delta=\min\{\delta_1,\delta_3\}$，当$|t-t_0|\leqslant\delta$ 时，由式(4.2.21)和式(4.2.22)可知

$$\deg(h_t,\Omega,p_t)=\deg(h_{t_0},\Omega,p_{t_0}),$$

即 $\deg(h_t,\Omega,p_t)$在 t_0 的某邻域内为常数，由 t_0 的任意性知它在$[0,1]$上亦为常数。

推论 4.2.1(切除定理) 设 $f\in C(\overline{\Omega})$，$p\notin f(\partial\Omega)$，闭集 $K\subset\overline{\Omega}$，且 $p\notin f(K)$，则

$$\deg(f,\Omega,p)=\deg(f,\Omega\backslash K,p)。$$

【证】 在定理 4.2.5(2)中取 $\Omega_1=\Omega,\Omega_2=\varnothing$ 即得 $\deg(f,\varnothing,p)=0$。再在(2)中取 $\Omega_1=\Omega\backslash K,\Omega_2=\varnothing$，则得

$$\deg(f,\Omega,p)=\deg(f,\Omega\backslash K,p)+\deg(f,\varnothing,p)=\deg(f,\Omega\backslash K,p)。$$

推论 4.2.2(区域分解) 设 $f\in C(\overline{\Omega})$，$p\notin f(\partial\Omega)$。若 $\Omega=\bigcup\Omega_i$，其中 Ω_i 为有限个互不相交的开集，则

$$\deg(f,\Omega,p)=\sum_i\deg(f,\Omega_i,p)。$$

【证】 根据定理 4.2.5(2)用归纳法可以证明。

推论 4.2.3(Kronecker 存在定理) 设 $f\in C(\overline{\Omega})$，$p\notin f(\partial\Omega)$，而 $\deg(f,\Omega,p)\neq0$，则存在 $q\in\Omega$，使得 $f(q)=p$，即方程 $f(x)=p$ 在 Ω 中存在解。

【证】 在定理 4.2.5(2)中取 $\Omega_1=\Omega_2=\varnothing$，即得当 $p\notin f(\overline{\Omega})$时 $\deg(f,\Omega,p)=0$。因此，当 $\deg(f,\Omega,p)\neq0$ 时，有 $p\in f(\overline{\Omega})$，但 $p\notin f(\partial\Omega)$，故 $p\in f(\Omega)$，即一定存在 $q\in\Omega$ 使 $f(q)=p$。

推论 4.2.4(Poincaré-Bohl 定理) 设 $f,g\in C(\overline{\Omega})$，对任意的 $x\in\partial\Omega$，有 $p\notin\overline{f(x)g(x)}$，即 $\forall\,t\in[0,1]$有

$$p\neq tf(x)+(1-t)g(x),$$

则有

$$\deg(f,\Omega,p)=\deg(g,\Omega,p)。$$

【证】 令 $h_t(x)=tf(x)+(1-t)g(x)(x\in\overline{\Omega},0\leqslant t\leqslant 1)$，$p_t\equiv p(0\leqslant t\leqslant 1)$，则有 $p_t\notin h_t(\partial\Omega)$，由定理4.2.5(3)即得结论。

推论4.2.5(边界值性质) 设 $f,g\in C(\overline{\Omega})$，且 $\forall x\in\partial\Omega$ 有 $f(x)=g(x)$，$p\notin f(\partial\Omega)$。则有

$$\deg(f,\Omega,p)=\deg(g,\Omega,p)。$$

【证】 这是推论4.2.4的特殊情形。

推论4.2.6 设 $f\in C(\overline{\Omega})$，$p\notin f(\partial\Omega)$，则对任何 $q\in\mathbb{R}^n$，有

$$\deg(f,\Omega,p)=\deg(f-q,\Omega,p-q)。$$

【证】 取 $h_t(x)=f(x)-tq(x\in\overline{\Omega},0\leqslant t\leqslant 1)$，$p_t=p-tq(0\leqslant t\leqslant 1)$，显然有 $p_t\notin h_t(\partial\Omega)$，利用定理4.2.5(3)即得结论。

例3 证明代数基本定理：设

$$P(z)=a_nz^n+a_{n-1}z^{n-1}+\cdots+a_1z+a_0$$

是 n 次多项式，则必存在 z_0，使得 $P(z_0)=0$。

【证】 不妨设 $a_n=1$，令 $H(t,z)=z^n+t(a_{n-1}z^{n-1}+\cdots+a_1z+a_0)$，记 $g(z)=z^n$，则有

$$H(0,z)=g(z),\quad H(1,z)=P(z)。$$

由于

$$\begin{aligned}|H(t,z)|&\geqslant|z|^n-t(|a_{n-1}||z|^{n-1}+\cdots+|a_1||z|+|a_0|)\\&=|z|^n\left[1-t\left(\frac{|a_{n-1}|}{|z|}+\cdots+\frac{|a_0|}{|z|^n}\right)\right],\end{aligned}$$

则存在 $R>0$，当 $|z|=R$ 时有 $|H(t,z)|>0$，令 $\Omega=\{z\mid z\in\mathbb{C},|z|<R\}$，由同伦不变性有

$$\deg(P,\Omega,0)=\deg(g,\Omega,0)。$$

任取非零 $p\in\mathbb{C}$ 使得 $\sqrt[n]{p}\in\Omega$，则 $p\notin g(Z_g)$，同4.2节例1的方法，可以计算得

$$\deg(g,\Omega,0)=\deg(g,\Omega,p)=n。$$

因此有 $\deg(P,\Omega,0)\neq 0$，由Kronecker存在定理知 $P(z)=0$ 在 Ω 存在解。于是得到代数基本定理的证明。

定理4.2.6(缺方向性质) 若 $y_0\in\mathbb{R}^n$，$y_0\neq 0$，使得当 $x\in\partial\Omega$，$\tau\geqslant 0$ 时有 $f(x)\neq p+\tau y_0$，则有 $\deg(f,\Omega,p)=0$。

【证】 若 $\deg(f,\Omega,p)\neq 0$，取 $\tau_0>0$ 使得

$$\tau_0>(\|p\|+\sup_{x\in\Omega}\|f(x)\|)\|y_0\|^{-1}。\tag{4.2.23}$$

令 $H(t,x)=f(x)-t\tau_0y_0$，由条件知，当 $0\leqslant t\leqslant 1$，$x\in\partial\Omega$ 时，恒有 $H(t,x)\neq p$，根据同伦不变性，有

$$\deg(f-\tau_0y_0,\Omega,p)=\deg(f,\Omega,p)\neq 0,$$

由Kronecker存在定理，存在 $x_0\in\partial\Omega$ 使得 $f(x_0)-\tau_0y_0=p$，由此得

$$\tau_0\leqslant(\|p\|+\|f(x_0)\|)\|y_0\|^{-1},\tag{4.2.24}$$

显然式(4.2.23)和式(4.2.24)互相矛盾，因此一定有 $\deg(f,\Omega,p)=0$。

定理4.2.7(降维性质) 若 $f:\overline{\Omega}\subset\mathbb{R}^n\to\mathbb{R}^m$ 连续且 $m<n$，则对任何 $p\notin f(\partial\Omega)$，均有

$\deg(f,\Omega,p)=0$。

【证】 可以假设 $p\in\mathbb{R}^m$。若不然，由 f 的映射性质知 $p\notin f(\overline{\Omega})$，从而由 Kronecker 存在定理有 $\deg(f,\Omega,p)=0$，因此结论成立。取 $y_0\in\mathbb{R}^n\backslash\mathbb{R}^m$，于是 $y_0\neq 0$，则缺方向性质条件满足，即当 $x\in\partial\Omega,\tau\geqslant 0$ 时有 $f(x)\neq p+\tau y_0$。若不然，存在 $x^*\in\partial\Omega,\tau^*\geqslant 0$ 使得 $f(x^*)=p+\tau^* y_0$，由 $p\notin f(\partial\Omega)$ 知 $\tau^*>0$，因为 $f(x^*)$ 和 p 均在$\mathbb{R}^m$ 中，所以有

$$y_0=\frac{1}{\tau^*}(f(x^*)-p)\in\mathbb{R}^m。$$

与 $y_0\in\mathbb{R}^n\backslash\mathbb{R}^m$ 矛盾，因此缺方向性质的条件满足，所以有 $\deg(f,\Omega,p)=0$。

4.2.4 零点指数与乘积定理

下面给出孤立零点指数的概念，它类似于解析函数零点的重数。

定义 4.2.6 设 $f\in C(\overline{\Omega})$，称 $x_0\in\Omega$ 为 f 的孤立零点，若存在 $\delta>0$，当 $0<\|x-x_0\|\leqslant\delta$ 时 $f(x)\neq 0$。设 ω 为 $B(x_0,\delta)=\{x\mid x\in\mathbb{R}^n,\|x-x_0\|<\delta\}$ 内任何包含 x_0 的开集，定义 f 在 x_0 处的指数为

$$\mathrm{ind}(f,x_0)=\deg(f,\omega,0)。$$

由切除性质知 $\deg(f,\omega,0)=\deg(f,B(x_0,\delta),0)$，因此 $\mathrm{ind}(f,x_0)$ 与 ω 的选择无关。

定理 4.2.8 设 $f\in C(\overline{\Omega})$，$f$ 在$\partial\Omega$ 上没有零点，且 f 在 Ω 内只有有限个零点 $x_1,x_2,\cdots,x_m$，则有

$$\deg(f,\Omega,0)=\sum_{i=1}^{m}\mathrm{ind}(f,x_i)。$$

【证】 对每个 x_i，在 Ω 作含有 x_i 的充分小的开集 ω_i，使这些开集互不相交，于是 f 在 $\overline{\Omega}\backslash\bigcup_{i=1}^{m}\omega_i$ 上没有零点，由拓扑度的可加性有

$$\deg(f,\Omega,0)=\sum_{i=1}^{m}\deg(f,\omega_i,0)=\sum_{i=1}^{m}\mathrm{ind}(f,x_i)。$$

定理 4.2.9 设 $f\in C^1(\overline{\Omega})$，$x_0\in\Omega$。若 $f(x_0)=0$ 且 $J_f(x_0)\neq 0$，则 x_0 为 f 孤立零点，且

$$\mathrm{ind}(f,x_0)=\mathrm{ind}(f'(x_0),0)=\mathrm{sgn}J_f(x_0)=\mathrm{sgn}\prod_{i=1}^{m}\lambda_i=(-1)^{\beta},\tag{4.2.25}$$

其中 $\lambda_1,\lambda_2,\cdots,\lambda_n$ 为 Jacobi 矩阵 $f'(x_0)$的特征值，β 为其中负特征值的个数。

【证】 若 $\det f'(x_0)=J_f(x_0)\neq 0$，则 $f'(x_0)$存在有界逆，从而存在 $\alpha>0$，使得

$$\|f'(x_0)h\|\geqslant\alpha\|h\|,\quad\forall h\in\mathbb{R}^n。$$

取充分小的 $\tau>0$ 使得

$$f(x_0+h)\neq 0,\quad\|f(x_0+h)-f(x_0)-f'(x_0)h\|<\alpha\|h\|,\quad\forall 0<\|h\|<\tau。$$

令

$$\omega_0=\{h\mid h\in\mathbb{R}^n,\|h\|<r\},\quad\omega=\{x\mid x\in\mathbb{R}^n,\|x-x_0\|<r\},$$

则当 $h\in\partial\omega_0$，$0\leqslant t\leqslant 1$ 时，有

$$\|f'(x_0)h+t[f(x_0+h)-f(x_0)-f'(x_0)h]\|$$

$\geqslant \|f'(x_0)h\| - t\|f(x_0+h) - f(x_0) - f'(x_0)h\| > \alpha\|h\| - \alpha\|h\| = 0$,

由同伦不变性有

$$\begin{aligned}\deg(f'(x_0),\omega_0,0) &= \deg(f(x_0+h)-f(x_0),\omega_0,0)\\ &= \deg(f,\omega,0) = \operatorname{ind}(f,x_0)。\end{aligned} \tag{4.2.26}$$

另一方面，$f'(x_0)x=0$ 当且仅当 $x=0$，且 $f'(x_0)x$ 的 Jacobi 行列式为

$$\det f'(x_0) = J_f(x_0)。$$

由定义 4.2.1 有

$$\deg(f'(x_0),\omega_0,0) = \operatorname{sgn}J_{f'(x_0)}(0) = \operatorname{sgn}J_f(x_0)。\tag{4.2.27}$$

由线性代数的知识有

$$\det(f'(x_0)-\lambda I) = (\lambda_1-\lambda)(\lambda_2-\lambda)\cdots(\lambda_n-\lambda),$$

所以有 $\det f'(x_0)=\prod\limits_{i=1}^{n}\lambda_i$，而 $\operatorname{sgn}\prod\limits_{i=1}^{n}\lambda_i=(-1)^{\beta}$（注意 λ_i 为正时不影响该结果；λ_i 为复数时，则存在 λ_j 与其互为共轭，因此也不影响该结果），结合式(4.2.26)和式(4.2.27)便得式(4.2.25)。

推论 4.2.7 若 $-p\in\Omega$，则 $\deg(-I,\Omega,p)=(-1)^n$；特别有 $\operatorname{ind}(-I,0)=(-1)^n$。

定理 4.2.10(乘积定理) 设 $f\in C(\overline{\Omega})$，$D_i(i=1,2,\cdots)$ 为开集 $\mathbb{R}^n\setminus f(\partial\Omega)$ 的所有连通分支。设 $g\in f(\overline{D})\to\mathbb{R}^n$ 连续，$p\notin g\circ f(\partial\Omega)$，则有

$$\deg(g\circ f,\Omega,p) = \sum_j \deg(g,D_j,p)\deg(f,\Omega,D_j),\tag{4.2.28}$$

其中 $\deg(f,\Omega,D_j)$ 表示 $\deg(f,\Omega,q)(\forall q\in D_j)$。

定理 4.2.10 的证明比较复杂，下面用一个例子来验证公式(4.2.28)，这里仅说明公式右端的和为有限项的和，因此和式是有意义的。实际上，由连续映射的性质知，$g^{-1}(p)=\{y\mid y\in\overline{\Omega},g(y)=p\}$ 是 $\mathbb{R}^n$ 的有界闭集（即紧集），并且

$$g^{-1}(p)\cap f(\partial\Omega)=\varnothing。\tag{4.2.29}$$

若不然，存在 $y\in g^{-1}(p)\cap f(\partial\Omega)$，因此有 $g(y)=p$，$y=f(x)(x\in\partial\Omega)$，即存在 $x\in\partial\Omega$ 使得 $g\circ f(x)=p$，这与 $p\notin g\circ f(\partial\Omega)$ 矛盾。从而由式(4.2.29)知 $g^{-1}(p)\subset\bigcup\limits_j D_j$，由有限覆盖定理，一定存在正整数 N，使得 $g^{-1}(p)\subset\bigcup\limits_{j=1}^{N}D_j$。从而有

$$g^{-1}(p)\cap D_j=\varnothing(j>N)。\tag{4.2.30}$$

于是，由式(4.2.29)和式(4.2.30)知，当 $y\in\overline{D}_j(j>N)$ 时，一定有 $g(y)\neq p$。于是，由 Kronecker 存在定理知

$$\deg(g,D_j,p)=0(j>N,\forall D_j\subset f(\Omega))。$$

这说明式(4.2.28)右端的和实际上是对 $j=1,2,\cdots,N$ 求和。

例 4 设 $f,g:\mathbb{C}\to\mathbb{C}$，$f(z)=z(z+1)$，$g(z)=z(z-1)$，$\Omega=\{z\mid z\in\mathbb{C},|z|<1\}$，$f(\partial\Omega)$ 和 $g\circ f(\partial\Omega)$ 的图形如图 4.2.2 所示，$f(\partial\Omega)$ 将 $\mathbb{C}$ 分成三个连通分支 $D_j(j=1,2,3)$。设 p 位于图中的位置，则根据 $f(\partial\Omega)$ 与 $g\circ f(\partial\Omega)$ 的对应关系和幅角原理有

$$\deg(g,D_1,p)=1,\quad \deg(g,D_2,p)=1,\quad \deg(g,D_3,p)=0。$$

由根据 $f(\partial\Omega)$ 的图形有

$$\deg(f,\Omega,D_1)=2,\quad \deg(f,\Omega,D_2)=1,\quad \deg(f,\Omega,D_3)=0。$$

当 z 从 2 开始沿 $\partial\Omega$ 逆时针方向绕行一周时，$g\circ f(z)$ 从 30 开始按箭头方向沿曲线 $g\circ f(\partial\Omega)$ 绕 p 三周，因此有

$$\deg(g\circ f,\Omega,p)=3。$$

根据上述结果有

$$\deg(g\circ f,\Omega,p)=\sum_{j=1}^{3}\deg(g,D_j,p)\deg(f,\Omega,D_j)。$$

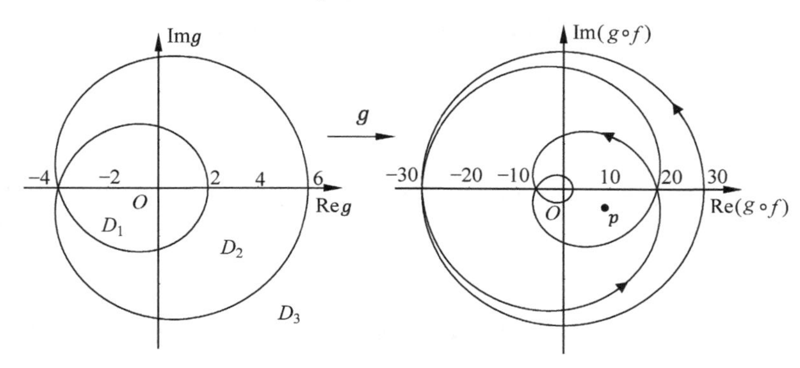

图 4.2.2 $f(\partial\Omega)$与 $g\circ f(\partial\Omega)$的图形

4.3 Leray-Schauder 度

4.3.1 关于推广 Brouwer 度的讨论

在 4.2 节我们看到，由 Brouwer 度的基本定理可以导出非常丰富的结果，从而获得我们下面要介绍的 Brouwer 不动点定理等应用。因此，如果将其推广到无穷维空间的连续映射，自然希望基本定理的结论仍然成立，即满足标准性、可加性和同伦不变性，但下面的例子告诉我们，对一般的连续映射相应的结论可能不成立。

例 1 设 $X=C[0,1]$，即$[0,1]$上连续实值函数的全体，定义范数

$$\|x\|=\max_{0\leqslant s\leqslant 1}|x(s)|,\quad \forall x\in X。$$

令 $x_0\in X$：$x(s)\equiv\frac{1}{2}(0\leqslant s\leqslant 1)$，$\Omega=B\left(x_0,\frac{1}{2}\right)=\left\{x\mid x\in X,\|x-x_0\|<\frac{1}{2}\right\}$，则 Ω 为 X 中的有界开集，且当 $x\in\overline{\Omega}$ 时，有 $0\leqslant x(s)\leqslant 1(0\leqslant s\leqslant 1)$。设 $\varphi\in X$ 且满足 $\varphi(0)=0,\varphi(1)=1$ 且 $0\leqslant\varphi(s)\leqslant 1(0\leqslant s\leqslant 1)$，定义 $\Phi:\overline{\Omega}\to X$，

$$(\Phi x)(s)=(\varphi\circ x)(s),\quad \forall x\in\overline{\Omega}。$$

根据 φ 所满足的条件，实际上有 $\Phi(\overline{\Omega})\subset\overline{\Omega}$。下面定义 Φ 与 X 上的恒等映射 I 之间的同伦

$$H:[0,1]\times\overline{\Omega}\to X,\quad H(t,x)=t\Phi(x)+(1-t)x,\quad \forall t\in[0,1],x\in\overline{\Omega},$$

则有

$$H(t,\partial\Omega)\subset\partial\Omega(0\leqslant t\leqslant 1)。\tag{4.3.1}$$

实际上，$\forall y\in\partial\Omega$，则 $\|y-x_0\|=\frac{1}{2}$，即 $0\leqslant y(s)\leqslant 1$ 且存在 $s_0\in[0,1]$使得 $y(s_0)=0$ 或

$y(s_0)=1$。若 $y(s_0)=0$,则

$$H(t,y)(s_0)=t\Phi(y)(s_0)+(1-t)y(s_0)=t\varphi(y(s_0))+(1-t)y(s_0)=0。$$

同理,若 $y(s_0)=1$,则 $H(t,y)(s_0)=1$。又因 $0\leqslant H(t,y)(s)\leqslant 1$,所以有 $H(t,y)\in\overline{\Omega}$,因此式(4.3.1)成立。任取 $p\in\Omega$,则由式(4.3.1)一定有 $p\notin H(t,\partial\Omega)(0\leqslant t\leqslant 1)$。

如果在 $C(\overline{\Omega},X)$ 上可以定义拓扑度 $\deg(f,\Omega,p)$ 并且保证基本定理仍然成立,则由同伦不变形和标准性有

$$\deg(\Phi,\Omega,p)=\deg(I,\Omega,p)=1,$$

于是由相应的 Kronecker 存在定理,方程 $\Phi(x)=p$ 在 Ω 中有解存在。但对下面定义的 p 和 φ,该结论不成立。定义

$$p(s)=\frac{1}{4}+\frac{1}{2}s(0\leqslant s\leqslant 1),\quad \varphi(s)=\begin{cases}s, & 0\leqslant s\leqslant\dfrac{1}{2},\\ 1-s, & \dfrac{1}{2}<s\leqslant\dfrac{5}{8},\\ \dfrac{5}{3}(s-1)+1, & \dfrac{5}{8}<s\leqslant 1。\end{cases}$$

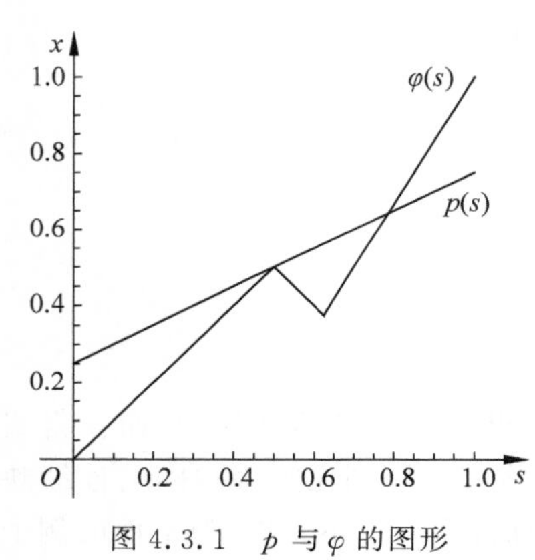

图 4.3.1 p 与 φ 的图形

两函数的图形如图 4.3.1 所示。若存在 $x\in\Omega$ 使 $\Phi(x)=p$,则有 $\varphi(x(0))=p(0)=\frac{1}{4}$,又由 φ 的定义有 $x(0)=\frac{1}{4}$。由此,当 s 从 $s=0$ 增加时,$\varphi(x(s))$ 从 $\frac{1}{4}$ 最多增加到 $\frac{1}{2}$,而 $p(s)$ 从 $\frac{1}{4}$ 增加到 $\frac{3}{4}$,因此 $\varphi(x(s))=p(s)$ 不可能对于 $\forall s\in[0,1]$ 成立。

上面的例子说明对无穷维空间之间的连续映射一般不能建立拓扑度的概念,实际上在定义 Brouwer 度 $\deg(f,\Omega,p)$ 的过程中,条件 $p\notin f(\partial\Omega)$ 是必需的,由此可以保证

$$\operatorname{dist}(p,f(\partial\Omega))>0, \tag{4.3.2}$$

这是因为 $f(\partial\Omega)$ 是 $\mathbb{R}^n$ 中的紧集,从而为有界闭集,因此有式(4.3.2)成立。而对于无穷维空间上的连续映射 f,$p\notin f(\partial\Omega)$ 则不能保证有式(4.3.2)成立,因此需要加强 f 的条件,自然想到全连续,实际上有下面两个引理的结果。

引理 4.3.1 设 X 为赋范线性空间,$\Omega\subset X$ 为有界开集,$F:\overline{\Omega}\to X$ 为全连续映射。令 $f=I+F$,则 f 为闭映射,即若 $D\subset\overline{\Omega}$ 为闭集,则 $f(D)$ 亦为闭集。

【证】 对于任意的 $y\in\overline{f(D)}$,存在 $y_n\in f(D)$ 使得 $y_n\to y$。令

$$y_n=x_n+F(x_n)(x_n\in D),$$

由于 F 为全连续的,所以存在 $\{x_{n_k}\}\subset\{x_n\}$ 使得 $F(x_{n_k})\to\tilde{y}$,从而

$$x_{n_k}=y_{n_k}-F(x_{n_k})\to y-\tilde{y}\xlongequal{\text{def}}x。$$

因为 D 为闭集,故 $x\in D$。又 F 连续,所以

$$F(x_{n_k})\to F(x)。$$

于是

$$y=x+\tilde{y}=x+F(x)\in f(D),$$

即 $f(D)$ 为闭集。

引理 4.3.2 在引理 4.3.1 的条件下，f 为固有映射，即紧集 A 的原像 $f^{-1}(A)$ 为紧集（即自列紧的）。

【证】 任取 $x_n\in f^{-1}(A)(n=1,2,\cdots)$，则

$$y_n=f(x_n)=x_n+F(x_n)\in A。$$

由于 A 为紧集，有子列

$$y_{n_k}=x_{n_k}+F(x_{n_k})\to y\in A。$$

由于 F 为全连续的，有 $F(x_{n_k})$ 的子列 $F(x_{n_{k_j}})\to\tilde{y}$，因此

$$x_{n_{k_j}}=y_{n_{k_j}}-F(x_{n_{k_j}})\to y-\tilde{y}=x。$$

因为 F 是连续的，故 $\tilde{y}=F(x)$，即

$$y=x+F(x)=f(x)\in A,$$

故 $x\in f^{-1}(A)$，即

$$x_{n_{k_j}}\to x\in f^{-1}(A),$$

因此 $f^{-1}(A)$ 是自列紧的。

4.3.2 Leray-Schauder 度的建立

下面设 E 为实的 Banach 空间，Ω 为 E 中的有界开集，$F:\overline{\Omega}\to E$ 为全连续映射（算子），我们对形如 $f=I+F$ 的映射建立拓扑度的概念。由于全连续映射可以由有限维连续映射进行任意逼近，这样就与 Brouwer 度联系起来了，为此需要做一些准备。

定理 4.3.1（简化定理） 设 $m<n$，$\mathbb{R}^m$ 是$\mathbb{R}^n$ 的子空间，Ω 为$\mathbb{R}^n$ 中的开集，$F:\overline{\Omega}\to\mathbb{R}^m$ 是连续的。$f=I+F$，$0\notin f(\partial\Omega)$，令 g 为 f 在$\mathbb{R}^m\cap\Omega$ 上的限制，则

$$\deg_n(f,\Omega,0)=\deg_m(g,\Omega\cap\mathbb{R}^m,0),\tag{4.3.3}$$

这里$\deg_n(f,\Omega,0)$表示$\mathbb{R}^n$ 上的 Brouwer 度。

【证】 对于 $\forall x\in\overline{\Omega}$，$f(x)=x+F(x)$。若 $\Omega\cap\mathbb{R}^m=\varnothing$，则 $0\notin f(\overline{\Omega})$。若不然，由于 $0\notin f(\partial\Omega)$，则有 $0\in f(\Omega)$，即存在 $x\in\Omega$，使得 $x+F(x)=0$，即 $x=-F(x)\in\mathbb{R}^m$，此与 $\Omega\cap\mathbb{R}^m=\varnothing$ 矛盾。因此，式(4.3.3)左右两端均等于零。

设 $\Omega\cap\mathbb{R}^m\neq\varnothing$。若 $f(x)=0$，即 $x=-F(x)\in\mathbb{R}^m$。由于 $F:\overline{\Omega}\to\mathbb{R}^m$，所以

$$F(x_1,\cdots,x_n)=(F_1(x_1,\cdots,x_n),\cdots,F_m(x_1,\cdots,x_n),\overbrace{0,\cdots,0}^{n-m})。$$

于是，$y=f(x)$ 由下面的关系给出

$$f:\begin{cases}y_1=x_1+F_1(x_1,\cdots,x_m,\cdots,x_n),\\ \cdots\\ y_m=x_m+F_m(x_1,\cdots,x_m,\cdots,x_n),\\ y_{m+1}=x_{m+1},\\ \cdots\\ y_n=x_n。\end{cases}$$

g 是 f 在 $\Omega\cap\mathbb{R}^m$ 上的限制,则

$$g:\begin{cases}y_1=x_1+F_1(x_1,\cdots,x_m,0,\cdots,0),\\ \cdots\\ y_m=x_m+F_m(x_1,\cdots,x_m,0,\cdots,0),\\ y_{m+1}=0,\\ \cdots\\ y_n=0。\end{cases}$$

假设 $f\in C^1(\overline{\Omega})$,且 $0\notin f(\partial\Omega\cup Z_f)$。若 $x\in f^{-1}(0)$,即 $f(x)=0$,由上面的表达式,有 $g(x)=0$,即 $x\in g^{-1}(0)$,此时

$$J_f(x)=\det\begin{pmatrix}g'(x) & *\\ 0 & I\end{pmatrix}=J_g(x),$$

因此 $0\notin g(Z_g)$。于是

$$\begin{aligned}\deg_n(f,\Omega)&=\sum_{x\in f^{-1}(0)}\mathrm{sgn}J_f(x)\\ &=\sum_{x\in g^{-1}(0)}\mathrm{sign}J_g(x)\\ &=\deg_m(g,\Omega\cap\mathbb{R}^m)。\end{aligned}$$

因此式(4.3.3)成立,定理证毕。

根据 $\deg(f,\Omega,p)=\deg(f-p,\Omega,0)$ 可将简化定理推广到一般的情形。

例 2 设 $\Omega=\{x\mid x\in\mathbb{R}^n,\|x\|<1\}(n\geqslant 2)$,则对于任意的整数 m,存在 $f\in C(\overline{\Omega})$,使得 $\deg(f,\Omega,0)=m$。

设 $n>2$,将$\mathbb{R}^2$ 视为$\mathbb{R}^n$ 的子空间。记 $P:\mathbb{R}^n\to\mathbb{R}^2$ 为投影算子,即

$$P(x_1,x_2,\cdots,x_n)=(x_1,x_2,\overbrace{0,\cdots,0}^{n-2})。$$

对给定的整数 m,由 4.2 节的例 1 知,存在 $h_1\in C(\mathbb{R}^2,\mathbb{R}^2)$,使得 $\deg(h_1,\Omega_2,0)=m$,其中 $\Omega_2=\{z\mid z\in\mathbb{C},|z|<1\}$. 作连续映射 $f:\mathbb{R}^n\to\mathbb{R}^n$,

$$f(x)=x-[Px-h_1(Px)],\quad \forall x\in\mathbb{R}^n,$$

则当 $x=z\in\mathbb{R}^2$ 时,$f(z)=h_1(z)$。注意对于 $\Omega=\{x\mid x\in\mathbb{R}^n,\|x\|<1\}$,有 $0\notin f(\partial\Omega)$,因为若存在 $x_0\in\partial\Omega$ 使得 $f(x_0)=0$,则 $x_0=Px_0-h_1(Px_0)\in\mathbb{R}^2$,从而有 $h_1(x_0)=0$,与 $0\notin h_1(\partial\Omega_2)$矛盾。于是根据简化定理,有

$$\deg(f,\Omega,0)=\deg(h_1,\mathbb{R}^2\cap\Omega,0)=\deg(h_1,\Omega_2,0)=m。$$

下面给出有限维 Banach 空间之间连续映射拓扑度的定义。

定义 4.3.1 设 E^n 是 n 维实 Banach 空间,Ω 是 E^n 的有界开集,$f:\overline{\Omega}\to E^n$ 连续,$p\notin f(\partial\Omega)$,按如下方式定义拓扑度 $\deg(f,\Omega,p)$:任取 E^n 的一组基 $e_1,e_2,\cdots,e_n$,$x\in E^n$ 有唯一表示 $x=\sum\limits_{i=1}^{n}\alpha_ie_i$,其中 $\alpha_i\in\mathbb{R}(i=1,2,\cdots,n)$。作映射 $h:E^n\to\mathbb{R}^n$ 如下:

$$h(x)=y=(\alpha_1,\alpha_2,\cdots,\alpha_n),$$

则 h 是 E^n 与$\mathbb{R}^n$ 之间的线性同胚。于是 $h(\Omega)$是$\mathbb{R}^n$ 中的有界开集,并且

$$\overline{h(\Omega)}=h(\overline{\Omega}),\partial h(\Omega)=h(\partial\Omega)。$$

作映射 $F=hfh^{-1}$，则 $F:\overline{h(\Omega)}\to\mathbb{R}^n$ 连续，且 $h(p)\in\mathbb{R}^n\setminus F(\partial h(\Omega))$，因此定义

$$\deg(f,\Omega,p)=\deg(F,h(\Omega),h(p))。$$

定理 4.3.2 定义 4.3.1 中的 $\deg(f,\Omega,p)$ 与基的选取无关，即对于另一组基 d_1，$d_2,\cdots,d_n$ 及所对应的线性同胚 $k:E^n\to\mathbb{R}^n$ 和映射 $G=kfk^{-1}$，有

$$\deg(F,h(\Omega),h(p))=\deg(G,k(\Omega),k(p))。\tag{4.3.4}$$

【证】 设 $e_j=\sum_{i=1}^{n}a_{ij}d_i\,(j=1,2,\cdots,n)$，$A=(a_{ij})_{n\times n}$，则 $\det A\neq 0$。于是对于 $x\in E^n$ 有

$$x=\sum_{i=1}^{n}\alpha_i e_i=\sum_{i=1}^{n}\Big(\sum_{j=1}^{n}a_{ij}\alpha_j\Big)d_i=\sum_{i=1}^{n}\beta_i d_i,$$

其中 $\beta_i=\sum_{j=1}^{n}a_{ij}\alpha_j\,(i=1,2,\cdots,n)$。记 $z=(\beta_1,\beta_2,\cdots,\beta_n)$，则有

$$kx=z=Ay=Ahx,\quad \forall x\in E^n,$$

所以有 $k=Ah$，$k(\overline{\Omega})=Ah(\overline{\Omega})$。于是有

$$G=kfk^{-1}=Ahfh^{-1}A^{-1}=AFA^{-1}。\tag{4.3.5}$$

首先设 F 是 C^1 的，则 G 是 C^1 的。当 $z=Ay$ 时，

$$F(y)=h(p)\Leftrightarrow G(z)=k(p),\tag{4.3.6}$$

$$J_G(z)=(\det A)\cdot J_F(A^{-1}z)\cdot(\det A^{-1})=J_F(y)。\tag{4.3.7}$$

由式(4.3.6)和式(4.3.7)知

$$h(p)\in F(Z_F)\Leftrightarrow k(p)\in G(Z_G)。\tag{4.3.8}$$

因此，若 $h(p)\notin F(Z_F)$，则 $k(p)\notin G(Z_G)$。由式(4.3.6)和式(4.3.7)及定义 4.2.1 知式(4.3.4)成立。

若 $h(p)\in F(Z_F)$，则 $k(p)\in G(Z_G)$，记

$$\tau_1=\mathrm{dist}(h(p),F(\partial h(\Omega))),\quad \tau_2=\mathrm{dist}(k(p),G(\partial k(\Omega))),$$

令 $\tau=\min\{\tau_1,\tau_2\}$，注意非奇异线性变换 A 将零测集变成零测集，由 Sard 定理，存在 $u,v\in\mathbb{R}^n$，使得

$$u\notin F(Z_F),\quad \|u-h(p)\|<\tau;\quad v\notin G(Z_G),\quad \|v-k(p)\|<\tau。$$

于是，由定义 4.2.2 有

$$\deg(F,h(\Omega),h(p))=\deg(F,h(\Omega),u),\tag{4.3.9}$$

$$\deg(G,k(\Omega),k(p))=\deg(G,k(\Omega),v)。\tag{4.3.10}$$

令 $g=h^{-1}u$，则 $u=h(g)$，$v=Ah(g)=k(g)$，这里 $h(g)\notin F(Z_F)$，因此由已证结论知

$$\deg(F,h(\Omega),u)=\deg(G,k(\Omega),v)。\tag{4.3.11}$$

由式(4.3.9)～式(4.3.11)知式(4.3.4)成立。

若 F 为连续映射，取 C^1 映射 $F_1:h(\overline{\Omega})\to\mathbb{R}^n$ 使得

$$\max_{y\in h(\overline{\Omega})}\|F(y)-F_1(y)\|<\frac{\tau}{1+\|A\|}<\tau。$$

于是 $G_1=AF_1A^{-1}:k(\overline{\Omega})\to\mathbb{R}^n$ 也是 C^1 映射，且

$$\max_{z\in k(\overline{\Omega})}\|G(z)-G_1(z)\|<\|A\|\frac{\tau}{1+\|A\|}<\tau。$$

于是由引理 4.2.1 有

$$\deg(F,h(\Omega),h(p))=\deg(F_1,h(\Omega),h(p)),\tag{4.3.12}$$

$$\deg(G,k(\Omega),k(p))=\deg(G_1,k(\Omega),k(p))。\tag{4.3.13}$$

由于前证知式(4.3.12)和式(4.3.13)右端相等,因此对连续情形依然有式(4.3.4)成立。

对于定义 4.3.1 给出的拓扑度同样也有类似定理 4.3.1 的简化定理。

定义 4.3.2 若 $f=I+F$,$p\notin f(\partial\Omega)$,存在 E 的有限维子空间 E^n 及有界连续映射 $F_n:\overline{\Omega}\to E^n$ 使得

$$\|F(x)-F_n(x)\|<\operatorname{dist}(p,f(\partial\Omega))(\forall x\in\overline{\Omega})。$$

f 在 $\overline{\Omega}\cap E^n$ 的中的限制记为 f_n,此时 $f_n:\overline{\Omega}^n\to E^n$,且 $p\notin f_n(\partial\Omega^n)\subset f(\partial\Omega)$。则定义 f 在 p 处关于 Ω 的拓扑度为

$$\deg(f,\Omega,p)=\deg(f_n,\Omega^n,p)。\tag{4.3.14}$$

称 $\deg(f,\Omega,p)$为 Leray-Schauder 度,简称 L-S 度。

式(4.3.14)右端是 E^n 上按照定义 4.3.1 给出的拓扑度。这里需要说明,$\deg(f,\Omega,p)$ 与子空间 E^n 的维数无关。实际上,若 $E^n\subset E^l\subset X$,记 f_l 为 $f=I+F_n$ 在 E^l 上的限制,则 $\overline{\Omega}^l=\overline{\Omega}\cap E^l$,而 $f_l:\overline{\Omega}^l\to E^n\subset E^l$,$f_l$ 在 E^n 上的限制即为 f_n,且

$$\overline{\Omega}^n=\overline{\Omega}^l\cap E^n,$$

据简化定理有

$$\deg(f_n,\Omega^n)=\deg(f_l,\Omega^l)。$$

Leary-Schauder 度也有相应的基本定理,即满足标准性、可加性和同伦不变性及由此推出的其他性质,我们将其罗列如下。

定理 4.3.3 L-S 度具有如下性质:

(1) 标准性:$\deg(I,\Omega,p)=1,\forall p\in\Omega$;

(2) 可加性:设 Ω_1,Ω_2 为 Ω 内互不相交的开子集,且 $p\notin f(\overline{\Omega}\backslash(\Omega_1\cup\Omega_2))$,那么

$$\deg(f,\Omega,p)=\deg(f,\Omega_1,p)+\deg(f,\Omega_2,p);$$

(3) 同伦不变性:设 $H:[0,1]\times\overline{\Omega}\to E$ 全连续,$h_t(x)=x-H(t,x)$,若 $p\notin h_t(\partial\Omega)$ $(0\leqslant t\leqslant 1)$,则 $\deg(h_t,\Omega,p)$对 $t\in[0,1]$为常数;

(4) 可解性:若 $\deg(f,\Omega,p)\neq 0$,则方程 $f(x)=p$ 在 Ω 中有解;

(5) 切除性:设 Ω_0 为 Ω 的开子集,且 $p\notin f(\overline{\Omega}\backslash\Omega_0)$,则

$$\deg(f,\Omega,p)=\deg(f,\Omega_0,p);$$

(6) 若 $p\notin f(\partial\Omega)$,则有

$$\deg(f,\Omega,p)=\deg(f-p,\Omega,0)。$$

(7) 简化定理:设 E_0 为 E 的闭子空间,且 $F(\overline{\Omega})\subset E_0$,$p\notin f(\partial\Omega)$,则有

$$\deg(f,\Omega,p)=\deg(f|_{\overline{E_0\cap\Omega}},\Omega\cap E_0,p)。$$

【证】 这里我们仅给出(3)的证明。首先

$$\tau^*=\inf_{(t,x)\in[0,1]\times\partial\Omega}\|h_t(x)-p\|>0。\tag{4.3.15}$$

若 $\tau^*=0$,则存在 $t_n\in[0,1]$,$x_n\in\partial\Omega$ 使得

$$h_{t_n}(x_n)=x_n-H(t_n,x_n)\to p(n\to\infty),$$

由 H 的全连续性知存在子列使

$$H(t_{n_i},x_{n_i})\to z_0\in E \text{ 且 } t_{n_i}\to t_0\in[0,1]。$$

于是有 $x_{n_i}\to p+z_0=x_0\in\partial\Omega$。又由 H 的连续性有 $x_0-H(t_0,x_0)=p$,与假设矛盾。

由全连续算子逼近定理,存在 E 的有限维子空间 $E^n(p\in E^n)$及连续映射 $G_n:[0,1]\times\overline{\Omega}\to E^n$,使得

$$\|H(t,x)-G_n(t,x)\|<\tau^*,\quad \forall(t,x)\in[0,1]\times\overline{\Omega}。\tag{4.3.16}$$

令 $g_t(x)=x-G_n(t,x)$,$\Omega_n=E^{(n)}\cap\Omega$,由 L-S 度的定义知

$$\deg(h_t,\Omega,p)=\deg_n(g_t,\Omega_n,p),\quad \forall t\in[0,1]。\tag{4.3.17}$$

由 τ^* 的定义知,当 $x\in\partial\Omega_n$,$0\leqslant t\leqslant1$ 时有

$$\|g_t(x)-p\|\geqslant\|h_t(x)-p\|-\|H(t,x)-G_n(t,x)\|>0,$$

从而 $p\notin g_t(\partial\Omega_n)$,$\forall t\in[0,1]$,于是由 Brouwer 度的同伦不变性知 $\deg_n(g_t,\Omega_n,p)$ 为常数,因此 $\deg(h_t,\Omega,p)$ 对于 $\forall t\in[0,1]$ 为常数。

同伦不变性要求 $H(t,x)$ 全连续,下面给出一个全连续性的判据:若 $H:[0,1]\times\overline{\Omega}\to E$ 连续,且对每个固定的 $t\in[0,1]$,$H(t,\cdot):\overline{\Omega}\to E$ 为紧算子,而且 $H(t,x)$ 对任何点 $t_0\in[0,1]$ 的连续性关于 $x\in\overline{\Omega}$ 是一致的,则 $H:[0,1]\times\overline{\Omega}\to E$ 为全连续。下面给出该结论的证明:

对于 $\forall(t_n,x_n)\in[0,1]\times\overline{\Omega}(n=1,2,\cdots)$,证明 $\{H(t_n,x_n)\}$ 存在收敛的子列. 不妨设 $t_n\to t_0\in[0,1]$,由于 $H(t,\cdot):\overline{\Omega}\to E$ 为紧算子,所以 $\{H(t_1,x_n)\}$ 存在收敛的子列,从而 $\{x_n\}$ 存在子列 $\{x_n^{(1)}\}$ 使得 $\{H(t_1,x_n^{(1)})\}$ 位于直径小于 1 的球内。同理,存在 $\{x_n^{(2)}\}\subset\{x_n^{(1)}\}$,使得 $\{H(t_2,x_n^{(2)})\}$ 位于直径小于 $\dfrac{1}{2}$ 的球内。一般地,存在 $\{x_n^{(k)}\}\subset\{x_n^{(k-1)}\}$ 使得 $\{H(t_k,x_n^{(k)})\}$ 位于直径小于 $\dfrac{1}{k}$ 的球内。下面证明,对角线序列 $\{H(t_n,x_n^{(n)})\}$ 一定收敛。由假设条件,$\forall\varepsilon>0$,存在 $\delta=\delta(\varepsilon,t_0)>0$,使得当 $t\in[0,1]$ 且 $|t-t_0|<\delta$ 时,有

$$|H(t,x)-H(t_0,x)|<\frac{\varepsilon}{3}(\forall x\in\overline{\Omega})。\tag{4.3.18}$$

取正整数 $N>\dfrac{3}{\varepsilon}$,使得当 $n>N$ 时,$|t_n-t_0|<\delta$,于是当 $m>n>N$ 时,有

$$\begin{aligned}\|H(t_m,x_m^{(m)})-H(t_n,x_n^{(n)})\|&\leqslant\|H(t_m,x_m^{(m)})-H(t_0,x_m^{(m)})\|+\\&\quad\|H(t_0,x_m^{(m)})-H(t_n,x_m^{(m)})\|+\\&\quad\|H(t_n,x_m^{(m)})-H(t_n,x_n^{(n)})\|\\&<\frac{\varepsilon}{3}+\frac{\varepsilon}{3}+\frac{1}{n}<\varepsilon,\end{aligned}$$

于是 $\{H(t_n,x_n^{(n)})\}$ 为基本序列,由于 E 完备,所以存在 $y_0\in E$ 使得 $H(t_n,x_n^{(n)})\to y_0$。下面证明对于 $\{t_n\}$ 的子列 $\{t_n^{(n)}\}$,有 $H(t_n^{(n)},x_n^{(n)})\to y_0$。对于式(4.3.18)的 ε 和 δ,存在正整数 N_0,当 $n>N_0$ 时有 $|t_n-t_0|<\delta$,于是由式(4.3.18)有

$$\|H(t_n^{(n)},x_n^{(n)})-y_0\|\leqslant\|H(t_n^{(n)},x_n^{(n)})-H(t_0,x_n^{(n)})\|+$$

$$\| H(t_0,x_n^{(n)}) - H(t_n,x_n^{(n)}) \| + \| H(t_n,x_n^{(n)}) - y_0 \|$$

$$< \frac{\varepsilon}{3} + \frac{\varepsilon}{3} + \frac{\varepsilon}{3} = \varepsilon,$$

因此有 $H(t_n^{(n)},x_n^{(n)}) \to y_0 (n \to \infty)$。

4.4 拓扑度的应用

4.4.1 Brouwer 不动点定理

拓扑度的直接应用就是可以建立若干不动点定理,为研究某些方程解的存在性提供依据,Brouwer 不动点定理是建立在 Brouwer 度的基础上的,利用基本定理可以得到下面与方程解存在性有关的结果。

定理 4.4.1(锐角原理) 设 $0 \in \Omega$,$f \in C(\overline{\Omega})$,且当 $x \in \partial\Omega$ 时 $(f(x),x) > 0$,则 $\deg(f,\Omega,0) = 1$。因此,方程 $f(x) = 0$ 在 Ω 内有解。

【证】 因 $x \in \partial\Omega$ 时 $(f(x),x) > 0$,所以 $0 \notin f(\partial\Omega)$。令

$$H(t,x) = (1-t)x + tf(x) (0 \leqslant t \leqslant 1), \tag{4.4.1}$$

则当 $x \in \partial\Omega$ 时,有

$$\| H(t,x) \|^2 = (1-t)^2 \| x \|^2 + 2t(1-t)(f(x),x) + t^2 \| f(x) \|^2 > 0, \tag{4.4.2}$$

因此 $0 \notin H(t,\partial\Omega) (0 \leqslant t \leqslant 1)$。由同伦不变性和标准性知

$$\deg(f,\Omega,0) = \deg(I,\Omega,0) = 1。$$

由 Kronecker 存在定理知,方程 $f(x) = 0$ 在 Ω 内存在解。

之所以将上述定理称为锐角原理,是因为条件 $(f(x),x) > 0$ 的几何意义:向量 $x \in \Omega$ 经 f 映射得到向量 $f(x)$,两向量的夹角成锐角。

定理 4.4.2 设 $0 \in \Omega$,$f \in C(\overline{\Omega})$,且当 $x \in \partial\Omega$ 时 $(f(x),x) \geqslant 0$,则方程 $f(x) = 0$ 在 $\overline{\Omega}$ 上有解。

【证】 若 $f(x) = 0$ 在 $\partial\Omega$ 上存在解,则定理结论成立。若 $\forall x \in \partial\Omega$,有 $f(x) \neq 0$,则对式(4.4.1)所定义的同伦 $H(t,x)$,同样满足式(4.4.2),因此有 $\deg(f,\Omega,0) = 1$,同样由存在定理知方程 $f(x) = 0$ 在 Ω 内有解。

定理 4.4.3(Brouwer 不动点定理) 设 $\Omega = B(0,\rho) = \{x \mid x \in \mathbb{R}^n, \| x \| < \rho\}$,$f \in C(\overline{\Omega})$,且 $f(\overline{\Omega}) \subset \overline{\Omega}$,则 f 在 $\overline{\Omega}$ 上存在不动点。

【证】 当 $x \in \partial\Omega$ 时有 $\| f(x) \| \leqslant \| x \|$,所以有

$$(f(x),x) \leqslant \| f(x) \| \| x \| \leqslant \| x \|^2 = (x,x),$$

即 $((I-f)(x),x) \geqslant 0$,由定理 4.4.2 知,方程 $(I-f)(x) = 0$ 在 $\overline{\Omega}$ 上有解,即 $f(x)$ 在 $\overline{\Omega}$ 上存在不动点。

定理 4.4.4(一般的 Brouwer 不动点定理) 设 $A \subset \mathbb{R}^n$ 为有界闭凸集,$f: A \to \mathbb{R}^n$ 连续,且将 A 映为自身,即 $f(A) \subset A$,则 f 在 A 中必有不动点。

【证】 因 A 有界,则存在 $\rho > 0$ 使得 $A \subset B(0,\rho)$。由连续映射的延拓定理,可将 f 连续延拓成 $\overline{B(0,\rho)}$ 上的连续函数 $\tilde{f}$,使得

$$\tilde{f}: \overline{B(0,\rho)} \to \operatorname{conv} f(A)。$$

由于 $f(A)\subset A\subset\overline{B(0,\rho)}$ 且 A 为凸集,所以

$$\mathrm{conv}f(A)\subset\mathrm{conv}A=A\subset\overline{B(0,\rho)},$$

因此 $\tilde{f}(\overline{B(0,\rho)})\subset\overline{B(0,\rho)}$,由定理 4.4.3 知,$\tilde{f}$ 在 $\overline{B(0,\rho)}$ 上存在不动点 x^*,即 $\tilde{f}(x^*)=x^*\in A$,由此有 $f(x^*)=x^*(x^*\in A)$。

例 1 利用 Brouwer 不动点定理证明代数基本定理:设

$$P(z)=a_nz^n+a_{n-1}z^{n-1}+\cdots+a_1z+a_0$$

是 n 次多项式,则必存在 z_0 使得 $P(z_0)=0$。

【证】 不失一般性,设 $a_n=1$,记 $z=re^{i\theta}$,其中 $0\leqslant\theta<2\pi$,并记

$$M=2+|a_0|+|a_1|+\cdots+|a_{n-1}|。$$

又记 $\Omega=\{z\,\|\,z|<M\}$。在复平面上定义函数 f 为

$$f(z)=\begin{cases}z-M^{-1}e^{i(1-n)\theta}P(z), & |z|\leqslant1,\\ z-M^{-1}z^{1-n}P(z), & |z|>1。\end{cases}\tag{4.4.3}$$

显然 f 连续,且 f 将 $\overline{\Omega}$ 映射成 $\overline{\Omega}$,这是因为当 $|z|\leqslant1$ 时,

$$\begin{aligned}|f(z)|&\leqslant|z|+M^{-1}|P(z)|\leqslant1+M^{-1}(1+|a_1|+\cdots+|a_{n-1}|)\\&\leqslant1+1=2\leqslant M。\end{aligned}$$

当 $|z|\geqslant1$ 时,

$$\begin{aligned}|f(z)|&=|z-M^{-1}z-M^{-1}z^{1-n}(a_0+\cdots+a_{n-1}z^{n-1})|\\&\leqslant(M-1)\frac{|z|}{M}+M^{-1}(|a_0|+\cdots+|a_{n-1}|)\\&\leqslant(M-1)+M^{-1}(|a_0|+\cdots+|a_{n-1}|)\\&\leqslant M-1+M^{-1}(M-2)\leqslant M。\end{aligned}$$

所以,由 Brouwer 不动点定理,在 f 在 $\overline{\Omega}$ 中存在不动点 z_0,即 $f(z_0)=z_0$,据此及式(4.4.3)有 $P(z_0)=0$。

4.4.2 Leray-Schauder 不动点定理

下面设 X 为赋范线性空间,Ω 为 X 中的有界开子集,且 $0\in\Omega$。

定理 4.4.5(Ruthe 定理) 设 $F:\overline{\Omega}\to X$ 是全连续映射,且当 $x\in\partial\Omega$ 时,有

$$\|F(x)\|\leqslant\|x\|,$$

则 F 在 $\overline{\Omega}$ 上存在不动点。

【证】 因 $0\in\Omega$,当 $x\in\partial\Omega$ 时 $\|x\|\neq0$。若存在 $\lambda\in[0,1]$ 及 $x\in\partial\Omega$ 使得 $x=\lambda F(x)$,则

$$\|x\|=\lambda\|F(x)\|\leqslant\lambda\|x\|,$$

得到 $\lambda=1$,从而 $x=F(x)$,即 F 在 Ω 的边界有不动点。

若 $\forall\lambda\in[0,1]$ 及 $\forall x\in\partial\Omega$ 均有 $x\neq\lambda F(x)$,则作连续同伦

$$H(x,t)=x-tF(x)(0\leqslant t\leqslant1),$$

当 $t\in[0,1]$,$x\in\partial\Omega$ 时,$H(x,t)=x-tF(x)\neq0$,即 $0\notin H(\partial\Omega,t)(0\leqslant t\leqslant1)$。由同伦不变性,

$$\deg(I-F,\Omega)=\deg(I,\Omega)=1,$$

故存在 $x\in\Omega$ 使 $(I-F)(x)=0$,即 $x=F(x)$。

定理 4.4.6(Schauder 不动点定理) 设 $\Omega=B(0,\rho)$,$F:\overline{\Omega}\to X$ 为全连续映射,若

$$F(\overline{\Omega})\subset\overline{\Omega}\text{ 或 }F(\partial\Omega)\subset\overline{\Omega},\tag{4.4.4}$$

则 F 在 $\overline{\Omega}$ 上存在不动点。

【证】 由式(4.4.4)均可推得:当 $x\in\partial\Omega$ 时,有 $\|F(x)\|\leqslant\|x\|$,于是由定理 4.4.5 便得结论。

下面的例子说明,定理 4.4.6 中如果 $F:\overline{\Omega}\to X$ 仅仅连续,则 F 在 $\overline{\Omega}$ 上可能不存在不动点。

例 2 设 $X=l^2$,$\Omega=\{x\mid x\in X,\|x\|<1\}$。对于 $\forall x=(\xi_1,\xi_2,\cdots)\in\overline{\Omega}$,定义

$$f(x)=(\sqrt{1-\|x\|^2},\xi_1,\xi_2,\cdots),$$

则 $f:\overline{\Omega}\to X$ 是连续的。由于 $\|f(x)\|=\sqrt{1-\|x\|^2+\sum_{i=1}^{\infty}\xi_i^2}=1$,所以

$$f(\overline{\Omega})\subset\overline{\Omega},$$

但 f 在 $\overline{\Omega}$ 上不存在不动点。若 $x=(\xi_1,\xi_2,\cdots)\in\overline{\Omega}$ 使 $x=f(x)$,则 $\|x\|=\|f(x)\|=1$,于是

$$f(x)=(0,\xi_1,\xi_2,\cdots)=(\xi_1,\xi_2,\cdots)=x,$$

由此推得 $\xi_i=0(i=1,2,\cdots)$,从而 $\|x\|=0$,此与 $\|x\|=1$ 矛盾。

定理 4.4.7(一般的 Schauder 不动点定理) 设 $A\subset X$ 为有界闭凸集,$F:A\to X$ 为全连续映射,且 $F(A)\subset A$,则 F 在 A 中有不动点。

【证】 由全连续映射的延拓定理及定理 4.4.6,类似定理 4.4.4 的方法可以证明。

例 3 考察 Urysohn 积分方程

$$\varphi(x)=\int_{\overline{G}}k(x,y,\varphi(y))\mathrm{d}y,$$

其中 $\overline{G}$ 是 $\mathbb{R}^n$ 中的有界集,$k:\overline{G}\times\overline{G}\times\mathbb{R}$ 是连续且满足不等式

$$|k(x,y,u)|\leqslant a+b|u|,\quad\forall x,y\in\overline{G},\quad u\in\mathbb{R},$$

其中 $a>0,b>0,b\,\mathrm{mes}(G)<1$。可以证明:积分方程必有连续解。

实际上,设 $F:C(\overline{G})\to C(\overline{G})$ 定义如下

$$F(\varphi)(x)=\int_{\overline{G}}k(x,y,\varphi(y))\mathrm{d}y,$$

则 F 是全连续映射。令 $\rho=\dfrac{a\,\mathrm{mes}(G)}{1-b\,\mathrm{mes}(G)}$,$\Omega=\{\varphi\mid\|\varphi\|_C<\rho\}$。于是当 $\varphi\in\overline{\Omega}$ 时

$$|F(\varphi)(x)|\leqslant\int_{\overline{G}}|k(x,y,\varphi(y))|\mathrm{d}y\leqslant a\,\mathrm{mes}(G)+b\,\mathrm{mes}(G)\|\varphi\|。$$

从而

$$\|F(\varphi)\|_C\leqslant a\,\mathrm{mes}(G)+b\,\mathrm{mes}(G)\|\varphi\|\leqslant a\,\mathrm{mes}(G)+b\,\mathrm{mes}(G)\rho=\rho。$$

由此可知

$$F(\overline{\Omega})\subset\overline{\Omega},$$

由 Schauder 定理,F 在 $\overline{\Omega}$ 上有不动点,即积分方程的连续解。

不动点理论与近代数学的许多分支有着紧密的联系,特别是对各类微分方程、积分方程

乃至一般的算子方程的解的存在惟一性研究起着关键的作用，在第 5 章我们将介绍各种形式的不动点定理及其在各类微分方程研究中的应用。

4.4.3 连续映射为满射的条件

对于连续函数 $f:\mathbb{R}\to\mathbb{R}$，如果 $\lim\limits_{x\to\pm\infty} f(x)=\pm\infty$，则由连续函数的介值定理，$\forall p\in\mathbb{R}$，一定存在 $x\in\mathbb{R}$ 使得 $f(x)=p$，即 f 为满射，下面对一般空间之间的映射考虑相应的问题。

定理 4.4.8 设 $f:\mathbb{R}^n\to\mathbb{R}^n$ 为连续的一致单调映射，即 f 连续且存在 $\alpha>0$ 使得

$$(f(x)-f(y),x-y)\geqslant\alpha\|x-y\|,\quad \forall x,y\in\mathbb{R}^n,\tag{4.4.5}$$

则

(1) f 为满射；

(2) 对于任意的 $p\in\mathbb{R}^n$，若 x^* 为方程 $f(x)=p$ 的解，则有

$$x^*\in B\left(x-\frac{1}{2\alpha}(f(x)-p),\frac{1}{2\alpha}\|f(x)-p\|\right),\quad \forall x\in\mathbb{R}^n。\tag{4.4.6}$$

【证】 (1)对于 $\forall p\in\mathbb{R}^n$，由条件(4.4.5)有

$$\begin{aligned}(f(x),x)&=(f(x)-f(0),x)+(f(0),x)\geqslant\alpha\|x\|^2-\|f(0)\|\|x\|\\&=\|x\|(\alpha\|x\|-\|f(0)\|),\end{aligned}$$

由此有

$$(f(x)-p,x)\geqslant\|x\|(\alpha\|x\|-\|f(0)\|-\|p\|)。$$

取充分大的 $R>0$，使得当 $\|x\|=R$ 时有

$$(f(x)-p,x)>0。$$

由锐角原理知，方程 $f(x)-p=0$ 在 $\Omega=\{x\mid x\in\mathbb{R}^n,\|x\|<R\}$ 内有解，由 $p\in\mathbb{R}^n$ 的任意性知 f 为满射。

(2) 由 $f(x^*)=p$ 及式(4.4.5)有

$$(f(x)-p,x-x^*)\geqslant\alpha\|x-x^*\|^2,$$

记 $y=x-x^*$，则有

$$(f(x)-p,y)\geqslant\alpha\|y\|^2,\quad 或\ \|y\|^2-\frac{1}{\alpha}(f(x)-p,y)\leqslant 0。$$

由此有

$$\|y\|^2-\frac{1}{\alpha}(f(x)-p,y)+\left(\frac{1}{2\alpha}\|f(x)-p\|\right)^2\leqslant\left(\frac{1}{2\alpha}\|f(x)-p\|\right)^2,$$

由此得

$$\left\|y-\frac{1}{2\alpha}(f(x)-p)\right\|\leqslant\frac{1}{2\alpha}\|f(x)-p\|,$$

此即为式(4.4.6)。

定理 4.4.9 设 H 为 Hilbert 空间，$f:H\to H$ 为全连续映射，且

$$\lim_{\|x\|\to\infty}\frac{(f(x),x)}{\|x\|}=+\infty,$$

则对任意 $p\in H$，方程 $f(x)=p$ 有解，即映射 f 为满射。如果 f 是严格单调的，即

$$(f(x)-f(y),x-y)>0,\quad \forall x,y\in H,\quad x\neq y,$$

则方程 $f(x)=p$ 的解是唯一的。

【证】 对任意 $p\in H$ 根据条件，可取 $\rho>\|p\|$，且在 $\|x\|=\rho$ 上有

$$\frac{(f(x),x)}{\|x\|}>\|p\|。$$

于是在 $\|x\|=\rho$ 上，

$$\begin{aligned}(f(x)-p,x)&=(f(x),x)-(p,x)\\&\geqslant(f(x),x)-\|p\|\|x\|\\&>\|p\|\|x\|-\|p\|\|x\|=0。\end{aligned}$$

由锐角原理知方程 $f(x)=p$ 有解。由严格单调条件易知解是唯一的。

4.4.4 在微分方程中的应用

下面考虑用拓扑度的方法来研究初值问题

$$\begin{cases}\dfrac{\mathrm{d}x}{\mathrm{d}t}=f(t,x),\\ x(t)\big|_{t=t_0}=x_0。\end{cases}\tag{4.4.7}$$

定理 4.4.10(Peano 定理) 设 $f(t,x)$在 D：$|t-t_0|\leqslant a,|x-x_0|\leqslant b$ 上连续，则初值问题(4.4.7)在$|t-t_0|\leqslant h$ 上有解存在，这里

$$h=\min\left\{a,\frac{b}{M}\right\},$$

其中 M 是$|f(t,x)|$在 D 上的最大值。

【证】 初值问题(4.4.7)的解等价于积分方程

$$x(t)=x_0+\int_{t_0}^{t}f(s,x(s))\mathrm{d}s\tag{4.4.8}$$

的解。定义映射 F：$C[t_0-h,t_0+h]\to C[t_0-h,t_0+h]$，

$$F(x)(t)=x_0+\int_{t_0}^{t}f(s,x(s))\mathrm{d}s,\quad \forall x\in C[t_0-h,t_0+h],$$

易证 F 是连续映射。记 $\overline{\Omega}=\{x\mid\|x-x_0\|\leqslant Mh\}$，当 $x\in C[t_0-h,t_0+h]$有

$$\|F(x)-x_0\|=\max_{\|t-t_0\|\leqslant h}\left|\int_{t_0}^{t}f(s,x(s))\mathrm{d}s\right|\leqslant\max_{\|t-t_0\|\leqslant h}M\mid t-t_0\mid=Mh。$$

又当$|t_1-t_2|<\delta=\dfrac{\varepsilon}{M}$时有

$$|F(x)(t_1)-F(x)(t_2)|=\left|\int_{t_1}^{t_2}f(s,x(s))\mathrm{d}s\right|\leqslant M\mid t_1-t_2\mid<\varepsilon,$$

所以 $F(C)$是一致有界且等度连续，由 Arzela-Ascoli 定理知 $F(C)$是相对紧的，因此 F 是全连续映射，且 $F(\overline{\Omega})\subset\overline{\Omega}$。由一般形式的 Schauder 定理，$F$ 在 $\overline{\Omega}$ 上存在不动点，该不动点为积分方程(4.4.8)的解，即为初值问题(4.4.7)的解。

定理 4.4.11(解前估值定理) 设 F：$X\to X$ 是全连续映射，对 F 有解前估值：即若存在数 $\lambda_0,r_0>0$，只要 $0<\lambda<\lambda_0$ 且 $\lambda F(x)=x$，就有 $\|x\|\leqslant r_0$，则方程

$$\lambda F(x)=x\tag{4.4.9}$$

对每个 $\lambda\in[0,\lambda_0]$有解。

【证】 (1) 对于$\lambda\in(0,\lambda_0)$,考虑

$$H(x,t)=x-t\lambda F(x)(0\leqslant t\leqslant 1),$$

$\Omega=\{x\mid x\in X,\|x\|<2r_0\}$。当$x\in\partial\Omega$时,有$H(x,t)=x-t\lambda F(x)\neq 0$。这是因为,当$0<t\leqslant 1$时,$0<t\lambda<\lambda_0$,而$\|x\|=2r_0>r_0$,由假设有$t\lambda F(x)\neq x$;当$t=0$时,$x\neq 0$。于是,由同伦不变性有

$$\deg(I-\lambda F,\Omega)=\deg(I,\Omega)=1,$$

因此方程$\lambda F(x)=x$在Ω内有解。

(2) 对于$\lambda=\lambda_0$,若在$\|x\|=2r_0$上,$\lambda_0 F(x)=x$有解,则已证明;若在$\|x\|=2r_0$上$\lambda_0 F(x)\neq x$,则对(1)中的同伦令$\lambda=\lambda_0$,同样的方法知方程$\lambda_0 F(x)=x$在Ω中有解。

(3) 对于$\lambda=0$,则$x=0$为方程(4.4.9)的解。

下面我们给出解前估值定理的一个应用。

定理 4.4.12 设$f(t,x)$在关于t在$[t_0,a]$上连续,且存在$M>0$,使

$$|f(t,x)|\leqslant M(1+|x|),$$

则在$[t_0,a]$上初值问题(4.4.7)有解。

【证】 同定理4.4.10,定义映射$F:C[t_0,a]\to C[t_0,a]$,

$$F(x)(t)=x_0+\int_{t_0}^{t}f(s,x(s))\mathrm{d}s,\quad \forall t\in[t_0,a],\quad x\in C[t_0,a]。$$

则F是连续的。设D是$C[t_0,a]$中的有界集,则存在$\rho>0$,使$D\subset\overline{\Omega}=\{x\mid\|x\|\leqslant\rho\}$,对任意$x\in D$,有

$$\begin{aligned}\|F(x)-x_0\|&=\max_{t\in[t_0,a]}\left|\int_{t_0}^{t}f(s,x(s))\mathrm{d}s\right|\\&\leqslant\max_{t\in[t_0,t]}\int_{t_0}^{t}M(1+|x(s)|)\mathrm{d}s\\&\leqslant M(1+\rho)(a-t_0),\end{aligned}$$

且有

$$\begin{aligned}|F(x)(t_1)-F(x)(t_2)|&\leqslant\left|\int_{t_1}^{t_2}|f(s,x(s))\mathrm{d}s|\right|\leqslant\left|\int_{t_1}^{t_2}M(1+|s(s)|)\mathrm{d}s\right|\\&\leqslant M(1+\rho)|t_1-t_2|,\end{aligned}$$

因此$F(D)$是相对紧的,所以$F:C(t_0,a)\to C(t_0,a)$是全连续映射。

下面证明:存在常数$r_0>0$,若方程$x=\lambda F(x)(0<\lambda\leqslant 1)$有解$x(t)$,则有$|x(t)|\leqslant r_0$。首先证$\lambda=1$的情形,即$x(t)$是初值问题(4.4.7)的解。当$t\in[t_0,a]$时,有

$$\begin{aligned}|x(t)|&\leqslant|x_0|+\int_{t_0}^{t}|f(s,x(s))|\mathrm{d}s\\&\leqslant|x_0|+M(a-t_0)+M\int_{t_0}^{t}|x(s)|\mathrm{d}s。\end{aligned}$$

令$|x_0|+M(a-t_0)=C_0>0$,$C_0+M\int_{t_0}^{t}|x(s)|\mathrm{d}s=\varphi(t)$,于是

$$|x(t)|\leqslant\varphi(t),$$

且有

$$\frac{\mathrm{d}\varphi}{\mathrm{d}t}=M|x(t)|\leqslant M\varphi(t)。$$

因此

$$\frac{\mathrm{d}}{\mathrm{d}t}(\varphi(t)\mathrm{e}^{-Mt})=\mathrm{e}^{-Mt}\left(\frac{\mathrm{d}\varphi}{\mathrm{d}t}-M\varphi(t)\right)\leqslant 0。$$

从而 $\varphi(t)\mathrm{e}^{-Mt}$ 是单调函数，故

$$\varphi(t)\mathrm{e}^{-Mt}\leqslant\varphi(t_0)\mathrm{e}^{-Mt_0}=C_0\mathrm{e}^{-Mt_0}。$$

即

$$\varphi(t)\leqslant C_0\mathrm{e}^{M(t-t_0)}\leqslant C_0\mathrm{e}^{M(a-t_0)}\overset{\text{def}}{=\!=}r_0,$$

因此有

$$x(t)\leqslant r_0。$$

再证 $\lambda\in(0,1)$时的情形。设 $x(t)$是方程 $x=\lambda F(x)$的解，即 $x(t)$满足方程

$$x(t)=\lambda F(x)(t)=\lambda\left(x_0+\int_{t_0}^{t}f(s,x(s))\mathrm{d}s\right),$$

它等价于初值问题

$$\begin{cases}\dfrac{\mathrm{d}x}{\mathrm{d}t}=\lambda f(t,x),\\ x(t_0)=\lambda x_0,\end{cases}$$

其中$|\lambda f(t,x)|\leqslant\lambda M(1+|x|)<M(1+|x|)$，由上述结论有

$$x(t)\leqslant\tilde{r}_0=[\lambda\mid x_0\mid+M(a-t_0)]\mathrm{e}^{M(a-t_0)}\leqslant r_0。$$

于是，由解前估值定理便知 F 一定存在不动点，即初值问题(4.4.7)有解存在。

第4章练习题

1. 设 $f:\mathbb{R}^2\to\mathbb{R}^2$ 定义为 $f(x,y)=(x^3-3xy^2,-y^3+3x^2y)$，证明 $\deg(f,\Omega,p)=3$，其中

$$\Omega=\{(x,y)\mid\sqrt{x^2+y^2}<2\},\quad p=(1,0)。$$

2. 设 $\Omega=\{z\mid z\in\mathbb{C},|z|<1\}$，$f:\mathbb{C}\to\mathbb{C}$ 定义为 $f(z)=\bar{z}^5$，计算 $\deg(f,\Omega,0)$。

3. 设 Ω 是$\mathbb{R}^n$ 中的有界开集，$f,g\in C(\overline{\Omega},\mathbb{R}^n)$，并且当 $x\in\partial\Omega$ 时，$\|g(x)\|<\|f(x)\|$，证明：$\deg(f+g,\Omega,0)=\deg(f,\Omega,0)$。

4. 设 Ω 为$\mathbb{R}^n$ 中的单位开球，$f,g:\mathbb{R}^n\to\mathbb{R}^n$ 连续，$0\notin f(\partial\Omega)\cup g(\partial\Omega)$，且 $\forall\lambda>0$ 有 $\lambda f(x)=-g(x)(\forall x\in\partial\Omega)$。证明：$\deg(f,\Omega,0)=\deg(g,\Omega,0)$。

5. 设 Ω 为$\mathbb{R}^n$ 中的单位开球，$f:\mathbb{R}^n\to\mathbb{R}^n$ 连续，且 $\forall x\in\Omega$ 有 $f(x)=x$。证明：$\Omega\subset f(\Omega)$。

6. 设 $f:\mathbb{R}^n\to\mathbb{R}^n$ 连续且满足 $\lim\limits_{\|x\|\to+\infty}\dfrac{(f(x),x)}{\|x\|}=+\infty$，证明 $f(\mathbb{R}^n)=\mathbb{R}^n$。

7. 设 $f:\mathbb{R}^n\to\mathbb{R}^n$ 连续可微，并且满足

(1) 当 $x\in\mathbb{R}^n$ 时，$J_f(x)\neq 0$；(2)当$|x|\to\infty$时，$\|f(x)\|\to\infty$，证明 $f(\mathbb{R}^n)=\mathbb{R}^n$。

8. 设 $F:\mathbb{R}^n\to\mathbb{R}^n$ 为 C^1 映射，且存在 $n\times n$ 矩阵 $\boldsymbol{A}$ 使得

$$\lim_{\|\boldsymbol{x}\|\to\infty}\frac{\|F(\boldsymbol{x})-\boldsymbol{A}\boldsymbol{x}\|}{\|\boldsymbol{x}\|}=0。$$

又 $\boldsymbol{x}_0$ 为 F 的正则零点,即 $F(\boldsymbol{x}_0)=0$ 且 $J_F(\boldsymbol{x}_0)\neq 0$。证明:若 $\operatorname{sgn}J_F(\boldsymbol{x}_0)\neq \operatorname{sgndet}\boldsymbol{A}$,则 F 在$\mathbb{R}^n$ 中至少存在两个零点。

9. 设 $X=l^2,\Omega=\{x\in X\mid \|x\|<1\}$,定义 $T:\overline{\Omega}\to X$,

$$Tx=\{\sqrt{1-\|x\|^2},\xi_1,\xi_2,\cdots,\xi_n,\cdots\},\quad \forall x=\{\xi_1,\xi_2,\cdots,\xi_n,\cdots\}\in\overline{\Omega}。$$

证明 T 在 $\overline{\Omega}$ 上连续,但非全连续。

10. 设 Ω 是 Banach 空间 X 中包含原点的有界开集,$F:\overline{\Omega}\to X$ 全连续且满足

$$\|x-F(x)\|^2\geqslant\|F(x)\|^2-\|x\|^2,x\in\partial\Omega。$$

证明 F 在 $\overline{\Omega}$ 上存在不动点。

11. 设 Ω 为实的 Riesz 空间 H 中的有界开集,$0\in\Omega$,映射 $A:\overline{\Omega}\to H$ 全连续,且满足

$$(Ax,x)\leqslant\|x\|^2,\quad \forall x\in\partial\Omega。$$

证明 A 在 $\overline{\Omega}$ 上存在不动点。

12. 设 X 为 Banach 空间,$F:X\to X$ 为全连续,证明:若集合

$$S=\{x\in X\mid \exists t\in(0,1)\text{ 使得 }x=tF(x)\}$$

有界,则对每一个 $t\in[0,1]$,方程 $x-tF(x)=0$ 在 X 中有解。

13. 设 X 是 Banach 空间,$f=I-F:X\to X$ 全连续,并且满足 $\|f(x)-f(y)\|\geqslant\varphi(\|x-y\|)$,其中 $\varphi:(0,+\infty)\to(0,+\infty)$ 连续,并且由 $\varphi(r)\to 0$ 可推出 $r\to 0$。证明 f 是 X 上的同胚。

14. 设 $\Omega=(0,1),K:\overline{\Omega}\times\overline{\Omega}\times\mathbb{R}\to\mathbb{R}$ 为连续函数,且满足

$$|K(x,y,u)|\leqslant 1+\frac{1}{2}|u|,\quad \forall x,y\in\overline{\Omega},\quad u\in\mathbb{R}。$$

定义算子 $T:C[0,1]\to C[0,1]$,

$$T\varphi(x)=\int_0^1 K(x,y,\varphi(y))\mathrm{d}y,\quad \forall\varphi\in C[0,1]。$$

证明:

(1) T 为全连续算子;(2) 积分方程 $\varphi(x)=\int_0^1 K(x,y,\varphi(y))\mathrm{d}y$ 存在连续解。

15. 设 X 为 Banach 空间,Ω 为 X 中的非空凸闭集,$f,g:\Omega\to\Omega$ 满足:

(1) $f(x)+g(x)\in\Omega,\forall x,y\in\Omega$;

(2) f 是连续的紧映射;

(3) g 是压缩映射。

证明:$F=f+g$ 在 Ω 中必存在不动点。

16. 设 X 是 Banach 空间,Ω 是 X 中的有界开集,T 和 T_1 在 X 上全连续,$f=I-T$,$f_1=I-T_1,p\notin f(\partial\Omega)\cup f_1(\partial\Omega)$,而且

$$\|T_1x-Tx\|\leqslant\|x-Tx-p\|,\quad \forall x\in\partial\Omega,$$

证明:$\deg(f_1,\Omega,p)=\deg(f,\Omega,p)$。

17. 设 U 为 Banach 空间 X 的开子集,$F:U\to X$ 为全连续映射,且

$$\operatorname{Fix}(F)=\{x\mid F(x)=x\}$$

为紧集。证明:$\inf\{\|x-F(x)\|\mid x\in\partial\Omega\}>0$。

第 5 章

不动点理论及其在微分方程中的应用

不动点理论是非线性泛函分析的重要分支之一。空间结构、映射限制条件以及结论构成了不动点定理的三个主要要素。一直以来，大量学者都为寻找空间结构广。映射限制条件少的不动点定理而努力。在非线性动力系统和微分方程的理论和应用研究中，Banach 压缩映射原理及 Schauder 不动点定理起着基础性的作用，它们作为重要而基本的理论工具，在其他学科领域以及数学的许多分支中也有广泛的应用，如拓扑学，经济学，微分方程，博弈理论，优化控制等。近年来，由于对不动点的计算精度和相关算法的不断提高与优化，不动点方法已成为应用数学各领域的有效研究工具之一，也是非线性分析中不可或缺的重要组成部分。本章内容主要包括不动点理论概述、不动点理论在时滞微分方程中的应用、不动点理论在分数阶微分方程中的应用、不动点理论在 Banach 空间中的微分方程的应用。

5.1 不动点理论概述

5.1.1 经典不动点定理

纵观不动点理论的发展历史，有重要应用的不动点定理的假设条件都是从众多实际问题归纳提炼出来的，它的每一次飞跃都与它的重要应用相联系。比如，众所周知的，在寻求许多类型微分方程的解或特定类型解时，往往归结为求某两个算子和的不动点问题，其中一个算子是全连续的，而另一算子为压缩算子。基于这一观察，Krasnoselskii 建立了著名的不动点定理，架起了 Banach 压缩原理映射与 Schauder 不动点定理的桥梁，展示了广泛的应用前景，在很多的非线性问题中发挥重要的作用。根据我们的研究，可将 Krasnoselskii 不动点定理看成是 Schauder 不动点定理中的全连续算子在压缩算子的扰动下仍具有不动点性质。在这种观点下，很自然的问题是：全连续算子最大能承受怎样的扰动并且还有不动点存在？这是一个非常有意义和值得探讨的问题。特别是在连续函数空间中，沿着这一方向的任一突破，将会解决一大类微分方程解的适定性问题，同时也将促进非线性泛函分析的进一步发展。由于各类摄动微分算子可以写成紧算子和压缩算子的和的形式，在这一章，我们讨论不动点理论及其在微分方程中的应用问题，具体包括不动点理论拓展与改进、不动点理论在时滞微分方程中的应用、不动点理论在分数阶微分方程中的应用。

Banach **压缩映射原理**　设(X,d)为完备度量空间，$D\subset X$ 为闭集，映射 $C: D\to D$ 为压缩映射，即存在 $\alpha\in(0,1)$，对任意 $x,y\in D$ 有 $d(Cx,Cy)\leqslant d(x,y)$成立，则存在唯一 $\tilde{x}\in D$，使得 $C(\tilde{x})=\tilde{x}$。

Brouwer 不动点定理 设 X 为 Banach 空间，$D\subset X$ 为紧凸集，映射 $C: D\rightarrow D$ 为连续映射，则存在 $\tilde{x}\in D$，使得 $C(\tilde{x})=\tilde{x}$。

Schauder 不动点定理 设 X 为 Banach 空间，$D\subset X$ 为有界闭凸集，映射 $C: D\rightarrow D$ 为紧映射，则存在 $\tilde{x}\in D$，使得 $C(\tilde{x})=\tilde{x}$。

Krasnoselskii 不动点定理 设 X 为 Banach 空间，$D\subset X$ 为有界凸闭集，映射 $S,C: D\rightarrow D$ 满足：(1)对任意 $x,y\in D$，有 $S(x)+C(y)\in D$；(2)映射 C 为压缩映射；(3)映射 C 在 D 上是全连续的，则存在 $\tilde{x}\in D$，使得 $C(\tilde{x})+S(\tilde{x})=\tilde{x}$。

Schaefer 不动点定理 设 X 为 Banach 空间，映射 $S: X\rightarrow X$ 将有界集映射为紧集，如果集合$\{x\in X \mid x=\lambda Sx,\lambda\in(0,1)\}$无界，则存在 $\tilde{x}\in X$，使得 $S(\tilde{x})=\tilde{x}$。

5.1.2 线性算子扰动下的压缩型不动点定理

Krasnoselskii 不动点定理可以看作是紧算子在压缩算子扰动下仍具有不动点性质。对称地，它也可以看作是压缩算子在小扰动下仍具有不动点性质。本节内容将讨论压缩算子在线性算子扰动下的新型不动点性质。

记 $I\subseteq\mathbb{R}^+$ 为一个区间，E 为给定的 Banach 空间，其范数为 $\|\cdot\|_E$. $BC(I,E)$ 表示所有从 I 到 E 的有界连续映射所构成的 Banach 空间，对任意 $u\in BC(I,E)$，定义范数为 $\|u\|_C=\max\{\|u(t)\|_E: t\in I\}$。设 $T: C(I,E)\times I\rightarrow\mathbb{R}$ 为一个算子。如果对任意两个函数 $y_1,y_2\in C(I,\mathbb{R})$，$0\leqslant y_1(t)\leqslant y_2(t)$ 有不等式 $T(y_1,t)\leqslant T(y_2,t)$ 成立，则称算子 $T(\cdot,t)$是关于 $\cdot$ 为增算子。

定理 5.1.1 设 F 为 Banach 空间 $BC(I,E)$中的非空闭集，$A: F\rightarrow F$ 为一个算子，$T(\cdot,t)$为线性增算子。假设如下条件成立：

(H_1) 存在 $\beta\in[0,1)$使得对任意 $u,v\in F$ 以及 $t\in I$，有

$$\|Au(t)-Av(t)\|_E\leqslant\beta\|u(t)-v(t)\|_E+T(\|u(\cdot)-v(\cdot)\|_E,t);$$

(H_2) 存在 $\alpha\in[0,1-\beta)$ 以及有界正函数 $y\in C(\bar{I},R)$ 满足 $T(y,t)\leqslant\alpha y(t)$ 对任意 $t\in I$ 成立，则 A 在 F 中有唯一不动点。

【证】 任取 $x_0\in F$，记 $x_n=Ax_{n-1}$，$n=1,2,\cdots$，由于 (H_1)，则有

$$\|Ax_{n+1}(t)-Ax_n(t)\|_E\leqslant\beta\|x_{n+1}(t)-x_n(t)\|_E+T(\|x_{n+1}(\cdot)-x_n(\cdot)\|_E,t)。$$

令 $a_n(t)=\|x_{n+1}(t)-x_n(t)\|_E$，可知

$$a_{n+1}(t)\leqslant\beta a_n(t)+T(a_n(\cdot),t)。\tag{5.1.1}$$

为了证明序列 $\{x_n\}$是范数 $\|\cdot\|_C$ 下的 Cauchy 列，引入新的等价范数使得$\{x_n\}$为新范数意义下的 Cauchy 列。根据假设(H_2)，存在正常数 M 和 m 使得不等式 $m\leqslant|y(t)|\leqslant M$。

对所有 $t\in I$ 成立，定义 $BC(I,E)$中的新范数 $\|\cdot\|_1$：

$$\|u\|_1=\sup\left\{\frac{1}{y(t)}\|u(t)\|_E: t\in I\right\},\quad u\in BC(I,E)。$$

不难发现$\frac{1}{M}\|u\|_C\leqslant\|u\|_1\leqslant\frac{1}{m}\|u\|_C$。因此，范数 $\|\cdot\|_1$与 $\|\cdot\|_C$是等价范数。

令 $a_n=\|x_{n+1}-x_n\|_1$，则有 $a_n(t)\leqslant y(t)a_n$对所有 $t\in I$ 成立。根据表达式 (5.1.1) 以及函数 y 的单调性，可知

$$\frac{1}{y(t)}a_{n+1}(t)\leqslant\beta a_n+\frac{1}{y(t)}T(a_n(\cdot),t)$$

$$\leqslant \beta a_n + \frac{1}{y(t)} T(y(\cdot) a_n, t)$$
$$= \beta a_n + \frac{a_n}{y(t)} T(y(\cdot), t)$$
$$\leqslant (\beta + \alpha) a_n,$$

因此 $a_{n+1} \leqslant (\beta+\alpha) a_n \leqslant (\beta+\alpha)^2 a_{n-1} \leqslant \cdots \leqslant (\beta+\alpha)^{n+1} a_0$。

这意味着$\{x_n\}$是范数 $\|\cdot\|_1$意义下的 Cauchy 列。因此$\{x_n\}$也是范数$\|\cdot\|_C$ 意义下的 Cauchy 列。从而,由完备性可知序列$\{x_n\}$在 F 中存在极限点,记为 u。不难证明 u 是算子 A 在 F 中的不动点。

接下来证明不动点的唯一性。假设 u 与 $v(u\neq v)$ 都是算子 A 的不动点,则有 $Au=u$, $Av=v$。考虑到条件(H_1),我们有

$$\| Au(t) - Av(t) \|_E \leqslant \beta \| u(t) - v(t) \|_E + T(\| u(\cdot) - v(\cdot) \|_E, t)。$$

类似上述推导,不难得到

$$\| u - v \|_1 = \| Au - Av \|_1 \leqslant (\beta + \alpha) \| u - v \|_1。$$

这是矛盾的。因此算子 A 的不动点是唯一的。定理 5.1.1 证毕。

不难验证,有许多积分算子都满足限制条件(H_2),根据定理 5.1.1 和习题 1 至习题 3,可得到如下引理。

推论 5.1.1 令 $I=(0,L]$,F 为$C(I,E)$上的非空闭子集。如果存在常数 $\alpha,\beta\in[0,1)$ 及 $K\geqslant 0$ 使得当 $u,v\in F$ 和 $t\in I$ 时,算子 $A: F\to F$ 满足

$$\| Au(t) - Av(t) \|_E \leqslant \beta \| u(t) - v(t) \|_E + \frac{K}{t^\alpha}\int_0^t \| u(s) - v(s) \|_E \mathrm{d}s,$$

则 A 在 F 中具有唯一不动点。

【证】 由定理 5.1.1 以及习题 1 可得推论的结论。

推论 5.1.2 令 $I=(0,L]$,F 为$C(I,E)$上的非空闭子集。如果存在常数 $\gamma\in\mathbb{R}$,$\beta\in[0,1)$及 $K\geqslant 0$ 使得当 $u,v\in F$ 和 $t\in I$ 时,算子 $A: F\to F$ 满足

$$\| Au(t) - Av(t) \|_E \leqslant \beta \| u(t) - v(t) \|_E + K\int_0^t \mathrm{e}^{-\gamma(t-s)} \| u(s) - v(s) \|_E \mathrm{d}s,$$

则 A 在 F 中有唯一不动点。

【证】 由定理 5.1.1 以及习题 2 可得推论结论。

推论 5.1.3 记 $I=[\eta,+\infty)$,F 为$C(I,E)$中的非空闭子集。若存在常数 $\alpha\in(1,+\infty)$,$\beta\in[0,1)$以及 $K\geqslant 0$ 使得当 $u,v\in F$ 和 $t\in I$ 时,算子 $A: F\to F$ 满足

$$\| Au(t) - Av(t) \|_E \leqslant \beta \| u(t) - v(t) \|_E + \frac{K}{t^\alpha}\int_\eta^t \| u(s) - v(s) \|_E \mathrm{d}s。$$

则 A 在 F 中具有唯一不动点。

【证】 由定理 5.1.1 以及习题 3 可得推论结论。

本小节给出了特定连续函数空间中的基本不动点定理,利用等价范数空间理论,证明了相关结果。更多的研究进展可参阅文献【13】、【14】、【26】等。

5.1.3 混杂压缩型不动点定理

上节给出了连续函数空间中的不动点定理拓广。接下来,将讨论连续函数空间中的新

的重合点定理，这些结论可以看作是在混杂意义和集值意义下的推广。

定理 5.1.2 设 $I=(0,L]$，F 为 $C(I,E)$ 中的非空闭子集，$A,B:F\to F$ 为两个算子。若存在 $\alpha,\beta\in[0,1)$ 及 $K\geqslant 0$ 使得当 $u,v\in F$ 及 $t\in I$ 时，下式成立

$$\|Au(t)-Av(t)\|_E\leqslant\beta\|Bu(t)-Bv(t)\|_E+\frac{K}{t^{\alpha}}\int_0^t\|Bu(s)-Bv(s)\|_E\mathrm{d}s。\tag{5.1.2}$$

如果 BF 为 F 中的闭子集，且 $AF\subset BF$，则算子 A 与算子 B 具有重合点。进一步，如果算子 A 或者 B 是单射且 $AB=BA$，则算子 A 和 B 具有唯一共享不动点。

【证】 任取 $x_0\in F$，令 $y_0=Bx_0$，由于 $AF\subset BF$，因此存在 $x_1\in F$ 并且有 $Bx_1=Ax_0$，且记 $y_1=Bx_1$。对于 x_1，同理存在 $x_2\in F$ 使得 $y_2=Bx_2=Ax_1$. 重复上述过程，可以得到序列 $\{y_n\}\subset F$ 满足

$$x_n\in F \text{ 和 } y_n=Bx_n=Ax_{n-1},\quad n=1,2,\cdots。$$

利用等价范数方法，将证明序列 $\{y_n\}$ 是范数 $\|\cdot\|_C$ 意义下的 Cauchy 列。

首先，选取常数 $\tau\in(0,T]$ 满足不等式 $\beta+K\tau^{1-\alpha}<1$，进而可以定义 $(0,1]$ 上的函数 f 为

$$f(t)=\begin{cases}1, & t\in(0,\tau],\\ \mathrm{e}^{1-\frac{t}{\tau}}, & t\in(\tau,T]\end{cases}$$

考虑 $C(I,E)$ 中的新范数 $\|\cdot\|_f$：

$$\|u\|_f=\sup\{f(t)\|u(t)\|_E: t\in I\},\quad u\in C(I,E),$$

则两个范数 $\|\cdot\|_C$ 和 $\|\cdot\|_f$ 是等价范数。

其次，证明序列 $\{y_n\}$ 是范数 $\|\cdot\|_f$ 意义下的 Cauchy 列。令

$$a_n(t)=\|y_{n+1}(t)-y_n(t)\|_E \text{ 且 } a_n=\|y_{n+1}-y_n\|_f。$$

根据假设 (5.1.2)可得

$$a_{n+1}(t)\leqslant\beta a_n(t)+\frac{K}{t^{\alpha}}\int_0^t a_n(s)\mathrm{d}s。$$

当 $t\in(0,\tau]$ 时，由 $a_n(t)\leqslant a_n$ 可知

$$f(t)a_{n+1}(t)=a_{n+1}(t)\leqslant\beta a_n+K\tau^{1-\alpha}a_n=(\beta+K\tau^{1-\alpha})a_n。$$

当 $t\in(\tau,T]$时，由于 $a_n(t)\leqslant\mathrm{e}^{-1+\frac{t}{\tau}}a_n$，因此

$$\int_0^t a_n(s)\mathrm{d}s=\int_0^{\tau}a_n(s)\mathrm{d}s+\int_{\tau}^t a_n(s)\mathrm{d}s\leqslant\tau\mathrm{e}^{-1+\frac{t}{\tau}}a_n。$$

故

$$f(t)a_{n+1}(t)=\mathrm{e}^{1-\frac{t}{\tau}}a_{n+1}(t)\leqslant\beta a_n+K\tau^{1-\alpha}a_n=(\beta+K\tau^{1-\alpha})a_n。$$

从而，当 $t\in(0,T]$时，有

$$f(t)a_{n+1}(t)\leqslant(\beta+K\tau^{1-\alpha})a_n,$$

这意味着

$$a_{n+1}\leqslant(\beta+K\tau^{1-\alpha})a_n,$$

因此

$$a_{n+1}\leqslant(\beta+K\tau^{1-\alpha})^{n+1}a_0。$$

由于$\beta+K\tau^{1-\alpha}<1$,故序列$\{y_n\}$是 $\|\cdot\|_f$ 意义下的 Cauchy 列。因此$\{y_n\}$也是 $\|\cdot\|_C$ 意义下的 Cauchy 列。从而存在 $y\in F$ 使得$\lim\limits_{n\to\infty}Ax_n=\lim\limits_{n\to\infty}Bx_n=y$。

因为BF是F的闭子集并且$y\in BF$,则必存在$u\in F$使得$y=Bu$。可断言 $y=Au$。事实上,由于

$$\begin{aligned}\|Au(t)-Ax_n(t)\|_E&\leqslant\beta\|Bu(t)-Bx_n(t)\|_E+\frac{K}{t^\alpha}\int_0^t\|Bu(s)-Bx_n(s)\|_E\mathrm{d}s\\&=\beta\|y(t)-Bx_n(t)\|_E+\frac{K}{t^\alpha}\int_0^t\|y(s)-Bx_n(s)\|_E\mathrm{d}s\\&\leqslant(\beta+K\tau^{1-\alpha})\|y-Bx_n\|_C。\end{aligned}$$

因此 $y=Au$。从而 u 是算子 A 和 B 的重合点。

接下来,证明重合点的唯一性。假设 B 为单射。如果 u 和 $v(u\neq v)$ 都是算子 A 和 B 的重合点,则有 $Au=Bu,Av=Bv$ 且 $Bu\neq Bv$。因此

$$\|Au(t)-Av(t)\|_E\leqslant\beta\|Bu(t)-Bv(t)\|_E+\frac{K}{t^\alpha}\int_0^t\|Bu(s)-Bv(s)\|_E\mathrm{d}s。$$

基于上述讨论,容易证明

$$\|Bu-Bv\|_f=\|Au-Av\|_f\leqslant(\beta+K\tau^{1-\alpha})\|Bu-Bv\|_f。$$

这是矛盾的。因此算子 A 和 B 有唯一重合点。

注意到 $y=Au=Bu$ 以及 $AB=BA$,则有 $Ay=ABu=BAu=By$。从而 y 也是算子 A 和 B 的重合点。由唯一性知 $y=u$,这蕴含着 $u=Au=Bu$,即 u 是算子 A 和 B 的唯一共享不动点。定理 5.1.2 证毕。

对给定常数 $\eta>0,I=[\eta,+\infty)$,考虑有界连续函数构成的 Banach 空间 $BC(I,E)$,其范数定义为 $\|u\|_B=\max\{\|u(t)\|_E:t\in[\eta,+\infty)\}$。与定理 5.1.1 类似,可以获得如下定理。

定理 5.1.3 设 F 为$BC(I,E)$中的非空有界闭子集,算子 $A,B:F\to F$ 为给定的两个算子。若存在常数 $\alpha\in(1,+\infty),\beta\in(0,1),K\geqslant0$ 使得当 $u,v\in F$ 以及 $t\in I$ 时,下式成立:

$$\|Au(t)-Av(t)\|_E\leqslant\beta\|Bu(t)-Bv(t)\|_E+\frac{K}{t^\alpha}\int_\eta^t\|Bu(s)-Bv(s)\|_E\mathrm{d}s。\tag{5.1.3}$$

如果BF是F的闭子集且$AF\subset BF$,则算子 A 和B 存在重合点。进一步,若算子 A 或 B 是单射且$AB=BA$,则算子 A 和 B 存在唯一共享不动点。

【证】 类似于定理 5.1.1 的证明过程,构造 F 中的序列$\{y_n\}$使其满足

$$x_n\in F\text{ 和 }y_n=Bx_n=Ax_{n-1},\quad n=1,2,\cdots。$$

选取两个常数 $\tau\geqslant\eta$ 及 $c>0$ 使得

$$\beta+\frac{K}{c\eta^\alpha}+K\tau^{1-\alpha}<1$$

成立,定义在 I 上的非增函数 g 为

$$g(t)=\begin{cases}\mathrm{e}^{-ct},& t\in(\eta,\tau],\\ \mathrm{e}^{-c\tau},& t\in(\tau,+\infty),\end{cases}$$

重新定义 $BC(I,E)$ 中的范数 $\|\cdot\|_g$：

$$\|u\|_g=\sup\{g(t)\|u(t)\|_E: t\in I\},\quad u\in BC(I,E)。$$

则两个范数 $\|\cdot\|_B$ 和 $\|\cdot\|_g$ 是等价范数。

令

$$a_n(t)=\|y_{n+1}(t)-y_n(t)\|_E \text{ 且 } a_n=\|y_{n+1}-y_n\|_g。$$

则有

$$a_{n+1}(t)\leqslant\beta a_n(t)+\frac{K}{t^\alpha}\int_\eta^t a_n(s)\mathrm{d}s。$$

当 $t\in(\eta,\tau]$ 时，由 $a_n(t)\leqslant \mathrm{e}^{ct}a_n$，可知

$$\int_\eta^t a_n(s)\mathrm{d}s\leqslant\int_\eta^t \mathrm{e}^{cs}a_n\mathrm{d}s\leqslant\frac{\mathrm{e}^{ct}}{c}a_n。$$

因此

$$g(t)a_{n+1}(t)=\mathrm{e}^{-ct}a_{n+1}(t)\leqslant\left(\beta+\frac{K}{c\eta^\alpha}\right)a_n。$$

当 $t\in(\tau,+\infty)$ 时，由于 $a_n(t)\leqslant \mathrm{e}^{c\tau}a_n$，因此

$$\int_\eta^t a_n(s)\mathrm{d}s=\int_\eta^\tau a_n(s)\mathrm{d}s+\int_\tau^t a_n(s)\mathrm{d}s\leqslant\left(\frac{1}{c}+t\right)a_n。$$

因此

$$g(t)a_{n+1}(t)=\mathrm{e}^{-c\tau}a_{n+1}(t)\leqslant \mathrm{e}^{-c\tau}\left(\beta a_n(t)+\frac{K}{t^\alpha}\int_\eta^t a_n(s)\mathrm{d}s\right)$$

$$=\left(\beta+\frac{K}{c\eta^\alpha}+K\tau^{1-\alpha}\right)a_n。$$

进而，当 $t\in(\eta,+\infty)$ 时，有

$$g(t)a_{n+1}(t)\leqslant\left(\beta+\frac{K}{c\eta^\alpha}+K\tau^{1-\alpha}\right)a_n。$$

这意味着

$$a_{n+1}\leqslant\left(\beta+\frac{K}{c\eta^\alpha}+K\tau^{1-\alpha}\right)a_n。$$

因此

$$a_{n+1}\leqslant\left(\beta+\frac{K}{c\eta^\alpha}+K\tau^{1-\alpha}\right)^{n+1}a_0。$$

由于 $\beta+\dfrac{K}{c\eta^\alpha}+K\tau^{1-\alpha}<1$，故序列 $\{y_n\}$ 是 $\|\cdot\|_g$ 意义下的 Cauchy 列。因此 $\{y_n\}$ 也是范数 $\|\cdot\|_B$ 意义下的 Cauchy 列。从而必存在 $y\in F$ 满足 $\lim\limits_{n\to\infty}Ax_n=\lim\limits_{n\to\infty}Bx_n=y$。

由于 $y\in BF$，因而存在 $u\in F$ 满足 $y=Bu$。可以断言 $y=Au$。事实上，利用假设(5.1.3)可知

$$\|Au(t)-Ax_n(t)\|_E\leqslant\beta\|Bu(t)-Bx_n(t)\|_E+\frac{K}{t^\alpha}\int_\eta^t\|Bu(s)-Bx_n(s)\|_E\mathrm{d}s,$$

这蕴含着

$$\| Au - Ax_n \|_B \leqslant \left(\beta + \frac{K}{\eta^{\alpha-1}}\right) \| y - Bx_n \|_B。$$

因此 $y=Au$ 且 u 是算子 A 和 B 的重合点。类似于定理 5.1.2 的证明,不难证明 A 和 B 具有唯一的重合不动点。定理 5.1.3 证毕。

为利用不动点方法研究泛函微分方程解的存在性问题,对给定的常数 $\sigma>0$ 引入 Banach 空间 $C([-\sigma,0],E)$,其范数为上确界范数。记 $I=[0,T]$以及 $\varphi \in C([-\sigma,0],E)$,定义闭子集 $F=\{u \in C[I,E]: u(0)=\varphi(0)\}$,类似定理 5.1.3 的证明过程,可以获得如下结论。

定理 5.1.4 设 F 如上定义,$A: F \to F$ 为算子。当 $u,v \in F$ 及 $t \in [-\sigma,0]$ 时,有 $u(t)=v(t)=\varphi(t)$,若存在 $\alpha,\beta \in [0,1)$,$K \geqslant 0$ 使得当 $t \in I$ 时,有

$$\| Au(t) - Av(t) \|_E \leqslant \beta \sup_{s \in [-\sigma,0]} \| u(t+s) - v(t+s) \|_E + \frac{K}{t^\alpha}\int_0^t \| u(s) - v(s) \|_E \mathrm{d}s,$$

则 A 在 F 中存在唯一不动点。

推论 5.1.4 令 $I=(0,L]$,F 为 $C(I,E)$上的非空闭子集。如果存在常数 $\alpha,\beta \in [0,1)$,$K \geqslant 0$ 使得当 $u,v \in F$ 和 $t \in I$ 时,算子 $A: F \to F$ 满足

$$\| Au(t) - Av(t) \|_E \leqslant \beta \| u(t) - v(t) \|_E + \frac{K}{t^\alpha}\int_0^t \| u(s) - v(s) \|_E \mathrm{d}s,$$

则 A 在 F 中具有唯一不动点。

推论 5.1.5 记 $I=[\eta,+\infty)$,F 为 $BC(I,E)$中的非空闭子集。若存在常数 $\alpha \in [1,+\infty)$,$\beta \in [0,1)$,$K \geqslant 0$ 使得当 $u,v \in F$ 和 $t \in I$ 时,算子 $A: F \to F$ 满足

$$\| Au(t) - Av(t) \|_E \leqslant \beta \| u(t) - v(t) \|_E + \frac{K}{t^\alpha}\int_\eta^t \| u(s) - v(s) \|_E \mathrm{d}s,$$

则 A 在 F 中具有唯一不动点。

5.1.4 集值不动点定理

设(X,d)为度量空间,定义度量 $D(x,A)=\inf\{d(x,y): y \in A\}$其中 $x \in X$,$A \subset X$,记 $CB(X)$为集合 X 的所有非空有界闭子集的全体. H 为关于度量 d 的 Hausdorff 距离,即对任意 $A,B \in CB(X)$,有

$$H(A,B)=\max\{\sup\{D(x,B): x \in A\}, \sup\{D(y,A): y \in B\}\}。$$

定理 5.1.5 设 F 为 $BC(I,E)$中的非空有界闭子集,$A: F \to CB(F)$为集值算子,对固定 $t \in I$,$T(\cdot,t)$为线性增算子。若(H_3) 存在常数 $\beta \in (0,1)$,使得当 $u,v \in F$ 和 $t \in I$ 时,下式成立:

$$H(Au,Av) \leqslant \beta \| u(t) - v(t) \|_E + T(\| u(\cdot) - v(\cdot) \|_E, t)。$$

当假设 (H_2) 成立时,算子 A 在 F 中有唯一不动点。

【证】 根据假设(H_2),可以选取常数 $\alpha>0$ 使得 $\beta+\alpha<1$。记 $\lambda=\beta+\alpha$,并构造 F 中的不动点迭代序列如下:对给定 $x_0 \in F$,因 Ax_0是非空集,故存在 $x_1 \in F$ 使得 $x_1 \in Ax_0$。注意到 Ax_0 及 Ax_1 是闭集且 $x_1 \in Ax_0$,则可以选取 $x_2 \in Ax_1$使得 $\| x_1 - x_2 \|_C \leqslant H(Ax_0, Ax_1)+\lambda$。因 $x_2 \in F$,故存在 $x_3 \in Ax_2$使得 $\| x_2 - x_3 \|_C \leqslant H(Ax_1, Ax_2)+\lambda^2$. 重复上述过程,可得 F 中的序列 $\{x_n\}$ 满足递推式 $\| x_{n+1} - x_n \|_C \leqslant H(Ax_n, Ax_{n-1})+\lambda^n$,$n=1$,

2,…。类似可证明 $\{x_n\}$ 是 F 中的 Cauchy 列。记 $b_n=\|x_{n+1}-x_n\|_1$ 以及 $b_n(t)=\|x_{n+1}(t)-x_n(t)\|_E$，其中范数 $\|\cdot\|_1$ 在证明定理 5.1.1 中已经给出，则

$$\begin{aligned}\|x_{n+2}-x_{n+1}\|_C &\leqslant H(Ax_{n+1},Ax_n)+\lambda^{n+1}\\ &\leqslant \beta b_n(t)+T(b_n(\cdot),t)+\lambda^{n+1}。\end{aligned}$$

由 $b_n(t)\leqslant y(t)b_n$ 可知

$$\begin{aligned}\frac{1}{y(t)}\|x_{n+2}-x_{n+1}\|_C &\leqslant \frac{1}{y(t)}[\beta b_n(t)+T(b_n(\cdot),t)+\lambda^{n+1}]\\ &\leqslant (\beta+\alpha)b_n+\frac{1}{m}\lambda^{n+1}。\end{aligned}$$

其中 $m=\inf\{y(t): t\in I\}$。这意味着

$$b_{n+1}\leqslant(\beta+\alpha)b_n+\frac{1}{m}\lambda^{n+1}=\lambda b_n+\frac{1}{m}\lambda^{n+1}。$$

因此

$$b_n\leqslant\lambda^n\left(b_0+\frac{n}{m}\right),\quad n=0,1,\cdots。$$

进而可知 $\lim\limits_{n\to\infty}b_n=0$。从而，利用 $\sum\limits_{n=0}^{\infty}\lambda^n<+\infty$ 以及 $\sum\limits_{n=0}^{\infty}n\lambda^n<+\infty$，可知 $\sum\limits_{n=0}^{\infty}b_n<+\infty$。故 $\{x_n\}$ 是范数 $\|\cdot\|_1$ 意义下的 Cauchy 列。因此 $\{x_n\}$ 也是 $\|\cdot\|_C$ 意义下的 Cauchy 列。由此可知，存在 $u\in F$ 满足 $\lim\limits_{n\to\infty}x_n=u$ 则必有 $u\in Au$。事实上，假设 (H_3) 蕴含着

$$\begin{aligned}H(Au,Ax_n) &\leqslant \beta\|u(t)-x_n(t)\|_E+T(\|u(\cdot)-x_n(\cdot)\|_E,t)\\ &\leqslant \beta y(t)\|u-x_n\|_1+T(y,t)\|u-x_n\|_1\\ &\leqslant M(\beta+\alpha)\|u-x_n\|_1。\end{aligned}$$

又因为 $x_n\in Ax_{n-1}$，可得

$$D(Au,x_{n+1})\leqslant H(Au,Ax_n)\leqslant M(\beta+\alpha)\|u-x_n\|_1。$$

因此 $D(Au,u)=0$。因此 $u\in Au$。从而算子 A 在 F 中有不动点 u。定理证毕。

在研究泛函微分包含解的存在性问题方面，连续函数空间中的集值型不动点方法是一类重要的方法。对给定的常数 $\sigma>0$，引入 Banach 空间 $C([-\sigma,0],E)$，其范数为上确界范数。记 $I=[0,T]$ 以及 $\varphi\in C([-\sigma,0],E)$，定义闭子集 $F=\{u\in C[I,E]: u(0)=\varphi(0)\}$。

定理 5.1.6 设 F 为如上定义的集合，$A: F\to CB(F)$ 为集值算子，对于固定的 $t\in I$，$T(\cdot,t)$ 为线性增算子。对任意 $u,v\in F$，当 $t\in[-\sigma,0]$ 时，$u(0)=v(0)=\varphi(0)$，如果 (H_2) 成立，且存在常数 $\beta\in(0,1)$，使得当 $t\in I$ 时，下式成立：

$$H(Au,Av)\leqslant\beta\sup_{s\in[-\sigma,0]}\{\|u(t+s)-v(t+s)\|_E\}+T(\|u(\cdot)-v(\cdot)\|_E,t),$$

则 A 在 F 中存在不动点。

根据定理 5.1.5，容易获得了如下两个推论，其中之一推广了由 Covitz 和 Nadler 建立的集值形式的压缩映射原理。

推论 5.1.6 设 $I=[0,L]$，F 为 $C(I,E)$ 中的非空闭子集，$A: F\to CB(F)$ 为集值映射。若存在 $\alpha,\beta\in(0,1)$ 及 $K\geqslant0$ 使得当 $u,v\in F$ 时，下式成立：

$$H(Au,Av)\leqslant\beta\|u(t)-v(t)\|_E+\frac{K}{t^\alpha}\int_0^t\|u(s)-v(s)\|_E\mathrm{d}s,$$

则 A 在 F 中存在不动点。

推论 5.1.7 设 $I=[\eta,+\infty]$ 以及 F 为 $BC(I,E)$ 中的非空闭子集，$A: F\to CB(F)$ 为集值映射。若存在常数 $\alpha\in(1,+\infty)$，$\beta\in(0,1)$ 及 $K\geqslant 0$ 使得当 $u,v\in F$ 及 $t\in I$ 时，下式成立：

$$H(Au,Av)\leqslant \beta\|u(t)-v(t)\|_E+\frac{K}{t^\alpha}\int_\eta^t \|u(s)-v(s)\|_E\mathrm{d}s,$$

则 A 在 F 中存在不动点。

5.2 不动点理论在时滞微分方程的应用

众所周知，多种摄动微分算子均可分解为连续紧算子和压缩算子之和的形式. 基于这一事实，Krasnoselskii 建立了连接 Banach 压缩映射原理和 Schauder 不动点定理的重要结果，并在诸多领域展现出广泛的应用前景。本节将考虑分段连续函数空间中的压缩算子的扰动性质及其应用。

设 $T>0$，$I=[0,T]$ 为一区间，E 为以 $\|\cdot\|_E$ 为范数的 Banach 空间. $C(I,E)$ 表示所有有界连续函数的全体构成的 Banach 空间，其范数为

$$\|u\|_C=\max\{\|u(t)\|_E: t\in[0,T]\},\quad 其中\ u\in C(I,E)。$$

当 $t_i\in(0,T)$，$i=1,2,\cdots,m$ 以及 $t_{m+1}=T$ 时，令

$PC(I,E)=\{u: I\to E\mid u\in C([0,t_1),E),u\in C((t_k,t_{k+1}),E),u(t_k^+)$ 与 $u(t_k^-)$ 都存在，且 $u(t_k^-)=u(t_k),k=1,2,\cdots,m\}$。

显然，$C(I,E)$ 是 $PC(I,E)$ 的子集。

本节通过分析分段连续函数空间的扰动压缩算子的性质，建立了若干新型不动点定理。这些定理可以应用于解决各类积分算子的可解性问题。作为应用，获得了时滞反周期边值问题的存在唯一性结果以及时滞 Lasota-Wazewska 模型的正周期解的存在性。

5.2.1 特定函数空间中的不动点定理

定理 5.2.1 设 F 为 $PC(I,E)$ 内的非空闭子集，算子 $A: F\to F$ 满足

(D_1) 存在常数 $\beta_k\in[0,1)$，$k=1,2,\cdots,p$ 并有 $\sum_{k=1}^{p}\beta_k<1$ 以及函数 $G: I\times I\to\mathbb{R}^+$ 满足对任意 $u,v\in F$ 及 $t\in I$，有

$$\|Au(t)-Av(t)\|_E\leqslant\sum_{0<t_k<t}\beta_k\|u(t_k)-v(t_k)\|_E+\int_0^{\mathrm{T}}G(t,s)\|u(s)-v(s)\|_E\mathrm{d}s;$$

(D_2) 存在常数 $\alpha\in\left[0,1-\sum_{k=1}^{p}\beta_k\right)$ 和有界正的增函数 $y: I\to\mathbb{R}^+$ 使得

$$\int_0^{\mathrm{T}}G(t,s)y(s)\mathrm{d}s\leqslant\alpha y(t),$$

则算子 A 在 F 内存在唯一不动点。

【证】 任取 $x_0\in F$，令 $x_n=Ax_{n-1}(n=1,2,\cdots)$，根据假设 (D_1)，可得

$$\|Ax_{n+1}(t)-Ax_n(t)\|_E\leqslant\sum_{0<t_k<t}\beta_k\|x_{n+1}(t_k)-x_n(t_k)\|_E+$$

$$\int_0^T G(t,s)\|x_{n+1}(s)-x_n(s)\|_E\mathrm{d}s。$$

令 $a_n(t)=\|x_{n+1}(t)-x_n(t)\|_E$，则有 $a_{n+1}(t)\leqslant\sum\limits_{0<t_k<t}\beta_k a_n(t_k)+\int_0^T G(t,s)a_n(s)\mathrm{d}s$。

根据假设(D_2)，可知必有正常数 M 与 m 使得当 $t\in I$ 时，$m\leqslant y(t)\leqslant M$。为证明 $\{x_n\}$ 是范数 $\|\cdot\|_C$ 意义下的 Cauchy 列，引入新范数 $\|\cdot\|_y$ 定义为

$$\|u\|_y=\sup\left\{\frac{1}{y(t)}\|u(t)\|_E:t\in I\right\},\quad u\in C(I,E)。$$

则有 $\frac{1}{M}\|u\|_C\leqslant\|u\|_y\leqslant\frac{1}{m}\|u\|_C$。易见 $\|\cdot\|_y$ 和 $\|\cdot\|_C$ 是等价范数。

注意到 $\|u(t)\|_E\leqslant y(t)\|u\|_y$ 其中 $t\in I$，我们有

$$\begin{aligned}a_{n+1}(t)&\leqslant\sum_{0<t_k<t}\beta_k a_n(t_k)+\int_0^T G(t,s)a_n(s)\mathrm{d}s\\&\leqslant\sum_{0<t_k<t}\beta_k y(t_k)\|x_{n+1}-x_n\|_y+\int_0^T G(t,s)y(s)\mathrm{d}s\|x_{n+1}-x_n\|_y\\&\leqslant\Big(\sum_{0<t_k<t}\beta_k+\alpha\Big)y(t)\|x_{n+1}-x_n\|_y。\end{aligned}$$

因此 $\|Ax_{n+1}-Ax_n\|_y\leqslant\Big(\sum\limits_{0<t_k<t}\beta_k+\alpha\Big)\|x_{n+1}-x_n\|_y$。

这意味着 $\{x_n\}$ 是 $\|\cdot\|_y$ 意义下的 Cauchy 列。因此$\{x_n\}$也是范数 $\|\cdot\|_C$ 意义下的 Cauchy 列。从而$\{x_n\}$在 F 中有收敛点，记为 u 也即 A 在 F 中存在不动点。唯一性是显然的。定理 5.2.1 证毕。

定理 5.2.2 设 F 为 $PC(I,E)$ 内的非空闭子集，算子 $A:F\to F$ 满足

(D_3) 存在常数 $\beta_k\in[0,1)$，$k=1,2,\cdots p$，且 $\sum\limits_{k=1}^{p}\beta_k<1$ 及正函数 $G(t,s)$ 使得对任意 $u,v\in F$ 及 $t\in I$，有

$$\|Au(t)-Av(t)\|_E\leqslant\sum_{0<t_k<t}\beta_k\|u(t_k)-v(t_k)\|_E+\int_{t-T}^t G(t,s)\|u(s)-v(s)\|_E\mathrm{d}s;$$

(D_4) 存在常数 $\alpha\in\Big[0,1-\sum\limits_{k=1}^{p}\beta_k\Big)$ 和有界正的增函数 $y:I\to\mathbb{R}^+$ 使得

$$\int_0^T G(t,s)y(s)\mathrm{d}s\leqslant\alpha y(t),$$

则 A 在 F 内至多存在一个不动点。

【证】 记 A 在 F 内有两个不动点为 q 和 w，则 $Aq(t)=q(t)$，$Aw(t)=w(t)$，其中 $t\in I$。令 $m(t)=\|q(t)-w(t)\|_E$。首先，可以证明当 $t\in[t_p,T]$时，$m(t)=0$。事实上，我们引入新范数 $\|\cdot\|_{I_p}$ 定义为

$$\|u\|_{I_p}=\sup\left\{\frac{1}{y(t)}\|u(t)\|_E:t\in[t_p,T]\right\},\quad u\in PC(I,E)。$$

则范数 $\|\cdot\|_{I_p}$ 与 $\|\cdot\|_{C(p)}$ 等价，其中

$$\|u\|_{C(p)}=\sup\{\|u(t)\|_E:t\in[t_p,T]\},\quad u\in PC(I,E)。$$

注意到当 $t\in[t_p,T]$ 时,有 $\|u(t)\|_E\leqslant y(t)\|u\|_{I_p}$,根据定理 5.2.1 的证明过程,可知

$$\begin{aligned}m(t)&\leqslant\sum_{0<t_k<t}\beta_k m(t_k)+\int_0^T G(t,s)m(s)\mathrm{d}s\\&\leqslant\sum_{0<t_k<t}\beta_k y(t_k)\|q-w\|_{I_p}+\int_0^T G(t,s)y(s)\mathrm{d}s\|q-w\|_{I_p}\\&\leqslant\Big(\sum_{0<t_k<t}\beta_k+\alpha\Big)y(t)\|q-w\|_{I_p}。\end{aligned}$$

因此 $\|q-w\|_{I_p}\leqslant\Big(\sum_{0<t_k<t}\beta_k+\alpha\Big)\|q-w\|_{I_p}$。这意味着 $m(t)=0$ 其中 $t\in[t_p,T]$。

分别对每个区间 $[t_{i-1},t_i]$,重复上述过程 p 次,当 $t\in[t_{i-1},t_i]$,$i=1,2,\cdots,p$ 时,$m(t)=0$。因此 $q(t)=w(t)$。定理 5.2.2 证毕。

根据上述结论的证明不难获得如下结论。

设 E 为 Banach 空间,其范数为 $\|\cdot\|_E$. $BC(\mathbb{R},E)$ 表示所有连续有界函数构成的 Banach 空间,范数为 $\|u\|_C=\max\{\|u(t)\|_E:t\in\mathbb{R}\}$,其中 $u\in BC(\mathbb{R},E)$。

定理 5.2.3 设 F 为 $BC(\mathbb{R},E)$ 中的非空闭子集,算子 $A:F\to F$ 满足如下条件:

(D_5) 存在常数 $\beta\in(0,1)$ 以及 $G:\mathbb{R}\times\mathbb{R}\to\mathbb{R}$ 使得对任意 $u,v\in F$,有

$$\|Au(t)-Av(t)\|_E\leqslant\beta\|u(t)-v(t)\|_E+\int_{t-T}^t G(t,s)\|u(s)-v(s)\|_E\mathrm{d}s;$$

(D_6) 存在常数 $\alpha\in[0,1-\beta)$ 以及正有界函数 $y\in C(\mathbb{R},\mathbb{R})$ 使得

$$\int_0^T G(t,s)y(s)\mathrm{d}s\leqslant\alpha y(t),$$

则 A 在 F 中有唯一不动点。

设 $PC(\mathbb{R},E)$ 为 $BC(\mathbb{R},E)$ 中所有 T-周期函数构成的 Banach 空间,其范数为

$$\|u\|_P=\max\{\|u(t)\|_E:t\in[0,T]\},\quad 其中\ u\in PC(\mathbb{R},E),$$

则类似于定理 5.2.2 的证明过程,可以推导出如下定理,它是证明造血模型存在周期解的直接工具。

定理 5.2.4 设算子 $A:PC(\mathbb{R},E)\to PC(\mathbb{R},E)$ 满足

(D_7) 存在常数 $\beta\in(0,1)$ 以及 $G:\mathbb{R}\times\mathbb{R}\to\mathbb{R}$ 使得对任意 $u,v\in F$,有

$$\|Au(t)-Av(t)\|_E\leqslant\beta\|u(t)-v(t)\|_E+\int_{t-T}^t G(t,s)\sum_{i=1}^n\|u(\eta_i(s))-v(\eta_i(s))\|_E\mathrm{d}s,$$

其中 $\eta_i\in C([0,T],\mathbb{R}^+)$ 且 $\eta_i(s)\leqslant s$,而 n 为正整数;

(D_8) 存在常数 α,K 以及正函数 $y\in C(\mathbb{R},\mathbb{R})$ 满足 $nK\alpha\in[0,1-\beta)$,

$$y(\eta_i(s))\leqslant Ky(s)\ 及\ \int_{t-T}^t G(t,s)y(s)\mathrm{d}s\leqslant\alpha y(t),$$

则 A 在 $PC(\mathbb{R},E)$ 中有唯一不动点。

5.2.2 时滞脉冲边值问题

例 1 考虑如下混合型脉冲积分微分方程的反周期边值问题:

$$\begin{cases}x'(t)=f(t,x(t),Ux(t),Sx(t),x(w(t))),t\in[0,T],\\\Delta x(t_k)=I_k(x(t_k)),k=1,2,\cdots,p,t_k\in(0,T),\\x(0)=x(T),x(t)=\varphi(t),t\in[-\tau,0],\end{cases}$$

其中 $f \in C(I \times \mathbb{R}^4, \mathbb{R})$，$w \in C(I, I^+)$，$I^+=[-\tau, T]$，$-\tau \leqslant w(t) \leqslant t$，$I_k \in C(\mathbb{R}, \mathbb{R})$，$\Delta x(t_k)=x(t_k^+)-x(t_k^-)$ 以及 $Ux(t)=\int_0^t k(t,s)x(s)\mathrm{d}s$，$Sx(t)=\int_0^1 h(t,s)x(s)\mathrm{d}s$，其中 $k \in C(\Sigma, \mathbb{R}^+)$，$\Sigma=\{(t,s) \in I^2 : 0 \leqslant s \leqslant t \leqslant 1\}$，$h \in C(I \times I, \mathbb{R}^+)$。

关于各类脉冲积分微分方程的动力学性质均有研究，且获得广泛关注，其基本理论已得到较大发展。令

$$\Omega=\{u : [-\tau, T] \rightarrow \mathbb{R} \mid u \in PC(I, \mathbb{R}), \quad u(t)=\varphi(t), \quad t \in [-\tau, 0]\}。$$

为了将反周期边值问题转化为某个算子的不动点问题，我们先建立关于如下反周期边值问题的基本结论：

$$\begin{cases}x'(t)+Mx(t)=g(t)-N_1(Ux)(t)-N_2(Sx)(t)-N_3x(w(t)), \quad t \in [0, T], \\ \Delta x(t_k)=I_k(x(t_k)), \quad k=1,2,\cdots,p, t_k \in (0, T), \\ x(0)=-x(T), \quad x(t)=\varphi(t), \quad t \in [-\tau, 0],\end{cases} \tag{5.2.1}$$

其中 $M>0$，$N_1, N_2, N_3 \geqslant 0$ 为常数，$g \in PC(I, \mathbb{R})$。存在 $L_k \in [0,1)$ 使得

$$|I_k(x)-I_k(y)| \leqslant L_k|x-y|, \quad x, y \in \mathbb{R}。$$

首先获得如下引理。

引理 5.2.1 $x \in \Omega$ 是系统 (5.2.1)的解的充要条件是 $x(t)$ 为如下脉冲积分方程的解：

$$x(t)=\begin{cases}\int_0^T H(t,s)[g(s)-N_1(Ux)(s)-N_2(Sx)(s)- \\ \quad N_3x(w(s))]\mathrm{d}s+\sum_{i=1}^{p} H(t, t_i) I_i(x(t_i)), & t \in I, \\ \varphi(t), & t \in [-\tau, 0)\end{cases}$$

其中

$$H(t,s)=\frac{1}{1+\mathrm{e}^{MT}}\begin{cases}\mathrm{e}^{M(T-t+s)}, & 0 \leqslant s<t \leqslant T, \\ -\mathrm{e}^{M(s-t)}, & 0 \leqslant t<s \leqslant T。\end{cases}$$

将函数 g 的定义域延拓到实轴上，且 $g(t+T)=g(t)$，其中 $t \in \mathbb{R}$ 且 $H(t,s)$ 满足 $H(t+T, s)=H(t,s)=H(t, s+T)$，则

$$\int_0^T H(t,s) g(s) \mathrm{d}s=\int_{t-T}^t H(t,s) g(s) \mathrm{d}s。$$

因此方程(5.2.1)的解可以改写为

$$x(t)=\begin{cases}\int_0^T H(t,s)[g(s)-N_1(Ux)(s)-N_2(Sx)(s)-N_3x(w(s))]\mathrm{d}s+ \\ \sum_{i=1}^{p} H(t, t_i) I_i(x(t_i)), & t \in I, \\ \varphi(t), & t \in [-\tau, 0)。\end{cases}$$

定理 5.2.5 设 $M>0$，$N_1, N_2, N_3 \geqslant 0$，$L_k \in [0,1)$ 以及 $\frac{\mathrm{e}^{MT}}{1+\mathrm{e}^{MT}} \sum_{i=1}^{p} L_k<1$，则反周期边值问题 (5.2.1) 在 Ω 上有唯一解。

【证】 令 $F=\{x \in PC(I, \mathbb{R}) : x(0)=\varphi(0)\}$，定义 $A: F \rightarrow F$ 如下：

$$(Ax)(t)=\int_{t-T}^{t}H(t,s)[g(s)-N_1(Ux)(s)-N_2(Sx)(s)-N_3x(w(s))]\mathrm{d}s+\sum_{i=1}^{p}H(t,t_i)I_i(x(t_i)),$$

其中,当 $t\in[-\tau,0]$时 $x(t)=\varphi(t)$。则由引理 5.2.1,有

$$s(t)=\begin{cases}u(t), & t\in I,\\ \varphi(t), & t\in[-\tau,0]\end{cases}$$

是方程(5.2.1)的解当且仅当 $u(t)$是算子 A 的不动点。从而定理的证明可以由两步完成。

步骤 1 解的存在性。

定义算子 Λ,Γ: $F\to F$ 定义为

$$(\Lambda x)(t)=\int_{t-T}^{t}H(t,s)[g(s)-N_1(Ux)(s)-N_2(Sx)(s)-N_3x(w(s))]\mathrm{d}s,$$

$$(\Gamma x)(t)=\sum_{i=1}^{p}H(t,t_i)I_i(x(t_i)),$$

则 $A=\Lambda+\Gamma$ 且 Γ 是压缩算子。容易验证 Λ 为全连续算子。同时,任给 $u,v\in F$,可知 $\Lambda u+\Gamma v\in F$。因此,由 Krasnoselskii 不动点定理可知 A 在 F 中至少存在一个不动点。

步骤 2 解的唯一性。

任取 $u,v\in F$,有

$$\begin{aligned}|(Au)(t)-(Av)(t)|&\leqslant\int_{t-T}^{t}H(t,s)[(N_1\|U\|+N_2\|S\|)|u(s)-v(s)|+\\&\quad N_3|u(w(s))-v(w(s))|]\mathrm{d}s+\frac{\mathrm{e}^{MT}}{\mathrm{e}^{MT}+1}\sum_{i=1}^{p}L_i|u(t_i)-v(t_i)|\\&\leqslant\mathrm{e}^{MT}\int_{t-T}^{t}\mathrm{e}^{M(s-t)}[(N_1\|U\|+N_2\|S\|)|u(s)-v(s)|+\\&\quad N_3|u(w(s))-v(w(s))|]\mathrm{d}s+\frac{\mathrm{e}^{MT}}{\mathrm{e}^{MT}+1}\sum_{i=1}^{p}L_i|u(t_i)-v(t_i)|,\end{aligned}$$

其中 $\|U\|$,$\|S\|$ 表示算子范数。因为 $\frac{\mathrm{e}^{MT}}{1+\mathrm{e}^{MT}}\sum_{i=1}^{p}L_k<1$,因而可选取常数 $c>0$ 使得

$$\frac{N_1\|U\|+N_2\|S\|+N_3}{c+M}\mathrm{e}^{MT}+\frac{\mathrm{e}^{MT}}{1+\mathrm{e}^{MT}}\sum_{i=1}^{p}L_k<1。$$

取 $G(t,s)=\mathrm{e}^{MT}\mathrm{e}^{M(s-t)}$,$y(t)=\mathrm{e}^{ct}$,其中 $t\in I$,根据定理 5.2.3 可知 A 在 F 中至多含有一个不动点。

综合上述两步,可得 A 在 F 中存在唯一不动点,也即反周期边值问题(5.2.1)在 Ω 中有唯一解。

例 2 考虑如下带脉冲影响的周期边值问题:

$$\begin{cases}\boldsymbol{u}'(t)+\gamma\boldsymbol{u}(t)=\boldsymbol{f}(t,\boldsymbol{u}(t)), & t\in(0,1)\backslash\{t_1,t_2,\cdots,t_m\},\\ \Delta\boldsymbol{u}(t_k)=\boldsymbol{I}_k(\boldsymbol{u}(t_k^-)), & k=1,2,\cdots,m,\\ \boldsymbol{u}(0)=\boldsymbol{u}(1),\end{cases}\tag{5.2.2}$$

其中 $\boldsymbol{f}\in C([0,1]\times\mathbb{R}^n,\mathbb{R}^n)$,$\gamma>0$,$\boldsymbol{I}_k\in C(\mathbb{R}^n,\mathbb{R}^n)$,$0=t_0<t_2<\cdots<t_m<t_{m+1}=1$,

$\Delta \boldsymbol{u}(t_k)=\boldsymbol{u}(t_k^+)-\boldsymbol{u}(t_k^-)$，$\boldsymbol{u}(t_k^+)$及$\boldsymbol{u}(t_k^-)$分别表示函数$\boldsymbol{u}(t)$在$t=t_k$处的右极限和左极限。带脉冲影响的周期边值问题的解的存在性受到许多学者关注，并获得一系列研究结果。在此，对一切$\boldsymbol{x},\boldsymbol{y}\in\mathbb{R}^n$，我们假设

(D_9) 存在常数l满足$\|\boldsymbol{f}(t,\boldsymbol{x})-\boldsymbol{f}(t,\boldsymbol{y})\|\leqslant l\|\boldsymbol{x}-\boldsymbol{y}\|$；

(D_{10}) 存在常数c_k满足 $\|\boldsymbol{I}_k(\boldsymbol{x})-\boldsymbol{I}_k(\boldsymbol{y})\|\leqslant c_k\|\boldsymbol{x}-\boldsymbol{y}\|$。

为获得方程(5.2.2)解的存在性，我们引入空间

$\Omega=\{\boldsymbol{u}:[0,1]\to\mathbb{R}^n \mid \boldsymbol{u}\in C((t_k,t_{k+1}),\mathbb{R}^n),\boldsymbol{u}(t_k^-)$ 及 $\boldsymbol{u}(t_k^+)$ 存在且 $\boldsymbol{u}(t_k)=u(t_k^-)\}$，则$\Omega$为Banach空间，范数为$\|\boldsymbol{u}\|_\Omega:=\sup\{\|\boldsymbol{u}(t):t\in[0,1]\|\}$。若$\boldsymbol{u}\in\Omega$在$[0,1]\backslash\{t_1,t_2,\cdots,t_m\}$上满足脉冲微分方程(5.2.2)以及边界条件，则称函数$\boldsymbol{u}$为方程(5.2.2)的解。

定理5.2.6 假设(D_9)和(D_{10})成立，且$\dfrac{l}{\gamma}+\sum\limits_{i=1}^{m}c_i<1$，则脉冲周期边值问题(5.2.2)在$[0,1]$上有唯一解。

【证】 注意到$\boldsymbol{u}(t)$是问题(5.2.24)的解的充要条件为$\boldsymbol{u}(t)$是如下方程的1-周期解

$$\begin{cases}\boldsymbol{u}'(t)+\gamma\boldsymbol{u}(t)=\boldsymbol{f}(t,\boldsymbol{u}(t)), & t\in(0,1)\backslash\{t_1,t_2,\cdots,t_m\},\\ \Delta\boldsymbol{u}(t_k)=\boldsymbol{I}_k(\boldsymbol{u}(t_k^-)), & k=1,2,\cdots,m,\end{cases}\tag{5.2.3}$$

其中$\boldsymbol{f}(t+1,\boldsymbol{u})=\boldsymbol{f}(t,\boldsymbol{u})$以及$\boldsymbol{u}\in C_1:=\{\boldsymbol{u}\in C(\mathbb{R},\mathbb{R}^n)\mid\boldsymbol{u}(t+1)=\boldsymbol{u}(t)\}$，我们可将问题(5.2.3)转化为不动点问题。定义映射$A:C_1\to C_1$为

$$(Au)(t)=\int_t^{t+1}\frac{\mathrm{e}^{-\gamma(t-s)}}{\mathrm{e}^{\gamma}-1}\Big[\boldsymbol{f}(s,\boldsymbol{u}(s))+\sum_{0\leqslant t_k<t\bmod(1)}\boldsymbol{I}_k(\boldsymbol{u}(t_k^-))\Big]\mathrm{d}s$$

当$\boldsymbol{u},\boldsymbol{v}\in C_1$时， 基于假设$(D_9)$和$(D_{10})$，我们有$(t\in[0,1])$

$$|(A\boldsymbol{u})(t)-(A\boldsymbol{v})(t)|\leqslant\int_t^{t+1}\frac{\mathrm{e}^{-\gamma(t-s)}}{\mathrm{e}^{\gamma}-1}\|\boldsymbol{u}(s)-\boldsymbol{v}(s)\|\mathrm{d}s+\sum_{i=1}^{m}c_i\|\boldsymbol{u}-\boldsymbol{v}\|_{C_1}。$$

令$T(x(\cdot),t)=\displaystyle\int_t^{t+1}\frac{\mathrm{e}^{-\gamma(t-s)}}{\mathrm{e}^{\gamma}-1}x(s)\mathrm{d}s$，$x\in C([0,1],\mathbb{R})$，由习题5.1.4，$\dfrac{l}{\gamma}+\sum\limits_{i=1}^{m}c_i<1$以及定理5.1.1，可知算子$A$在$C_1$中有唯一不动点$\boldsymbol{u}$。因此$\boldsymbol{u}(t)$是脉冲周期边值问题(5.2.2)的唯一解。

例3 考虑如下具有分布时滞的微分包含的解的存在性：

$$\left[\boldsymbol{x}(t)-\int_{-\tau}^{0}\boldsymbol{k}(s)\boldsymbol{x}(t+s)\mathrm{d}s\right]'\in\boldsymbol{G}\left(t,\int_0^t\boldsymbol{h}(t,s)\boldsymbol{x}(s)\mathrm{d}s\right),\tag{5.2.4}$$

其中$t\in I=[0,T]$，$T>0$，$\tau>0$，$\boldsymbol{G}\in C(I\times\mathbb{R}^n,CB(\mathbb{R}^n))$，$\boldsymbol{h}\in C(\Omega,\mathbb{R}^n)$，

$$\Omega=\{(t,s)\in I^2:0\leqslant s\leqslant t\leqslant T\}\text{ 及 }\boldsymbol{k}\in C(I,\mathbb{R}^{n\times n})\text{ 且}\int_{-\tau}^{0}\boldsymbol{k}(s)\mathrm{d}s<1,$$

$$\boldsymbol{x}(t)=\boldsymbol{\varphi}(t),t\in[-\tau,0]\text{ 及 }\boldsymbol{\varphi}\in C([-\tau,0],\mathbb{R}^{n\times n})。$$

(D_{11}) 存在有界函数l，使得当$\boldsymbol{u},\boldsymbol{v}\in\mathbb{R}^n$时，下式成立：

$$H(G(t,\boldsymbol{u}),G(t,\boldsymbol{v}))\leqslant l(t)\|\boldsymbol{u}-\boldsymbol{v}\|。$$

定理5.2.7 若假设(D_{11})成立，则微分包含(5.2.4)在I上是可解的。

【证】 首先，将问题(5.2.4)的解的存在性问题转化为某个算子的不动点问题。

令 $F=\{\boldsymbol{u}\in C(I,\mathbb{R}^n):\boldsymbol{u}(0)=\boldsymbol{\varphi}(0)\}$，定义 $A:F\to CB(F)$为

$$A\boldsymbol{u}(t)=\boldsymbol{\varphi}(0)-\int_{-\tau}^{0}\boldsymbol{k}(s)\boldsymbol{\varphi}(s)\mathrm{d}s+\int_{-\tau}^{0}\boldsymbol{k}(s)\boldsymbol{u}(t+s)\mathrm{d}s+\int_0^t\boldsymbol{G}\left(s,\int_0^s\boldsymbol{h}(s,r)\boldsymbol{u}(r)\mathrm{d}r\right)\mathrm{d}s,$$

其中 $\boldsymbol{u}(t)=\boldsymbol{\varphi}(t),t\in[-\tau,0]$。则 $\boldsymbol{s}(t)=\begin{cases}\boldsymbol{u}(t), & t\in I,\\ \boldsymbol{\varphi}(t), & t\in[-\tau,0]\end{cases}$ 是方程(5.2.4)的解的充要条件为 $\boldsymbol{u}(t)$是算子 A 的不动点。

进一步，直接计算可知

$$H(A\boldsymbol{u},A\boldsymbol{v})\leqslant k\sup_{s\in[-\tau,0]}\|\boldsymbol{u}(t+s)-\boldsymbol{v}(t+s)\|+Lh\int_0^t\|\boldsymbol{u}(s)-\boldsymbol{v}(s)\|\mathrm{d}s,$$

其中 $L=\max\{|l(t)|:t\in I\}$以及 $h=\max\{\|\boldsymbol{h}(t,s)\|:(t,s)\in\Omega\}$。取 $\alpha=0,\beta=k$ 且 $K=Lh$，则算子 A 满足定理 5.1.6 的所有条件，因此算子 A 在 $C(I,\mathbb{R}^n)$中有不动点 $\boldsymbol{u}$。因此 $\boldsymbol{s}(t)$必定是方程 (5.2.4)的解。定理证毕。

5.2.3 生物数学中的几个时滞模型

接下来将讨论如下具有时滞影响的微分方程存在唯一性条件

$$x'(t)=a(t)x(t)+f(t,x(t-\tau_1(t)),\cdots,x(t-\tau_m(t))),\tag{5.2.5}$$

其中 $a,\tau_i\in C(\mathbb{R},\mathbb{R}^+)$，$f\in C(\mathbb{R}^{m+1},\mathbb{R})$是关于变量 t 的 T 周期函数，T 和 m 为正整数。该方程在生物数学中有广泛应用。

近年来，许多学者探讨了各类造血模型的动力学性质，其中包括周期解的吸引性和唯一性。例如，Mackey 和 Glass 给出了如下时滞造血模型的周期解的存在性结论

$$x'(t)=-ax(t)+\frac{\beta\theta^n}{\theta^n+x^n(t-\tau)},$$

其中 a,n,β,θ,τ 为正常数，$x(t)$表示血液循环中成熟细胞的密度，参数 τ 表示从骨髓造出未成熟细胞到细胞成熟后进入血液流通的时间，它代表一种时间滞后；接下来，将讨论造血模型的周期解的吸引性和存在性问题。

在证明方程(5.2.5)存在周期解之前，给出关于函数 f 的约束条件：

(D_{12}) 存在常数 $L_i>0$，使得当 $x_i,y_i\in\mathbb{R}$ 时，有

$$|f(t,x_1,\cdots,x_m)-f(t,y_1,\cdots,y_m)|\leqslant\sum_{i=1}^m L_i|x_i-y_i|。$$

(D_{13}) 对任意 $t\in[0,T]$，有 $0\leqslant\tau(t)\leqslant t$。

定理 5.2.8 如果 (D_{12})和(D_{13})成立，则方程(5.2.5) 在 $C[0,T]$中有唯一 T-周期解。

【证】 通过直接计算，可知 $\varphi(t)$是式(5.2.5)的 T-周期解当且仅当 $\varphi(t)$是如下积分方程的解：

$$x(t)=\frac{\mathrm{e}^{\lambda T}}{\mathrm{e}^{\lambda T}-1}\int_{t-T}^{t}\mathrm{e}^{-\lambda(t-s)}[\lambda-a(s)x(s)+f(s,x(s-\tau_1(s)),\cdots,x(s-\tau_m(s)))]\mathrm{d}s,$$

其中 $\lambda=\max\{|a(t)|:t\in[0,T]\}$。因此我们可将方程(5.2.5)周期解的存在性问题转化为如下算子的不动点问题。引入算子 $A:PC(\mathbb{R},\mathbb{R})\to PC(\mathbb{R},\mathbb{R})$定义为，当 $t\in[0,T]$时，

$$(Ax)(t)=\frac{\mathrm{e}^{\lambda T}}{\mathrm{e}^{\lambda T}-1}\int_{t-T}^{t}\mathrm{e}^{-\lambda(t-s)}[\lambda-a(s)x(s)+f(s,x(s-\tau_1(s)),\cdots,x(s-\tau_m(s)))]\mathrm{d}s,$$

则 u 是方程(5.2.5)的 T-周期解的充要条件为 u 是算子 A 在 $PC(\mathbb{R},\mathbb{R})$上的不动点。因而,只要验证算子 A 能否满足定理 5.2.4 的相应条件。

事实上,当 $x,y\in PC(\mathbb{R},\mathbb{R})$ 时,由假设(D_{12}),有

$$\begin{aligned}|(Ax)(t)-(Ay)(t)|&\leqslant \frac{e^{\lambda T}}{e^{\lambda T}-1}\int_{t-T}^{t} e^{-\lambda(t-s)}[2\lambda\,|x(s)-y(s)|+\\&\qquad\sum_{i=1}^{m}L_i\,|x(s-\tau_i(s))-y(s-\tau_i(s))|]ds\\&\leqslant L\frac{e^{\lambda T}}{e^{\lambda T}-1}\int_{t-T}^{t} e^{-\lambda(t-s)}\sum_{i=1}^{m}L_i\,|x(\eta_i(s))-y(\eta_i(s))|\,ds,\end{aligned}$$

其中 $\eta_i(s)=s-\tau_i(s)(i=1,2,\cdots,m)$,$\eta_{m+1}(s)=s$ 以及 $L=\max\{2\lambda,L_1,\cdots,L_m\}$。

因此,若令 $\beta=0$,$n=m+1$ 以及 $G(t,s)=\frac{Le^{\lambda T}}{e^{\lambda T}-1}e^{-\lambda(t-s)}$,那么定理 5.2.4 中的($D_7$)成立。

另一方面,可选取常数 $c>0$ 使得$\frac{Le^{\lambda T}}{e^{\lambda T}-1}\frac{1}{c+\lambda}(m+1)<1$。

令 $\alpha=\frac{Le^{\lambda T}}{e^{\lambda T}-1}\frac{1}{c+\lambda}(m+1)$ 以及 $y(t)=e^{ct}$,则 $y(\eta_i(t))\leqslant y(t)$并且可得到

$$\int_{t-T}^{t}G(t,s)y(s)ds=\int_{t-T}^{t}\frac{Le^{\lambda T}}{e^{\lambda T}-1}e^{-\lambda(t-s)}e^{cs}ds\leqslant \alpha y(t)。$$

这意味着当 $K=1$ 时,定理 5.2.4 的假设(D_8)也满足。根据定理 5.2.4 的结论,可知 A 在 $PC(\mathbb{R},\mathbb{R})$中有唯一不动点,记为 φ。因此方程(5.2.5) 在 $PC(\mathbb{R},\mathbb{R})$内具有唯一 T-周期解。定理 5.2.8 证毕。

考虑如下具有多时滞的造血模型的周期解的存在性问题

$$x'(t)=-a(t)x(t)+\sum_{i=1}^{m}\frac{b_i(t)}{1+x^n(t-\tau_i(t))},\tag{5.2.6}$$

其中 $a,b_i,\tau_i\in C(\mathbb{R},\mathbb{R}^+)$是 T-周期函数,τ_i 满足假设 (D_{13})且 $n>1$ 为实数。

定理 5.2.9 时滞造血模型 (5.2.6) 具有唯一正 T-周期解。

【证】 令 $C_T^+=\{y:y\in C_T,y(t)\geqslant 0\}$,定义算子 $A:C_T^+\to C_T^+$ 为

$$(Ax)(t)=\frac{e^{\lambda T}}{e^{\lambda T}-1}\int_{t-T}^{t} e^{-\lambda(t-s)}\left[\lambda-a(s)x(s)+\sum_{i=1}^{m}\frac{b_i(s)}{1+x^n(s-\tau_i(s))}\right]ds。$$

不难证明 A 是恰有定义的。 进一步,因为函数 $g(t,x_1,\cdots,x_m)=\sum_{i=1}^{m}\frac{b_i(s)}{1+x_i^n}$,$x_i\in\mathbb{R}^+$,具有有界偏导数

$$\frac{\partial}{\partial x_i}g(t,x_1,\cdots,x_m)\leqslant \max\left\{\frac{b_i(s)nx_i^{n-1}}{(1+x_i^n)^2}\,\middle|\, t\in[0,T],i=1,2,\cdots,m\right\}。$$

从而条件(D_{12})满足。与定理 5.2.8 的证明过程类似,可以证明 A 在 C_T^+ 中有唯一不动点,它正是造血模型(5.2.6)的唯一正 T-周期解。从而定理 5.2.9 证毕。

考虑如下 Lasota-Wazewska 时滞模型的周期解问题:

$$x'(t)=-a(t)x(t)+\sum_{i=1}^{m}b_i(t)\mathrm{e}^{-q_i(t)x^n(t-\tau_i)},\tag{5.2.7}$$

其中 $a,b_i,q_i\in C(\mathbb{R},\mathbb{R}^+)$ 是 T-周期函数，τ_i 为实数。

定理 5.2.10 Lasota-Wazewska 时滞模型(5.2.7)存在唯一正 T-周期解。

【证】 令 $\lambda=\max\{|a(t)+1|:t\in[0,T]\}$，$\bar{b}=\max\{b(t):t\in[0,T]\}$ 且 $\underline{b}=\min\{b(t):t\in[0,T]\}$。令 $C_T^+=\{y:y\in C_T,y(t)\geqslant 0\}$，定义算子 $A:C_T^+\to C_T^+$ 为

$$(Ax)(t)=\frac{\mathrm{e}^{\lambda T}}{\mathrm{e}^{\lambda T}-1}\int_{t-T}^{t}\mathrm{e}^{-\lambda(t-s)}\left[\lambda-a(s)x(s)+\sum_{i=1}^{m}b_i(t)\mathrm{e}^{-q_i(t)x^n(t-\tau_i)}\right]\mathrm{d}s。$$

易见 A 是恰有定义的，并且其不动点就是 Lasota-Wazewska 时滞模型(5.2.7)的正周期解。进一步，由于函数

$$g(t,x_1,\cdots,x_m)=\sum_{i=1}^{m}b_i(t)\mathrm{e}^{-q_i(t)x_i},\quad x_i\in\mathbb{R}^+$$

具有有界偏导数

$$\frac{\partial}{\partial x_i}g(t,x_1,\cdots,x_m)\leqslant\max\{|q_i(t)b_i(t)\mathrm{e}^{-q_i(t)x_i}|:t\in[0,T]\}\leqslant\bar{q}_i\bar{b}_i,$$

取 $L_i=\bar{q}_i\bar{b}_i,\eta_i(t)=t-\tau_i,i=1,2,\cdots,m,\eta_{m+1}(t)=t,L_{m+1}=\lambda-\underline{a}$，则可知

$$|(Ax)(t)-(Ay)(t)|\leqslant\frac{\mathrm{e}^{\lambda T}}{\mathrm{e}^{\lambda T}-1}\int_{t-T}^{t}[\mathrm{e}^{-\lambda(t-s)}\sum_{i=1}^{m+1}L_i\,|x(\eta_i(s))-y(\eta_i(s))|]\mathrm{d}s。$$

选取常数 $c>0$ 满足

$$\frac{L\mathrm{e}^{\lambda T}}{\mathrm{e}^{\lambda T}-1}\frac{1}{c+\lambda}\sum_{i=1}^{m+1}L_i<1,$$

并在 $C[0,T]$ 上引入范数 $\|u\|_T=\sup\{\mathrm{e}^{-ct}|u(t)|\}$，可得

$$\begin{aligned}|(Ax)(t)-(Ay)(t)|&\leqslant\frac{\mathrm{e}^{\lambda T}}{\mathrm{e}^{\lambda T}-1}\sum_{i=1}^{m+1}L_i\int_{t-T}^{t}\mathrm{e}^{-\lambda(t-s)}\mathrm{e}^{cs}\mathrm{d}s\,\|x-y\|_T\\&\leqslant\frac{\mathrm{e}^{\lambda T}}{\mathrm{e}^{\lambda T}-1}\sum_{i=1}^{m+1}L_i\frac{1}{c+\lambda}\mathrm{e}^{ct}\|x-y\|_T。\end{aligned}$$

因此

$$\|Ax-Ay\|_T\leqslant\frac{\mathrm{e}^{\lambda T}}{\mathrm{e}^{\lambda T}-1}\sum_{i=1}^{m+1}L_i\frac{1}{c+\lambda}\|x-y\|_T。$$

从而 A 是关于范数 $\|\cdot\|_T$ 的压缩算子。因此 A 在 C_T^+ 中有唯一不动点，也即模型(5.2.7)有唯一正 T-周期解。定理 5.2.10 证毕。

5.2.4 时滞积分微分方程

例 4 考虑如下混合型的积分微分方程：

$$x'(t)=f(t,x,Tx,Sx),t\in I=[0,1],\quad x(0)=x_0,\tag{5.2.8}$$

其中 $f\in C(I\times\mathbb{R}\times\mathbb{R}\times\mathbb{R},\mathbb{R})$，$x_0\in\mathbb{R}$ 以及

$$Tx(t)=\int_0^t k(t,s)x(s)\mathrm{d}s,\quad Sx(t)=\int_0^1 h(t,s)x(s)\mathrm{d}s$$

其中 $k\in C(\Sigma,\mathbb{R}^+)$，$\Sigma=\{(t,s)\in I^2:0\leqslant s\leqslant t\leqslant 1\}$，$h\in C(I\times I,\mathbb{R}^+)$。

首先，建立问题(5.2.8)的大解和小解的存在性结论，我们假设：

(D_{14}) 存在 $p,q\in C(I,\mathbb{R}^+)$，$p(t)\leqslant q(t)$满足

$$p'\leqslant f(t,p,Tp,Sp),\quad p(0)\leqslant x_0;\quad q'\geqslant f(t,q,Tq,Sq),\quad q(0)\geqslant x_0;$$

(D_{15}) 存在 $M>0$ 与 $Q,R\geqslant 0$ 使得

$$f(t,x,u,v)-f(t,\bar{x},\bar{u},\bar{v})\leqslant -M(x-\bar{x})-R(u-\bar{u})-Q(v-\bar{v}),$$

其中 $p(t)\leqslant\bar{x}\leqslant x\leqslant q(t)$，$Tp(t)\leqslant\bar{u}\leqslant u\leqslant Tq(t)$以及 $Sp(t)\leqslant\bar{v}\leqslant v\leqslant Sq(t)$。

定理 5.2.11 假设(D_{14})和(D_{15})均成立，则存在单调序列$\{p_n\}$，$\{q_n\}\subset C(I,\mathbb{R})$ 满足

$$p(t)=p_0(t)\leqslant p_1(t)\leqslant\cdots\leqslant p_n(t)\leqslant\cdots\leqslant q_n(t)\leqslant\cdots\leqslant q_1(t)\leqslant q_0(t)=q(t)$$

以及

$$p_n(t)\to x_*(t),\quad q_n(t)\to x^*(t),$$

其中 $n\to\infty$关于 $t\in I$ 是一致的，且 $x_*,x^*\in C(I,\mathbb{R})$。而且 x^* 与 x_* 分别是方程(5.2.8)在区间$[p,q]$上的大解和小解。

【证】 记 $U=\{\eta\in C(I,\mathbb{R}^+):p\leqslant\eta\leqslant q\}$。对于 $\eta\in U$，考虑如下线性方程

$$x'(t)=\sigma(t)-Mx(t)-RTx(t)-QSx(t),\quad x(0)=x_0,$$

其中 $\sigma(t)=f(t,\eta(t),T\eta(t),S\eta(t))+M\eta(t)+RT\eta(t)+QS\eta(t)$，则 $x\in C^1(I,\mathbb{R})$是方程(5.2.8)的解的充要条件为 $x\in C(I,\mathbb{R})$ 是积分方程

$$x(t)=\mathrm{e}^{-Mt}\left(x_0+\int_0^t\mathrm{e}^{Ms}(\sigma(s)-RTx(s)-QSx(s))\mathrm{d}s\right)\tag{5.2.9}$$

的解。令 $(Ax)(t)=\mathrm{e}^{-Mt}\left(x_0+\int_0^t\mathrm{e}^{Ms}(\sigma(s)-RTx(s)-QSx(s))\mathrm{d}s\right)$。

注意到 T 和 S 是有界线性算子，通过直接计算可得，当 $x,y\in C(I,\mathbb{R})$ 时，有

$$\begin{aligned}|Ay(t)-Ax(t)|&=\left|\int_0^t\mathrm{e}^{M(s-t)}(RT(y(s)-x(s))+QS(y(s)-x(s)))\mathrm{d}s\right|\\&\leqslant K\int_0^t|y(s)-x(s)|\mathrm{d}s。\end{aligned}$$

取 $\alpha=\beta=0$ 及 $K=R\|T\|+Q\|S\|$，运用定理 5.1.2 可得 A 在$C(I,\mathbb{R})$中有唯一不动点，即，方程(5.2.9)在 $C^1(I,\mathbb{R})$内恰有一个解。因此，对于 $\eta(t)=p(t)$，方程 (5.2.9)在 $C^1(I,\mathbb{R})$ 上必存在唯一解 $x_p(t)$，它恰好是方程(5.2.8)的下解。令 $p_1(t)=x_p(t)$，根据常微分方程的比较原理，我们有 $p(t)\leqslant p_1(t)$。类似地，对于 $\eta(t)=p_1(t)$，同理可得到方程(5.2.9)的唯一解 $p_2(t)$并且满足 $p_1(t)\leqslant p_2(t)$. 重复上述过程，则获得了一列增序列$\{p_n\}\subset C^1(I,\mathbb{R})$并且 $p_n(t)$均为方程 (5.2.8)的下解。同理，若以 $q(t)$开始迭代，我们可以得到一列递减序列 $\{q_n\}\subset C^1(I,\mathbb{R})$并且 $q_n(t)$均为方程(5.2.8)的上解。由此可知定理 5.2.11 的结论成立。定理证毕。

5.3 不动点理论在分数阶微分方程的应用

在本节中，我们将考虑如下带 Caputo 分数阶导数的初值问题的存在唯一性

$$D^q x(t)=f(t,x(t)),\quad x(t_0)=x_0,\quad t_0\geqslant 0,\quad t\in[t_0,t_0+a]:=J,\tag{5.3.1}$$

其中 $q\in(0,1)$，$f\in C(I\times\mathbb{R},\mathbb{R})$。

近年来，诸多学者获得了分数阶微分方程的一些 Krasnoselskii-Krein 型唯一性结果，如 Bhaskar，Lakshmikantham 以及 Leela 等人均证明了相关结论。这些结论的获取依赖于如下所示的 Krasnoselskii-Krein 限制条件：

$$|f(t,x)-f(t,y)|\leqslant Gr\Gamma(q)\frac{|x-y|}{(t-t_0)^q},\quad t\neq t_0,\quad Gr\leqslant q,G>1;$$

$|f(t,x)-f(t,y)|\leqslant C|x-y|^{\alpha}$，$C$ 是常数，$\beta\in(0,1)$，$G(1-\alpha)<1$。
同时，国际知名学者 Agarwal，Lakshmikantham 等人探讨了一些具体的分数阶微分方程的初值问题，得到了一些存在性结果。受上述工作启发，我们将以不动点定理为工具，继续探索这些分数阶微分方程的解的唯一性条件。我们的方法是基于等价范数理论和连续函数空间中的不动点定理。

设 I 为有界区间，$C(I)$ 表示由 I 上所有有界连续函数构成的 Banach 空间，其范数为 $\|u\|=\max\{|u(t)|:t\in I\}$，$u\in C(I)$。类似地，$C^q(I)$ 代表由 I 上所有 q-Holder 连续的函数构成的 Banach 空间，其范数为

$$\|u\|_q=\|u\|+\sup\left\{\left|\frac{u(t_1)-u(t_2)}{|t_2-t_1|^q}\right|:t_1,t_2\in I,t_1\neq t_2\right\}。$$

5.3.1 分数阶微分方程的存在唯一性

这一节中，将给出一些关于分数阶微分方程的存在唯一性结论。

定理 5.3.1 假设初值问题(5.3.1)中的函数 f 满足如下条件：

(F_1) $|f(t,x)-f(t,y)|\leqslant K\dfrac{|x-y|}{(t-t_0)^q}$，$t\neq t$，常数 $K>0$；

(F_2) $|f(t,x)-f(t,y)|\leqslant l|x-y|^{\alpha}$，$l$ 是常数，$\alpha\in(0,1)$；

(F_3) $K\alpha\Gamma\left(\dfrac{\alpha q}{1-\alpha}\right)<\Gamma\left(\dfrac{q}{1-\alpha}\right)$，

则初值问题(5.3.1)在 J 上存在唯一解 $\varphi(t)$，且迭代序列$\{\phi_n(t)\}$一致收敛于 J 上的唯一解 $\varphi(t)$，即

$$\lim_{n\to\infty}\|\phi_n-\varphi\|_q=0,\tag{5.3.2}$$

其中$\{\phi_n(t)\}$定义为

$$\phi_0(t)=x_0,\quad \phi_{n+1}(t)=x_0+\frac{1}{\Gamma(q)}\int_{t_0}^{t}(t-s)^{q-1}f(s,\phi_n(s))\mathrm{d}s,\quad n=0,1,\cdots。\tag{5.3.3}$$

【证】 首先将初值问题 (5.3.1) 解的存在性转化为算子的不动点问题。考虑算子 $F:C(J)\to C(J)$定义如下：

$$Fu(t)=x_0+\frac{1}{\Gamma(q)}\int_{t_0}^{t}(t-s)^{q-1}f(s,u(s))\mathrm{d}s。$$

容易验证算子 F 的不动点恰是初值问题 (5.3.1) 的解。

为了证明 F 的不动点的存在性，选取常数 $k_0\in\mathbf{Z}^+$ 使得

$$\frac{1}{(k_0)^q}<\frac{2}{|x_0|+\dfrac{M_0}{(\Gamma(q+1)+2)^{\alpha}}},$$

其中 $M_0=\max\{|f(t,0)|+1: t\in J\}$。引入 $C(J)$范数 $\|\cdot\|_0$ 定义为

$$\|u\|_0=\max\{e^{-k_0(t-t_0)}|u(t)|: t\in J\},\quad u\in C(J),$$

则范数 $\|\cdot\|$ 和 $\|\cdot\|_0$ 是等价范数且当 $u\in C(J)$时,有 $\|u\|_0\leqslant\|u\|$。

令 $Q=|x_0|+\dfrac{M_0}{\Gamma(q+1)+2}$,$B_Q=\{u\in C(J): \|u\|_0\leqslant Q\}$。则当 $u\in B_Q$ 时,由条件(F_2)可知

$$\begin{aligned}|Fu(t)|&\leqslant|x_0|+\frac{1}{\Gamma(q)}\int_{t_0}^{t}(t-s)^{q-1}|f(s,u(s))-f(s,0)+f(s,0)|\mathrm{d}s\\&\leqslant|x_0|+\frac{M}{\Gamma(q)}\int_{t_0}^{t}(t-s)^{q-1}\mathrm{d}s+\frac{l}{\Gamma(q)}\int_{t_0}^{t}(t-s)^{q-1}|u(s)|^{\alpha}\mathrm{d}s\\&\leqslant|x_0|+\frac{M}{\Gamma(q+1)}+\frac{l}{\Gamma(q)}\int_{t_0}^{t}(t-s)^{q-1}e^{k_0(s-t_0)}\mathrm{d}s\,\|u\|_0^{\alpha}\\&\leqslant|x_0|+\frac{M}{\Gamma(q+1)}+\frac{l}{k_0^{q}}e^{k_0(t-t_0)}\|u\|_0^{\alpha},\end{aligned}$$

因此

$$\|Fu(t)\|_0\leqslant|x_0|+\frac{M}{\Gamma(q+1)}+\frac{l}{k_0^{q}}Q\leqslant Q,$$

这意味着 $F(B_Q)\subset B_Q$。

另一方面,当 $u\in B_Q$且 $t_1,t_2\in J\ (t_1<t_2)$ 时,直接计算可得

$$\begin{aligned}|Fu(t_2)-Fu(t_1)|&=\frac{1}{\Gamma(q)}\left|\int_{t_0}^{t_2}(t_2-s)^{q-1}f(s,u(s))\mathrm{d}s-\int_{t_0}^{t_1}(t_1-s)^{q-1}f(s,u(s))\mathrm{d}s\right|\\&\leqslant\frac{1}{\Gamma(q)}\left|\int_{t_1}^{t_2}(t_2-s)^{q-1}f(s,u(s))\mathrm{d}s+\right.\\&\qquad\left.\int_{t_0}^{t_1}[(t_1-s)^{q-1}-(t_2-s)^{q-1}]f(s,u(s))\mathrm{d}s\right|\\&\leqslant\frac{M}{\Gamma(q+1)}(2(t_2-t_1)^{q}+(t_1-t_0)^{q}-(t_2-t_0)^{q})\\&\leqslant\frac{2M}{\Gamma(q+1)}(t_2-t_1)^{q}。\end{aligned}$$

其中 $M=\max\{|f(t,x)|: t\in J,x\in B_Q\}$。这蕴含了 $F(B_Q)$是等度连续的。由 Ascoli-Arzela 引理,可知 $F(B_Q)$ 是相对紧集。而由函数 f 的连续性可知 F 是全连续的。应用 Schauder 不动点定理,可知 F 存在不动点 $\varphi\in B_Q$。

接下来,我们证明初值问题(5.3.1)解的唯一性。设 $\varphi(t)$以及 $\psi(t)$都是初值问题(5.3.1)的解,则由假设 (F_1)可知

$$\begin{aligned}|\varphi(t)-\psi(t)|&=|F\varphi(t)-F\psi(t)|\\&\leqslant\frac{1}{\Gamma(q)}\int_{t_0}^{t}(t-s)^{q-1}|f(s,\varphi(s))-f(s,\psi(s))|\mathrm{d}s\\&\leqslant\frac{K}{\Gamma(q)}\int_{t_0}^{t}(t-s)^{q-1}(s-t_0)^{-q}|\varphi(s)-\psi(s)|\mathrm{d}s。\end{aligned}\tag{5.3.4}$$

同理,由假设(F_2),可得

$$|\varphi(t)-\psi(t)|\leqslant\frac{l}{\Gamma(q)}\int_{t_0}^{t}(t-s)^{q-1}|\varphi(s)-\psi(s)|^{\alpha}\mathrm{d}s。\tag{5.3.5}$$

令 $M_1=\max\{|f(t,\varphi(t))-f(t,\psi(t))|:t\in J\}$,则当 $t\in J$ 时,有

$$|\varphi(t)-\psi(t)|=\frac{1}{\Gamma(q)}\int_{t_0}^{t}(t-s)^{q-1}|f(s,\varphi(s))-f(s,\psi(s))|\mathrm{d}s\leqslant\frac{M_1}{\Gamma(q+1)}(t-t_0)^{q}。$$

代入公式(5.3.5),可知

$$|\varphi(t)-\psi(t)|\leqslant\frac{lM_1^{\alpha}}{\Gamma(q+1)^{1+\alpha}}(t-t_0)^{q+\alpha q}。$$

基于式(5.3.5)并用归纳法可知,对于任意 $n\in\mathbf{N}$,有

$$|\varphi(t)-\psi(t)|\leqslant\frac{l^{\sum_{i=0}^{n-1}\alpha^{i}}M_1^{\alpha^{n}}}{\Gamma(q+1)^{\sum_{i=0}^{n}\alpha^{i}}}(t-t_0)^{q\sum_{i=0}^{n}\alpha^{i}}$$

因此,当 $t\in J$ 时,

$$|\varphi(t)-\psi(t)|\leqslant\left(\frac{l}{\Gamma(q+1)}\right)^{\frac{1}{1-\alpha}}(t-t_0)^{\frac{q}{1-\alpha}}。\tag{5.3.6}$$

另一方面,由式(5.3.4),对任意整数 $n\in\mathbf{N}$,我们有

$$|\varphi(t)-\psi(t)|\leqslant\left(\frac{K}{\Gamma(q)}\right)^{n}\int_{t_0}^{t}(t-s)^{q-1}(s-t_0)^{-q}\cdots\int_{t_0}^{s}(s-r)^{q-1}(r-t_0)^{-q}\mathrm{d}r\cdots\mathrm{d}s,$$

将式(5.3.6)代入上述不等式并利用如下公式

$$\int_{t_0}^{t}(t-s)^{q-1}(s-t_0)^{-q}(s-t_0)^{\frac{q}{1-\alpha}}\mathrm{d}s=B\left(q,1+\frac{\alpha q}{1-\alpha}\right)(t-t_0)^{\frac{q}{1-\alpha}}$$

($\mathrm{B}(\cdot,\cdot)$ 为 Beta 函数,其定义为 $\mathrm{B}(x,y)=\int_0^1(1-s)^{x-1}s^{y-1}\mathrm{d}s$),可以得到

$$\begin{aligned}|\varphi(t)-\psi(t)|&\leqslant\left[\frac{K}{\Gamma(q)}\mathrm{B}\left(q,1+\frac{\alpha q}{1-\alpha}\right)\right]^{n}\left(\frac{l}{\Gamma(q+1)}\right)^{\frac{1}{1-\alpha}}(t-t_0)^{\frac{q}{1-\alpha}}\\&\leqslant\left[\frac{K}{\Gamma(q)}\mathrm{B}\left(q,1+\frac{\alpha q}{1-\alpha}\right)\right]^{n}\left(\frac{l}{\Gamma(q+1)}\right)^{\frac{1}{1-\alpha}}a^{\frac{q}{1-\alpha}}。\end{aligned}\tag{5.3.7}$$

利用假设条件(F_3),易知

$$\frac{K}{\Gamma(q)}\mathrm{B}\left(q,1+\frac{\alpha q}{1-\alpha}\right)=\frac{K}{\Gamma(q)}\frac{\Gamma(q)\Gamma\left(1+\frac{\alpha q}{1-\alpha}\right)}{\Gamma\left(1+\frac{q}{1-\alpha}\right)}=K\alpha\frac{\Gamma\left(\frac{\alpha q}{1-\alpha}\right)}{\Gamma\left(\frac{q}{1-\alpha}\right)}<1。$$

在式(5.3.7)中,令 n 趋于无穷大,则对任意 $t\in J$,$\varphi(t)\equiv\psi(t)$。

进一步,设 $\varphi_n(t)$ 是由式(5.3.2)定义的迭代函数列,$\varphi(t)$ 是初值问题(5.3.1)的解。记 $\psi_n(t)=\varphi_{n+1}(t)-\varphi(t)$,$k_n(t)=f(t,\varphi_n(t))-f(t,\varphi(t))$,当 $t_1,t_2\in(t_0,t_0+a]$ 且 $t_1<t_2$ 时,有

$$\begin{aligned}|\psi_n(t_2)-\psi_n(t_1)|&=\frac{1}{\Gamma(q)}\left|\int_{t_0}^{t_2}(t_2-s)^{q-1}k_n(s)\mathrm{d}s-\int_{t_0}^{t_1}(t_1-s)^{q-1}k_n(s)\mathrm{d}s\right|\\&\leqslant\frac{1}{\Gamma(q)}\left|\int_{t_1}^{t_2}(t_2-s)^{q-1}k_n(s)\mathrm{d}s+\int_{t_0}^{t_1}[(t_1-s)^{q-1}-(t_2-s)^{q-1}]k_n(s)\mathrm{d}s\right|\end{aligned}$$

$$\leqslant \frac{l}{\Gamma(q+1)}[2(t_2-t_1)^q+(t_1-t_0)^q-(t_2-t_0)^q]\|\varphi_n-\varphi\|^\alpha$$

$$\leqslant \frac{2l}{\Gamma(q+1)}(t_2-t_1)^q \|\varphi_n-\varphi\|^\alpha,$$

这蕴含了

$$\sup\left\{\left|\frac{\psi_n(t_2)-\psi_n(t_1)}{(t_2-t_1)^q}\right| : t_1,t_2\in J, t_2\neq t_1\right\}\leqslant \frac{2l}{\Gamma(q+1)}\|\varphi_n-\varphi\|^\alpha。$$

因此

$$\|\varphi_n-\varphi\|_q\leqslant \|\varphi_n-\varphi\|+\frac{2l}{\Gamma(q+1)}\|\varphi_n-\varphi\|^\alpha,$$

因而有

$$\lim_{n\to\infty}\|\varphi_n-\varphi\|_q=0。$$

定理 5.3.1 证毕。

当 $q\in(0,1)$ 时，必有 $Gr\Gamma(q)\leqslant q\Gamma(q)=\Gamma(1+q)<1$，从而在定理 5.3.1 中的假设 (F_1) 中去掉了 Krasnoselskii-Krein 限制条件 $Gr\leqslant q$ 这一约束。

定理 5.3.2 如果存在两个正常数 $\alpha\geqslant 1$ 及 l 满足

$$|f(t,x)-f(t,y)|\leqslant l|x-y|^\alpha,\quad (t,x),(t,y)\in(t_0,t_0+a]\times\mathbb{R}$$

则初值问题(5.3.1)在 J 上有唯一解 $\varphi(t)$ 并且满足式(5.3.3)。

【证】 对于初值问题(5.3.1)，当 $u,v\in C(J)$ 且 $t\in J$ 时，可得

$$|Fu(t)-Fv(t)|\leqslant \frac{1}{\Gamma(q)}\int_{t_0}^t (t-s)^{q-1}|f(s,u(s))-f(s,v(s))|\mathrm{d}s$$

$$\leqslant \frac{l}{\Gamma(q)}\int_{t_0}^t (t-s)^{q-1}|u(s)-v(s)|^\alpha \mathrm{d}s。$$

定义算子 $T: C(J,\mathbb{R}^+)\to C(J,\mathbb{R}^+)$ 为

$$Tx(t)=\frac{l}{\Gamma(q)}\int_{t_0}^t (t-s)^{q-1}x^\alpha(s)\mathrm{d}s。$$

注意到 $|u(t)|\leqslant y(t)\|u\|_y$，可知

$$|Fu(t)-Fv(t)|\leqslant \frac{1}{\Gamma(q)}\int_{t_0}^t (t-s)^{q-1}|f(s,u(s))-f(s,v(s))|\mathrm{d}s$$

$$\leqslant \frac{l}{\Gamma(q)}\int_{t_0}^t (t-s)^{q-1}y^\alpha(s)\mathrm{d}s\|u(s)-v(s)\|_y^\alpha$$

$$=Ty(t)\|u(s)-v(s)\|_y^\alpha\leqslant \gamma y(t)\|u(s)-v(s)\|_y^\alpha,$$

其中 $t\in[t_0,t_0+a]$。由范数 $\|\cdot\|_y$ 的定义，易知 $\|Fu-Fv\|_y\leqslant\gamma\|u-v\|_y^\alpha$。

情形 1 $\alpha>1$。此时，选取常数 $\eta\in(t_0,t_0+a]$ 满足

$$\frac{l(\eta-t_0)^q}{\Gamma(1+q)}+\frac{la^{\frac{q}{2\alpha}}(\eta-t_0)^{q-\frac{q}{2\alpha}}}{\Gamma(1+q)}+\frac{l\mathrm{B}\left(q,1-\frac{q}{2}\right)a^{\frac{q}{2}+\frac{q}{2\alpha}}(\eta-t_0)^{\frac{q}{2}-\frac{q}{2\alpha}}}{\Gamma(q)}<\min\left\{1,\left(\frac{\Gamma(1+q)}{M_0a^q}\right)^{\frac{\alpha-1}{\alpha}}\right\}。$$

令

$$\gamma=\frac{l(\eta-t_0)^q}{\Gamma(1+q)}+\frac{la^{\frac{q}{2\alpha}}(\eta-t_0)^{q-\frac{q}{2\alpha}}}{\Gamma(1+q)}+\frac{l\mathrm{B}\left(q,1-\frac{q}{2}\right)a^{\frac{q}{2}+\frac{q}{2\alpha}}(\eta-t_0)^{\frac{q}{2}-\frac{q}{2\alpha}}}{\Gamma(q)},$$

并且定义区间 J 上的函数 y 为

$$y(t)=\begin{cases}1, & t\in[0,\eta],\\ \left(\dfrac{t-t_0}{\eta-t_0}\right)^{-\frac{\alpha}{2q}}, & t\in(\eta,t_0+a],\end{cases}$$

则有 $Ty(t)\leqslant\gamma y(t)$。事实上，当 $t\in[0,\eta]$ 时，计算可得

$$\begin{aligned}Ty(t)&=\frac{l}{\Gamma(q)}\int_{t_0}^{t}(t-s)^{q-1}y^{\alpha}(s)\mathrm{d}s=\frac{l}{q\Gamma(q)}(t-t_0)^q\\&\leqslant\frac{l}{\Gamma(q+1)}(\eta-t_0)^q<\gamma y(t)。\end{aligned}$$

当 $t\in(\eta,t_0+a]$ 时，鉴于 $\mathrm{B}(x,y)=\int_0^1(1-s)^{x-1}s^{y-1}\mathrm{d}s$，可得

$$\begin{aligned}Ty(t)&=\frac{l}{\Gamma(q)}\int_{t_0}^{t}(t-s)^{q-1}y^{\alpha}(s)\mathrm{d}s\\
&=\frac{l}{\Gamma(q)}\int_{t_0}^{\eta}(t-s)^{q-1}\mathrm{d}s+\frac{l}{\Gamma(q)}\int_{\eta}^{t}(t-s)^{q-1}\left(\frac{s-t_0}{\eta-t_0}\right)^{-\frac{q}{2}}\mathrm{d}s\\
&\leqslant\frac{l}{\Gamma(q)}\int_{t_0}^{\eta}(\eta-s)^{q-1}\mathrm{d}s+\left(\frac{t-t_0}{\eta-t_0}\right)^{\frac{q}{2\alpha}}\frac{l}{\Gamma(q)}\int_{\eta}^{t}(t-s)^{q-1}\left(\frac{s-t_0}{\eta-t_0}\right)^{-\frac{q}{2}}\mathrm{d}s\left(\frac{t-t_0}{\eta-t_0}\right)^{-\frac{q}{2\alpha}}\\
&\leqslant\frac{l(\eta-t_0)^q}{\Gamma(q+1)}+(t-t_0)^{\frac{q}{2}+\frac{q}{2\alpha}}(\eta-t_0)^{\frac{q}{2}-\frac{q}{2\alpha}}\frac{l}{\Gamma(q)}\int_{\frac{\eta-t_0}{t-t_0}}^{1}(1-z)^{q-1}z^{-\frac{q}{2}}\mathrm{d}s\left(\frac{t-t_0}{\eta-t_0}\right)^{-\frac{q}{2\alpha}}\\
&\leqslant\frac{l(\eta-t_0)^q}{\Gamma(q+1)}+a^{\frac{q}{2}+\frac{q}{2\alpha}}(\eta-t_0)^{\frac{q}{2}-\frac{q}{2\alpha}}\frac{l\mathrm{B}\left(q,1-\dfrac{q}{2}\right)}{\Gamma(q)}\left(\frac{t-t_0}{\eta-t_0}\right)^{-\frac{q}{2\alpha}}\\
&\leqslant\left[\frac{l(\eta-t_0)^q}{\Gamma(q+1)}+a^{\frac{q}{2}+\frac{q}{2\alpha}}(\eta-t_0)^{\frac{q}{2}-\frac{q}{2\alpha}}\frac{l\mathrm{B}\left(q,1-\dfrac{q}{2}\right)}{\Gamma(q)}\right]\left(\frac{t-t_0}{\eta-t_0}\right)^{-\frac{q}{2\alpha}}<\gamma y(t)。\end{aligned}$$

因此，在假设条件下，必存在函数 $y\in C(J,\mathbb{R}^+)$ 使得

$$Ty(t)\leqslant\gamma y(t),\quad \gamma\in\left(0,\min\left\{1,\left(\frac{\Gamma(1+q)}{M_0a^q}\right)^{\frac{\alpha-1}{\alpha}}\right\}\right),$$

其中 $M_0=\min\{|f(t,x_0)|+1:t\in J\}$。对于函数 $y\in C(J,\mathbb{R}^+)$ 引入 $C(J)$ 中的范数 $\|\cdot\|_y$，当 $u\in C(J)$ 时，定义为 $\|u\|_y=\max\left\{\dfrac{1}{y(t)}|u(t)|:t\in J\right\}$。易知范数 $\|\cdot\|$ 和 $\|\cdot\|_y$ 是等价的。进一步，由 $\gamma<\left(\dfrac{\Gamma(1+q)}{M_0a^q}\right)^{\frac{\alpha-1}{\alpha}}$，可知 $\gamma^{\frac{\alpha}{\alpha-1}}\dfrac{M_0a^q}{\Gamma(1+q)}<1$。

同时，直接计算可知

$$\begin{aligned}\|\varphi_{n+1}-\varphi_n\|_y&=\|F\varphi_n-F\varphi_{n-1}\|_y\leqslant\gamma\|\varphi_n-\varphi_{n-1}\|_y^{\alpha}\\
&\leqslant\cdots\leqslant\gamma^{\sum\limits_{i=0}^{n}\alpha^i}\|\varphi_1-\varphi_0\|_y^{\alpha^n}\leqslant\gamma^{\frac{-1}{\alpha-1}}\left(\frac{M_0a^q}{\Gamma(1+q)}\gamma^{\frac{\alpha}{\alpha-1}}\right)^{\alpha^n}。\end{aligned}$$

注意到不等式 $\dfrac{M_0a^q}{\Gamma(1+q)}\gamma^{\frac{\alpha}{\alpha-1}}<1$，因而 $\{\varphi_n(t)\}$ 是 $\|\cdot\|_y$ 意义下的 Cauchy 函数列。因此

$\{\varphi_n(t)\}$也是$\|\cdot\|$意义下的 Cauchy 函数列。

记 $\varphi(t)=\lim\limits_{n\to\infty}\varphi_n(t)$，由 Lebesgue 控制收敛定理可知

$$\varphi(t)=x_0+\frac{1}{\Gamma(q)}\int_{t_0}^{t}(t-s)^{q-1}f(s,\varphi(s))\mathrm{d}s。$$

因此 $\varphi(t)$就是初值问题 (5.3.1) 的解。总之，当 $\alpha>1$ 时，定理 5.3.2 是成立的。

情形 2 $\alpha=1$。由上式可知 F 是范数 $\|\cdot\|_y$ 意义下的压缩算子。因此存在唯一的函数 $\varphi\in C(J)$ 满足

$$\varphi(t)=F\varphi(t)=x_0+\frac{1}{\Gamma(q)}\int_{t_0}^{t}(t-s)^{q-1}f(s,\varphi(s))\mathrm{d}s。$$

因此初值问题(5.3.1) 有唯一解 $\varphi(t)$。进一步，注意到 $\varphi_{n+1}(t)=F\varphi_n(t)$，$n=1,2,\cdots$，我们可获得

$$\begin{aligned}\|\varphi_{n+1}-\varphi\|_y&=\|F\varphi_n-F\varphi\|_y\leqslant\gamma\|\varphi_n-\varphi\|_y\\&\leqslant\cdots\leqslant\gamma^{n+1}\|\varphi_0-\varphi\|_y\leqslant\frac{M_2a^q}{\Gamma(1+q)}\gamma^{n+1},\end{aligned}$$

其中 $M_2(t)=\sup\{|f(t,\varphi(t))|:t\in J\}$。这意味着$\{\varphi_n(t)\}$在 J 上一致收敛于唯一解 $\varphi(t)$ 且 $\lim\limits_{n\to\infty}\|\varphi_n-\varphi\|_y=0$. 类似于定理 5.3.1 的证明过程，可以推导出 $\lim\limits_{n\to\infty}\|\varphi_n-\varphi\|_q=0$。从而定理 5.3.2 在 $\alpha=1$ 情形下是成立的。

解的唯一性以及迭代函数列的收敛性是显然成立的。定理 5.3.2 证毕。

定理 5.3.3 如果存在常数 $K>0$ 以及 $p\in(0,q)$使得初值问题(5.3.1)中的函数 f 满足条件：

$$|f(t,x)-f(t,y)|\leqslant K\frac{|x-y|}{(t-t_0)^p},\quad (t,x),(t,y)\in(t_0,t_0+a]\times\mathbb{R}。$$

则初值问题(5.3.1)在 J 上有唯一解 $\varphi(t)$并且满足式(5.3.2)。

【证】 **步骤 1** 存在增函数 $b\in C(J,\mathbb{R}^+)$以及常数 $\delta\in(0,1)$ 满足

$$Hb(t)=\frac{K}{\Gamma(q)}\int_{t_0}^{t}(t-s)^{q-1}(s-t_0)^{-p}b(s)\mathrm{d}s。$$

事实上，选取正常数 $\eta\in J$ 满足

$$K(\eta-t_0)^{q-p}\left(\frac{\mathrm{B}(q,1-p)}{\Gamma(q)}+1\right)<1,$$

令

$$\delta=K(\eta-t_0)^{q-p}\left(\frac{\mathrm{B}(q,1-p)}{\Gamma(q)}+1\right),$$

并且定义增函数 b 为

$$b(t)=\begin{cases}1, & t\in[t_0,\eta],\\ \mathrm{e}^{\frac{t-\eta}{\eta-t_0}}, & t\in(\eta,t_0+a]。\end{cases}$$

当 $t\in[t_0,\eta]$ 时，鉴于 $\mathrm{B}(x,y)=\int_0^1(1-s)^{x-1}s^{y-1}\mathrm{d}s$，可得

$$Hb(t)=\frac{K}{\Gamma(q)}\int_{t_0}^{t}(t-s)^{q-1}(s-t_0)^{-p}\mathrm{d}s$$

$$=\frac{K}{\Gamma(q)}(t-t_0)^{q-p}\int_0^1(1-z)^{q-1}z^{1-p-1}\mathrm{d}z$$
$$=\frac{K}{\Gamma(q)}\mathrm{B}(q,1-p)(t-t_0)^{q-p}$$
$$\leqslant\frac{K}{\Gamma(q)}\mathrm{B}(q,1-p)(\eta-t_0)^{q-p}\leqslant\delta b(t)。$$

当 $t\in(\eta,t_0+a]$时,有

$$Hb(t)=\frac{K}{\Gamma(q)}\int_{t_0}^{\eta}(t-s)^{q-1}(s-t_0)^{-p}\mathrm{d}s+\frac{K}{\Gamma(q)}\int_{\eta}^{t}(t-s)^{q-1}(s-t_0)^{-p}\mathrm{e}^{\frac{s-\eta}{\eta-t_0}}\mathrm{d}s$$
$$\leqslant\frac{K}{\Gamma(q)}\mathrm{B}(q,1-p)(\eta-t_0)^{q-p}+\frac{K}{\Gamma(q)}\int_{\eta}^{t}(t-s)^{q-1}(s-t_0)^{-p}\mathrm{e}^{-\frac{t-s}{\eta-t_0}}\mathrm{d}s\,\mathrm{e}^{\frac{t-\eta}{\eta-t_0}}$$
$$\leqslant\left[\frac{K}{\Gamma(q)}\mathrm{B}(q,1-p)(\eta-t_0)^{q-p}+\frac{K}{\Gamma(q)}(\eta-t_0)^{q-p}\int_0^{\frac{t}{\eta-t_0}}z^{q-1}\mathrm{e}^{-z}\mathrm{d}s\right]\mathrm{e}^{\frac{t-\eta}{\eta-t_0}}$$
$$\leqslant\left[\frac{K}{\Gamma(q)}\mathrm{B}(q,1-p)(\eta-t_0)^{q-p}+K(\eta-t_0)^{q-p}\right]\mathrm{e}^{\frac{t-\eta}{\eta-t_0}}$$
$$=\delta b(t)。$$

因此存在整函数 $b(t)$以及常数 $\delta\in(0,1)$,满足 $Hb(t)\leqslant\delta b(t)$。

步骤2 算子 F 在等价范数意义下是压缩的。

事实上,在 $C(J)$中,引入范数 $\|\cdot\|_b$定义为

$$\|u\|_b=\max\left\{\frac{1}{b(t)}|u(t)|: t\in J\right\},$$

其中 $b(t)$由前述给出,则范数 $\|\cdot\|$与 $\|\cdot\|_b$ 等价。当 $u,v\in C(J)$ 且 $t\in J$ 时,有

$$|Fu(t)-Fv(t)|\leqslant\frac{1}{\Gamma(q)}\int_{t_0}^{t}(t-s)^{q-1}|f(s,u(s))-f(s,v(s))|\mathrm{d}s$$
$$\leqslant\frac{1}{\Gamma(q)}\int_{t_0}^{t}(t-s)^{q-1}(s-t_0)^{-p}|u(s)-v(s)|\mathrm{d}s$$
$$\leqslant\frac{1}{\Gamma(q)}\int_{t_0}^{t}(t-s)^{q-1}(s-t_0)^{-p}b(s)\mathrm{d}s\|u-v\|_b$$
$$\leqslant\delta b(t)\|u-v\|_b。$$

因此 $\|Fu-Fv\|_b\leqslant\delta b(t)\|u-v\|_b$。这就意味着算子 F 在范数 $\|\cdot\|_b$ 意义下是压缩的。

类似定理5.3.2的证明过程可知,初值问题(5.3.1)在 J 上存在唯一解 $\varphi(t)$。同时,易知 $(\psi_n(t)=\varphi_{n+1}(t)-\varphi(t))$

$$\sup\left\{\left|\frac{\psi_n(t_1)-\psi_n(t_2)}{(t_1-t_2)^q}\right|: t_1,t_2\in J,t_1\neq t_2\right\}\leqslant\frac{2l}{\Gamma(q+1)}\sup_{t\in J}\{|f(t,\varphi_n(t))-f(t,\varphi(t))|\},$$

注意到 $\varphi_n(t)$一致收敛于 $\varphi(t)$,因此 $\lim\limits_{t\to\infty}\|\varphi_{n+1}-\varphi\|_q=0$。定理5.3.3证毕。

5.3.2 带扩散影响的分数阶微分方程

在本节中,我们将研究如下带非局部影响和Caputo分数阶导数的初值问题的存在唯一性:

$$D^q x(t)=f(t,x(t),(\theta x)(t)),\quad q\in(0,1),\quad t\in[0,1]\xlongequal{\text{def}}I,\tag{5.3.8}$$

$$x(0)+g(x)=x_0,\tag{5.3.9}$$

其中 $q\in(0,1)$，$f: I\times X\times X\to X$，$g: C(I,X)\to X$，$\theta: X\to X$ 定义为

$$(\theta x)(t)=\int_0^t k(t,s,x(s))\mathrm{d}s,\quad 且\ k: \Delta\times X\to X,\Delta=\{(t,s): 0\leqslant s\leqslant t\leqslant 1\},$$

其中$(X,\|\cdot\|)$是 Banach 空间并且记 $C=C(I,X)$为所有连续函数所构成的 Banach 空间。

分数阶微分方程或包含的研究起源于物理学，信号处理以及电磁学等领域中分数阶积分的广泛应用。分数阶微分方程的理论研究获得了不小的进展，具体可以参见 Kilbas 以及 Lakshmikantham[20] 等人的专著。

近年来，国内外学者 Hino 和 Naito[17]，Lakshmikantham 与 Leela[20] 等人研究了各类分数阶微分积分方程的存在唯一性问题。在诸多文献中提到，非局部条件 $x(0)+g(x)=x_0$ 比初值条件 $x(0)=x_0$ 更广泛，并且在物理应用中更确切地描述事物的发展。其中非局部项 $g(x)$ 描述的是透明管中少量物质的扩散现象，一般来说，它具有如下形式 $g(x)=\sum_{i=1}^{p}c_i x(t_i)$。同时，初值问题(5.3.8)～(5.3.9) 包括了许多经典情形。例如，当 $g(x)=x_0-x(T)$ 时，它退化为周期边值问题；当 $g(x)=x_0+x(T)$ 时，它退化为反周期边值问题；而当 $g(x)=0$ 时，它恰是传统的初值问题。

在 $f(t,x(t),\theta x(t))=p(t,x(t))+\int_0^t k(t,s,x(s))\mathrm{d}s$ 条件下，作者给出了初值问题(5.3.8)～(5.3.9) 的存在唯一性结论。在文献[20]中，当 $f(t,x(t),\theta x(t))=\int_0^t k(t,s,x(s))\mathrm{d}s$ 时，作者也证明了初值问题 (5.3.8)～(5.3.9) 有唯一解。

基于等价范数和不动点定理，本节将探讨初值问题(5.3.8)～(5.3.9)在 Krasnoselskii-Krein 型条件下的存在唯一性结论。

定理 5.3.4 假设

(F_4) f 连续且存在常数 $\alpha,\beta\in(0,1]$，$L_1,L_2>0$ 使得

$$\|f(t,x_1,y_1)-f(t,x_2,y_2)\|\leqslant L_1\|x_1-x_2\|^{\alpha}+L_2\|y_1-y_2\|^{\beta};$$

(F_5) k 连续且存在常数 $\beta_1\in(0,1]$，$h\in L^1(I)$满足

$$\|k(t,s,x)-k(t,s,y)\|\leqslant h(s)\|x-y\|^{\beta_1};$$

(G) g 是有界连续的，且存在常数 $b\in(0,1)$ 满足

$$\|g(u)-g(v)\|\leqslant b\|u-v\|,$$

则初值问题(5.3.8)～(5.3.9)存在唯一解。

【证】 首先，将初值问题(5.3.8)～(5.3.9)解的存在性转化为给定算子的不动点存在性问题。引入算子 $F: C(I,X)\to C(I,X)$定义为

$$Fx(t)=x_0-g(x)+\frac{1}{\Gamma(q)}\int_0^t(t-s)^{q-1}f(s,x(s),\theta x(s))\mathrm{d}s。$$

定义算子 A,B 如下：

$$Ax(t)=\frac{1}{\Gamma(q)}\int_0^t(t-s)^{q-1}f(s,x(s),\theta x(s))\mathrm{d}s,$$

$$Bx(t)=x_0-g(x),$$

则有 $F=A+B$。在 $C(I,X)$ 中定义范数 $\|\cdot\|_k$ 为 $\|u\|_k=\max\{e^{-kt}\|u(t)\|: t\in I\}$，其中 $u\in C(I,X)$ 且 $k\in\mathbf{N}$，则范数 $\|\cdot\|_C$ 与 $\|\cdot\|_k$ 是等价的。

步骤 1 解的存在性：

记

$$P=\sup\{\|g(x)\|: x\in X\},\quad M_0=\sup\left\{\int_0^t k(t,s,0)\mathrm{d}s: t\in I\right\},$$

$$M_1=\sup\{\|f(t,0,0)\|: t\in I\}\text{ 以及 }Q=\|x_0\|+P+\frac{M_1}{\Gamma(1+q)}+3,$$

可选取 $k_1\in\mathbf{N}$ 使得

$$\frac{1}{k_1^q}(L_1Q^\alpha+L_2(\|h\|_{L^1}Q^{\beta_1}+M_0)^\beta)<3。$$

令 $B_Q=\{u\in C(I,X): \|u\|_{k_1}\leqslant Q\}$。当 $u\in B_Q$ 时，注意到假设条件 (F_5)，有

$$\begin{aligned}\|\theta u(t)\| &\leqslant \int_0^t\|k(t,r,u(r))-k(t,r,0)+k(t,r,0)\|\mathrm{d}r\\ &\leqslant \|h\|_{L^1}\sup\{\|u(r)\|^{\beta_1}: r\in[0,t]\}+M_0\\ &\leqslant \|h\|_{L^1}e^{k_1t}Q^{\beta_1}+M_0,\end{aligned}$$

因此

$$\|\theta u\|_{k_1}\leqslant\|h\|_{L^1}Q^{\beta_1}+M_0。$$

鉴于假设条件 (F_4)，当 $x\in B_Q$ 时，可得

$$\begin{aligned}\|Fx(t)\| \leqslant{}& \|x_0\|+P+\frac{1}{\Gamma(q)}\int_0^t(t-s)^{q-1}\|f(s,x(s),\theta x(s))-f(s,x(s),0)\|\mathrm{d}s+\\ &\frac{1}{\Gamma(q)}\int_0^t(t-s)^{q-1}\|f(s,x(s),0)-f(s,0,0)\|\mathrm{d}s+\\ &\frac{1}{\Gamma(q)}\int_0^t(t-s)^{q-1}\|f(s,0,0)\|\mathrm{d}s\\ \leqslant{}& \|x_0\|+P+\frac{L_2}{\Gamma(q)}\int_0^t(t-s)^{q-1}\|\theta x(s)\|^\beta\mathrm{d}s+\\ &\frac{L_1}{\Gamma(q)}\int_0^t(t-s)^{q-1}\|x(s)\|^\alpha\mathrm{d}s+\frac{M_1}{\Gamma(1+q)}\\ \leqslant{}& \|x_0\|+P+\frac{M_1}{\Gamma(1+q)}+\frac{L_2}{\Gamma(q)}\int_0^t(t-s)^{q-1}e^{\beta k_1s}\mathrm{d}s\|\theta x\|_{k_1}^\beta+\\ &\frac{L_1}{\Gamma(q)}\int_0^t(t-s)^{q-1}e^{\alpha k_1s}\mathrm{d}s\|x\|_{k_1}^\alpha\\ \leqslant{}& \|x_0\|+P+\frac{M_1}{\Gamma(1+q)}+\frac{L_1}{\Gamma(q)}\int_0^t(t-s)^{q-1}e^{k_1s}\mathrm{d}s\|x\|_{k_1}^\alpha+\\ &\frac{L_2}{\Gamma(q)}\int_0^t(t-s)^{q-1}e^{k_1s}\mathrm{d}s(\|h\|_{L^1}Q^{\beta_1}+M_0)^\beta\end{aligned}$$

$$\leqslant \|x_0\| + P + \frac{M_1}{\Gamma(1+q)} + \mathrm{e}^{k_1 t}\left[\frac{L_1}{k_1^q}Q^\alpha + \frac{L_2}{k_2^q}(\|h\|_{L^1}Q^{\beta_1} + M_0)^\beta\right]。$$

因而

$$\|Fx\|_{k_1} \leqslant \|x_0\| + P + \frac{M_1}{\Gamma(1+q)} + \frac{L_1}{k_1^q}Q^\alpha + \frac{L_2}{k_2^q}(\|h\|_{L^1}Q^{\beta_1} + M_0)^\beta < Q。$$

这蕴含了 $F(B_Q) \subset B_Q$。

另一方面，当 $u \in B_Q$ 且 $t_1, t_2 \in J\ (t_1 < t_2)$ 时，可直接导出

$$\begin{aligned}
&\|Au(t_1) - Au(t_2)\| \\
&= \frac{1}{\Gamma(q)}\left[\int_0^{t_1}(t_1 - s)^{q-1} f(s, u(s), \theta u(s))\mathrm{d}s - \int_0^{t_2}(t_2 - s)^{q-1} f(s, u(s), \theta u(s))\mathrm{d}s\right] \\
&\leqslant \frac{M}{\Gamma(1+q)}[2(t_2 - t_1)^q + t_1^q - t_2^q] \\
&\leqslant \frac{2M}{\Gamma(1+q)}(t_2 - t_1)^q,
\end{aligned}$$

其中 $M = \sup\{|f(t,x,y)| : (t,x,y) \in I \times B_Q \times B_Q\}$。这说明 $A(B_Q)$是等度连续集。由 Ascoli-Arzela 引理，易知 $A(B_Q)$ 相对紧集。而 f 的连续性蕴含了 A 是全连续的。根据假设 (G)，不难证明算子 B 是压缩的。由 Krasnoselskii 不动点定理可知 F 在 B_Q 中存在不动点. 即，初值问题(5.3.8)～(5.3.9)在 B_Q 中有解。

步骤 2 唯一性：

设 $\varphi(t)$和 $\phi(t)$是初值问题(5.3.8)～(5.3.9)的两个解，记 $m(t) = \|\varphi(t) - \phi(t)\|$。首先，可以证明 $m(0) = 0$。事实上，根据算子 B 的定义和假设(G)，我们有 B 是$C(I, X)$上的压缩算子。从而存在唯一 $y(t)$满足 $By(t) = x_0 - g(y)$。另一方面，注意到 $\varphi(0) = x_0 - g(\varphi)$以及 $\phi(0) = x_0 - g(\phi)$，可得 $\varphi(0) = \phi(0)$。

其次，用反证法证明当$t \in I$ 时，$m(t) \equiv 0$。如果存在某个 $t \in I$ 使得$m(t) \neq 0$。令 $t^* = \min\{t \in I : m(t) \neq 0\}$，则当 $t \in [0, t^*]$时，$m(t) \equiv 0$。因此当 $t \in I$ 时，$m(t) \equiv 0$ 当且仅当 $t^* = 1$。若 $t^* < 1$，则可选取正常数 ε_0 以及自然数 k_2满足

$$\frac{\mathrm{e}^{k_2\varepsilon_0}}{k_2^q}(L_1 m_{\varepsilon_0}^{\alpha-1} + L_2\|h\|_{L_1}^\beta m_{\varepsilon_0}^{\beta\beta_1 - 1}) < 1,$$

其中 $m_{\varepsilon_0} = \max\{\|\varphi(t) - \phi(t)\| : t \in [t^*, t^* + \varepsilon_0]\}$。

在区间$[t^*, t^* + \varepsilon_0]$上重新定义范数 $\|\cdot\|_{k_2}$ 为

$$\|u\|_{k_2} = \sup\{\mathrm{e}^{-k_2(t - t^*)}\|u(t)\| : t \in [t^*, t^* + \varepsilon_0]\},$$

则在区间$[t^*, t^* + \varepsilon_0]$内，范数 $\|\cdot\|_{k_2}$ 与 $\|\cdot\|_C$ 是等价范数。由于 $\varphi(0) = \phi(0)$，有 $g(\varphi) = g(\phi)$，因此存在 $t_1 \in [t^*, t^* + \varepsilon_0]$ 使得

$$\begin{aligned}
0 < m_{\varepsilon_0} &= \|\varphi(t_1) - \phi(t_1)\| = \|F\varphi(t_1) - F\phi(t_1)\| \\
&\leqslant \frac{1}{\Gamma(q)}\int_{t^*}^{t_1}(t_1 - s)^{q-1}\|f(s, \varphi(s), \theta\varphi(s)) - f(s, \varphi(s), \theta\varphi(s))\|\mathrm{d}s \\
&\leqslant \frac{L_1}{\Gamma(q)}\int_{t^*}^{t_1}(t_1 - s)^{q-1}\|\varphi(s) - \phi(s)\|^\alpha\mathrm{d}s +
\end{aligned}$$

$$\frac{L_2}{\Gamma(q)}\int_{t^*}^{t_1}(t_1-s)^{q-1}\|\theta\varphi(s)-\theta\phi(s)\|^{\beta}ds$$

$$\leqslant\frac{L_1}{\Gamma(q)}\int_{t^*}^{t_1}(t_1-s)^{q-1}e^{\alpha k_2(s-t^*)}ds\|\varphi-\phi\|_{k_2}^{\alpha}+$$

$$\frac{L_2\|h\|_{L^1}^{\beta}}{\Gamma(q)}\int_{t^*}^{t_1}(t_1-s)^{q-1}e^{\beta\beta_1 k_2(s-t^*)}ds\|\varphi-\phi\|_{k_2}^{\beta\beta_1}$$

$$\leqslant\frac{e^{\alpha k_2\varepsilon_0}}{k_2^q}(L_1m_{\varepsilon_0}^{\alpha}+L_2\|h\|_{L^1}^{\beta}m_{\varepsilon_0}^{\beta\beta_1})$$

$$<m_{\varepsilon_0}。$$

这是矛盾的。从而 $t^*=1$ 并且 $\varphi(t)\equiv\phi(t),t\in I$。定理5.3.4证毕。

假如 f 退化为一些特殊情形，可以得到如下推论。在

$$f(t,x(t),\theta x(t))=p(t,x(t))+\int_0^t k(t,s,x(s))ds$$

的情形下，我们有如下推论。

推论 5.3.1 假设(F_5)和(G)成立，另外，若 p 是连续的且存在常数 $\beta\in(0,1],L>0$ 使得

$$\|p(t,u)-p(t,v)\|\leqslant L\|u-v\|^{\beta},$$

则初值问题(5.3.8)～(5.3.9)存在唯一解。

当 $k(t,s,x(s))=\gamma(t,s)x(s),\gamma\in C(\Delta)$ 时，我们有如下推论。

推论 5.3.2 假设(F_4)和(G)成立。则初值问题(5.3.8)～(5.3.9)存在唯一解。

最后，我们给出更一般的结论。

定理 5.3.5 假设(G)成立且满足如下条件：

(F_6) f 连续且存在常数 $p_1,p_2\in(0,q],L_1,L_2,C>0$ 使得

$$\|f(t,x,y)\|\leqslant\frac{L_1}{t^{p_1}}\|x\|+\frac{L_2}{t^{p_2}}\|y\|+C;$$

(F_7) k 连续且存在函数 $h\in L^1(I),K>0$ 满足

$$\|k(t,s,x)\|\leqslant h(s)\|x\|+K,$$

则初值问题(5.3.8)～(5.3.9)至少存在一个解。

【证】 定义算子 $H:C(I,\mathbb{R}^+)\to C(I,\mathbb{R}^+)$ 为

$$Hx(t)=\frac{1}{\Gamma(q)}\int_0^t(t-s)^{q-1}(as^{-p_1}+bs^{-p_2})\sup_{r\in[0,s]}x(r)ds,$$

其中 $p_1,p_2\in[0,q)$ 是连续的且 $a=L_1,b=L_2\|h\|_{L^1}$。

步骤1 存在增函数 $b\in C(I,\mathbb{R}^+)$ 以及 $\delta\in(0,1)$，满足 $Hb(t)\leqslant\delta b(t)$。

事实上，选取正常数 $\eta\in[0,1]$ 使得

$$\frac{a\eta^{q-p_1}B(q,1-p_1)}{\Gamma(q)}+\frac{b\eta^{q-p_2}B(q,1-p_2)}{\Gamma(q)}+a\eta^{q-p_1}+b\eta^{q-p_2}<1,$$

其中 $B(\cdot,\cdot)$ 是 Beta 函数。令

$$\delta=\frac{a\eta^{q-p_1}B(q,1-p_1)}{\Gamma(q)}+\frac{b\eta^{q-p_2}B(q,1-p_2)}{\Gamma(q)}+a\eta^{q-p_1}+b\eta^{q-p_2},$$

且定义增函数 b 为

$$b(t)=\begin{cases}1, & t\in[0,\eta],\\ e^{\frac{t-\eta}{\eta}}, & t\in(\eta,1]。\end{cases}$$

当 $t\in[0,\eta]$ 时，注意到 $\mathrm{B}(x,y)=\int_0^1(1-s)^{x-1}s^{y-1}\mathrm{d}s$，则有

$$\begin{aligned}Hb(t)&=\frac{1}{\Gamma(q)}\int_0^t(t-s)^{q-1}(as^{-p_1}+bs^{-p_2})\mathrm{d}s\\&=\frac{a}{\Gamma(q)}t^{q-p_1}\int_0^1(1-z)^{q-1}z^{1-p_1-1}\mathrm{d}s+\frac{b}{\Gamma(q)}t^{q-p_2}\int_0^1(1-z)^{q-1}z^{1-p_2-1}\mathrm{d}s\\&=\frac{a\mathrm{B}(q,1-p_1)}{\Gamma(q)}t^{q-p_1}+\frac{b\mathrm{B}(q,1-p_2)}{\Gamma(q)}t^{q-p_2}\\&\leqslant\frac{a\mathrm{B}(q,1-p_1)}{\Gamma(q)}\eta^{q-p_1}+\frac{b\mathrm{B}(q,1-p_2)}{\Gamma(q)}\eta^{q-p_2}\\&\leqslant\delta b(t)。\end{aligned}$$

当 $t\in(\eta,1]$时，有

$$\begin{aligned}Hb(t)&=\frac{1}{\Gamma(q)}\int_0^t(t-s)^{q-1}(as^{-p_1}+bs^{-p_2})\mathrm{d}s\\&=\frac{1}{\Gamma(q)}\int_0^\eta(t-s)^{q-1}(as^{-p_1}+bs^{-p_2})\mathrm{d}s+\frac{1}{\Gamma(q)}\int_\eta^t(t-s)^{q-1}(as^{-p_1}+bs^{-p_2})e^{\frac{s-\eta}{\eta}}\mathrm{d}s\\&\leqslant\frac{a\mathrm{B}(q,1-p_1)}{\Gamma(q)}\eta^{q-p_1}+\frac{b\mathrm{B}(q,1-p_2)}{\Gamma(q)}\eta^{q-p_2}+\\&\quad\frac{1}{\Gamma(q)}\int_\eta^t(t-s)^{q-1}(as^{-p_1}+bs^{-p_2})e^{-\frac{t-s}{\eta}}\mathrm{d}s\,e^{\frac{t-\eta}{\eta}}\\&\leqslant\left[\frac{a\mathrm{B}(q,1-p_1)}{\Gamma(q)}\eta^{q-p_1}+\frac{b\mathrm{B}(q,1-p_2)}{\Gamma(q)}\eta^{q-p_2}+a\eta^{q-p_1}+b\eta^{q-p_2}\right]e^{\frac{t-\eta}{\eta}}\\&=\delta b(t)。\end{aligned}$$

因此当 $t\in[0,1]$ 时，有 $Hb(t)\leqslant\delta b(t)$。

步骤 2 类似定理 5.3.4 的证明过程，仅需证明 F 存在不动点即可。

在 $C(I,X)$ 上定义范数 $\|\cdot\|_b$ 为 $\|u\|_b=\max\left\{\frac{1}{b(t)}\|u(t)\|:t\in I\right\}$，那么范数 $\|\cdot\|_C$ 和 $\|\cdot\|_b$ 为等价范数。记

$$P=\sup\{\|g(x)\|:x\in X\},Q=\frac{1}{1-\delta}\left(\|x_0\|+P+\frac{C}{\Gamma(1+q)}+\frac{L_2K\mathrm{B}(q,1-p_2)}{\Gamma(q)}\right),$$

$B_Q=\{u\in C(I,X):\|u\|_b\leqslant Q\}$。

当 $u\in B_Q$ 时，注意到 (F_7)，则有

$$\|\theta u(t)\|\leqslant\int_0^t\|k(t,r,u(r))\|\mathrm{d}r\leqslant\|h\|_{L^1}\sup_{r\in[0,t]}\|x(r)\|+K。$$

根据假设 (F_6)，当 $u\in B_Q$ 时，必有

$$\|Fu(t)\|\leqslant\|x_0\|+P+\frac{1}{\Gamma(q)}\int_0^t(t-s)^{q-1}\|f(s,u(s),\theta u(s))\|\mathrm{d}s$$

$$\leqslant \|x_0\| + P + \frac{1}{\Gamma(q)}\int_0^t (t-s)^{q-1}(L_1 s^{-p_1}\|u(s)\| + L_2 s^{-p_2}\|\theta u(s)\| + C)\mathrm{d}s$$

$$\leqslant \|x_0\| + P + \frac{1}{\Gamma(q)}\int_0^t (t-s)^{q-1}(L_1 s^{-p_1} + L_2\|h\|_{L^1} s^{-p_2})\sup_{r\in[0,s]}\|u(s)\|\mathrm{d}s +$$

$$\frac{1}{\Gamma(q)}\int_0^t (t-s)^{q-1}(L_2 K s^{-p_2} + C)\mathrm{d}s$$

$$\leqslant \|x_0\| + P + \frac{1}{\Gamma(q)}\int_0^t (t-s)^{q-1}(L_1 s^{-p_1} + L_2\|h\|_{L^1} s^{-p_2})b(s)\mathrm{d}s\|u\|_b +$$

$$\frac{C}{\Gamma(q+1)} + \frac{L_2 K\mathrm{B}(q,1-p_2)}{\Gamma(q)}$$

$$\leqslant \delta b(t)\|u\|_b + \|x_0\| + P + \frac{C}{\Gamma(q+1)} + \frac{L_2 K\mathrm{B}(q,1-p_2)}{\Gamma(q)},$$

因此

$$\|Fu\|_b \leqslant \delta Q + \|x_0\| + P + \frac{C}{\Gamma(q+1)} + \frac{L_2 K\mathrm{B}(q,1-p_2)}{\Gamma(q)} = Q,$$

这蕴含着 $F(B_Q)\subset B_Q$。

易证算子 A 是全连续的，B 为压缩的。因此 F 在 B_Q 中存在不动点，也即初值问题(5.3.8)～(5.3.9)是可解的。定理 5.3.5 证毕。

5.3.3　分数阶边值问题解的存在唯一性

引理 5.3.1　分数阶微分方程的边值问题

$$\begin{cases} D^\alpha y(t) = g(t), \quad 1 < \alpha \leqslant 2, \quad t \in (0,T), \\ y(0) = y'(T) = 0 \end{cases} \tag{5.3.10}$$

的解可表示为 $y(t) = \int_0^T G(t,s)g(s)\mathrm{d}s$，其中 $g \in L^1[0,T]$，

$$G(t,s) = \begin{cases} \dfrac{(t-s)^{\alpha-1}}{\Gamma(\alpha)} - \dfrac{t(T-s)^{\alpha-2}}{\Gamma(\alpha-1)}, & 0 \leqslant s < t, \\ -\dfrac{t(T-s)^{\alpha-2}}{\Gamma(\alpha-1)}, & t \leqslant s < T。 \end{cases}$$

【证】　事实上，由分数阶导数的定义可知

$$y(t) = I_{0^+}^\alpha g(t) + c_1 + c_2 t,\text{其中 } c_1, c_2 \in \mathbb{R} \text{ 待定},$$

因此

$$D^1 y(t) = D^1 I_{0^+}^\alpha g(t) + c_2 = D^1 I_{0^+}^1 I_{0^+}^{\alpha-1} g(t) + c_2,$$

即

$$y'(t) = I_{0^+}^{\alpha-1} g(t) + c_2。$$

由边值条件 $y(0) = y'(T) = 0$，可知

$$c_1 = 0, \quad c_2 = -I_{0^+}^{\alpha-1} g(T) = -\frac{1}{\Gamma(\alpha-1)}\int_0^T (T-s)^{\alpha-2} g(s)\mathrm{d}s。$$

令

$$G(t,s)=\begin{cases}\dfrac{(t-s)^{\alpha-1}}{\Gamma(\alpha)}-\dfrac{t(T-s)^{\alpha-2}}{\Gamma(\alpha-1)}, & 0\leqslant s<t,\\ -\dfrac{t(T-s)^{\alpha-2}}{\Gamma(\alpha-1)}, & t\leqslant s<T,\end{cases}$$

则有

$$\begin{aligned}y(t)&=I_{0^+}^{\alpha}g(t)+c_2t\\&=\frac{1}{\Gamma(\alpha)}\int_0^t(t-s)^{\alpha-1}g(s)\mathrm{d}s-\frac{1}{\Gamma(\alpha-1)}\int_0^T t(T-s)^{\alpha-2}g(s)\mathrm{d}s\\&=\int_0^t\left[\frac{(t-s)^{\alpha-1}}{\Gamma(\alpha)}-\frac{t(T-s)^{\alpha-2}}{\Gamma(\alpha-1)}\right]g(s)\mathrm{d}s-\int_t^T\frac{t(T-s)^{\alpha-2}}{\Gamma(\alpha-1)}g(s)\mathrm{d}s\\&=\int_0^T G(t,s)g(s)\mathrm{d}s。\end{aligned}$$

因此边值问题(5.3.10)的解可表示为 $y(t)=\int_0^T G(t,s)g(s)\mathrm{d}s$。

考虑分数阶常微分方程的三点边值问题

$$\begin{cases}D^{\alpha}y(t)=g(t), & 2<\alpha\leqslant 3, \quad t\in(0,T),\\ y(0)=y''(0)=0, & y'(T)=\gamma y'(\eta),\end{cases}\tag{5.3.11}$$

的解的表示,其中 $\gamma,\eta\in(0,T)$,$g\in L^1[0,T]$。

事实上,根据分数阶导数的定义,可知

$$y(t)=I_{0^+}^{\alpha}g(t)+c_1+c_2t+c_3t^2,\quad 其中\ c_1,c_2,c_3\in\mathbb{R}\ 待定,$$

因此

$$D^1y(t)=D^1I_{0^+}^{\alpha}g(t)+c_2+2c_3t=D^1I_{0^+}^{1}I_{0^+}^{\alpha-1}g(t)+c_2+2c_3t,$$

从而有

$$y'(t)=I_{0^+}^{\alpha-1}g(t)+c_2+2c_3t。$$

以及

$$y''(t)=I_{0^+}^{\alpha-2}g(t)+2c_3。$$

注意到 $y(0)=y''(0)=0$,因此有 $c_1=c_3=0$。

另一方面,由边值条件以及

$$y'(T)=I_{0^+}^{\alpha-1}g(T)+c_2,\quad \gamma y'(\eta)=\gamma I_{0^+}^{\alpha-1}g(\eta)+\gamma c_2$$

可知 $I_{0^+}^{\alpha-1}g(T)+c_2=\gamma I_{0^+}^{\alpha-1}g(\eta)+\gamma c_2$,从而

$$c_2=\frac{\gamma}{(1-\gamma)\Gamma(\alpha-1)}\int_0^{\eta}(\eta-s)^{\alpha-2}g(s)\mathrm{d}s-\frac{1}{(1-\gamma)\Gamma(\alpha-1)}\int_0^T(T-s)^{\alpha-2}g(s)\mathrm{d}s。$$

因此

$$\begin{aligned}y(t)&=\frac{1}{\Gamma(\alpha)}\int_0^t(t-s)^{\alpha-1}g(s)\mathrm{d}s+\frac{\gamma t}{(1-\gamma)\Gamma(\alpha-1)}\int_0^{\eta}(\eta-s)^{\alpha-2}g(s)\mathrm{d}s-\\&\quad\frac{t}{(1-\gamma)\Gamma(\alpha-1)}\int_0^T(T-s)^{\alpha-2}g(s)\mathrm{d}s\\&=\int_0^T G_1(t,s)g(s)\mathrm{d}s+\frac{\gamma t}{1-\gamma}\int_0^T G_2(\eta,s)g(s)\mathrm{d}s,\end{aligned}$$

其中

$$G_1(t,s)=\begin{cases}\dfrac{(t-s)^{\alpha-1}-(\alpha-1)t(t-s)^{\alpha-2}}{\Gamma(\alpha)}, & 0\leqslant s\leqslant t\leqslant T,\\ -\dfrac{(\alpha-1)t(t-s)^{\alpha-2}}{\Gamma(\alpha-1)}, & 0\leqslant t\leqslant s\leqslant T\end{cases}$$

以及

$$G_2(\eta,s)=\begin{cases}\dfrac{(\alpha-1)(\eta-s)^{\alpha-2}-(\alpha-1)(T-s)^{\alpha-2}}{\Gamma(\alpha)}, & 0\leqslant s\leqslant \eta\leqslant T,\\ -\dfrac{(\alpha-1)(T-s)^{\alpha-2}}{\Gamma(\alpha)}, & 0\leqslant \eta\leqslant s\leqslant T。\end{cases}$$

因此边值问题(5.3.10)的解可表示为

$$y(t)=\int_0^T G_1(t,s)g(s)\mathrm{d}s+\frac{\gamma t}{1-\gamma}\int_0^T G_2(\eta,s)g(s)\mathrm{d}s。$$

引理5.3.1证毕。

根据上述结论，考虑如下分数阶微分方程的边值问题解的存在唯一性：

$$\begin{cases}D^{\alpha}y(t)=f(t,y),1<\alpha\leqslant 2,t\in(0,1),\\ y(0)=a,y(1)=b。\end{cases}\tag{5.3.12}$$

首先，对于给定的连续函数 $g(t)$，考虑如下分数阶微分方程的边值问题解的表达式：

$$\begin{cases}D^{\alpha}y(t)=g(t),1<\alpha\leqslant 2, \quad t\in(0,1),\\ y(0)=a,y(1)=b。\end{cases}\tag{5.3.13}$$

事实上，解的一般表达式为 $y(t)=I_{0^+}^{\alpha}g(t)+c_1+c_2t$，其中 $c_1,c_2\in\mathbb{R}$ 待定。注意到边值条件 $y(0)=a,y(1)=b$，可得

$$c_1=a,\quad c_2=b-a-\frac{1}{\Gamma(\alpha)}\int_0^1(1-s)^{\alpha-1}g(s)\mathrm{d}s,$$

因此

$$\begin{aligned}y(t)&=\frac{1}{\Gamma(\alpha)}\int_0^t(t-s)^{\alpha-1}g(s)\mathrm{d}s-\frac{t}{\Gamma(\alpha)}\int_0^1(1-s)^{\alpha-1}g(s)\mathrm{d}s+a+(b-a)t\\ &=\int_0^t\frac{(t-s)^{\alpha-1}-t(1-s)^{\alpha-1}}{\Gamma(\alpha)}g(s)\mathrm{d}s-\int_t^1\frac{t(1-s)^{\alpha-1}}{\Gamma(\alpha)}g(s)\mathrm{d}s+a+(b-a)t。\end{aligned}$$

记

$$G(t,s)=\begin{cases}\dfrac{(t-s)^{\alpha-1}-t(1-s)^{\alpha-1}}{\Gamma(\alpha)}, & 0\leqslant s\leqslant t\leqslant 1,\\ -\dfrac{t(1-s)^{\alpha-1}}{\Gamma(\alpha)}, & 0\leqslant t\leqslant s\leqslant 1,\end{cases}$$

则边值问题(5.3.13)的解的表达式为

$$y(t)=\int_0^1 G(t,s)g(s)\mathrm{d}s+a+(b-a)t。$$

定义算子 $F:C[0,1]\mapsto C[0,1]$，且对于 $y\in C[0,1]$，有

$$Fy(t)=\int_0^1 G(t,s)f(s,y(s))\mathrm{d}s+a+(b-a)t。$$

因此可将边值问题(5.3.12)在$[0,1]$上的连续解的存在性转化为算子F在$C[0,1]$上的不动点的存在性问题。假设$f(t,y)$满足条件

(F_8)存在常数$L>0$使得,对所有$t\in[0,1]$,$y_1,y_2\in\mathbb{R}$,有

$$|f(t,y_1)-f(t,y_2)|\leqslant L|y_1-y_2|,$$

则直接计算可知,对于$y_1,y_2\in C[0,1]$,有

$$\begin{aligned}|Fy_1(t)-Fy_2(t)|&\leqslant\int_0^1 G(t,s)|f(s,y_1(s))-f(s,y_2(s))|\mathrm{d}s\\&\leqslant L\int_0^1|G(t,s)||y_1(s)-y_2(s)|\mathrm{d}s\\&\leqslant\frac{2L}{\Gamma(\alpha+1)}\|y_1-y_2\|。\end{aligned}$$

综上所述,由Banach压缩映射原理可得如下定理。

定理5.3.6 假设$f(t,y)$满足条件(F_8),并且$\frac{2L}{\Gamma(1+\alpha)}<1$,则边值问题(5.3.12)在$[0,1]$上存在唯一的连续解。

考虑如下具有非局部影响的分数阶微分方程:

$$\begin{cases}D^\alpha y(t)=f(t,y), & 0<\alpha<1,\quad t\in[0,1]\\ y(0)+h(y)=y_0,\end{cases}\tag{5.3.14}$$

其中$h\in C(\mathbb{R})$,$h(y)$表示非局部项,$f\in C([0,1]\times\mathbb{R})$,通常$h(y)=\sum_{i=1}^{p}c_iy(t_i)$,$t_i\in[0,1]$。特别地,当$h(y)=y_0-y(1)$时,非局部条件退化为周期边值条件;当$h(y)=0$,非局部条件退化为初值条件;当$h(y)=y_0+y(1)$时,非局部条件退化为反周期边值条件。

定理5.3.7 假设$f(t,y)$满足条件(F_8),并且

(H)存在常数$b>0$使得,$y_1,y_2\in\mathbb{R}$,有$|h(y_1)-h(y_2)|\leqslant b|y_1-y_2|$,

则当$b+\frac{L}{\Gamma(1+\alpha)}<1$时,非局部问题(5.3.14)在$[0,1]$上存在唯一的连续解。

【证】 考虑算子F:$C[0,1]\mapsto C[0,1]$,且对于$y\in C[0,1]$定义

$$Fy(t)=y_0-h(y)+\frac{1}{\Gamma(\alpha)}\int_0^t(t-s)^{\alpha-1}f(s,y(s))\mathrm{d}s。$$

从而可将非局部问题(5.3.14)在$[0,1]$上的连续解转化为算子F在$C[0,1]$上的不动点问题.直接计算可知,对于$y_1,y_2\in C[0,1]$,有

$$\begin{aligned}|Fy_1(t)-Fy_2(t)|&\leqslant\frac{1}{\Gamma(\alpha)}\int_0^t(t-s)^{\alpha-1}|f(s,y_1(s))-f(s,y_2(s))|\mathrm{d}s+|h(y_1)-h(y_2)|\\&\leqslant\frac{L}{\Gamma(\alpha)}\int_0^t(t-s)^{\alpha-1}|y_1(s)-y_2(s)|\mathrm{d}s+b\|y_1-y_2\|\\&\leqslant\frac{L}{\Gamma(\alpha)}\int_0^t(t-s)^{\alpha-1}\mathrm{d}s\|y_1-y_2\|+b\|y_1-y_2\|\\&\leqslant\left(\frac{L}{\Gamma(\alpha+1)}+b\right)\|y_1-y_2\|,\end{aligned}$$

从而$\|Fy_1-Fy_2\|\leqslant\left(\frac{L}{\Gamma(\alpha+1)}+b\right)\|y_1-y_2\|$。因为$\left(\frac{L}{\Gamma(\alpha+1)}+b\right)<1$,因此$F$是

$C[0,1]$上的压缩映射。由 Banach 压缩映射原理可知，F 在$C[0,1]$上存在唯一不动点，记为y。从而

$$y(t)=Fy(t)=y_0-h(y)+\frac{1}{\Gamma(\alpha)}\int_0^t(t-s)^{\alpha-1}f(s,y(s))\mathrm{d}s。$$

因此 $y=y(t),t\in[0,1]$是非局部问题(5.3.14) 在$[0,1]$上的唯一连续解。

5.4 不动点理论在 Banach 空间中的微分方程的应用

5.4.1 波动方程的时间周期解

本节将考虑如下波动方程

$$\begin{cases}\dfrac{\partial^2}{\partial t^2}u(t,x)+\delta\dfrac{\partial}{\partial t}u(t,x)=\dfrac{\partial^2}{\partial x^2}u(t,x)+\lambda C(t,u), & 0<x<1\\ u(t,0)=u(t,1)=0, & t>0\end{cases}\tag{5.4.1}$$

的时间周期解的存在性问题，其中 $C(t+T,u)=C(t,u)(T>0),\lambda\in(0,1)$。令 $v(t,x)=\dfrac{\partial}{\partial t}u(t,x)$，且定义一个线性无界算子 A：

$$A\begin{pmatrix}u\\v\end{pmatrix}=\begin{pmatrix}v\\ \dfrac{\partial^2 u}{\partial x^2}-\delta v\end{pmatrix},\quad \begin{pmatrix}u\\v\end{pmatrix}\in D(A)=(H^2\cap H_0^1)\times H_0^1,$$

其中 $H_0^1=W_0^{1,2}(0,1),H^2=W^{2,2}(0,1)$。记

$$\widetilde{\boldsymbol{C}}(T,\boldsymbol{w})=\begin{pmatrix}0\\C(t,u)\end{pmatrix},\quad \boldsymbol{w}=\begin{pmatrix}u\\v\end{pmatrix}\in L^2(0,1;\mathbb{R})\times L^2(0,1;\mathbb{R}),$$

则方程(5.4.1)可写作 $L^2(0,1;\mathbb{R})\times L^2(0,1;\mathbb{R})$上的抽象方程

$$\boldsymbol{w}'(t)=A\boldsymbol{w}(t)+\lambda\widetilde{\boldsymbol{C}}(t,\boldsymbol{w})。\tag{5.4.2}$$

令 $X=\{\boldsymbol{w}\in C(\mathbb{R},H_0^1\times H^0)\mid \boldsymbol{w}(t+T)=\boldsymbol{w}(t)\}$，

$$\|\boldsymbol{w}\|_X=\sup\left\{\left(\int_0^1(u_x^2+v^2)\mathrm{d}x\right)^{\frac{1}{2}}\middle| 0\leqslant t\leqslant T\right\}\tag{5.4.3}$$

那么$(X,\|\cdot\|_X)$是一个 Banach 空间。

引理 5.4.1 设$(X,\|\cdot\|)$为赋范线性空间，映射 L：$X\to X$ 将有界集映射为紧集，则要么方程 $\boldsymbol{x}=\lambda L\boldsymbol{x}$ 在 X 中当$\lambda=1$ 时有解，要么解集$\{\boldsymbol{x}\in X\mid \boldsymbol{x}=\lambda L\boldsymbol{x},\lambda\in(0,1)\}$无界。

定理 5.4.1 假设下列条件成立：

(1) 存在常数 $D>0$ 使得，若 $\boldsymbol{w}(t)$是方程(5.4.2)对应于某个 $\lambda\in(0,1)$的周期解，那么$\|\boldsymbol{w}\|_X<D$；

(2) C：$[0,T]\times X\to H^0$ 连续且将有界集映到有界集，

那么当 $\lambda=1$ 时(5.4.1)有一个周期解。

【证】 由算子 A 的定义，A 能生成一个强连续半群 $T(t)$且存在 $c>0,\alpha>0$ 使得 $\alpha\in\rho(A)$且$\|T(t)\|\leqslant c\mathrm{e}^{\alpha t}(t\geqslant0)$。令 $S(t)=T(t)\mathrm{e}^{-\alpha t}(t\geqslant0)$，那么$\|S(t)\|\leqslant c$。因此$\{S(t)\}_{t\geqslant0}$ 是算子 $A-\alpha I$ 生成的有界强连续半群。对于常数 $T>0$，由等式 $\sigma(S(T))=$

$e^{T\sigma(A-\alpha I)}$[17]，可得 $1\notin\sigma(S(T))$。从而存在一个正数 N 使得 $\|(I-S(T))^{-1}\|\leqslant N$。接下来用如下两个引理完成本定理的证明。

引理 5.4.2 如果 $L: X\to X$ 定义为

$$Lw(t)=\int_{t-T}^{t}S(t-s)[I-S(T)]^{-1}[\lambda\widetilde{C}(s,w(s))+\alpha w(s)]ds,$$

且 w 是 L 的不动点，那么 $w(t)$ 满足(5.4.2)。

【证】 对于任意的 $w\in X$，由于

$$\begin{aligned}Lw(t+T)&=\int_{t}^{t+T}S(t+T-s)[I-S(T)]^{-1}[\lambda\widetilde{C}(s,w(s))+\alpha w(s)]ds\\&=\int_{t-T}^{t}S(t-r)[I-S(T)]^{-1}[\lambda\widetilde{C}(r+T,w(r+T))+\alpha w(r+T)]dr\\&=\int_{t-T}^{t}S(t-s)[I-S(T)]^{-1}[\lambda\widetilde{C}(s,w(s))+\alpha w(s)]ds\\&=Lw(t),\end{aligned}$$

因此 $L: X\to X$ 是确有定义的。另一方面，如果 $w(t)$ 是 L 的不动点，由等式

$$\frac{d}{dt}S(t)w=(A-I\alpha)S(t)w,$$

可得

$$\begin{aligned}\frac{d}{dt}w(t)=\frac{d}{dt}Lw(t)=&[I-S(T)]^{-1}(\lambda\widetilde{C}(t,w(t))+\alpha w(t))-\\&S(T)[I-S(T)]^{-1}[\lambda\widetilde{C}(t-T,w(t-T))+\alpha w(t-T)]+\\&(A-I\alpha)\int_{t-T}^{t}S(t-s)[I-S(T)]^{-1}[\lambda\widetilde{C}(s,w(s))+\alpha w(s)]ds\\=&Aw(t)+\lambda\widetilde{C}(t,w(t))。\end{aligned}$$

因此，$w(t)$ 满足式(5.4.2)。

引理 5.4.3 算子 L 是 X 上的紧算子。

【证】 令 $E(w(s))=\lambda\widetilde{C}(s,w(s))+\alpha w(s)$，由定理 5.4.1 的假设(2)，$E(\cdot)$ 连续。那么，对任意 $w_1,w_2\in X$，有

$$Lw_1(t)-Lw_2(t)=\int_{t-T}^{t}S(t-s)[I-S(T)]^{-1}[E(w_1(s))-E(w_2(s))]ds,$$

于是有

$$\|Lw_1(t)-Lw_2(t)\|_{H_0^1\times H^0}\leqslant cTN\sup_{s\in[0,T]}\|E(w_1(s))-E(w_2(s))\|_{H_0^1\times H^0}。$$

由 $E(\cdot)$ 的连续性，可知 L 是连续的。

接下来证明算子 L 将有界集映成紧集。假设 B 是 X 中有界集，且

$$M=\sup_{(t,w)\in[0,T]\times B}|C(t,u(t))|_{H^0}。$$

由于 C 将 $[0,T]\times B$ 映成有界集，故

$$\|Lw\|_X\leqslant cTN[\sup_{(t,w)\in[0,T]\times B}|C(t,u(t))|_{H^0}+\alpha K],$$

其中 K 是 B 的界。这意味着 $L(B)$ 是一致有界的。

另一方面，对于任意的 $w\in B$，以及 $0\leqslant t_1<t_2\leqslant T$，有

$$Lw(t_2)-Lw(t_1)=\int_{t_2-T}^{t_2}S(t_2-s)[I-S(T)]^{-1}[\lambda\widetilde{C}(s,w(s))+\alpha w(s)]\mathrm{d}s-$$
$$\int_{t_1-T}^{t_1}S(t_1-s)[I-S(T)]^{-1}[\lambda\widetilde{C}(s,w(s))+\alpha w(s)]\mathrm{d}s$$
$$=\int_{t_1}^{t_2}S(t_2-s)[I-S(T)]^{-1}[\lambda\widetilde{C}(s,w(s))+\alpha w(s)]\mathrm{d}s-$$
$$\int_{t_1-T}^{t_2-T}S(t_1-s)[I-S(T)]^{-1}[\lambda\widetilde{C}(s,w(s))+\alpha w(s)]\mathrm{d}s+$$
$$[S(t_2-t_1)-I]\int_{t_2-T}^{t_1}S(t_1-s)[I-S(T)]^{-1}[\lambda\widetilde{C}(s,w(s))+\alpha w(s)]\mathrm{d}s。$$

由于 $\lim\limits_{t_2\to t_1}S(t_2-t_1)w=w$，可以推出当 $t_2\to t_1$ 时，上式右端趋于零。这意味着 $L(B)$ 是等度连续的。由 Ascoli 引理，$L(B)$ 是紧集。所以算子 L 是 X 上的紧算子。

由定理 5.4.1 的假设(1)可知，集合 $\{x\in X: x=\lambda Lx, \lambda\in(0,1)\}$ 有界。由引理 5.4.1、引理 5.4.2 以及引理 5.4.3，可得当 $\lambda=1$ 时，方程(5.4.2)有一个 T 周期解，也就是说，当 $\lambda=1$ 时，方程(5.4.1)有一个 T 周期解 $u(t,x)$。定理 5.4.1 证毕。

5.4.2 时滞反应扩散方程的时间周期解

$$\begin{cases}\dfrac{\partial}{\partial t}u(t,x)=\dfrac{\partial^2}{\partial x^2}u(t,x)+au(t,x)+f(u(t-\tau_1,x),\cdots,u(t-\tau_n,x))+g(t,x), & x\in(0,1),\\ u(t,0)=u(t,1)=0。\end{cases}\tag{5.4.4}$$

这种类型的方程通常用来描述一些生物进化过程，例如，当 $n=1$ 以及 $f(r)=\mathrm{e}^{-kr}(k>0)$ 时，方程代表 Hematopoiesis 模型；当 $n=1$ 以及 $f(r)=\dfrac{\alpha r}{1+r^{\beta}}(\alpha,\beta>0)$ 时，代表红细胞造血模型；当 $n=1$ 以及 $f(r)=r\mathrm{e}^{-kr}(k>0)$ 时，代表 Nicholson 绿蝇模型。

令 $H=L^2(0,1)$，$A=-\Delta$ 的定义域为 $D(A)=H_0^1\times H^2$。考虑 Banach 空间中的微分方程

$$u'(t)+Au(t)=\lambda G(t,u_t),\quad \lambda\in(0,1),$$

其中 $u_t\in C\xlongequal{\text{def}}C([-\tau,0],H)$，$G:\mathbb{R}\times C\to H$，$\tau$ 为实数，$u_t(\theta)=u(t+\theta)$。

假设存在常数 β_i，K 和 T 满足如下条件：

(A_1) 整数 $n\leqslant 3$；

(A_2) $g\neq 0$，$g(t+T,x)=g(t,x)$，$f(0,0,\cdots,0)=0$ 以及

$$|f(r_1,r_2,\cdots,r_n)+g(t,x)|\leqslant\sum_{i=1}^{n}\beta_i|r_i|+K;$$

(A_3) $(|a|+2)^2+\sum\limits_{i=1}^{n}\beta_i^2<\pi^2+1$；

(A_4) $|f(x_1,x_2,\cdots,x_n)-f(y_1,y_2,\cdots,y_n)|\leqslant\sum\limits_{i=1}^{n}\beta_i|x_i-y_i|$。

引理 5.4.4 假设(A_1)，(A_2)和(A_3)成立，$u(t)$为方程的 T 周期解，则存在正常数 C_1 使得

$$\sup_{t\in[0,T]}\int_0^1[u_t^2(t,x)+u^2(t,x)]\mathrm{d}x\leqslant C_1。$$

【证】 由于$(|a|+2)^2+\sum_{i=1}^{n}\beta_i^2<\pi^2+1$，可选取充分小的常数 ε_1 满足

$$|a|+a^2+3|a|+3+\varepsilon_1+\sum_{i=1}^{n}\beta_i^2<\pi^2。$$

令 $\eta=a^2+3|a|+3+\frac{\varepsilon_1}{2}$，由$(A_1)$知，$\eta-\frac{a^2}{4}-\frac{n}{4}(|a|+1+\eta)>0$。因此

$$\begin{vmatrix} \eta & -\frac{|a|}{2} & -\frac{\beta_1}{2} & -\frac{\beta_2}{2} & \cdots & -\frac{\beta_i}{2} \\ -\frac{|a|}{2} & 1 & -\frac{\beta_1}{2} & -\frac{\beta_2}{2} & \cdots & -\frac{\beta_i}{2} \\ -\frac{\beta_1}{2} & -\frac{\beta_1}{2} & \beta_1^2 & 0 & \cdots & 0 \\ -\frac{\beta_2}{2} & -\frac{\beta_2}{2} & 0 & \beta_2^2 & \cdots & 0 \\ \vdots & \vdots & \vdots & \vdots & & \vdots \\ -\frac{\beta_i}{2} & -\frac{\beta_i}{2} & 0 & 0 & \cdots & \beta_i^2 \end{vmatrix}=\prod_{j=1}^{i}\beta_j^2\left(\eta-\frac{a^2}{4}-\frac{i}{4}(|a|+1+\eta)\right)>0,$$

其中 $i=1,2,\cdots,n$ 以及 $\eta>\frac{a^2}{4}$。从而矩阵

$$\boldsymbol{B}=\begin{pmatrix} \eta & -\frac{|a|}{2} & -\frac{\beta_1}{2} & -\frac{\beta_2}{2} & \cdots & -\frac{\beta_n}{2} \\ -\frac{|a|}{2} & 1 & -\frac{\beta_1}{2} & -\frac{\beta_2}{2} & \cdots & -\frac{\beta_n}{2} \\ -\frac{\beta_1}{2} & -\frac{\beta_1}{2} & \beta_1^2 & 0 & \cdots & 0 \\ -\frac{\beta_2}{2} & -\frac{\beta_2}{2} & 0 & \beta_2^2 & \cdots & 0 \\ \vdots & \vdots & \vdots & \vdots & & \vdots \\ -\frac{\beta_n}{2} & -\frac{\beta_n}{2} & 0 & 0 & \cdots & \beta_n^2 \end{pmatrix}$$

为正定矩阵。故可选取正数 ε_2，使得矩阵

$$\widetilde{\boldsymbol{B}}=\begin{pmatrix} \eta & -\frac{|a|}{2} & -\frac{\beta_1}{2} & -\frac{\beta_2}{2} & \cdots & -\frac{\beta_n}{2} \\ -\frac{|a|}{2} & 1-\frac{\varepsilon_2}{2} & -\frac{\beta_1}{2} & -\frac{\beta_2}{2} & \cdots & -\frac{\beta_n}{2} \\ -\frac{\beta_1}{2} & -\frac{\beta_1}{2} & \beta_1^2 & 0 & \cdots & 0 \\ -\frac{\beta_2}{2} & -\frac{\beta_2}{2} & 0 & \beta_2^2 & \cdots & 0 \\ \vdots & \vdots & \vdots & \vdots & & \vdots \\ -\frac{\beta_n}{2} & -\frac{\beta_n}{2} & 0 & 0 & \cdots & \beta_n^2 \end{pmatrix}$$

也是正定矩阵。因此对应的二次型非负，即对任意 x,y,z_i，有

$$\eta x^2+\left(1-\frac{\varepsilon_2}{2}\right)y^2+\sum_{i=1}^n\beta_i xz_i-|a|xy-\sum_{i=1}^n\beta_i xz_i-\sum_{i=1}^n\beta_i yz_i\geqslant 0。$$

定义 Liapunov 函数

$$V(t)=\frac{1}{2}\int_0^1[u_x^2(t,x)+u^2(t,x)]\mathrm{d}x+\sum_{i=1}^n\beta_i^2\int_{-\tau_i}^0\int_0^1 u^2(t+\theta,x)\mathrm{d}x\mathrm{d}\theta,$$

因此

$$\begin{aligned}
V'(t)&=\int_0^1(uu'_t+u_xu'_{xt})\mathrm{d}x+\sum_{i=1}^n\beta_i^2\int_0^1[u^2-u^2(t-\tau_i)]\mathrm{d}x\\
&\left(\text{由}\int_0^1 u_xu'_{xt}\mathrm{d}x=-\int_0^1 u_{xx}u'_t\mathrm{d}x\right)\\
&=\int_0^1 uu'_t-u_{xx}u'_t\mathrm{d}x+\sum_{i=1}^n\beta_i^2\int_0^1[u^2-u^2(t-\tau_i)]\mathrm{d}x\\
&=\int_0^1 u(u_{xx}+\lambda au+\lambda f(u(t-\tau_1),\cdots,u(t-\tau_n))+\lambda g(t,x))\mathrm{d}x+\\
&\quad\int_0^1 u'_t(-u'_t+\lambda au+\lambda f(u(t-\tau_1),\cdots,u(t-\tau_n))+\lambda g(t,x))\mathrm{d}x+\\
&\quad\sum_{i=1}^n\beta_i^2\int_0^1[u^2-u^2(t-\tau_i)]\mathrm{d}x\\
&\leqslant\int_0^1\left(-u_x^2+|a|u^2+\sum_{i=1}^n\beta_i|u||u(t-\tau_i)|+K|u|\right)\mathrm{d}x+\\
&\quad\int_0^1(-u_t'^2+|a||u||u'_t|+\sum_{i=1}^n\beta_i|u'_t||u(t-\tau_i)|+K|u'_t|)\mathrm{d}x+\\
&\quad\sum_{i=1}^n\beta_i^2\int_0^1[u^2-u^2(t-\tau_i)]\mathrm{d}x\\
&\leqslant\int_0^1\left(-u_x^2+\left(|a|+\sum_{i=1}^n\beta_i+\eta+\frac{\varepsilon_1}{2}\right)u^2\right)\mathrm{d}x+\frac{K^2}{2\varepsilon_1}+\frac{K^2}{2\varepsilon_2}+\\
&\quad\int_0^1\left(-\eta u^2-\left(1-\frac{\varepsilon_2}{2}\right)u_t'^2-\sum_{i=1}^n\beta_iu^2(t-\tau_i)+\sum_{i=1}^n\beta_i|u||u(t-\tau_i)|\right)\mathrm{d}x+\\
&\quad\int_0^1\left(|a||u||u'_t|+\sum_{i=1}^n\beta_i|u'_t||u(t-\tau_i)|\right)\mathrm{d}x\left(\text{利用}\int_0^1\pi u^2\mathrm{d}x\leqslant\int_0^1 u_x^2\mathrm{d}x\right)\\
&\leqslant-c_1\int_0^1(u^2+u_x^2)\mathrm{d}x+\frac{K^2}{2\varepsilon_1}+\frac{K^2}{2\varepsilon_2},
\end{aligned}$$

其中 $c_1=\frac{1}{2}\left(1-\frac{1}{\pi^2}\left(|a|+\sum_{i=1}^n\beta_i^2+\eta+\frac{\varepsilon_1}{2}\right)\right)>0$。因此

$$\int_0^T\int_0^1(u^2+u_x^2)\mathrm{d}x\mathrm{d}t\leqslant\frac{K^2T}{2\varepsilon_1}+\frac{K^2T}{2\varepsilon_2}\overset{\text{def}}{=\!=}K_1,$$

从而

$$\int_0^T V(t)\mathrm{d}t \leqslant \left(\frac{1}{2}+\sum_{i=1}^n \beta_i \tau_i\right) K_1。$$

由于 $V(t)$ 连续，从而存在 t_0 满足

$$V(t_0) \leqslant \frac{\left(\frac{1}{2}+\sum_{i=1}^n \beta_i \tau_i\right) K_1}{T} \xlongequal{\text{def}} K_2。$$

当 $t\in[t_0, t_0+T]$ 时，

$$V(t)=V(t_0)+\int_0^t V'(s)\mathrm{d}s \leqslant 2K_2+\frac{K^2 T}{\varepsilon_1}+\frac{K^2 T}{\varepsilon_2} \xlongequal{\text{def}} C_1,$$

因此 $\sup\limits_{t\in[0,T]}\int_0^1 [u_t^2(t,x)+u^2(t,x)]\mathrm{d}x \leqslant C_1$。引理 5.4.4 证毕。

定理 5.4.2 假设 (A_1)，(A_2) 和 (A_3) 成立，则方程(5.4.4)存在非平凡 T 周期解。

【证】 令 $G(t,\varphi)=a\varphi(0)+f(\varphi(-\tau_1),\cdots,\varphi(-\tau_n))+g(t)$，当条件 (A_1)，(A_2) 和 (A_3) 成立时，引理 5.4.1 的条件满足，因此方程(5.4.4)存在非平凡 T 周期解。

定理 5.4.3 假设 $(A_1)\sim(A_4)$ 成立，则方程(5.4.4)存在非平凡的渐近稳定 T 周期解。

【证】 由定理 5.4.2 知，方程(5.4.4)存在非平凡 T 周期解，记为 $\bar{u}(t)$。设 $u(t)$ 为方程(5.4.4)的任意一个解，定义

$$V_1(t)=\frac{1}{2}\int_0^1 [(u-\bar{u})_x^2+(u-\bar{u})^2]\mathrm{d}x+\sum_{i=1}^n \beta_i^2 \int_{-\tau_i}^0 \int_0^1 (u(t+\theta)-\bar{u}(t+\theta))^2 \mathrm{d}x\mathrm{d}\theta,$$

类似引理 5.4.4 的推导，可以得到

$$V_1'(t) \leqslant -c_1 \int_0^1 ((u-\bar{u})^2+(u-\bar{u})_x^2)\mathrm{d}x,$$

因此

$$\lim_{t\to+\infty} \| u(t)-\bar{u}(t) \|_{H^1}=0。$$

从而非平凡 T 周期解 $\bar{u}(t)$ 渐近稳定的。

由定理 5.4.3 可知，在定理的条件下，方程有唯一的渐近稳定周期解. 接下来，考虑带分布时滞的中立型发展方程：

$$\begin{cases}\dfrac{\partial}{\partial t}\left(u(t,x)-\displaystyle\int_{t-\tau_0}^t \mathrm{e}^{-\alpha(t-s)} u(s,x)\mathrm{d}s\right)=\dfrac{\partial^2}{\partial x^2}u(t,x)+au(t,x)+f(u(t-\tau_1,x),\cdots,\\ u(t-\tau_n,x))+g(t,x), x\in(0,1),\\ u(t,0)=u(t,1)=0。\end{cases} \tag{5.4.5}$$

假设

(H_1) $k=\int_{-\tau_0}^0 \mathrm{e}^{\alpha s}\mathrm{d}s<\frac{1}{6}$ 且 $\eta_1=\dfrac{a^2+3|a|+3-\frac{9k}{2}}{1-6k}$；

(H_2) $|a|+\eta_1+\sum_{i=1}^n \beta_i^2+\frac{k}{2}<\pi^2$。

定理 5.4.4 假设(H_1),(H_2),(A_1)以及(A_2)成立,则方程(5.4.5)至少存在一个非平凡的T周期解。

【证】 首先,改写方程(5.4.5)为

$$u'_t=u_{xx}+au+f(u(t-\tau_1),\cdots,u(t-\tau_n))+g(t,x)+\int_{t-\tau_0}^{t}\mathrm{e}^{-\alpha(t-s)}u'_t(s,x)\mathrm{d}s。$$

考虑上式的同伦方程

$$u'_t=u_{xx}+\lambda(au+f(u(t-\tau_1),\cdots,u(t-\tau_n))+g(t,x)+\int_{t-\tau_0}^{t}\mathrm{e}^{-\alpha(t-s)}u'_t(s,x)\mathrm{d}s),$$

$\lambda\in(0,1)$。

类似引理5.4.4,有如下结论:若(H_1),(H_2),(A_1)以及(A_2)成立,$u(t)$为同伦方程的T周期解,则存在正常数C_2使得

$$\sup_{t\in[0,T]}\int_0^1[u_t^2(t,x)+u^2(t,x)]\mathrm{d}x\leqslant C_2。$$

事实上,由$|a|+\eta_1+\sum_{i=1}^{n}\beta_i^2+\frac{k}{2}<\pi^2$可知,存在充分小正数$\varepsilon_3$使得

$$|a|+\eta_1+\sum_{i=1}^{n}\beta_i^2+\frac{k}{2}+\varepsilon_3<\pi^2。$$

令$\tilde{\eta}=\eta_1+\frac{\varepsilon_3}{2}$,由$(H_1)$以及$(A_1)$可知

$$\left(\frac{1}{4}-\frac{3k}{2}\right)\tilde{\eta}-\frac{a^2}{4}-\frac{i}{4}\left(|a|+\tilde{\eta}-\frac{3k}{2}\right)>0。$$

因此

$$\begin{vmatrix}
\tilde{\eta} & -\frac{|a|}{2} & -\frac{\beta_1}{2} & -\frac{\beta_2}{2} & \cdots & -\frac{\beta_i}{2}\\
-\frac{|a|}{2} & 1-\frac{3k}{2} & -\frac{\beta_1}{2} & -\frac{\beta_2}{2} & \cdots & -\frac{\beta_i}{2}\\
-\frac{\beta_1}{2} & -\frac{\beta_1}{2} & \beta_1^2 & 0 & \cdots & 0\\
-\frac{\beta_2}{2} & -\frac{\beta_2}{2} & 0 & \beta_2^2 & \cdots & 0\\
\vdots & \vdots & \vdots & \vdots & & \vdots\\
-\frac{\beta_i}{2} & -\frac{\beta_i}{2} & 0 & 0 & \cdots & \beta_i^2
\end{vmatrix}$$

$$=\prod_{j=1}^{i}\beta_j^2\left(\left(\frac{4-i}{4}-\frac{3k}{2}\right)\tilde{\eta}-\frac{a^2}{4}-\frac{i}{4}\left(|a|+\tilde{\eta}-\frac{3k}{2}\right)\right)>0,$$

其中$i=1,2,\cdots,n$以及$\tilde{\eta}>\frac{a^2}{4}\left(1-\frac{3k}{2}\right)$。从而矩阵

$$\boldsymbol{B}_1=\begin{pmatrix} \widetilde{\eta} & -\frac{|a|}{2} & -\frac{\beta_1}{2} & -\frac{\beta_2}{2} & \cdots & -\frac{\beta_n}{2} \\ -\frac{|a|}{2} & 1-\frac{3k}{2} & -\frac{\beta_1}{2} & -\frac{\beta_2}{2} & \cdots & -\frac{\beta_n}{2} \\ -\frac{\beta_1}{2} & -\frac{\beta_1}{2} & \beta_1^2 & 0 & \cdots & 0 \\ -\frac{\beta_2}{2} & -\frac{\beta_2}{2} & 0 & \beta_2^2 & \cdots & 0 \\ \vdots & \vdots & \vdots & \vdots & & \vdots \\ -\frac{\beta_n}{2} & -\frac{\beta_n}{2} & 0 & 0 & \cdots & \beta_n^2 \end{pmatrix}$$

为正定矩阵。因而存在充分小的正数 ε_4 使得

$$\widetilde{\boldsymbol{B}}_1=\begin{pmatrix} \widetilde{\eta} & -\frac{|a|}{2} & -\frac{\beta_1}{2} & -\frac{\beta_2}{2} & \cdots & -\frac{\beta_n}{2} \\ -\frac{|a|}{2} & 1-\frac{3k}{2}-\frac{\varepsilon_4}{4} & -\frac{\beta_1}{2} & -\frac{\beta_2}{2} & \cdots & -\frac{\beta_n}{2} \\ -\frac{\beta_1}{2} & -\frac{\beta_1}{2} & \beta_1^2 & 0 & \cdots & 0 \\ -\frac{\beta_2}{2} & -\frac{\beta_2}{2} & 0 & \beta_2^2 & \cdots & 0 \\ \vdots & \vdots & \vdots & \vdots & & \vdots \\ -\frac{\beta_n}{2} & -\frac{\beta_n}{2} & 0 & 0 & \cdots & \beta_n^2 \end{pmatrix}$$

也是正定矩阵。因此关于 x, y, z_i 的二次型为正定二次型,即

$$\widetilde{\eta}x^2+\left(1-\frac{3k}{2}-\frac{\varepsilon_4}{2}\right)y^2+\sum_{i=1}^n\beta_i^2xz_i-|a|xy-\sum_{i=1}^n\beta_ixz_i-\sum_{i=1}^n\beta_iyz_i\geqslant 0。$$

定义 Liapunov 函数

$$V(t)=\frac{1}{2}\int_0^1[u_x^2(t,x)+u^2(t,x)]\mathrm{d}x+\sum_{i=1}^n\beta_i^2\int_{-\tau_i}^0\int_0^1u^2(t+\theta,x)\mathrm{d}x\,\mathrm{d}\theta,$$

类似引理 5.4.1 的证明,可得

$$\begin{aligned}V'(t)\leqslant&\int_0^1\left(-u_x^2+\left(|a|+\sum_{i=1}^n\beta_i^2+\widetilde{\eta}+\frac{\varepsilon_3+k}{2}\right)u^2\right)\mathrm{d}x+\frac{K^2}{2\varepsilon_3}+\frac{K^2}{2\varepsilon_4}+\\&\int_0^1\left(-\widetilde{\eta}u^2-\left(1-\frac{k+\varepsilon_4}{2}\right)u_t'^2-\sum_{i=1}^n\beta_i^2u^2(t-\tau_i)+\sum_{i=1}^n\beta_i|u||u(t-\tau_i)|\right)\mathrm{d}x+\\&\int_0^1\left(|a||u||u_t'|+\sum_{i=1}^n\beta_i|u_t'||u(t-\tau_i)|\right)\mathrm{d}x+\\&\int_0^1\int_{t-\tau_0}^t\mathrm{e}^{-\alpha(t-s)}u_t'(t+s)\mathrm{d}s\,\mathrm{d}x\end{aligned}$$

$$\leqslant -\tilde{c}_1\int_0^1(u^2+u_x^2)\mathrm{d}x+\frac{K^2}{2\varepsilon_3}+\frac{K^2}{2\varepsilon_4},$$

其中

$$\tilde{c}_1=\frac{1}{2}\left(1-\frac{1}{\pi^2}\left(|a|+\sum_{i=1}^n\beta_i^2+\tilde{\eta}+\frac{k+\varepsilon_3}{2}\right)\right)>0。$$

对上式两边积分可得

$$\int_0^T\int_0^1(u^2+u_x^2)\mathrm{d}x\mathrm{d}t\leqslant\frac{K^2T}{2\tilde{c}_1\varepsilon_3}+\frac{K^2T}{2\tilde{c}_1\varepsilon_4}。$$

由此可知存在常数 C_2 使得 $\sup\limits_{t\in[0,T]}\int_0^1[u_t^2(t,x)+u^2(t,x)]\mathrm{d}x\leqslant C_2$。

另一方面,由于

$$\begin{aligned}\int_{t-\tau_0}^t \mathrm{e}^{-\alpha(t-s)}u_t'(s)\mathrm{d}s&=\int_{-\tau_0}^0\mathrm{e}^{\alpha s}u_t'(t+s)\mathrm{d}s\\&=u(t)-\mathrm{e}^{-\alpha\tau_0}u(t-\tau_0)-\alpha\int_{-\tau_0}^0\mathrm{e}^{\alpha s}u(t+s)\mathrm{d}s,\end{aligned}$$

令 $G(t,\varphi)=(a+1)\varphi(0)+f(\varphi(-\tau_1),\cdots,\varphi(-\tau_n))-\mathrm{e}^{-\alpha\tau_0}\varphi(-\tau_0)-\alpha\int_{-\tau_0}^0\mathrm{e}^{\alpha s}\varphi(s)\mathrm{d}s+g(t)$,当条件$(H_1)$,$(H_2)$,$(A_1)$和$(A_2)$成立时,引理 5.4.1 的条件满足,因此方程(5.4.5)存在非平凡的 T 周期解。

第 5 章练习题

1. 对于 $L>0$,记 $I=[0,L]$,$T:C(I,\mathbb{R})\times I\to\mathbb{R}$ 定义为

$$T(u(\cdot),t)=\frac{K}{t^\eta}\int_0^t u(s)\mathrm{d}s,\quad t\in I,$$

其中 $\eta\in(0,1)$,$K>0$ 为常数. 验证线性算子 T 满足假设条件 (H_2)。

2. 设 $L>0$ 为常数,$I=[0,L]$为给定区间,算子 $T:C(I,\mathbb{R})\times I\to\mathbb{R}$ 定义为

$$T(u(\cdot),t)=K\int_0^t\mathrm{e}^{-\gamma(t-s)}u(s)\mathrm{d}s,\quad t\in I,$$

其中 $\gamma\in\mathbb{R}$ 和 $K>0$ 是两个常数. 验证线性算子 T 满足假设条件 (H_2)。

3. 设 $\eta>0$ 为常数,$I=[\eta,+\infty)$为给定区间,算子 $T:C(I,\mathbb{R})\times I\to\mathbb{R}$ 定义为

$$T(u(\cdot),t)=\frac{K}{t^\gamma}\int_\eta^t u(s)\mathrm{d}s,\quad t\in I,$$

其中 $\gamma\in(1,+\infty)$,$K>0$ 为常数。验证线性算子 T 满足假设条件 (H_2)。

4. 设 $L>0$ 为常数,$I=[0,L]$ 为给定区间,算子 $T:C(I,\mathbb{R})\times I\to\mathbb{R}$ 定义为

$$T(u(\cdot),t)=K\int_t^{t+L}\frac{\mathrm{e}^{-\gamma(t-s)}}{\mathrm{e}^{\gamma L}-1}u(s)\mathrm{d}s,\quad t\in I,$$

其中 $\gamma>0$ 以及 $K>0$ 为两个常数。则当 $\dfrac{K}{\gamma}<1-\beta$ 时,线性算子 T 满足假设条件(H_2)。

5. 如果条件(D_3)换成更一般的情形：

$$\|Au(t)-Av(t)\|_E \leqslant \sum_{k=1}^{p}\beta_k \|u(t_k)-v(t_k)\|_E + \int_{t-T}^{t} G(t,s)\sum_{i=1}^{m} k_i \|u(\eta_i(s))-v(\eta_i(s))\|_E \mathrm{d}s,$$

并且 $\sum_{k=1}^{p}\beta_k+\sum_{i=1}^{m}k_i<1$,其中 $\eta_i(t)\leqslant t, k_i\in[0,1)$。证明定理 5.2.2 仍然成立。

6. 设 $I=[0,T]$,G 定义为

$$G(t,s)=\begin{cases}\dfrac{K}{t^{\eta}}, & 0\leqslant s<t\leqslant T,\\ 0, & 0\leqslant t\leqslant s\leqslant T,\end{cases}$$

其中 $\eta\in[0,1)$,$K>0$ 为常数。则函数 G 满足假设(D_4)。

7. 设 $I=[0,T]$, G 定义为 $G(t,s)=K\mathrm{e}^{-\gamma(t-s)}$, $t,s\in I$,其中 γ 和 $K>0$ 为常数,则函数 G 满足假设 (D_4)。

8. 考虑的反周期边值问题(5.2.1),如果函数 f 以及 I_k 满足 Lipschitz 条件：存在 $M>0, N_1, N_2, N_3\geqslant 0, L_k\in[0,1)$使得

$$|f(t,x,y,z,q)-f(t,\bar{x},\bar{y},\bar{z},\bar{q})|\leqslant M|x-\bar{x}|+N_1|y-\bar{y}|+N_2|z-\bar{z}|+N_3|q-\bar{q}|,$$

$$|I_k(x)-I_k(\bar{x})|\leqslant L_k|x-\bar{x}|,\quad k=1,2,\cdots,p。$$

如果$\dfrac{\mathrm{e}^{MT}}{\mathrm{e}^{MT}+1}\sum_{i=1}^{p}L_i<1$,则反周期边值问题 (5.2.1) 在 Ω 中有唯一解。

9. 证明定理 5.2.4。

10. 证明定理 5.2.5。

11. 写出如下分数阶常微分方程的边值问题的解的表达式：

$$\begin{cases}D^{\alpha}y(t)=g(t), 1<\alpha\leqslant 2, t\in[0,1],\\ y(0)=y_0, y(1)=y_1。\end{cases}$$

12. 写出如下分数阶常微分方程的边值问题的解的表达式：

$$\begin{cases}D^{\alpha}y(t)=g(t), 2<\alpha\leqslant 3, t\in[0,1],\\ y'(0)=\gamma y(\eta), y(1)=y''(1)=0,\end{cases}$$

其中 $\gamma,\eta\in(0,1)$。

13. 写出与如下分数阶边值问题等价的分数阶积分方程的表达式：

(1) $\begin{cases}D^{\alpha}y(t)=f(t,y), 2<\alpha\leqslant 3, t\in[0,T],\\ y(0)=y_0, y'(0)=y_0^{*}, y''(T)=y_T。\end{cases}$

(2) $\begin{cases}D^{\alpha}y(t)=f(t,y), 0<\alpha<1, t\in[0,T],\\ ay(0)+by(T)=c, a+b\neq 0。\end{cases}$

14. 讨论如下分数阶边值问题存在唯一连续解的条件：

$$\begin{cases} {}_0D^{\alpha}y(t)=f(t,y),1<\alpha\leqslant 2,t\in(0,T), \\ y(0)=a,y'(T)=b。\end{cases}$$

15. 写出如下分数阶常微分方程的边值问题的解的表达式：

$$\begin{cases} {}_0D^{\alpha}y(t)=g(t),0<\alpha<1,t\in(0,T), \\ ay(0)+by(T)=c,a+b\neq 0。\end{cases}$$

16. 写出如下分数阶常微分方程的边值问题的解的表达式：

$$\begin{cases} {}_0D^{\alpha}y(t)=g(t),\quad 2<\alpha\leqslant 3,\quad t\in(0,1), \\ y(0)=y_0, \\ y'(0)=y_0^*, \\ y''(1)=y_1。\end{cases}$$

17. 针对线性时滞发展方程

$$\frac{\partial}{\partial t}u(t,x)=\frac{\partial^2}{\partial x^2}u(t,x)+au(t,x)+\sum_{i=1}^{n}b_iu(t-\tau_i,x)+g(t,x),x\in(0,1),$$

$$u(t,0)=u(t,1)=0,$$

其中 $\tau_i>0,g(t,x)=g(t+T,x)$。请给出存在唯一 T 周期解的条件。

18. 针对时滞发展方程

$$\frac{\partial}{\partial t}u(t,x)=\frac{\partial^2}{\partial x^2}u(t,x)+au(t,x)+\frac{\alpha u(t-\tau,x)}{1+u^m(t-\tau,x)}+g(t,x),x\in(0,1),$$

$$u(t,0)=u(t,1)=0,$$

其中 $\tau>0,g(t,x)=g(t+T,x)$。请给出存在唯一 T 周期解的条件。

第 6 章

算子半群理论在微分方程中的应用

在自然科学和技术领域，如物理学、生态学、经济学、控制理论和各种工程问题中，许多现象都可以用数学模型，尤其是微分方程来表述。为了解决这些方程问题，人们发展了不同的理论和方法，如 Fourier 变换法、Laplace 变换法等。在第 3 章中我们介绍了一些算子半群的概念和性质，这一章我们利用算子半群理论来研究泛函微分方程、半线性抛物方程、半线性波方程、时滞反应扩散方程。主要包括泛函微分方程解的存在性、唯一性、算子半群与无穷小生成元的性质等，半线性抛物方程古典解的存在唯一性、温和解的存在唯一性，半线性波方程算子半群的正则性、有界吸收集的存在性及其在 Sine-Gordon 方程中的应用，时滞反应扩散方程的适定性、算子半群与无穷小生成元的关系等。由于篇幅所限，有些讨论只是简要叙述，文末我们列出了一些参考文献，读者可以参阅。

6.1 算子半群理论在泛函微分方程中的应用

6.1.1 泛函微分方程的局部解

考虑线性自治泛函微分方程

$$\dot{\boldsymbol{x}}(t)=L(x_t),\tag{6.1.1}$$

其中 L 是从 $C([-r,0))\to\mathbb{R}^n$ 上的连续线性泛函，则存在一个有界变差函数构成的 $n\times n$ 矩阵$\boldsymbol{\eta}(\theta)$：$-r\leqslant\theta\leqslant 0$ 使得对任意的 $\varphi\in C([-r,0])$，都有

$$L(\varphi)=\int_{-r}^{0}[\mathrm{d}\boldsymbol{\eta}(\theta)]\varphi(\theta)。\tag{6.1.2}$$

例如一维泛函微分方程

$$\dot{x}(t)=-\frac{\pi}{2}x(t-1)\tag{6.1.3}$$

存在有界变差函数

$$\eta(\theta)=\begin{cases}0, & \theta=-1,\\ -\dfrac{\pi}{2}, & -1<\theta\leqslant 0,\end{cases}$$

使得泛函微分方程(6.1.3)可写成

$$\dot{x}(t)=L(x_t)=\int_{-1}^{0}[\mathrm{d}\eta(\theta)]x(t+\theta)。$$

定义 6.1.1　称函数 $x(\cdot)$ 是方程(6.1.1)在 $[-r,t_1)$ 上的一个解是指 $x(\cdot)\in C([-r,t_1);X)$，$x_0=\phi$，并且 $x(\cdot)$ 在 $[0,t_1)$ 上满足方程(6.1.1)，其中 $t_1>0$ 可以取值为 $+\infty$。

定理 6.1.1　对于任给的 $\varphi\in C([-r,0];X)$，$h\in L^2_{\mathrm{loc}}(0,+\infty;X)$，以上方程在 $[-r,+\infty)$ 上存在唯一的一个解 $x(\cdot)$，记为 $x(\varphi,h)(t)$。

【证】　参阅文献[15]中的证明。

定义 6.1.2　假设 Ω 是 $\mathbb{R}\times\mathbb{C}$ 中的开集，一个函数 $f:\Omega\to X$，如果对于固定的 ϕ，关于变量 t 可测；而对于固定的 t，其关于变量 ϕ 连续；并且对于任意固定的 $(t,\phi)\in\Omega$，存在一个邻域 $V(t,\phi)$ 和一个 Lebesgue 可测函数 m 满足

$$|f(s,\psi)|\leqslant m(s),\quad (s,\psi)\in V(t,\phi),$$

则称函数 f 满足 Caratheodory 条件。特别地，如果 $f:\Omega\to X$ 是连续的，则其必满足 Caratheodory 条件。

考虑积分方程

$$\begin{cases}x_0=\phi,\\ x(t)=\phi(0)+\int_0^t f(s,x_s)\mathrm{d}s,\quad t\geqslant 0。\end{cases}$$

对于以上积分方程，应用 Schauder 不动点定理及一系列引理，文献[15]中给出了解的局部存在性定理。

定理 6.1.2(局部解的存在性)　假设 Ω 是 $\mathbb{R}\times\mathbb{C}$ 中的一个开集，并且 f 满足 Caratheodory 条件。如果 $(0,\phi)\in\Omega$，那么存在一个解 $x(\phi,f)$ 满足以上积分方程。

6.1.2　泛函微分方程的整体解

如果对任意的初始函数 $\varphi\in C([-r,0])$，方程(6.1.1)当 $t=0$ 时初始函数为 φ 的唯一解为 $x(\varphi)$，则可以定义解算子 $T(t):C([-r,0])\to C$ 为

$$x_t(\varphi)=T(t)\varphi。\tag{6.1.4}$$

定理 6.1.3　由式(6.1.4)定义的算子簇 $T(t)$，$t\geqslant 0$ 满足下列性质：

(1) 对任意的 $t\geqslant 0$，$\tau\geqslant 0$，$T(t+\tau)=T(t)T(\tau)$；

(2) 对每个 $t\geqslant 0$，$T(t)$ 都是有界的，且 $T(0)=I$，并且 $T(t)$ 是 $[0,+\infty)$ 上的强连续算子，即对任意的 $t\geqslant 0$ 和任意的 $\varphi\in C([-r,0])$，都有

$$\lim_{\tau\to t}|T(t)\varphi-T(\tau)\varphi|=0。$$

(3) 对任意的 $t\geqslant r$，$T(t)$ 是全连续算子，即当 $t\geqslant r$ 时，$T(t)$ 是连续的，且将有界集映成列紧集。

【证】　结论(1)可由方程(6.1.1)满足初始条件 $x(0)=\varphi(\theta)$ 的解的唯一性即可得证。

(2) 由 $T(t)$ 的定义可知，$T(0)=I$。由于 $L(\varphi)$ 是连续并且是线性的，因此对任意的 $\varphi\in C([-r,0])$，都存在一个常数 l 使得 $|L(\varphi)|\leqslant l|\varphi|$。由 $T(t)$ 的定义可知，对任意固定的 $t\geqslant 0$ 及 $-r\leqslant\theta\leqslant 0$，都有

(i) 当 $t+\theta\leqslant 0$ 时，$T(t)\varphi(\theta)=\varphi(t+\theta)$；　(6.1.5)

(ii) 当 $t+\theta>0$ 时，$T(t)\varphi(\theta)=\varphi(0)+\int_\theta^{t+\theta}L(T(s)\varphi)\mathrm{d}s$。　(6.1.6)

因此，$|T(t)\varphi|\leqslant|\varphi|+\int_0^t l|T(s)\varphi|\mathrm{d}s$，因此由文献[15]可知，对任意的 $t\geqslant 0$ 和任意的 $\varphi\in C([-r,0])$，都有 $|T(t)\varphi|\leqslant \mathrm{e}^{lt}|\varphi|$，即算子 $T(t)$ 是有界的。由于$T(0)=I$，$T(t)$ 是有界算子，且对任意的 $t\geqslant 0,\tau\geqslant 0$，$T(t+\tau)=T(t)T(\tau)$，由等式(6.1.5)和等式(6.1.6)可知，$\lim\limits_{\tau\to t}|T(t)\varphi-T(\tau)\varphi|=0$，因此，$T(t)$ 在$[0,+\infty)$上是强连续算子。

(3) 定义空间 $C([-r,0])$ 中的球 $S=\{\varphi:\varphi\in C([-r,0]),|\varphi|\leqslant R\}$，则对于集合 $T(t)S$ 中的任意元素 ψ，方程(6.1.1)表明 $|\psi|\leqslant l\mathrm{e}^{lt}R$。由于这些泛函都是一致有界的，具有同一个 Lipschitz 常数，则当 $t\geqslant r$ 时，$T(t)S$ 属于 $C([-r,0])$ 中的某个紧集。

定理 6.1.4 算子半群 $T(t),t\geqslant 0$ 的无穷小生成元 A 定义为

$$A\varphi(\theta)=\begin{cases}\dfrac{\mathrm{d}\varphi(\theta)}{\mathrm{d}\theta}, & -r\leqslant\theta\leqslant 0\\ L(\varphi)=\displaystyle\int_{-r}^{0}[\mathrm{d}\eta(\theta)]\varphi(\theta), & \theta=0,\end{cases}\tag{6.1.7}$$

且 $D(A)$ 在 $C([-r,0])$ 中稠密，且对 $D(A)$ 中任意的 φ，都满足关系式

$$\frac{\mathrm{d}}{\mathrm{d}t}T(t)\varphi=T(t)A\varphi=AT(t)\varphi。$$

【证】 对任意的 $\theta\in[-r,0)$，由式(6.1.5)可知

$$\lim_{t\to 0^+}\frac{1}{t}[T(t)\varphi(\theta)-\varphi(\theta)]=\frac{\mathrm{d}\varphi(\theta^+)}{\mathrm{d}\theta},$$

其中$\dfrac{\mathrm{d}\varphi(\theta^+)}{\mathrm{d}\theta}$是在 θ 处的右导数。当 $\theta=0$ 时，由式(6.1.6)可知

$$\lim_{t\to 0^+}\frac{1}{t}[T(t)\varphi(0)-\varphi(0)]=\lim_{t\to 0^+}\frac{1}{t}\int_0^t L(T(s)\varphi)\mathrm{d}s=L(T(0)\varphi)=L(\varphi)=\int_{-r}^{0}[\mathrm{d}\eta(\theta)]\varphi(\theta)。$$

因为 $D(A)$ 在 $C([-r,0])$ 中稠密，则由$[-r,0]$上 $A\varphi$ 的定义可知，$\varphi\in D(A)$ 当且仅当 φ 是连续的，且在$[-r,0]$上有连续的右导数，这表明 φ 在$[-r,0]$上有连续导数。

由于 $A\varphi(0)=L(\varphi)$ 且 $A\varphi$ 是连续的，因此，$\varphi\in D(A)$ 当且仅当 φ 在$[-r,0]$上有连续的右导数，且 $\varphi(0)=L(\varphi)$。因此，算子半群 $T(t),t\geqslant 0$ 的无穷小生成元即为式(6.1.7)所定义的算子 A，且满足$\dfrac{\mathrm{d}}{\mathrm{d}t}T(t)\varphi=T(t)A\varphi=AT(t)\varphi$。

例 1 一维泛函微分方程

$$\dot{x}(t)=-\frac{\pi}{2}x(t-1)$$

解算子半群 $T(t)$ 的无穷小生成元 A 定义为

$$[A\varphi](\theta)=\begin{cases}\dot{\varphi}(\theta), & -1\leqslant\theta\leqslant 0,\\ -\dfrac{\pi}{2}\varphi(-1), & \theta=0。\end{cases}$$

例 2 考虑非齐次泛函微分方程

$$\begin{cases}\dfrac{\mathrm{d}x(t)}{\mathrm{d}t}=A_0x(t)+A_1x(t+\theta_1)+\displaystyle\int_{-r}^{0}A_2(\theta)x(t+\theta)\mathrm{d}\theta+h(t), & t\geqslant 0,\\ x(t)=\phi(t), & -r\leqslant t\leqslant 0,\end{cases}\tag{6.1.8}$$

其中$-r<\theta_1<0$，$A_0,A_1\in B[X]$，$A_2(\cdot)\in C([-r,0];B[X])$，$h\in L_{\mathrm{loc}}^2(0,+\infty;X)$。

如果定义$L(x_t)=A_0x_t(0)+A_1x_t(\theta_1)+\int_{-r}^0 A_2(\theta)x_t(\theta)\mathrm{d}\theta$，则方程(6.1.8)可写为下面抽象形式：

$$\begin{cases}\dot{x}(t)=L(x_t)+h(t), & t\geqslant 0\\ x_0=\phi\in C([-r,0];X),\end{cases}$$

由于$A_0,A_1\in B[X]$，$A_2(\cdot)\in C([-r,0];B[X])$，则对于所有的$t\in(-r,+\infty)$，$\phi\in C$，存在$m(t)\in L_{\mathrm{loc}}^2$，使得$L(\phi)\leqslant m(t)|\phi|$成立。

于是，有下面整体解的存在唯一性定理。

定理 6.1.5 对于任意给定的$\phi\in C([-r,0];X)$，$h\in L_{\mathrm{loc}}^2(0,+\infty;X)$，存在唯一的函数$x(\phi,h)$在$[-r,+\infty)$上连续，并且在$[0,+\infty)$上满足以上的时滞微分方程。

【证】 在以上局部存在性定理中令$f(t,\phi)=L(\phi)+h(t)$，则易知$f(t,\phi)$满足Caratheodory条件，则解的局部存在性可由以上定理保证。由于L满足Lipschitz条件，那么解具有局部唯一性。

接下来证明解的全局存在性。令x是区间$[-r,b)$上的解，那么对于所有的$t\in[0,b)$，有

$$|x(t)|\leqslant|\phi(0)|+\int_0^t m(s)|x_s|\mathrm{d}s+\int_0^t|h(s)|\mathrm{d}s,$$

$$|x_0|=|\phi|,$$

因此，对于所有的$t\in[0,b)$，有

$$|x_t|\leqslant|\phi|+\int_0^t m(s)|x_s|\mathrm{d}s+\int_0^t|h(s)|\mathrm{d}s,$$

由Gronwall不等式，有

$$|x_t|\leqslant(|\phi|+\int_0^t|h(s)|\mathrm{d}s)\mathrm{e}^{\int_0^t m(s)\mathrm{d}s},$$

这说明$|\dot{x}(t)|$被一个L_{loc}^2中的函数所控制，则可以得到$b=+\infty$。定理得证。

当$h(t)\equiv 0$时，以上方程变为齐次方程，由以上定理可知，对任意的$\phi\in C([-r,0];X)$，方程都存在唯一的解$x(\phi)(t)$。对每一个$t\geqslant 0$，$\phi\to x_t(\phi)(\cdot)$建立了一个由$C([-r,0];X)$到自身的映射，其中

$$x_t(\phi)(\theta)=x(\phi)(t+\theta)。$$

将该映射记为

$$T(t)\phi=x_t(\phi)。$$

此时，有如下定理：

定理 6.1.6 由上式所确定的算子族$T(t)(t\geqslant 0)$是$C([-r,0];X)$上的C_0半群，且其无穷小生成元为

$$D(A)=\{\phi\in C([-r,0];X):\phi'\in C([-r,0];X),\phi'(0)=L(\phi)\},$$

$$\begin{cases}(A\phi)(\theta)=A_0\phi(0)+A_1\phi(\theta_1)+\int_{-r}^0 A_2(\theta)\phi(\theta)\mathrm{d}\theta, & \theta=0,\\ A\phi(\theta)=\dfrac{\mathrm{d}\phi(\theta)}{\mathrm{d}\theta},\theta\neq 0。\end{cases}$$

【证】 对于任给的 $t\geqslant 0$，断言 $T(t)\in B[C([-r,0];X)]$。事实上，对于任意的 $\phi\in C([-r,0];X)$，由于方程当 $h(t)\equiv 0$ 时，其解满足以下积分方程：

$$\begin{cases} x_0=\phi, \\ x(t)=\phi(0)+\int_0^t L(x_s)\mathrm{d}s, \quad t\geqslant 0。\end{cases}$$

完全类似于以上全局存在性的证明，知存在常数 $k>0$（依赖于 t），使得

$$\| T(t)\phi \|_C=\| x_t(\phi) \|_C\leqslant \mathrm{e}^{kt}\| \phi \|_C。$$

上式中范数取 $C([-r,0];X)$ 中的上确界范数。这证明了 $T(t)(t\geqslant 0)$ 是 $C([-r,0];X)$ 上的有界线性算子簇。

下面证明 $T(t)(t\geqslant 0)$ 是 C_0 半群。由线性方程解的唯一性可知，$x_{t_2}(x_{t_1}(\phi))=x_{t_1+t_2}(\phi)$。因而 $T(t_1+t_2)\phi=T(t_1)T(t_2)\phi$，即 $T(t_1+t_2)=T(t_1)+T(t_2)$。从而 $T(t)$ 满足半群性质。又显然有 $(T(0)\phi)(\theta)=x_0(\phi)(\theta)=\phi(\theta)$，从而 $T(0)\phi=\phi$，即 $T(0)=I$。对任给的 $\phi\in C([-r,0];X)$，当 t 充分小时，有

$$\begin{aligned}\| T(t)\phi-\hat{\phi} \| &=\max_{-r\leqslant\theta\leqslant 0}\| x_t(\phi)(\theta)-\hat{\phi} \|=\max_{-r\leqslant\theta\leqslant 0}\| x(\phi)(\theta+t)-\hat{\phi} \| \\ &=\max_{-r\leqslant\theta\leqslant 0}\left\| \int_0^{t+\theta}L(x_s(\phi))\mathrm{d}s \right\|\leqslant\int_0^t\| L(x_s(\phi)) \|\mathrm{d}s\leqslant k\int_0^t\| x_s(\phi) \|\mathrm{d}s \\ &\leqslant k\int_0^t \mathrm{e}^{kt}\phi_C\mathrm{d}s,\end{aligned}$$

其中 $\hat{\phi}(\theta)=\phi(0)$，$-r\leqslant\theta\leqslant 0$。

由 ϕ 的连续性可知

$$\lim_{t\to 0^+}\| T(t)\phi-\phi \|=0,$$

从而 $T(t)(t\geqslant 0)$ 是 $C([-r,0];X)$ 上的 C_0 半群。

最后来说明 $T(t)$ 的无穷小生成元。

(i) 当 $-r\leqslant\theta<0$ 时，当 t 充分小时，$t+\theta<0$，从而当 $t\to 0^+$ 时，有

$$\frac{1}{t}[(T(t)\phi)(\theta)-\phi(\theta)]=\frac{1}{t}[x_t(\phi)(\theta)-\phi(\theta)]=\frac{1}{t}[\phi(t+\theta)-\phi(\theta)]\to\phi'(\theta)。$$

(ii) 当 $\theta=0$ 时，对 $t>0$ 有 $t+\theta>0$，从而

$$\begin{aligned}&\frac{1}{t}[(T(t)\phi)(0)-\phi(0)]=\frac{1}{t}[x_t(\phi)(0)-\phi(0)]=\frac{1}{t}[x(\phi)(t)-\phi(0)]=\frac{1}{t}\int_0^t L(x_s(\phi))\mathrm{d}s \\ &\to L(x_0(\phi))=L(\phi)(t\to 0^+)。\end{aligned}$$

下面的定理给出了当 $X=\mathbb{R}^n$ 时，所研究的半群的一个性质。

定理 6.1.7 设 $X=\mathbb{R}^n$，则半群 $T(t)$ 在 $t\geqslant r$ 时是紧半群。

【证】 只需证明对任给的 $d>0$，$t\geqslant r$，$T(t)B(0,d)$ 中可以找到收敛子列即可，其中 $B(0,d)=\{\boldsymbol{\phi}\in C([-r,0];\mathbb{R}^n):\|\boldsymbol{\phi}\|_C\leqslant d\}$。当 $\boldsymbol{\phi}\in B(0,d)$ 时，由上式可知

$$\| T(t)\boldsymbol{\phi} \|_C\leqslant \mathrm{e}^{kt}d。$$

当 $t\geqslant r$ 时，$t+\theta\geqslant 0$，从而 $(T(t)\boldsymbol{\phi})(\theta)=x(t+\theta)$ 关于 θ 可微，即

$$\begin{aligned}\left|\frac{\mathrm{d}}{\mathrm{d}\theta}(T(t)\boldsymbol{\phi})(\theta)\right| &= |x'(t+\theta)| = \|\boldsymbol{L}(x_{t+\theta})\|_C \\ &\leqslant k\|x_{t+\theta}\|_C \leqslant k\|T(t+\theta)\boldsymbol{\phi}\|_C \\ &\leqslant k\mathrm{e}^{kt}d。\end{aligned}$$

又对 $\boldsymbol{\phi}\in B(0,d)$，$\theta_1,\theta_2\in[-r,0]$，有

$$\begin{aligned}|(T(t)\boldsymbol{\phi})(\theta_1)-(T(t)\boldsymbol{\phi})(\theta_2)| &= \left|\frac{\mathrm{d}}{\mathrm{d}\theta}(T(t)\boldsymbol{\phi})(\theta^*)\right| |\theta_1-\theta_2| \quad (\theta^*\in[\theta_1,\theta_2]) \\ &\leqslant k\mathrm{e}^{kt}d\,|\theta_1-\theta_2|。\end{aligned}$$

因而 $T(t)B(0,d)$ 是 $C([-r,0];\mathbb{R}^n)$ 中等度连续且一致有界集合，由 Ascoli-Arzela 引理可知，$T(t)B(0,d)$ 中存在收敛子列，从而 $T(t)$ 当 $t\geqslant r$ 时是紧算子，即当 $t\geqslant r$ 时，$T(t)$ 是紧半群。

由上面的讨论可知，当 $h\equiv 0$ 时，我们所研究的泛函微分方程可以写成 $C([-r,0];X)$ 中的抽象 Cauchy 问题

$$\begin{cases}\dfrac{\mathrm{d}\boldsymbol{y}(t)}{\mathrm{d}t}=A\boldsymbol{y}(t), \\ \boldsymbol{y}(0)=\boldsymbol{\phi},\end{cases}$$

其中算子 A 由定理 6.1.6 给出。$\boldsymbol{y}(t)=\boldsymbol{x}_t(\boldsymbol{\phi})\in C([-r,0];X)$。由于算子 A 生成 $C([-r,0];X)$ 上的 C_0 半群，因而对任给的 $\boldsymbol{\phi}\in C([-r,0];X)$，以上方程有唯一的温和解 $\boldsymbol{y}(t)=T(t)\boldsymbol{\phi}$。原齐次时滞微分方程的解为 $\boldsymbol{x}(t)=(\boldsymbol{y}(t))(0)=(\boldsymbol{x}_t(\phi))(0)$。

当 $\boldsymbol{h}$ 不恒为 $\boldsymbol{0}$ 时，记 $\hat{\boldsymbol{h}}(t)\in C([-r,0];X)$ 为

$$\hat{\boldsymbol{h}}(t)(\theta)=\boldsymbol{h}(t), \quad -r\leqslant\theta\leqslant 0。$$

由此可知，原非齐次时滞微分方程可写成 $C([-r,0];X)$ 中的非齐次抽象 Cauchy 问题

$$\begin{cases}\dfrac{\mathrm{d}\boldsymbol{y}(t)}{\mathrm{d}t}=A\boldsymbol{y}(t)+\hat{\boldsymbol{h}}(t), \\ \boldsymbol{y}(0)=\boldsymbol{\phi},\end{cases}$$

它相应于 $\boldsymbol{\phi}\in C([-r,0];X)$ 的适度解为

$$\boldsymbol{y}(t)=T(t)\boldsymbol{\phi}+\int_0^t T(t-s)\hat{\boldsymbol{f}}(s)\mathrm{d}s。$$

相应的原问题的解为 $\boldsymbol{x}(t)=(\boldsymbol{y}(t))(0)$。

6.2 算子半群理论在半线性抛物方程中的应用

6.2.1 齐次线性方程初值问题

考虑齐次线性微分方程

$$\begin{cases}u'(t)+Au=0, \quad 0<t<T, \\ u(0)=x,\end{cases} \tag{6.2.1}$$

其中 A 是扇形算子。

定理 6.2.1 设 A 是扇形算子,则对任意 $x\in X$,方程(6.2.1)存在唯一古典解 $u(t,x)=\mathrm{e}^{-tA}x\in C([0,+\infty),X)\cap C^1((0,+\infty),X)\cap C((0,+\infty),D(A))$。

【证】 容易验证 $\mathrm{e}^{-tA}x$ 是方程(6.2.1)的解. 下证唯一性。记 $T(t)=\mathrm{e}^{-tA}$。如果方程(6.2.1)还存在另一个解 $v(t)$,令 $w(t)=T(t-s)v(s)$, $0<s<t$,则有

$$\begin{aligned}\frac{\partial w}{\partial s}&=-T'(t-s)v(s)+T(t-s)v'(s)\\&=AT(t-s)v(s)-T(t-s)Av(s)\\&=T(t-s)Av(s)-T(t-s)Av(s)\equiv 0。\end{aligned}$$

由于 $w(s)$ 在 $0\leqslant s\leqslant t$ 上连续,因此,$w(t,0)\equiv w(t,s)$,即 $T(t)x\equiv v(t)$。证毕。

6.2.2 非齐次线性方程初值问题

考虑非齐次线性微分方程

$$\begin{cases}u'(t)+Au=f(t), & 0<t<T,\\ u(0)=x\end{cases}\tag{6.2.2}$$

解的存在唯一性,其中 A 是扇形算子。

定义 6.2.1 如果 $u:[0,T)\to X$ 满足

(i) $u\in C^0([0,T),X)\cap C^1((0,T),X)$;

(ii) $u(t)\in D(A)$, $(0<t<T)$;

(iii) $u(t)$满足方程(6.2.2),

则称 $u(t)$是方程(6.2.2)的一个古典解。

记方程(6.2.2)的解为 $u(t,x)$,下面将证明方程(6.2.2)具有如下的常数变易公式:

$$u(t,x)=\mathrm{e}^{-tA}x+\int_0^t \mathrm{e}^{-(t-s)A}f(s)\mathrm{d}s。$$

为此,需要先证明下面的几个引理:

引理 6.2.1 设 A 是 X 中的扇形算子,$f:(0,T)\to X$ 是局部 Hölder 连续的,并且对某个 $\rho>0$, $\int_0^\rho\|f(t)\|\mathrm{d}t<+\infty$,定义 $U(t)=\int_0^t \mathrm{e}^{-(t-s)A}f(s)\mathrm{d}s$,则 $U(t)\in C([0,T),X)$。

【证】 对任意的 $t\in[0,T)$, $h>0$,令 $T(t)=\mathrm{e}^{-tA}$,则有

$$\begin{aligned}U(t+h)-U(t)&=\int_0^{t+h}T(t+h-s)f(s)\mathrm{d}s-\int_0^t T(t-s)f(s)\mathrm{d}s\\&=[T(h)-I]\int_0^t T(t-s)f(s)\mathrm{d}s+\int_t^{t+h}T(t+h-s)f(s)\mathrm{d}s。\end{aligned}$$

由于 $T(t)$ 为 C_0 半群,$\int_0^t \mathrm{e}^{-(t-s)A}f(s)\mathrm{d}s$ 是 X 中的点,因此

$$\lim_{h\to 0^+}[T(h)-I]\int_0^t T(t-s)f(s)\mathrm{d}s=0。$$

又由于

$$\begin{aligned}\left\|\int_t^{t+h}T(t+h-s)f(s)\mathrm{d}s\right\|&\leqslant\int_t^{t+h}\|T(t+h-s)\|\,\|f(s)\|\mathrm{d}s\leqslant\int_t^{t+h}M\mathrm{e}^{-a(t+h-s)}\|f(s)\|\mathrm{d}s\\&=M\mathrm{e}^{-a(t+s-h)}\int_t^{t+h}\mathrm{e}^{as}\|f(s)\mathrm{d}s\|\to 0(h\to 0^+),\end{aligned}$$

则 $U(t)$ 在 $[0,T)$ 上右连续。

下证 $U(t)$ 在 $[0,T)$ 上左连续。对 $0<h\ll 1$，直接计算可得

$$\begin{aligned}U(t-h)-U(t)&=\int_0^{t-h}T(t-h-s)f(s)\mathrm{d}s-\int_0^t T(t-s)f(s)\mathrm{d}s\\&=\int_0^{t-h}[T(t-h-s)-T(t-s)]f(s)\mathrm{d}s+\int_{t-h}^t T(t-s)f(s)\mathrm{d}s。\end{aligned}$$

注意到 $\lim\limits_{h\to 0^+}\int_{t-h}^t T(t-s)f(s)\mathrm{d}s=0$，因此只需证 $\lim\limits_{h\to 0^+}\int_0^{t-h}[T(t-h-s)-T(t-s)]f(s)\mathrm{d}s=0$，即证对任意的 $\varepsilon>0$，存在 $\delta>0$，使得当 $0<h<\delta$ 时，有

$$\left\|\int_0^{t-h}[T(t-h-s)-T(t-s)]f(s)\mathrm{d}s\right\|<\varepsilon。$$

事实上，注意到 $\|T(s)\|\leqslant Ce^{-at}(t>0)$，由于 $\lim\limits_{\delta\to 0^+}2Ce^{2|a|\delta_0}\int_{t-\delta_0}^t\|f(s)\mathrm{d}s\|=0$，因此，存在 $\delta_0>0$，使得 $2Ce^{2|a|\delta_0}\int_{t-\delta_0}^t\|f(s)\mathrm{d}s\|<\dfrac{\varepsilon}{2}$。固定该 δ_0，考虑当 $h\in(0,\delta_0)$ 时，

$$\begin{aligned}&\left\|\int_0^{t-h}[T(t-h-s)-T(t-s)]f(s)\mathrm{d}s\right\|\\=&\left\|\int_0^{t-\delta_0}[T(t-h-s)-T(t-s)]f(s)\mathrm{d}s+\int_{t-\delta_0}^{t-h}[T(t-h-s)-T(t-s)]f(s)\mathrm{d}s\right\|\\\leqslant&\int_0^{t-\delta_0}\|[T(t-h-s)-T(t-s)]f(s)\|\mathrm{d}s+\int_{t-\delta_0}^{t-h}\|T(t-h-s)-T(t-s)\|\,\|f(s)\|\mathrm{d}s\\\leqslant&\int_0^{t-\delta_0}\left\|\int_{t-\delta}^{t-h-s}\frac{\mathrm{d}}{\mathrm{d}\tau}T(\tau)f(s)\right\|\mathrm{d}\tau\mathrm{d}s+\int_{t-\delta_0}^{t-h}(Ce^{-a(t-h-s)}+Ce^{-a(t-s)})\|f(s)\|\mathrm{d}s\\\leqslant&\int_0^{t-\delta_0}\left\|\int_{t-\delta}^{t-h-s}-AT(\tau)f(s)\right\|\mathrm{d}\tau\mathrm{d}s+2Ce^{|a|\delta_0}\int_{t-\delta_0}^t\|f(s)\|\mathrm{d}s\\\leqslant&\int_0^{t-\delta_0}\int_{t-h-s}^{t-s}\frac{C}{\tau}\|f(s)\|\mathrm{d}\tau\mathrm{d}s+2Ce^{|a|\delta_0}\int_{t-\delta_0}^t\|f(s)\|\mathrm{d}s\\\leqslant&-C\int_0^{t-\delta_0}\|f(s)\|\ln\left(1-\frac{h}{t-s}\right)\mathrm{d}s+\frac{\varepsilon}{2}\\\leqslant&-C\ln\left(1-\frac{h}{\delta_0}\right)\int_0^{t-\delta_0}\|f(s)\|\mathrm{d}s+\frac{\varepsilon}{2}\\\leqslant&-C\ln\left(1-\frac{h}{\delta_0}\right)\int_0^t\|f(s)\|\mathrm{d}s+\frac{\varepsilon}{2}\end{aligned}$$

注意到 $\lim\limits_{h\to 0^+}\left[-C\ln\left(1-\dfrac{h}{\delta_0}\right)\int_0^t\|f(s)\|\mathrm{d}s\right]=0$，因此，存在 $\delta\in(0,\delta_0)$，使得当 $0<h<\delta$ 时，

$$-C\ln\left(1-\frac{h}{\delta_0}\right)\int_0^t\|f(s)\|\mathrm{d}s<\frac{\varepsilon}{2}。$$

因此，任意的 $\varepsilon>0$，存在 $\delta>0$，使得当 $0<h<\delta$ 时，

$$\left\|\int_0^{t-h}[T(t-h-s)-T(t-s)]f(s)\mathrm{d}s\right\|<\varepsilon。$$

证毕。

引理 6.2.2 设 A 是 X 中的扇形算子，$f:(0,T)\to X$ 是局部 Hölder 连续，且对某个

$\rho>0,\int_0^{\rho}\|f(t)\|\mathrm{d}t<+\infty$,令$U(t)=\int_0^t \mathrm{e}^{-(t-s)A}f(s)\mathrm{d}s$,则对任意的$t\in(0,T)$,$U(t)\in D(A)$,且$AU(t)$连续。

【证】 令$U_1(t)=\int_0^t T(t-s)(f(s)-f(t))\mathrm{d}s$,$U_2(t)=\int_0^t T(t-s)f(t)\mathrm{d}s$,令$u=t-s$,则$U_2(t)=-\int_t^0 T(u)f(t)\mathrm{d}u=f(t)\int_0^t T(u)\mathrm{d}u$。由算子半群的无穷小生成元的性质可知,$U_2(t)\in D(A)$,且$AU_2(t)=f(t)-T(t)f(t)$。

利用算子A的闭性来证明$U_1(t)\in D(A)$可分如下三步:(请读者自己证明)

(1) 验证$U_{1,\varepsilon,\eta}(t)=\int_{\eta}^{t-\varepsilon}T(t-s)(f(s)-f(t))\mathrm{d}s\in D(A)$,$(0<\eta<\varepsilon)$;

(2) 验证$U_{1,\varepsilon}(t)=\lim\limits_{\eta\to0^+}U_{1,\varepsilon,\eta}(t)\in D(A)$,$AU_{1,\varepsilon}(t)=\int_0^{t-\varepsilon}AT(t-s)(f(s)-f(t))\mathrm{d}s$;

(3) 验证$\int_0^{t-\varepsilon}AT(t-s)(f(s)-f(t))\mathrm{d}s$积分存在,即证明$U_1(t)\in D(A)$。

下面来证明$AU(t)$连续。注意到$AU_2(t)=-T(t)f(t)+f(t)\in C((0,T),X)$,故只需证明$AU_1(t)$在$(0,T)$上连续,事实上,令$0<h\ll1$,直接计算可得

$$\begin{aligned}AU_1(t+h)-AU_1(t)=&\int_t^{t+h}AT(t+h-s)(f(s)-f(t+h))\mathrm{d}s+\\&\int_0^t[AT(t+h-s)-AT(t-s)][f(s)-f(t)]\mathrm{d}s+\\&\int_0^t AT(t+h-s)[f(t)-f(t+h)]\mathrm{d}s=I_1+I_2+I_3。\end{aligned}$$

可以证明$\|I_1\|\leqslant\int_t^{t+h}\frac{C\mathrm{e}^{|a|(t+h-s)}}{t+h-s}L\,|s-t-h|^{\theta}\mathrm{d}s\leqslant\frac{CL\mathrm{e}^{|a|h}}{\theta}h^{\theta}$,$I_2=(T(h)-I)U_1(t)$,

$$\|I_3\|\leqslant\int_0^t\frac{C\mathrm{e}^{|a|(t+h-s)}}{t+h-s}\|f(t)-f(t+s)\|\mathrm{d}s\leqslant CL\mathrm{e}^{(t+h)}h^{\theta}(\ln(t+h)-\ln h)。$$

并且还可以证明$\lim\limits_{h\to0^+}I_i=0,i=1,2,3$,且$\lim\limits_{h\to0^+}AU_1(t+h)=AU_1(t)$,即$AU_1(t)$是右连续的。

最后证明$AU_1(t)$是左连续的。事实上,固定δ_0,$h\in(0,\delta_0)$使得在$(t-\delta_0,t)$上利用f的Hölder连续性,直接计算得到

$$\begin{aligned}AU_1(t-h)-AU_1(t)=&\int_t^{t+h}AT(t+h-s)(f(s)-f(t+h))\mathrm{d}s\\=&\int_0^{t-\delta_0}(AT(t-h-s)-AT(t-s))(f(s)-f(t))\mathrm{d}s+\\&\int_0^{t-\delta_0}AT(t-h-s)(f(t)-f(t-h))\mathrm{d}s-\\&\int_0^{t-\delta_0}AT(t-s)(f(s)-f(t))\mathrm{d}s+\\&\int_{t-\delta_0}^{t-h}AT(t-h-s)(f(s)-f(t-h))\mathrm{d}s\\=&J_1+J_2+J_3+J_4。\end{aligned}$$

利用算子半群的性质，可以证明

$$\|J_4\| \leqslant \int_{t-\delta_0}^{t-h} \frac{c\mathrm{e}^{|a|(t-h-s)}}{t-h-s} L \| s-t+h|^\theta \mathrm{d}\theta \leqslant cL\mathrm{e}^{|a|\delta_0} \frac{(\delta_0-h)^\theta}{\theta} \leqslant \frac{cL\mathrm{e}^{|a|\delta_0}}{\theta}\delta_0{}^\theta,$$

$$\|J_3\| \leqslant \int_{t-\delta_0}^{t} \frac{c\mathrm{e}^{|a|(t-s)}}{t-s} L\,|s-t|^\theta \mathrm{d}s \leqslant \frac{cL\mathrm{e}^{|a|\delta_0}}{\theta}\delta_0{}^\theta,$$

$$\|J_2\| \leqslant \int_0^{t-\delta_0} \frac{Lc\mathrm{e}^{|a|t}}{t-h-s} h^\theta \mathrm{d}s \leqslant cL\mathrm{e}^{|a|t}\delta_0{}^\theta[\ln t+\ln\delta_0],$$

由上面的三个不等式可知，对于任意的 $\varepsilon>0$，总存在 $\delta_0>0$ 使得当 $h\in\left(0,\frac{\delta_0}{2}\right)$ 时，有

$$\begin{aligned}\|J_1\| &\leqslant \int_0^{t-\delta_0}\int_{t-s-h}^{t-s} \|T''(\tau)\|\mathrm{d}\tau \|f(s)-f(t)\|\mathrm{d}s \\ &\leqslant \frac{8C^2\mathrm{e}^{|a|t}}{\delta_0^2} h\int_0^\tau (\|f(s)\|+\|f(t)\|)\mathrm{d}s \to 0(h\to 0^+),\end{aligned}$$

因此，对上面的 $\varepsilon>0$，存在 $0<\delta<\delta_0/2$，当 $0<h<\delta$ 时，$\|J_1\|<\frac{\varepsilon}{4}$。由此可知，当 $0<h<\delta$ 时，$\|AU_1(t-h)-AU_1(t)\| \leqslant \|J_1\|+\|J_2\|+\|J_3\|+\|J_4\|<\varepsilon$。证毕。

引理 6.2.3 设 A 是 X 中的扇形算子，$f:(0,T)\to X$ 是局部 Hölder 连续的，并且对某个 $\rho>0$，$\int_0^\rho \|f(t)\|\mathrm{d}t<+\infty$，定义 $U(t)=\int_0^t \mathrm{e}^{-(t-s)A}f(s)\mathrm{d}s$，则对任意的 $t\in(0,T)$，有

$$\frac{\mathrm{d}U(t)}{\mathrm{d}t}+AU(t)=f(t)。\tag{6.2.3}$$

【证】 先证明 $U(t)$ 右导数存在且满足式(6.2.3)。对于 $0<h\ll 1$，注意到

$$\begin{aligned}U(t+h)-U(t) &= (T(h)-I)\int_0^t T(t-s)f(s)\mathrm{d}s+\int_t^{t+h}T(t+h-s)f(s)\mathrm{d}s \\ &= (T(h)-I)U(t)+\int_t^{t+h}T(t+h-s)f(s)\mathrm{d}s。\end{aligned}$$

由于 $U(t)\in D(A)$，由定义可知，$\lim\limits_{h\to 0^+}\frac{(T(h)-I)U(t)}{h}=-AU(t)$。故需证

$$\lim_{h\to 0^+}\frac{1}{h}\int_t^{t+h}T(t+h-s)f(s)\mathrm{d}s=f(t)。$$

易知

$$\begin{aligned}&\frac{1}{h}\int_t^{t+h}T(t+h-s)f(s)\mathrm{d}s-f(t) \\ &=\frac{1}{h}\left[\int_t^{t+h}(T(t+h-s)f(s)-f(t))\mathrm{d}s\right] \\ &=\frac{1}{h}\left\{\int_t^{t+h}(T(t+h-s)(f(s)-f(t))\mathrm{d}s+T(t+h-s)f(t)-f(t))\mathrm{d}s\right\}。\end{aligned}$$

由于 $\lim\limits_{v\to 0^+}(T(v)-I)f(t)=0$，因此，对任意 $\varepsilon>0$，存在 δ_1，使得当 $0<v<\delta_1$ 时，有

$$\|(T(v)-I)f(t)\|<\frac{\varepsilon}{2}。$$

因此，当 $0<h<\delta_1$ 时，有

$$\left\|\frac{1}{h}\int_t^{t+h} T(t+h-s)f(s)\mathrm{d}s - f(t)\right\|$$
$$\leqslant \frac{1}{h}\int_t^{t+h} \| T(t+h-s)(f(s)-f(t)) \| \mathrm{d}s + \frac{1}{h}\int_t^{t+h} \frac{\varepsilon}{2}\mathrm{d}s。$$

而 $\| T(t+h-s)(f(s)-f(t)) \| \leqslant C\mathrm{e}^{|a|h} \| f(s)-f(t) \|$。所以

$$\left\|\frac{1}{h}\int_t^{t+h} T(t+h-s)(f(s)-f(t))\mathrm{d}s\right\| \leqslant \frac{1}{h}\int_t^{t+h} C\mathrm{e}^{|a|h} \| f(s)-f(t) \| \mathrm{d}s$$
$$= \frac{C\mathrm{e}^{|a|h}}{h}\int_t^{t+h} \| f(s)-f(t) \| \mathrm{d}s。$$

因此，存在 $\delta_2>0$，使得当 $0<h<\delta_1$ 时，

$$\frac{C}{h}\mathrm{e}^{|a|h}\int_t^{t+h} \| f(s)-f(t) \| \mathrm{d}s < \frac{C}{h}\mathrm{e}^{|a|h} \frac{\varepsilon}{4C}h = \frac{\varepsilon}{4}\mathrm{e}^{|a|h} < \frac{\varepsilon}{2}。$$

取 $\delta=\min\{\delta_1,\delta_2\}$，则当 $0<h<\delta$ 时，

$$\left\|\frac{1}{h}\int_t^{t+h} T(t+h-s)f(s)\mathrm{d}s - f(t)\right\| < \frac{\varepsilon}{2}+\frac{\varepsilon}{2}=\varepsilon,$$

即 $U(t)$ 右导数存在且满足式(6.2.3)。

类似可证 $U(t)$ 的左导数存在且满足式(6.2.3)。证毕。

定理 6.2.2 设 A 是 X 中的扇形算子，若对任意 $x\in X$，$f:(0,T)\to X$ 是局部 Hölder 连续的，并且对某个 $\rho>0$，$\int_0^\rho \| f(t) \| \mathrm{d}t<+\infty$，则问题(6.2.2)有唯一解 $u(t,x)\in C([0,+\infty),X)$，且满足

$$u(t,x)=\mathrm{e}^{-tA}x+\int_0^t \mathrm{e}^{-(t-s)A}f(s)\mathrm{d}s。$$

【证】 先证存在性：令 $U(t)=\int_0^t \mathrm{e}^{-(t-s)A}f(s)\mathrm{d}s$，则

$$\frac{\mathrm{d}u(t)}{\mathrm{d}t}=\frac{\mathrm{d}}{\mathrm{d}t}(\mathrm{e}^{-tA}x)+\frac{\mathrm{d}U}{\mathrm{d}t}=-A\mathrm{e}^{-tA}x-AU+f(t)=-A(\mathrm{e}^{-tA}x+U(t))+f(t)$$
$$=-Au(t,x)+f(t),$$

即 $\frac{\mathrm{d}u(t)}{\mathrm{d}t}+Au(t,x)=f(t)$。又由于 $u(0,x)=x$。因此 $u(t,x)$ 是方程(6.2.2)的一个解。

下证唯一性。设 $v(t,x)$ 是方程(6.2.2)的另一个解。记 $w(t,x)=u(t,x)-v(t,x)$。易知

$$\frac{\mathrm{d}w}{\mathrm{d}t}=\frac{\mathrm{d}u}{\mathrm{d}t}-\frac{\mathrm{d}v}{\mathrm{d}t}=-Au(t,x)+f(t)+Au(t,x)-f(t)=-A(u-v)=-Aw。$$

又由于 $w(0,x)=x-x=0$。因此 $w(t,x)$ 为初值问题

$$\frac{\mathrm{d}w}{\mathrm{d}t}+Aw=0,\quad w(0)=0$$

的解，由定理 6.2.1 可知，$w(t,x)\equiv 0$，即 $u(t,x)=v(t,x)$。证毕。

6.2.3 非线性方程的初值问题

考虑更一般的抽象非线性微分方程的初值问题

$$\begin{cases}u'(t)+Au=f(t,u), & t_0<t<T,\\ u(t_0)=x\end{cases}\tag{6.2.4}$$

与积分方程

$$u(t,x)=\mathrm{e}^{-(t-t_0)A}x+\int_{t_0}^{t}\mathrm{e}^{-(t-s)A}f(s,u(s))\mathrm{d}s。\tag{6.2.5}$$

为便于利用算子半群的性质来证明解的存在唯一性,需要做如下假设:

条件1 A 是 Banach 空间 X 中的扇形算子,使得 $A_1=A+aI$ 的分数幂是有定义的,且对于 $\alpha\geqslant 0$,带有图范数 $\|x\|_\alpha=\|A_1^\alpha x\|$ 的空间 $X^\alpha=D(A_1^\alpha)$ 是有意义的。

条件2 对某个 $0\leqslant\alpha<1$,f 把 $\mathbb{R}\times X^\alpha$ 中的某开集 U 映到 X,并且 U 在 f 上关于 t 局部 Hölder 连续,关于 u 局部 Lipschitz 连续,即若$(t^*,u^*)\in U$,则存在(t^*,u^*)的一个邻域 $V\subset U$,使得对于(t,u),$(s,v)\in V$,存在正常数 L,$\mu(0<\mu<1)$,使得

$$\|f(t,u)-f(s,v)\|\leqslant L(|t-s|^\mu+\|u-v\|_\alpha)。$$

定理6.2.3 如果 $0\leqslant\alpha<1$,且条件1和条件2成立,则有

(1) 如果 u 是$[t_0,t_1)$上问题(6.2.4)的解,则在$[t_0,t_1)$上满足方程(6.2.5);

(2) 若 u 是从$[t_0,t_1)$到 X^α 的一个连续函数,且对某个 $\rho>0$,积分$\int_{t_0}^{t_0+\rho}\|f(s,u(s))\|\mathrm{d}s<+\infty$,又对 $t\in[t_0,t_1)$,u 满足方程(6.2.5),则 u 是$[t_0,t_1)$上问题(6.2.4)的解。

【证】 (1) 对于任意的 $t^*\in(t_0,t_1)$,则 $(t^*,u(t^*))\in U$。由条件2成立可知,存在$(t^*,u(t^*))$的邻域 V,使得在邻域 V 上有如下不等式成立:

$$\|f(t,u)-f(s,v)\|\leqslant L(|t-s|^\mu+\|u-v\|_\alpha),$$

其中$(t,u)\in V$,$(s,v)\in V$,这里 $L>0$,$0<\mu<1$。利用 $u(t)$的连续性可知,存在 t^* 的邻域$(t^*-\delta,t^*+\delta)$使得当 $t\in(t^*-\delta,t^*+\delta)$时,$(t,u(t))\in V$。由于 $u(t)$在(t_0,t_1)上可微,则它必定是局部 Lipschitz 连续的,因此,不妨假设在$(t^*-\delta,t^*+\delta)$上有如下成立:

$$\|u(t)-u(s)\|_\alpha\leqslant L_1|t-s|,\quad \forall t,s\in(t^*-\delta,t^*+\delta),$$

从而对任意的 $t,s\in(t^*-\delta,t^*+\delta)$,限制 $0<\delta<1$,则有

$$\begin{aligned}\|f(t,u(t))-f(s,v(s))\|&\leqslant L(|t-s|^\mu+\|u(t)-v(t)\|_\alpha),\\ &\leqslant L(|t-s|^\mu+L_1|t-s|)\leqslant L_2|t-s|^\mu。\end{aligned}$$

令 $\tilde{f}(t)=f(t,u(t))$,$t\in(t_0,t_1)$,考虑下面线性方程初值问题:

$$\begin{cases}v'(t)+Av=\tilde{f}(t),\\ v(t_0)=x。\end{cases}\tag{6.2.6}$$

由于$\tilde{f}(t)$为局部 Hölder 连续的,且满足条件$\int_{t_0}^{t_0+\rho}\|f(s,u(s))\|\mathrm{d}s<+\infty$,则方程(6.2.6)存在唯一解

$$U(t)=\mathrm{e}^{-(t-t_0)A}x+\int_{t_0}^{t}\mathrm{e}^{-(t-s)A}\tilde{f}(s,u(s))\mathrm{d}s。$$

注意到 $U(t)$是方程(6.2.6)的解,因此

$$U(t)=\mathrm{e}^{-(t-t_0)A}x+\int_{t_0}^{t}\mathrm{e}^{-(t-s)A}f(s,u(s))\mathrm{d}s,$$

即 $U(t)$满足方程(6.2.5)。

(2) 设 $u:[t_0,t_1)\to X^\alpha$ 满足方程(6.2.5),由条件2可知,只需要证明 $u:[t_0,t_1)\to X^\alpha$ 是局部 Hölder 连续的,则 $\tilde{f}(s,u(s))$ 局部 Hölder 连续。事实上,设 $[t_1^*,t_2^*]\subset(t_0,t_1)$,且对任意的 $t,s\in[t_1^*,t_2^*]$,存在 $\delta\in(0,1)$ 使得 $\|u(s)-u(t)\|_\alpha\leqslant M|t-s|^\delta$,其中 M 为正常数,不妨假设 $s=t+h,h>0$,下证 $\|u(t+h)-u(t)\|_\alpha\leqslant Mh^\delta$。

$$\begin{aligned}&u(t+h)-u(t)\\=&\mathrm{e}^{-(t+h-t_0)A}x-\mathrm{e}^{-(t-t_0)A}x+\int_{t_0}^t[\mathrm{e}^{-(t+h-s)A}-\mathrm{e}^{-(t-s)A}]f(s,u(s))\mathrm{d}s+\int_t^{t+h}\mathrm{e}^{-(t+h-s)A}f(s,u(s))\mathrm{d}s\\=&[\mathrm{e}^{-hA}-I]\mathrm{e}^{-(t-t_0)A}x+\int_{t_0}^t[\mathrm{e}^{-hA}-I]\mathrm{e}^{-(t-s)A}f(s,u(s))\mathrm{d}s+\int_t^{t+h}\mathrm{e}^{-(t+h-s)A}f(s,u(s))\mathrm{d}s。\end{aligned}$$

下面分开讨论三项的估计式:

由于 $0\leqslant\alpha<1$,可取 $\delta\in(0,1)$ 使得 $\alpha+\delta<1$,在 $D(A^{\alpha+\delta})$ 上,$A^{\alpha+\delta}=A^\alpha A^\delta$。对任意的 $s\in[t_0,t]$ 及 $y\in X^\alpha$,直接计算可得

$$\begin{aligned}\|(\mathrm{e}^{-hA}-I)\mathrm{e}^{-(t-s)A}y\|_\alpha&=\|A^\alpha(\mathrm{e}^{-hA}-I)\mathrm{e}^{-(t-s)A}y\|\\&\leqslant\frac{1}{\delta}C_{1-\delta}h^\delta\|A^{\alpha+\delta}\mathrm{e}^{-(t-s)A}y\|\\&\leqslant\frac{1}{\delta}C_{1-\delta}h^\delta C_{\alpha+\delta}(t-s)^{-(\alpha+\delta)}\mathrm{e}^{-a(t-s)}\\&\leqslant C^*(t-s)^{-(\alpha+\delta)}h^\delta,\end{aligned}$$

从而

$$\begin{aligned}\|[\mathrm{e}^{-hA}-I]\mathrm{e}^{-(t-t_0)A}x\|_\alpha&=\|A^\alpha[\mathrm{e}^{-hA}-I]\mathrm{e}^{-(t-t_0)A}x\|=\|[\mathrm{e}^{-hA}-I]A^\alpha\mathrm{e}^{-(t-t_0)A}x\|\\&\leqslant\frac{1}{\delta}C_{1-\delta}h^\delta\|A^{\alpha+\delta}\mathrm{e}^{-(t-t_0)A}x\|\\&\leqslant\frac{1}{\delta}C_{1-\delta}h^\delta C_{\alpha+\delta}(t-t_0)^{-(\alpha+\delta)}\mathrm{e}^{-a(t-t_0)}\\&\leqslant\frac{1}{\delta}C_{1-\delta}C_{\alpha+\delta}(t_1^*-t_0)^{-(\alpha+\delta)}\mathrm{e}^{-|a|(t_1^*-t_0)}h^\delta=C_1h^\delta。\end{aligned}$$

类似可得到第二项,第三项的估计式如下:

$$\begin{aligned}\left\|\int_{t_0}^t[\mathrm{e}^{-hA}-I]\mathrm{e}^{-(t-s)A}f(s,u(s))\mathrm{d}s\right\|_\alpha&\leqslant\int_{t_0}^t\|(\mathrm{e}^{-hA}-I)A^\alpha\mathrm{e}^{-(t-s)A}f(s,u(s))\|\mathrm{d}s\\&\leqslant\int_{t_0}^tC_3h^\delta(t-s)^{-(\delta+\alpha)}\|f(s,u(s))\|\mathrm{d}s\\&\leqslant C_3h^\delta\int_{t_0}^t(t-s)^{-(\delta+\alpha)}\|f(s,u(s))\|\mathrm{d}s\leqslant C_3Mh^\delta。\end{aligned}$$

且

$$\begin{aligned}\left\|\int_t^{t+h}\mathrm{e}^{-(t+h-s)A}f(s,u(s))\mathrm{d}s\right\|_\alpha&\leqslant\int_t^{t+h}\|A^\alpha\mathrm{e}^{-(t+h-s)A}f(s,u(s))\|\mathrm{d}s\\&\leqslant C_\alpha\int_t^{t+h}(t+h-s)^{-\alpha}\mathrm{e}^{a(t+h-s)}\|f(s,u(s))\|\mathrm{d}s\\&\leqslant C_\alpha\mathrm{e}^{a(t+h-s)}\max_{t_1^*\leqslant s\leqslant t_2^*}\|f(s,u(s))\|\int_t^{t+h}(t+h-s)^{-\alpha}\mathrm{d}s\end{aligned}$$

$$\leqslant C_4 M_1 h^{\delta}$$

因此,$u:[t_0,t_1)\to X^{\alpha}$ 局部 Hölder 连续。从而定理 6.2.3 结论(2)成立。

定理 6.2.4 假设 $0\leqslant\alpha<1$,条件 1 和条件 2 成立。则对任给 $(t_0,x)\in U$,都存在 $T=T(t_0,x)$,使得在 $[t_0,t_0+T)$ 上方程(6.2.4)有唯一解。

【证】 利用压缩映射原理证明,为此,先引入函数空间

$S=\{v\mid v:[t_0,t_0+T]\to X^{\alpha}$ 是连续的,且 $\|v-x\|_{\alpha}\leqslant\delta$,其中 $0<T\leqslant\tau\}$。

赋予 S 如下距离:

$$\|u-v\|_S=\max\{\|u(t)-v(t)\|,t\in[t_0,t_0+T]\},$$

则 S 是一个完备的度量空间。

在 S 上定义映射:

$$Gv(t)=\mathrm{e}^{-(t-t_0)A}x+\int_{t_0}^{t}\mathrm{e}^{-(t-t_0)A}f(s,v(s))\mathrm{d}s。$$

(1) 先证明算子 G 在 S 上是连续的,事实上,只要 $f(s,v(s))$ 在 $[t_0,t_0+T]$ 上连续,则 $Gv(t)$ 在 $[t_0,t_0+T]$ 上连续。

(2) 再证明算子 G 在 S 上是映上的,即存在 $T\in(0,\tau]$ 足够小,使得任取 $v(t)\in S$,$\|Gv(t)-x\|_{\alpha}\leqslant\delta$,注意到 $Gv(t)-x=(\mathrm{e}^{-(t-t_0)A}-I)x+\int_{t_0}^{t}\mathrm{e}^{-(t-s)A}f(s,v(s))\mathrm{d}s$,则有

$$\|Gv(t)-x\|_{\alpha}\leqslant\|(\mathrm{e}^{-(t-t_0)A}-I)x\|_{\alpha}+\left\|\int_{t_0}^{t}\mathrm{e}^{-(t-s)A}f(s,v(s))\mathrm{d}s\right\|_{\alpha}。$$

由于 $x\in X^{\alpha}=D(A_1^{\alpha})$,则有

$$\|(\mathrm{e}^{-(t-t_0)A}-I)x\|_{\alpha}=\|A_1^{\alpha}(\mathrm{e}^{-(t-t_0)A}-I)x\|=\|(\mathrm{e}^{-(t-t_0)A}-I)A_1^{\alpha}x\|,$$

由算子半群的性质可知,$\lim\limits_{t\to t_0^+}\mathrm{e}^{-(t-t_0)A}A_1^{\alpha}x=A_1^{\alpha}x$,因此存在 $T_1\in(0,\tau]$,使得当 $t_0\leqslant t\leqslant t_0+T_1$ 时,

$$\|(\mathrm{e}^{-(t-t_0)A}-I)x\|_{\alpha}=\|\mathrm{e}^{-(t-t_0)A}A_1^{\alpha}x-A_1^{\alpha}x\|\leqslant\frac{\delta}{2}。$$

又由于

$$\begin{aligned}\left\|\int_{t_0}^{t}\mathrm{e}^{-(t-s)A}f(s,v(s))\mathrm{d}s\right\|_{\alpha}&=\left\|\int_{t_0}^{t}A_1^{\alpha}\mathrm{e}^{-(t-s)A}f(s,v(s))\mathrm{d}s\right\|\leqslant\int_{t_0}^{t}\|A_1^{\alpha}\mathrm{e}^{-(t-s)A}f(s,v(s))\|\mathrm{d}s\\&\leqslant\int_{t_0}^{t}C_{\alpha}(t-s)^{-\alpha}\mathrm{e}^{a(t-s)}\|f(s,v(s))\|\mathrm{d}s\\&\leqslant M\mathrm{e}^{|a|T}C_{\alpha}\int_{t_0}^{t}(t-s)^{-\alpha}\mathrm{d}s\leqslant\frac{MC_{\alpha}}{1-\alpha}\mathrm{e}^{|a|T}T^{1-\alpha}\to 0(T\to 0^+),\end{aligned}$$

因此,存在 $T_2\in(0,\tau]$,使得当 $t_0\leqslant t\leqslant t_0+T_1$ 时,$\left\|\int_{t_0}^{t}\mathrm{e}^{-(t-s)A}f(s,v(s))\mathrm{d}s\right\|_{\alpha}\leqslant\frac{\delta}{2}$。取 $T=\min\{T_1,T_2\}$,则有 $G:S\to S$ 是映上的。

最后证明 $G:S\to S$ 是压缩的,任取 $v_1,v_2\in S$,则有

$$\|Gv_1-Gv_2\|_S=\left\|\int_{t_0}^{t}\mathrm{e}^{-(t-s)A}(f(s,v_1(s))-f(s,v_2(s)))\mathrm{d}s\right\|_S$$

$$
\begin{aligned}
&= \max_{t_0 \leqslant t \leqslant t_0+T} \left\| \int_{t_0}^{t} \mathrm{e}^{-(t-s)A} (f(s, v_1(s)) - f(s, v_2(s))) \mathrm{d}s \right\| \\
&= \max_{t_0 \leqslant t \leqslant t_0+T} \left\| \int_{t_0}^{t} A_1^{\alpha} \mathrm{e}^{-(t-s)A} (f(s, v_1(s)) - f(s, v_2(s))) \mathrm{d}s \right\| \\
&= \max_{t_0 \leqslant t \leqslant t_0+T} \int_{t_0}^{t} C_\alpha (t-s)^{-\alpha} \mathrm{e}^{-\alpha(t-s)} \| f(s, v_1(s)) - f(s, v_2(s)) \| \mathrm{d}s \\
&= \max_{t_0 \leqslant t \leqslant t_0+T} \int_{t_0}^{t} C_\alpha (t-s)^{-\alpha} \mathrm{e}^{\alpha(t-s)} L \| v_1(s) - v_2(s) \| \mathrm{d}s \\
&\leqslant \frac{C_\alpha L \mathrm{e}^{|\alpha| \mathrm{T}} T^{1-\alpha}}{1-\alpha} \| v_1(s) - v_2(s) \|_S 。
\end{aligned}
$$

选择适当小的 $T>0$，使得$\dfrac{C_\alpha L \mathrm{e}^{|\alpha| \mathrm{T}} T^{1-\alpha}}{1-\alpha}<1$，即 $G: S \to S$ 是压缩的，故 G 在 S 有唯一的不动点. $u: [t_0, t_0+T] \to X^\alpha$，因此，方程(6.2.4)在$[t_0, t_0+T]$上有唯一的连续解。由于 $f(t, u(t))$ 在$[t_0, t_0+T]$上连续，因此$\int_{t_0}^{t_0+T} \| f(t, v(t)) \| \mathrm{d}t<+\infty$。

最后利用反证法即可证明方程(6.2.4)的解是唯一的，读者可自己完成。

6.3 算子半群理论在半线性波方程中的应用

6.3.1 半线性波方程初边值问题

设 Ω 是$\mathbb{R}^n$ 中具有光滑边界 Γ 的有界开集，考虑如下带阻尼的波方程

$$
\begin{cases}
\dfrac{\partial^2 u}{\partial t^2} + \alpha \dfrac{\partial u}{\partial t} - \Delta u + g(u) = f, & (x, t) \in \Omega \times \mathbb{R}^+ \\
u = 0, & (x, t) \in \Gamma \times \mathbb{R}^+ \\
u(x, 0) = u_0(x), & \dfrac{\partial u}{\partial t}(x, 0) = u_1(x), x \in \Omega,
\end{cases} \tag{6.3.1}
$$

其中 $\alpha>0$，$g: \mathbb{R} \to \mathbb{R}$ 是 C^2 光滑函数。为研究方程(6.3.1)解的性质，对非线性项 $g(u)$ 作如下假设：

(HS1) 存在常数 C_1 使得 $G(s)=\int_0^t g(r) \mathrm{d}r$ 满足 $\liminf\limits_{|s| \to +\infty} \dfrac{sg(s)-C_1 G(s)}{s^2} \geqslant 0$；

(HS2)存在常数 C_2 使得$|g'(s)| \leqslant C_2(1+|s|^r)$成立，其中$\begin{cases} 0 \leqslant \gamma<+\infty, & n=1,2, \\ 0 \leqslant \gamma<2, & n=3, \\ \gamma=0, & n \geqslant 4。\end{cases}$

由假设(HS1)和(HS2)即可得到如下估计式：

(HS3)对任意的 $\eta>0$，都存在 C_η 使得$G(s)+\eta s^2 \geqslant -C_\eta$；

(HS4)对任意的 $\eta>0$，都存在 C'_η 使得 $sg(s)-C_1 G(s)+\eta s^2 \geqslant -C'_\eta$，$\forall s \in \mathbb{R}$。

现在将方程(6.3.1)写成无穷维空间中的二阶发展方程，为此，我们需要引进相应的函数空间。

令 $H=L^2(\Omega)$，$V=H_0^1(\Omega)$，并赋予其相应的内积和范数$(\cdot, \cdot)$，$|\cdot|$；$(\cdot, \cdot)$，

$\|\cdot\|$。再令 $D(A)=H_0^1(\Omega)\cap H^2(\Omega)$，对每个的 $u\in D(A)$，定义 $Au=-\Delta u$，则有如下的嵌入关系：$D(A)\subset V\subset H\subset V'$，其中 V' 是 V 的对偶空间，且 V 在 H 稠密，V 在 H 中的内射是连续的。

现将(6.3.1)写成 H 上的抽象的波方程

$$\begin{cases}u''+\alpha u'+Au+g(u)=f,\\ u(0)=u_0,u'(0)=u_1。\end{cases}\tag{6.3.2}$$

定理 6.3.1 设 $\alpha\in\mathbb{R}$，如果 $f\in C([0,T];\ H)$，$u_0\in V$，$u_1\in H$。则方程(6.3.2)存在唯一解 u，且 $u\in C([0,T];\ V)$，$u'\in C([0,T];\ H)$。进一步，如果 $f'\in C([0,T];\ H)$，$u_0\in D(A)$，$u_1\in V$。则方程(6.3.2)存在唯一解 $u\in C([0,T];\ D(A))$，$u'\in C([0,T];\ V)$。

【证】 利用经典的 Faedo-Galerkin 方法来证明。设算子 A 的特征函数为 $\{w_j\}_{j=1}^{\infty}$，对每个 m，寻找形式如 $u_m(t)=\sum\limits_{i=1}^{m}g_{im}(t)w_i$ 的逼近解，并满足如下方程：

$$\begin{cases}\left(\dfrac{\partial^2 u_m}{\partial t^2},w_j\right)+\alpha\left(\dfrac{\partial u_m}{\partial t},w_j\right)+(Au_m,w_j)+(g(u_m),w_j)=(f,w_j), & j=1,2,\cdots,m,\\ u_m(0)=P_m u_0, & u_m'(0)=P_m u_1。\end{cases}\tag{6.3.3}$$

其中 P_m 是 H 到 $H_m=\mathrm{span}(w_1,w_2,\cdots,w_m)$ 的正交投影算子，注意到 P_m 和 A 的可交换性，因此方程(6.3.3)可写成

$$\frac{\partial^2 u_m}{\partial t^2}+\alpha\frac{\partial u_m}{\partial t}+Au_m+P_m g(u_m)=P_m w_j,\tag{6.3.4}$$

由 g,f 的假设可知，方程(6.3.4)在 $[0,T_m)$ 上存在唯一解 u_m，由 u_m 的先验估计可知，u_m 是整体存在的，即 $T_m=+\infty$。边用 $g'_{jm}+\varepsilon g_{jm}$ 乘方程(6.3.4)两边，并将其从 $j=1$ 到 $j=m$ 相加后得到$\left(其中\ 0<\varepsilon\leqslant\varepsilon_0,\varepsilon_0=\min\left\{\dfrac{\alpha}{4},\dfrac{\lambda_1}{2\alpha}\right\},v_m=u_m'+\varepsilon u_m\right)$

$$\frac{1}{2}\frac{\mathrm{d}}{\mathrm{d}t}(\|u_m\|^2+|v_m|^2)+\varepsilon\|u_m\|^2+(\alpha-\varepsilon)|v_m|^2-\varepsilon(\alpha-\varepsilon)(u_m,v_m)+(g(u_m),v_m)$$
$$=(f,v_m),$$

进一步估计可得到如下不等式：

$$\frac{\mathrm{d}}{\mathrm{d}t}y+\alpha_2 y\leqslant C_3'+\frac{2}{\alpha}|f|^2,\tag{6.3.5}$$

其中 $y=\|u_m\|^2+|v_m|^2+2G(u_m)+2k_1\geqslant\dfrac{3}{4}\|u_m\|^2+|v_m|^2\geqslant 0$。

由式(6.3.5)的估计可知，当 $m\to\infty$ 时 (u_m,u_m') 在 $L^{\infty}(0,T;\ V\times H)$ 中是有界的，因此，可以从 (u_m,u_m') 取出子列，仍记下标为 m 满足下面两个性质：

(1) 当 $m\to\infty$ 时，在 $L^{\infty}(0,T;\ V)$ 中，u_m 弱 * 收敛到 u；

(2) 当 $m\to\infty$ 时，在 $L^{\infty}(0,T;\ H)$ 中，u_m' 弱 * 收敛到 u'。

由经典的紧性定理可知，在 $L^2(0,T;\ H)$ 中 u_m 强收敛到 u，在 $L^2(0,T;\ V)$ 中 $g(u_m)$ 弱收敛到 $g(u)$，在式(6.3.3)中取极限 $m\to\infty$ 后可知，u 是方程(6.3.2)的解，而且

$$u \in L^{\infty}(0,T;V), \quad u' \in L^{\infty}(0,T;H)。$$

由连续性可知 $u\in C([0,T];V)$，$u'\in C([0,T];H)$。

关于 $u_0\in D(A)$，$u_1\in V$，方程(6.3.2)存在唯一解 $u\in C([0,T];D(A))$，$u'\in C([0,T];V)$的证明类似上述讨论，在此略。

由定理6.3.1可知，对每个 $t\in\mathbb{R}$，定义映射：

$$S(t):(u_0,u_1)\to(u(t),u'(t)), \tag{6.3.6}$$

则映射 $S(t)$将 $E_0=V\times H$ 映到 $E_0=V\times H$，同时 $S(t)$将 $E_1=D(A)\times V$ 映到 $E_1=D(A)\times V$，且 $S(t)$具有如下群的性质：

$$S(t+s)=S(t)S(s), \quad \forall s,t\in\mathbb{R}, \quad S(0)=I。$$

引理 6.3.1 如果 $f\in H$，固定 $\alpha\in\mathbb{R}$，则对每个 t，由式(6.3.6)定义的算子 $S(t)$是从 E_0 到 E_0 上的一个同胚。

【证】 只需证明 $S(t)$在 E_0 上连续是连续的，对于任意的 $t>0$，因为 $S(-t)=(S(t))^{-1}$，只需要将 α 换成 $-\alpha$ 即可。选取 $(u_0,u_1)\in V\times H$，则方程(6.3.2)的解满足如下性质：

$$\frac{1}{2}\frac{\mathrm{d}}{\mathrm{d}t}(\|u\|^2+|u'|^2)+\alpha|u'|^2+(g(u),u')=(f,u'), \tag{6.3.7}$$

如果初值 $(u_0,u_1)\in D(V)\times V$，则有

$$\frac{1}{2}\frac{\mathrm{d}}{\mathrm{d}t}(|Au|^2+\|u\|^2)+\alpha\|u'\|^2+(g(u),u')=(f,Au')。 \tag{6.3.8}$$

设 u,v 是方程(6.3.2)关于初值 (u_0,u_1)和 (v_0,v_1)的两个解，令 $w=u-v$，则有

$$w''+\alpha w'+Aw=-(g(u)-g(v))。 \tag{6.3.9}$$

用 w'与式(6.3.9)在 H 中做内积得到

$$\frac{1}{2}\frac{\mathrm{d}}{\mathrm{d}t}(\|w\|^2+|w'|^2)+\alpha|w'|^2=-(g(u)-g(v),w')。$$

当 $t\in[0,T]$，$u,v\in C([0,T];V)$时，由 $g(u)$的假设条件可知

$$|(g(u(t)-g(v(t)),u'(t)-v'(t))|\leqslant C_1'\|u(t)-v(t)\|\cdot|u'(t)-v'(t)|,$$

因此，令 $\beta=2|\alpha|+2C_1'$，由上述不等式可以得到

$$\frac{1}{2}\frac{\mathrm{d}}{\mathrm{d}t}(\|w\|^2+|w'|^2)\leqslant 2|\alpha\|w'|^2+2C_1'\|w\|\cdot|w'|\leqslant\beta(\|w\|^2+|w'|^2)。$$

由 Gronwall 不等式即可得到

$$\|w\|^2+|w'|^2\leqslant(\|w(0)\|^2+|w'(0)|^2)\mathrm{e}^{\beta t}。$$

从而得到算子半群 $S(t)$在 E_0 上是连续的。

类似与引理6.3.2可以证明如下引理：

引理 6.3.2 如果 $f\in H$，固定 $\alpha\in\mathbb{R}$，则对每个 t，由式(6.3.6)定义的算子 $S(t)$是从 E_1 到 E_1 上的一个同胚。

下面证明算子半群 $\{S(t)\}_{t\geqslant 0}$ 在空间 E_0 中存在有界吸收集，并且映射是紧的，从而算子半群 $\{S(t)\}_{t\geqslant 0}$ 在空间 E_0 中存在整体吸引子。在这里我们只给出 E_0 中有界吸收集的存在性证明，整体吸引子的证明参阅文献[24]。

定义 $B_0=B_{E_0}(0,\rho_0)$为 E_0 中以0为心，ρ_0 为半径的球。对任意的 $\alpha>0$，选择使得

$$0<\varepsilon\leqslant\varepsilon_0,\quad \varepsilon_0=\min\left\{\frac{\alpha}{4},\frac{\lambda_1}{2\alpha}\right\},\tag{6.3.10}$$

其中 λ_1 是 $-\Delta$ 在 Dirichlet 边值条件下的第一特征值。

定理 6.3.2 算子半群 $\{S(t)\}_{t\geqslant 0}$ 在 E_0 中存在有界吸收集 $B_0=B_{E_0}(0,\rho_0)$，即对 E_0 中的其他有界集 $\widetilde{B}$，都存在 t_0，当 $t\geqslant t_0$ 时，$S(t)\widetilde{B}\subset B_0$。

【证】 令 $v=u'+\varepsilon u$，再用 v 与方程(6.3.2)在空间 H 中做内积后得到

$$\frac{1}{2}\frac{\mathrm{d}}{\mathrm{d}t}(\|u\|^2+|v|^2)+\varepsilon\|u\|^2+(\alpha-\varepsilon)|v|^2-\varepsilon(\alpha-\varepsilon)(u,v)+(g(u),v)=(f,v)。\tag{6.3.11}$$

由式(6.3.10)可知

$$\varepsilon\|u\|^2+(\alpha-\varepsilon)|v|^2-\varepsilon(\alpha-\varepsilon)(u,v)\geqslant\frac{\varepsilon}{2}\|u\|^2+\frac{\alpha}{2}|v|^2,$$

$$(g(u),v)=(g(u),u')+\varepsilon(g(u),u)=\frac{\mathrm{d}}{\mathrm{d}t}G(u)+\varepsilon(g(u),u),$$

则由式(6.3.11)可得

$$\frac{1}{2}\frac{\mathrm{d}}{\mathrm{d}t}(\|u\|^2+|v|^2+2G(u))+\frac{\varepsilon}{2}\|u\|^2+\frac{\alpha}{2}|v|^2+\varepsilon(g(u),u)\leqslant(f,v)。$$

由假设(HS3)和(HS4)可知，存在常数 k_1,k_2 使得下面不等式成立：

$$G(\varphi)+\frac{1}{8(1+C_1)}\|\varphi\|^2+k_1\geqslant 0,\quad \forall\varphi\in V,\tag{6.3.12}$$

$$(\varphi,g(\varphi))-C_1G(\varphi)+\frac{1}{8}\|\varphi\|^2+k_2\geqslant 0,\quad \forall\varphi\in V,\tag{6.3.13}$$

利用式(6.3.12)和式(6.3.13)即可得到估计式

$$(g(u),u)\geqslant C_1G(u)-\frac{1}{4}\|u\|^2-(k_2+C_1k_1)。$$

结合上述不等式估计即可得到

$$\frac{1}{2}\frac{\mathrm{d}}{\mathrm{d}t}(\|u\|^2+|v|^2+2G(u))+\frac{\varepsilon}{4}\|u\|^2+\frac{\alpha}{2}|v|^2+\varepsilon C_1G(u)$$
$$\leqslant\varepsilon(k_2+C_1k_1)+\frac{\alpha}{4}|v|^2+\frac{|f|^2}{\alpha}。$$

令 $\alpha_2=\min\left\{\frac{\alpha}{2},\varepsilon C_1\right\}$，再由不等式(6.3.12)可得

$$\frac{\mathrm{d}}{\mathrm{d}t}y+\alpha_2y\leqslant C_3'+\frac{2}{\alpha}|f|^2,$$

其中 $y=\|u\|^2+|v|^2+2G(u)+2k_1\geqslant\frac{3}{4}\|u\|^2+|v|^2\geqslant 0$，$C_3'=2\varepsilon(k_2+C_1k_1)+2\alpha_2k_1$。

由 Gronwall 不等式可知

$$y(t)\leqslant y(0)\mathrm{e}^{-\alpha_2t}+\left(\frac{C_3'}{\alpha_2}+\frac{2}{\alpha\alpha_2}|f|^2\right)(1-\mathrm{e}^{-\alpha_2t}),\quad\forall t\geqslant 0,\tag{6.3.14}$$

$$\limsup_{t\to+\infty}y(t)\leqslant\mu_0^2,\quad \mu_0^2=\left(\frac{C_3'}{\alpha_2}+\frac{2}{\alpha\alpha_2}|f|^2\right)。\tag{6.3.15}$$

固定 $\mu_0'>\mu_0$，假设 $y(0)\leqslant R$，由式(6.3.15)可知，存在 $t_0=t_0(R,\mu_0')=\dfrac{1}{\alpha_2}\log\dfrac{R}{(\mu_0')^2>\mu_0^2}$，当 $t\geqslant t_0$ 时，$y(t)\leqslant\mu_0'$，并且

$$\| u(t)\|^2+\| u'(t)|^2\leqslant(1+\varepsilon\lambda_1^{-1/2})y(t)\leqslant(1+\varepsilon\lambda_1^{-1/2})\mu_0'。$$

因此，G 是从 V 到 H 的有界算子，因此，如果对于 E_0 中的其他有界集 $\widetilde{B}$，则有

$$R=\sup_{\varphi=(\varphi_0,\varphi_1)\in\widetilde{B}}(\|\varphi_0\|^2+|\varphi_1+\varepsilon\varphi_0|^2+2G(\varphi_0)+2k_1)<+\infty,$$

选取 $\rho_0=\sqrt{b^2-4ac}\sqrt{b^2-4ac}(1+\varepsilon\lambda_1^{-1/2})\mu_0'$，即可完成定理6.3.4的证明。

6.3.2 Sine-Gordon 方程初边值问题

设 Ω 是 $\mathbb{R}^n$ 中具有光滑边界 Γ 的有界开集，考虑 Sine-Gordon 方程：

$$\begin{cases}\dfrac{\partial^2 u}{\partial t^2}+\alpha\dfrac{\partial u}{\partial t}-\Delta u+\beta\sin u=f(\boldsymbol{x},t), & \forall(\boldsymbol{x},t)\in\Omega\times\mathbb{R}^+,\\ u=0, & (\boldsymbol{x},t)\in\Gamma\times\mathbb{R}^+,\\ u(\boldsymbol{x},0)=u_0(\boldsymbol{x}), & \dfrac{\partial}{\partial t}u(\boldsymbol{x},0)=u_1(\boldsymbol{x}),\boldsymbol{x}\in\Omega,\end{cases}\tag{6.3.16}$$

类似于上述讨论，可以证明下面的结论：

(1) 当 $f\in C([0,T];H)$，$u_0\in V$，$u_1\in H$，$\alpha\in\mathbb{R}$ 时，方程(6.3.16)存在整体解 u，且 $u\in C([0,T];V)$，$u'\in C([0,T];H)$，

(2) 其解生成的算子半群 $\{S(t)\}_{t\geqslant0}$ 在 E_0 中存在有界吸收集 $B_0=B_{E_0}(0,\rho_0)$，即对 E_0 中的其他有界集 $\widetilde{B}$，都存在 t_0，当 $t\geqslant t_0$ 时，$S(t)\widetilde{B}\subset B_0$，事实上，取

$$\rho_0^2=\frac{2c_0}{\alpha_1}(|f|^2+\beta^2|\Omega|),\quad t_0=\frac{1}{\alpha_1}\log\frac{c_0R_0^2}{(\rho_0')^2-\rho_0^2},$$

则 $\widetilde{B}=B_{E_0}(0,\rho_0)$ 就是算子半群 $\{S(t)\}_{t\geqslant0}$ 的有界吸收集。

(3) 算子半群 $\{S(t)\}_{t\geqslant0}$ 在 E_1 中存在有界吸收集 $B_1=B_{E_1}(0,\rho_1)$，其中 $\rho_1^2=\dfrac{1}{\alpha_1}\left[(2\varepsilon+\alpha_1)|f|^2+\dfrac{1}{\alpha}|\beta|\rho_0'^2\right]$，对 E_1 中的其他有界集 $\widetilde{B}$，都存在 $t_1=t_0+\dfrac{2}{\alpha_1}\log\dfrac{R_1}{(\rho_1')^2-\rho_1^2}$，当 $t\geqslant t_1$ 时，$S(t)\widetilde{B}\subset B_1$。

6.4 算子半群理论在时滞反应扩散方程中的应用

6.4.1 时滞反应扩散方程的适定性

这一节利用算子半群理论讨论一维时滞反应扩散方程解的适定性：

$$\begin{cases}\dfrac{\partial u(t,x)}{\partial t}=\dfrac{\partial^2 u(t,x)}{\partial x^2}+f(t,u(t-r,x)), & 0\leqslant x\leqslant\pi,t\geqslant0,\\ u(t,0)=u(t,\pi)=0, & t\geqslant0,\\ u(t,x)=\phi(t,x),0\leqslant x\leqslant\pi, & t\in[-r,0]。\end{cases}\tag{6.4.1}$$

为此，先给出函数空间的定义。记 X 是一个 Banach 空间，令 $C([-r,0];X)$ 为定义在 $[-r,0]$ 上的 X 值的连续函数组成的集合，并赋予其上确界范数。可验证 $C([-r,0];X)$ 是一个 Banach 空间。记 $C([-r,0];X)$ 中的元素 u_t 为 $u_t=u(t+\eta)$。

设 A 是从 X 到 X 上的一个线性算子或者非线性，用 $D(A),R(A),N(A)$ 分别表示其定义域、值域和核空间。令 $B(X,X)$ 表示从 X 映到 X 上的有界线性算子构成的集合，并赋予其范数 $|A|$。

由 X 上强连续算子半群的定义可知，$T(t),t\geqslant 0$ 是从 X 映射到 X 处处有定义的算子，且对任意的 $s,t\geqslant 0$，满足 $T(t+s)=T(t)T(s)$，并且对 X 中任意点 x，$T(t)x$ 是 $[0,+\infty)$ 到 X 上的连续函数。对 X 中的任意 x，如果极限 $\lim\limits_{t\to 0^+}\dfrac{T(t)x-x}{t}$ 存在，则定义算子半群 $T(t),t\geqslant 0$ 的无穷小生成元 A_T 为

$$A_T x=\lim_{t\to 0^+}\frac{T(t)x-x}{t}。$$

为便于讨论非线性反应时滞扩散方程的适定性，先做如下的假设：

(H-6-1)闭稠定线性算子 A_T 是强连续算子半群 $T(t),t\geqslant 0$ 的无穷小生成元的充要条件是对任意的满足 $\lambda>\omega$ 及 $|R(\lambda;A_T)|\leqslant\dfrac{1}{\lambda-\omega}$ 的实数 ω，都有 $\|T(t)\|\leqslant \mathrm{e}^{\omega t}$ 成立；

(H-6-2)如果 X 是复函数空间，$T(t),t\geqslant 0$ 满足(H-6-1)的假设，则对所有 λ，都有

$$\mathrm{Re}\lambda>\omega,\quad \lambda\in\rho(A_T)\text{ 且 }|R(\lambda;A_T)|\leqslant(\mathrm{Re}\lambda-\omega)^{-1}。$$

引理 6.4.1 假设 $F:[a,b]\times C\to X$ 是连续的，且满足

$$\|F(t,\psi)-F(t,\hat{\psi})\|_X\leqslant L\|\psi-\hat{\psi}\|_C,\quad \forall a\leqslant t\leqslant b,\quad \psi,\hat{\psi}\in C([-r,0];X),\tag{6.4.2}$$

其中 L 是正常数。如果 $T(t),t\geqslant 0,A_T,\omega$ 满足假设(H-6-1)，则当 $\varphi\in C([-r,0],X)$ 时，都存在唯一的连续函数 $u(t):[a-r,b]\to X$ 满足下面的方程：

$$\begin{cases}u(t,x)=T(t-a)\varphi(0)+\displaystyle\int_a^t T(t-s)F(s,u_s)\mathrm{d}s,\quad a\leqslant t\leqslant b,\\ u_a=\varphi。\end{cases}\tag{6.4.3}$$

【证】 注意到如果 $w(s)$ 是从 $[a-r,b]\to X$ 的连续函数，利用 $F(\cdot,\cdot)$ 的连续性可知，$T(t-s)F(s,w_s)$ 关于 $s\in[a,t]$ 连续。对任意的 n，定义如下迭代：

$$u^0(t)=\varphi(t-a),\qquad a-r\leqslant t\leqslant a;$$
$$u^0(t)=T(t-a)\varphi(0),\quad a\leqslant t\leqslant b,$$
$$u^n(t)=T(t-a)\varphi(0)+\int_a^t T(t-s)F(s,u_s^{n-1})\mathrm{d}s,\quad a\leqslant t\leqslant b。$$

由于 F 是连续的，因此存在正常数 M 使得对任意的 $a\leqslant s\leqslant b$，都有 $\|F(s,u_s^0)\|_X\leqslant M$。则当 $a\leqslant t\leqslant b$ 时，$\|u^1(t)-u^0(t)\|_X\leqslant(t-a)\mathrm{e}^{\omega(b-a)}M$，类似可以证明

$$\|u^n(t)-u^{n-1}(t)\|_X\leqslant ML^{n-1}\mathrm{e}^{n\omega(b-a)}\frac{(t-a)^n}{n!}。$$

因此，$\lim\limits_{n\to\infty}u^n(t)$ 在 $[a-r,b]$ 上一致存在，则极限函数为 $u(t)$ 在 $[a-r,b]$ 上连续。

下面先证明 $u(t)$ 满足方程(6.4.3)。直接计算可知

$$\begin{aligned}&\left\| u(t)-T(t-a)\varphi(0)-\int_a^t T(t-s)F(s,u_s)\mathrm{d}s\right\|_X\\ \leqslant{}& \| u(t)-u^{n+1}(t)\|_X+\left\|\int_a^t T(t-s)(F(s,u_s)-F(s,u_s^n))\mathrm{d}s\right\|_X\\ \leqslant{}&(1+L(t-a)\mathrm{e}^{\omega(b-a)})M\sum_{k=n+1}^{\infty}L^{k-1}\mathrm{e}^{k\omega(b-a)}\frac{(t-a)^k}{k!}。\end{aligned}$$

再证唯一性：如果存在函数 $v(t)$ 也满足方程(6.4.3)，令 K 是满足

$$\| u(t)-v(t)\|_X\leqslant(t-a)K$$

的常数，则有估计式

$$\| v(t)-u^n(t)\|_X\leqslant KL^n\mathrm{e}^{(n+1)\omega(b-a)}\frac{(t-a)^{n+1}}{(n+1)!}。$$

因此，$v(t)=\lim\limits_{n\to\infty}u^n(t)$，由极限的唯一性即可得证。

引理 6.4.2 如果引理 6.4.1 的假设成立，设 $u(t),\hat{u}(t)$ 分别是关于初始函数 $\varphi,\hat{\varphi}$ 的解，则有

(1) 当 $\omega\geqslant0$ 时，$\| u_t-\hat{u}_t\|_C\leqslant\|\varphi-\hat{\varphi}\|_C\mathrm{e}^{(\omega+L)(t-a)}$； (6.4.4)

(2) 当 $\omega<0$ 时，$\| u_t-\hat{u}_t\|_C\leqslant\|\varphi-\hat{\varphi}\|_C\mathrm{e}^{-\omega r}\mathrm{e}^{(\omega+L\mathrm{e}^{-\omega r})(t-a)}$。 (6.4.5)

【证】 由式(6.4.2)和式(6.4.3)可知，当 $a-r\leqslant t\leqslant b$ 时，有

$$\| u(t)-\hat{u}(t)\|_X\leqslant\mathrm{e}^{\omega(t-a)}\|\varphi(0)-\hat{\varphi}(0)\|_X+L\int_a^t\mathrm{e}^{\omega(t-s)}\| u_s-\hat{u}_s\|_C\mathrm{d}s。$$

则当 $\omega\geqslant0$ 时，对任意的 $a\leqslant t\leqslant b$，都有

$$\| u_t-\hat{u}_t\|_C\leqslant\mathrm{e}^{\omega(t-a)}\|\varphi-\hat{\varphi}\|_C+L\int_a^t\mathrm{e}^{\omega(t-s)}\| u_s-\hat{u}_s\|_C\mathrm{d}s;$$

当 $\omega<0$ 时，对任意的 $a\leqslant t\leqslant b$，都有

$$\| u_t-\hat{u}_t\|_C\leqslant\mathrm{e}^{-\omega r}\mathrm{e}^{\omega(t-a)}\|\varphi-\hat{\varphi}\|_C+L\mathrm{e}^{-\omega r}\int_a^t\mathrm{e}^{\omega(t-s)}\| u_s-\hat{u}_s\|_C\mathrm{d}s。$$

由 Gronwall 不等式即可证明式(6.4.4)和式(6.4.5)成立。

引理 6.4.3 如果引理 6.4.1 的条件成立，假设 F 是 $[a,b]\times C([-r,0];X)\to X$ 上的连续可微函数，F 关于第一、二个变元的偏导数分别为 F_1,F_2，其对任意的 $\varphi,\hat{\varphi}\in C([-r,0];X)$ 及 $a\leqslant t\leqslant b$ 及正常数 β,γ 满足

$$\| F_1(t,\psi)-F_1(t,\hat{\psi})\|_X\leqslant\beta\|\psi-\hat{\psi}\|_C,\quad\forall a\leqslant t\leqslant b,\quad\psi,\hat{\psi}\in C([-r,0];X);\tag{6.4.6}$$

$$\| F_2(t,\psi)-F_2(t,\hat{\psi})\|_X\leqslant\gamma\|\psi-\hat{\psi}\|_C,\quad\forall a\leqslant t\leqslant b,\quad\psi,\hat{\psi}\in C([-r,0];X),\tag{6.4.7}$$

则对于任意的 $\varphi\in C,\varphi(0)\in D(A_T),\dot{\varphi}\in C([-r,0];X)$ 且 $\dot{\varphi}^-(0)=A_T\varphi(0)+F(a,\varphi)$ 连续可微，且满足

$$\frac{\mathrm{d}}{\mathrm{d}t}u(t)=A_Tu(t)+F(t,u_t),\quad a\leqslant t\leqslant b\tag{6.4.8}$$

【证】 由引理 6.4.1 可知，当 $a\leqslant t\leqslant b$ 时，有

$$\begin{cases}v(t)=T(t-a)(A_T\varphi(0)+F(a,\varphi))+\displaystyle\int_a^t T(t-s)(F_1(s,u_s)+F_2(s,u_s)v_s)\mathrm{d}s,\\ v_a=\varphi。\end{cases}$$

当 $a-r\leqslant t\leqslant a$ 时，定义 $w(t)=\varphi(t-a)$；当 $a\leqslant t\leqslant b$ 时，定义 $w(t)=\varphi(0)+\int_a^t v(s)\mathrm{d}s$。下证 $w(t)=u(t)$ 成立。事实上，直接计算可得

$$\frac{\mathrm{d}}{\mathrm{d}t}\int_a^t T(t-s)F(s,w_s)\mathrm{d}s=\int_a^t T(t-s)(F_1(s,w_s)+F_2(s,w_s)v_s)\mathrm{d}s+T(t-a)F(a,\varphi),$$

两边积分后得到

$$\int_a^t T(t-a)F(a,\varphi)\mathrm{d}s=\int_a^t T(t-s)F(s,w_s)\mathrm{d}s-\int_a^t\int_a^s T(s-\tau)(F_1(\tau,w_\tau)+F_2(\tau,w_\tau)v_\tau)\mathrm{d}\tau\mathrm{d}s。$$

注意到 $z\in D(A_T)$，$\int_a^t T(t-s)A_T z\mathrm{d}s=T(t-a)z-z$。因此

$$w(t)=T(t-a)\varphi(0)+\int_a^t T(t-a)F(s,w_s)\mathrm{d}s+\int_a^t\int_a^s T(s-\tau)(F_1(\tau,u_\tau)-F_1(\tau,w_\tau)+(F_2(\tau,u_\tau)-F_2(\tau,w_\tau))v_\tau)\mathrm{d}\tau\mathrm{d}s,\tag{6.4.9}$$

由式(6.4.6)、式(6.4.7)和式(6.4.9)可得

$$\|w(t)-u(t)\|_X\leqslant C\int_a^t\|w_\tau-u_\tau\|_C\mathrm{d}\tau,\quad \|w(t)-u(t)\|_C\leqslant C\int_a^t\|w_\tau-u_\tau\|_C\mathrm{d}\tau,$$

由 Gronwall 不等式可知 $w(t)=u(t)$。因此，由文献[18]的定理 1.9 可知，$\int_a^t T(t-s)F(s,w_s)\mathrm{d}s$ 连续可微，因此，$u(t)$ 是方程(6.4.8)的解，证毕。

6.4.2　时滞反应扩散方程的算子半群与无穷小生成元

下面讨论自治的时滞反应扩散方程的算子半群与无穷小生成元的关系。讨论下面的自治时滞发展方程

$$\frac{\mathrm{d}}{\mathrm{d}t}u(t)=A_Tu(t)+F(u_t),\quad a\leqslant t\leqslant b,\tag{6.4.10}$$

其中非线性项 F 满足假设(6.4.6)和假设(6.4.7)，由引理 6.4.1 可知，对任意的初始函数 $\varphi\in C$，方程(6.4.10)都存在唯一连续函数 $u(\varphi)(t)$：$[-r,\infty)\to X$，且满足

$$u(\varphi)(t)=T(t)\varphi(0)+\int_0^t T(t-s)F(u_s(\varphi))\mathrm{d}s,\quad t\geqslant 0,\tag{6.4.11}$$

$$u_0(\varphi)=\varphi。$$

对任意的 $t\geqslant 0$，定义算子 $U(t)$：$C\to C$ 为 $U(t)\varphi=u_t(\varphi)$。则算子 $U(t)$ 有下面性质成立：

引理 6.4.4　$U(t)$，$t\geqslant 0$ 构成了空间 C 上的强连续算子半群，且对任意的 $\varphi,\hat{\varphi}\in C([-r,0];X)$，$t\geqslant 0$，满足

$$\|U(t)\varphi-U(t)\hat{\varphi}\|_C\leqslant\|\varphi-\hat{\varphi}\|_C\mathrm{e}^{(\omega+L)t},\quad \omega\geqslant 0,\tag{6.4.12}$$

$$\|U(t)\varphi-U(t)\hat{\varphi}\|_C\leqslant\mathrm{e}^{-\omega r}\|\varphi-\hat{\varphi}\|_C\mathrm{e}^{(\omega+L\mathrm{e}^{-\omega r})t},\quad \omega<0。\tag{6.4.13}$$

【证】　由(6.4.11)解的连续性可知 $U(t)$，$t\geqslant 0$ 构成了空间 $C([-r,0];X)$ 上的强连续算子，下面验证其半群性质：

对任意的 $t,\hat{t}\geqslant 0$，$\varphi\in C([-r,0];X)$，直接计算可知

$$u(\varphi)(t+\hat{t})=T(t+\hat{t})\varphi(0)+\int_0^t T(t+\hat{t}-s)F(u_s(\varphi))\mathrm{d}s+\int_t^{t+\hat{t}}T(t+\hat{t}-s)F(u_s(\varphi))\mathrm{d}s$$

$$=T(\hat{t})\left(T(t)\varphi(0)+\int_0^t T(t-s)F(u_s(\varphi))\mathrm{d}s\right)+\int_0^{\hat{t}} T(\hat{t}-s)F(u_{t+s}(\varphi))\mathrm{d}s$$

$$=T(\hat{t})u(\varphi)(t)+\int_0^{\hat{t}} T(\hat{t}-s)F(u_{t+s}(\varphi))\mathrm{d}s。$$

由方程(6.4.11)解的唯一性可知，$u_{t+\hat{t}}(\varphi)=u_{\hat{t}}(u_t(\varphi))$。由引理6.4.2可知式(6.2.12)和式(6.4.13)成立。

当$-r\leqslant\theta\leqslant 0$时，定义算子$A_U: C\to C$为$(A_U\varphi)(\theta)=\dot{\varphi}(\theta)$，其定义域为

$$D(A_U)=\{\varphi\in C: \dot{\varphi}\in C,\quad \varphi(0)\in D(A_T),\quad \dot{\varphi}^-(0)=A_T\varphi(0)+F(\varphi)\}。$$

引理 6.4.5 A_U是强连续算子半群$U(t): t\geqslant 0$的无穷小生成元。

【证】 设φ是强连续算子半群$U(t): t\geqslant 0$的无穷小生成元定义域中的任意元素，定义

$$\psi(\theta)=\lim_{t\to 0^+}\frac{U(t)\varphi(\theta)-\varphi(\theta)}{t},\quad \theta\in[-r,0]。\tag{6.4.14}$$

下面证明$\varphi\in D(A_U)$，$A_U\varphi=\psi$。

事实上，当$-r\leqslant\theta\leqslant 0$时，$\psi(\theta)=\dot{\varphi}^+(\theta)$。由于$\psi\in C([-r,0]; X)$，$\lim\limits_{\theta\to 0^-}\dot{\varphi}^+(\theta)$存在，且必须等于$\psi(0)$。但这表明$\dot{\varphi}$在$(-r,0)$上存在，$\varphi^-$只在0处存在，且$\dot{\varphi}^-(0)=\psi(0)$。因此，只需证明$\varphi(0)\in D(A_T)$以及$\psi(0)=A_T\varphi(0)+F(\varphi)$即可。注意到

$$\lim_{t\to 0^+}\frac{1}{t}\int_0^t T(t-s)F(u_s(\varphi))\mathrm{d}s=F(\varphi)。$$

由于

$$\left\|\frac{1}{t}\int_0^t T(t-s)F(u_s(\varphi))\mathrm{d}s-F(\varphi)\right\|_X$$

$$\leqslant\frac{1}{t}\int_0^t \|T(t-s)F(u_s(\varphi))\mathrm{d}s-F(\varphi)\|_X\mathrm{d}s$$

$$\leqslant\max_{s\in[0,t]}(\mathrm{e}^{\omega t}\|F(u_s(\varphi))-F(\varphi)\|_X+\|T(t-s)F(\varphi)-F(\varphi)\|_X)$$

由式(6.4.14)可知，当$t\to 0^+$时，$\frac{1}{t}(u(\varphi)(t)-u(\varphi)(0))-\frac{1}{t}\int_0^t T(t-s)F(u_s(\varphi))\mathrm{d}s$存在极限，并且等于$\psi(0)-F(\varphi)$。而

$$\frac{1}{t}(u(\varphi)(t)-u(\varphi)(0))-\frac{1}{t}\int_0^t T(t-s)F(u_s(\varphi))\mathrm{d}s=\frac{1}{t}(T(t)\varphi(0)-\varphi(0)),$$

这表明当$t\to 0^+$时$\frac{1}{t}(T(t)\varphi(0)-\varphi(0))$极限存在。因此由$A_T$的定义可知，该极限等于$A_T\varphi(0)$。

对任意的$\varphi\in D(A_T)$，注意到当$-r\leqslant t+\theta\leqslant 0$时，有

$$\|t^{-1}(U(t)\varphi(\theta)-\varphi(\theta))-\dot{\varphi}(\theta)\|_X=\|t^{-1}(\varphi(t+\theta)-\varphi(\theta))-\dot{\varphi}(\theta)\|_X;\tag{6.4.15}$$

而当$t+\theta>0$时，有

$$\|t^{-1}(U(t)\varphi(\theta)-\varphi(\theta))-\dot{\varphi}(\theta)\|_X$$

$$=\left\|t^{-1}\left(T(t+\theta)\varphi(0)+\int_0^{t+\theta} T(t+\theta-s)F(u_s(\varphi))\mathrm{d}s-\varphi(\theta)\right)-\dot{\varphi}(\theta)\right\|_X,\tag{6.4.16}$$

当 $t+\theta>0$ 时，由式(6.4.16)可得

$$\begin{aligned}&\| t^{-1}(U(t)\varphi(\theta)-\varphi(\theta))-\dot{\varphi}(\theta)\|_X\\ \leqslant&\left\| t^{-1}\left(T(t+\theta)\varphi(0)-\varphi(0)+\int_0^{t+\theta}T(t+\theta-s)F(u_s(\varphi))\mathrm{d}s\right)-(t+\theta)t^{-1}\dot{\varphi}^{-1}(0)\right\|_X+\\&\| t^{-1}(\varphi(0)-\varphi(\theta))-\dot{\varphi}(\theta)+(t+\theta)t^{-1}\dot{\varphi}^{-1}(0)\|_X。\end{aligned}$$

直接计算可得不等式

$$\begin{aligned}&\| t^{-1}\left(T(t+\theta)\varphi(0)-\varphi(0)+\int_0^{t+\theta}T(t+\theta-s)F(u_s(\varphi))\mathrm{d}s\right)-(t+\theta)t^{-1}\dot{\varphi}^{-1}(0)\|_X\\ \leqslant&\frac{1}{t}\int_0^{t+\theta}(\| T(s)A_T\varphi(0)-A_T\varphi(0)\|_X+\| T(t+\theta-s)F(u_s(\varphi))-F(\varphi)\|_X)\mathrm{d}s,\end{aligned}$$

和

$$\begin{aligned}&\| t^{-1}(\varphi(0)-\varphi(\theta))-\dot{\varphi}(\theta)+(t+\theta)t^{-1}\dot{\varphi}^{-1}(0)\|_X\\ \leqslant&\frac{1}{t}\int_{\varphi}^{0}\|\dot{\varphi}(s)-\dot{\varphi}^{-1}(0)\|_X\mathrm{d}s+\|\dot{\varphi}(\theta)-\dot{\varphi}^{-1}(0)\|_X\end{aligned}$$

成立。设 $\varepsilon>0$，选择充分小的 δ 使得当 $0<t<\delta,-r\leqslant\theta\leqslant0,t+\theta>0$，因此，不等式

$$\frac{1}{t}\int_0^{t+\theta}(\| T(s)A_T\varphi(0)-A_T\varphi(0)\|_X+\| T(t+\theta-s)F(u_s(\varphi))-F(\varphi)\|_X)\mathrm{d}s<\frac{\varepsilon}{3},$$

$$\frac{1}{t}\int_{\varphi}^{0}\|\dot{\varphi}(s)-\dot{\varphi}^{-1}(0)\|_X\mathrm{d}s+\|\dot{\varphi}(\theta)-\dot{\varphi}^{-1}(0)\|_X<\frac{\varepsilon}{3}。$$

而当 $t+\theta\leqslant0$ 时，则有

$$\| t^{-1}(\varphi(t+\theta)-\varphi(\theta))-\dot{\varphi}(\theta)\|_X<\frac{\varepsilon}{3}。$$

因此，$\lim\limits_{t\to0^+}(t^{-1}(U(t)\varphi-\varphi))$ 在空间 $C([-r,0];X)$ 中极限存在，且 $\lim\limits_{t\to0^+}(t^{-1}(U(t)\varphi-\varphi))=A_U\varphi$。证毕。

6.4.3 两个例子

例1 考虑下面的线性时滞反应扩散方程

$$\begin{cases}w_t(x,t)=w_{xx}(x,t)-aw(x,t)-bw(x,t-r), & 0\leqslant x\leqslant\pi, \quad t\geqslant0,\\ w(0,t)=w(\pi,t)=0, & t\geqslant0,\\ w(x,t)=\varphi(t)(x), & 0\leqslant x\leqslant\pi, \quad -r\leqslant t\leqslant0,\end{cases}\tag{6.4.17}$$

其中 a,b,r 为正常数。定义 $X=L^2[0,\pi]$，算子 $A_T:X\to X$ 定义为 $A_Ty=\ddot{y}$，其定义域为 $D(A_T)=\{y\in X;\ y,\dot{y}$ 绝对连续，且 $\ddot{y}\in X,y(0)=y(\pi)=0\}$。则 A_T 是解算子半群 $T(t),t\geqslant0$ 的无穷小生成元。

例2 对于时滞反应扩散方程

$$\begin{cases}\dfrac{\partial u(t,x)}{\partial t}=\lambda\Delta u(t,x)+f(t,x,u_t),\\ u(0,x)=u_0(x),u(\eta,x)=\phi(\eta,x),\eta\in[-r,0],\end{cases}\tag{6.4.18}$$

其中 Δ 为 Laplace 算子，$\lambda\in\mathbb{R}$，$f(\cdot,\cdot,\cdot):[0,+\infty]\times\mathbb{R}\times\mathbb{R}\to\mathbb{R}$ 是可测函数，$u_t=$

$u(t+\eta)$。

为便于讨论，定义算子 $A=-\Delta, D(A)=H^{2,2}\cap H, Ae_k=-y_k e_k, y_k=4\pi^2|k|^2$，则 e^{-At} 是算子 A 生成的强连续算子半群。则方程(6.4.18)存在如下的温和解

$$u(t,x)=e^{-At}u_0+\int_0^t e^{-At(t-s)}f(u_s)ds, \quad t\geqslant 0。$$

假设初值 u_0 和 $\phi(\eta,x)$ 以及反应项 $f(u_t)$ 满足如下假设：

(H-6-3) 初值 u_0 和 $\phi(\eta,x)$ 满足 $\sup\limits_{x\in\mathbf{R}}|u_0(x)|<+\infty, \sup\limits_{x\in\mathbf{R}}\int_{-r}^0|(\phi(\eta,x))|^2 d\eta<+\infty$；

(H-6-4) 对任意 $t\geqslant 0$ 和正常数 k，下面的不等式成立：

$$|f(u_t)|^2<kc|u|^2+\int_{-r}^0|u(t+\eta)|^2 d\eta,$$

$$|f(u_t)-f(v_t)|^2<k|u-v|^2+\int_{-r}^0|u(t+\eta)-v(t+\eta)|^2 d\eta。$$

设 T 是固定的正常数，定义集合 $B=\{u(t,x);\ \sup\limits_{(t,x)\in[0,T]\times\mathbf{R}}|u(t,x)|^2<+\infty\}$。对任意给定的正数 $\lambda>0$ 及 $\forall u\in B$，定义：

$$\|u\|_\lambda^2=\int_0^T e^{-\lambda t}\sup_{x\in\mathbf{R}}|u(t,x)|^2 dt+\int_{-r}^0 e^{-\lambda t}|u(t,x)|^2 dt<+\infty。$$

容易验证 $\|\cdot\|_\lambda$ 是一个范数，$(B,\|\cdot\|_\lambda)$ 是一个 Banach 空间。

定理 6.4.1 假设(H-6-3)和假设(H-6-4)成立，则方程(6.4.18)在空间 B 中存在唯一的解 $u(t,x)$。

【证】 对于任意的 $u\in B$，定义算子

$$S(u(t,x))=e^{-At}u_0+\int_0^t e^{-A(t-s)}f(u_s)ds,$$

则由假设(H-6-3)和假设(H-6-4)可得

$$|e^{-At}u_0|^2\leqslant|u_0|^2<+\infty,$$

$$\begin{aligned}
\left|\int_0^t e^{-A(t-s)}f(u_s)ds\right|^2 &\leqslant \int_0^t e^{-2A(t-s)}ds\cdot\int_0^t|f(u_s)|^2 ds\\
&\leqslant ck\int_0^t\left(|u|^2+\int_{-r}^0|u(s+\eta),y|^2 d\eta\right)ds\\
&\leqslant ct+c\int_0^t\int_{-r}^0\sup_{y\in\mathbf{R}}E|u(s+\eta,y)|^2 d\eta ds\\
&\leqslant ct+c\int_0^t\int_{-r}^0\sup_{y\in\mathbf{R}}|u(s,y)|^2 d\eta ds\\
&\leqslant ct+cr\int_{-r}^0\sup_{y\in\mathbf{R}}|u(s,y)|^2 d\eta+cr\int_0^t\sup_{y\in\mathbf{R}}|u(s,y)|^2 ds\\
&\leqslant ct(r+1)+cr<+\infty。
\end{aligned}$$

$$\begin{aligned}
|Su(t,x)|_\lambda^2 &=\int_0^T e^{-\lambda t}\sup_{x\in\mathbf{R}}|\tau u(t,x)|^2 dt\\
&\leqslant c\int_0^\infty e^{-\lambda t}[t(r+1)+r]dt<+\infty。
\end{aligned}$$

即 $Su(t,x)\in B$，且 $S: B\rightarrow B$。

接下来证明其压缩性：对任意的 $u,v\in B$ 及 $t\geqslant 0$，由 Hölder 不等式及假设(H-6-4)可得

$$
\begin{aligned}
&\left|\int_0^t e^{-A(t-s)}(f(u_s)-f(v_s))\mathrm{d}s\right|^2\\
\leqslant\ & c\int_0^t e^{-2A(t-s)}\mathrm{d}s\cdot\int_0^t |f(u_s)-f(v_s)|^2\mathrm{d}s\\
\leqslant\ & ck\int_0^t\left(\sup_{y\in\mathbf{R}}|u(s,y)-v(s,y)|^2+\int_{-r}^0|u(s+\eta,y)-v(s+\eta,y)|^2\mathrm{d}\eta\right)\mathrm{d}s\\
\leqslant\ & c\left(\int_0^t\sup_{y\in\mathbf{R}}|u(s,y)-v(s,y)|^2\mathrm{d}s+\int_{-r}^0\int_{-r}^t\sup_{y\in\mathbf{R}}|u(s,y)-v(s,y)|^2\mathrm{d}s\mathrm{d}\eta\right)\\
=\ & c(r+1)\int_0^t\sup_{y\in\mathbf{R}}|u(s,y)-v(s,y)|^2\mathrm{d}s+r\int_{-r}^0\sup_{y\in\mathbf{R}}|u(s,y)-v(s,y)|^2\mathrm{d}s,
\end{aligned}
$$

由此

$$
\begin{aligned}
&Su(t,x)-Sv(t,x)\\
=\ & c\int_0^T e^{-\lambda t}(r+1)\int_0^t\sup_{y\in\mathbf{R}}|u(s,y)-v(s,y)|^2\mathrm{d}s+r\int_{-r}^0\sup_{y\in\mathbf{R}}|u(s,y)-v(s,y)|^2\mathrm{d}s\\
\leqslant\ & c\left[\int_0^\infty e^{-\lambda t}\mathrm{d}t(r+1)\int_0^T e^{-\lambda s}\sup_{y\in\mathbf{R}}|u(s,y)-v(s,y)|^2\mathrm{d}s+r\int_{-r}^0 e^{-\lambda t}\sup_{y\in\mathbf{R}}|u(s,y)-v(s,y)|^2\mathrm{d}s\right]\\
\leqslant\ & c\,\frac{r+1}{\lambda}\int_0^T e^{-\lambda s}\sup_{y\in\mathbf{R}}|u(s,y)-v(s,y)|^2\mathrm{d}s+\frac{r}{\lambda}\int_{-r}^0 e^{-\lambda s}\sup_{y\in\mathbf{R}}|u(s,y)-v(s,y)|^2\mathrm{d}s\\
\leqslant\ & \frac{c}{\lambda}|u-v|_\lambda.
\end{aligned}
$$

当 λ 足够大时，$c<\lambda$，$S:B\to B$ 是压缩的，由 Banach 不动点定理可知，算子 S 在集合 B 中存在唯一的不动点，即为方程(6.4.18)的解。

第6章练习题

1. 试证明 6.4.3 节的例 1。
2. 试证明 6.3.2 节关于 Sine-Gordon 方程初边值问题解的相关结论。
3. 设 $u_0\in H^2(\mathbb{R}^2)$，如果 $k\geqslant 0$，则初值问题

$$
\begin{cases}
\dfrac{1}{i}\dfrac{\partial u}{\partial t}-\Delta u+k|u|^2u=0,\\
u(0,x)=u_0(x),
\end{cases}
$$

存在唯一的整体解 $u\in C(0,\infty;H^2(\mathbb{R}^2))\cap C^1(0,\infty;L^2(\mathbb{R}^2))$。

4. 考察一阶偏微分方程初值问题

$$
\begin{cases}
\dfrac{\partial u}{\partial t}+\dfrac{\partial u}{\partial x}=0, & (0\leqslant t<+\infty)\\
u(\pm\infty,t)=0, & (0\leqslant t<+\infty)\\
u(x,0)=u_0(x),
\end{cases}
$$

将它改写成

$$\begin{cases}\dfrac{\mathrm{d}u}{\mathrm{d}t}+Au=0,\\ u(0)=u_0,\end{cases}$$

其中

$$(Au)(x)=u'(x)(\forall u\in D(A)=\{u\mid u\in X,u'\in X\}),\quad u_0\in X,$$
$$X=\{u\mid u\in C(\mathbb{R}),\quad u(\pm\infty)=0\}。$$

证明：

(1) A 是 X 上的闭稠定线性算子。

(2) 对 $\forall\lambda\in C$，$\mathrm{Re}\lambda<0$，$\forall v\in X$，

$$\begin{cases}u'-\lambda u=v,\\ u(\pm\infty)=0,\end{cases}$$

有唯一解。

5. 设 $\mu>0$，A 是一个满足 $\|T(t)\|\leqslant Me^{-\mu t}$ 的 C_0 半群 $T(t)$ 的生成元。设 f 在区间 $[0,+\infty)$ 上是有界可测的，如果 $\lim\limits_{t\to+\infty}f(t)=f_0$。则初值问题

$$\begin{cases}u'=Au+f(t),\quad t>0,\\ u(0)=x,\end{cases}$$

的温和解 u 满足

$$\lim_{t\to+\infty}u(t)=-A^{-1}f_0。$$

6. 设 $\mu>0$，A 是一个满足 $\|T(t)\|\leqslant Me^{-\mu t}$ 的 C_0 半群 $T(t)$ 的生成元。设 f 在区间 $[0,+\infty)$ 上是连续且有界的，如果 $u_\alpha(t)$ 是

$$\alpha\frac{\mathrm{d}u_\alpha}{\mathrm{d}t}=Au_\alpha+f(t),\quad (u_\alpha(0)=x,\alpha>0)$$

的温和解，则 $\lim\limits_{\alpha\to0}u_\alpha(t)=-A^{-1}f(t)$，并且极限在每一区间 $[\delta,b](0<\delta<b)$ 上是一致的。

7. 考虑初值问题

$$\begin{cases}\dfrac{\mathrm{d}u}{\mathrm{d}t}=Au+f(t,u),\quad t>0,\\ u(0)=u_0,\end{cases}$$

设 A 是一个强连续算子半群的无穷小生成元，f 关于两个变元连续且关于 u 是局部 Lipschitz 连续的，则初值问题的温和解存在。

8. 考虑半线性抛物问题

$$\begin{cases}u_t=\Delta u+g(t,x,u),\\ u(t,x)=0,\\ u(0,x)=\varphi(x),\end{cases}$$

其中 $g:\mathbb{R}_-\times\Omega\times\mathbb{R}\to\mathbb{R}$ 是连续函数，设 $b>0$，若存在 $c>0$，$d>0$，使得

$$|g(t,x,u)|\leqslant c|u|+d,$$

则对 $\varphi\in L^2(\Omega)$，问题至少存在一个解满足 $u\in C([0,b];L^2(\Omega))$。

9. 设 $\Omega \subset \mathbb{R}^n$ 是有界光滑区域,考虑 Schrodinger 方程

$$\begin{cases} \mathrm{i}u_t + \Delta u = 0, \\ u(t,x) = 0, \\ u(0,x) = \varphi(x), \end{cases}$$

设 $X = L^2(\Omega)$,$A = \mathrm{i}\Delta$,$D(A) = H^2(\Omega) \cap H_0^1(\Omega)$,试证明:$A$ 生成一个强连续的酉群 $S(t)$,使得 $\forall \varphi \in D(A)$,$u = S(t)\varphi$ 是上述问题的解,且 $\forall t \in \mathbb{R}$,$\| S(t) \| = 1$;$\| S(t)\varphi \|_{L^2} = \| \varphi \|_{L^2}$。

参考文献

[1] 陈绥阳,褚蕾蕾.动力系统基础及其方法[M],北京：科学出版社,2002.

[2] 郭大钧.非线性泛函分析[M].3 版.北京：高等教育出版社,2015.

[3] 胡适耕.应用泛函分析[M].北京：科学出版社,2003.

[4] 李国平,蹇明.算子函数论[M].武汉：武汉大学出版社,1996.

[5] 童裕孙.泛函分析教程[M].上海：复旦大学出版社,2003.

[6] 王声望,郑维行.实变函数与泛函分析概要(第一、二册)[M].3 版.北京：高等教育出版社,2005.

[7] 夏道行,吴卓人,严绍宗,舒五昌.实变函数与泛函分析(上、下册)[M].北京：高等教育出版社,1985.

[8] 夏道行,严绍宗,舒五昌,童裕孙.泛函分析第二教程[M].北京：高等教育出版社,1987.

[9] 叶其孝,李正元,王明新,吴雅萍.反应扩散方程引论[M].2 版.北京：科学出版社,2011.

[10] 游兆永,龚怀云,徐宗本.非线性分析[M].西安：西安交通大学出版社,1993.

[11] 于宗义,刘希玉,闫宝强.泛函分析教程[M].济南：山东大学出版社,2001.

[12] 周鸿兴,王连文.线性算子半群理论及应用[M].济南：山东科技出版社,1994.

[13] GRANAS A,DUGUNDJI J. Fixed point theory[M]. New York：Springer-Verlag,2003.

[14] GUO D,LAKSHMIKANTHAN V. Nonlinear Problems in Abstract Cone [M]. New York：Academic Press,1988.

[15] HALE J. Theory of Functional Differential Equations[M]. New York：Springer-Verlag,2003.

[16] Henry D. 半线性抛物型方程的几何理论[M].叶其孝,等,译.北京：高等教育出版社,1998.

[17] Hino Y,Naito T,Minh N V,Shin J S. Almost Periodic Solutions of Differential Equations in Banach spaces[M]. NY：Taylor and Francis,2002.

[18] Kato T. Perturbation theory for Linear operators[M]. New York：Springer-Verlag,1966.

[19] Kreyszig E. 泛函分析引论及应用[M].张石生,等,译.重庆：重庆出版社,1986.

[20] V. Lakshmikantham,S. Leela,J. Vasundhara Devi. Theory of Fractional Dynamic Systems[M], Cambridge Scientific Publishers,2009.

[21] Liu Y,Wu J. Fixed point theorems in piecewise continuous function spaces and applications to some nonlinear problems[J]. Mathematical Methods in the Applied Sciences,2014,37：508-517.

[22] Pazy A. Semigroups of linear operators and applications to partial differential equations[M]. New York：Springer-Verlag,2006.

[23] Rudin W. Functional Analysis[M]. New York：McGraw-Hill,Inc,1973.

[24] Temam R. 力学和物理学中的无限维动力系统[M].北京：世界图书出版社,2000.

[25] Wu J,Liu Y. New coincidence point theorems in continuous function spaces and applications[J]. Bull. Aust. Math. Soc. 2009,80(1)：26-37.

[26] Wu J,Liu Y. Uniqueness results and convergence of successive approximations for fractional differential equations[J]. Hacettepe University Bulletin of Natural Sciences & Engineering,2013,42(2)：149-158.

[27] Yosida K. Functional Analysis[M]. Sixth Edition. New York：Springer-Verlag,1980.

[28] Zhu J,Li Z,Liu Y. Stable time periodic solutions for damped Sine-Gordon equations[J]. Electronic Journal of Differential Equations,2006,2006(99)：1-10.

[29] Zhu J,Liu Y,Li Z. The existence and attractivity of time periodic solutions for evolution equations with delays[J]. Nonlinear Analysis Real World Applications,2008,9(3)：842-851.